面向新工科专业建设计算机系列教材

数据科学导论

石川 王啸 胡琳梅 ◎编著

U0291427

清华大学出版社

北京

内 容 简 介

本书主要介绍数据科学的通识入门知识,可以作为高等院校数据科学与大数据专业的专业基础课程教材。本书以"建立知识体系、掌握基本原理、学会初级实践、了解前沿技术"为原则,为数据科学与大数据及相关专业的学生深入学习数据科学和大数据技术奠定基础。本书系统讲授数据科学的基本概念和知识体系、数据分析的基本流程和方法(包括数据预处理、回归、聚类、分类等智能分析技术)、大数据分析的基本工具,并以 Python 语言为例,通过大量实例和练习讲授初级的数据分析技术。本书通过系统全面的理论介绍与丰富翔实的程序实践相结合,帮助数据科学与大数据及相关专业的学生树立大数据意识,学习数据科学的知识体系,掌握基本的数据处理方法。

本书适合作为数据科学与大数据及相关专业学生的教材,也可作为大数据开发工程师的参考书。

图书在版编目(CIP)数据

数据科学导论/石川,王啸,胡琳梅编著. —北京:清华大学出版社,2021.4 (2024.3 重印)
面向新工科专业建设计算机系列教材
ISBN 978-7-302-56968-8

Ⅰ.①数… Ⅱ.①石… ②王… ③胡… Ⅲ.①数据处理-高等学校-教材 Ⅳ.①TP274

中国版本图书馆 CIP 数据核字(2020)第 230468 号

责任编辑:白立军
封面设计:刘 乾
责任校对:焦丽丽
责任印制:宋 林

出版发行:清华大学出版社
　　　　网　　址:https://www.tup.com.cn,https://www.wqxuetang.com
　　　　地　　址:北京清华大学学研大厦 A 座　　　　邮　编:100084
　　　　社 总 机:010-83470000　　　　　　　　　　邮　购:010-62786544
　　　　投稿与读者服务:010-62776969,c-service@tup.tsinghua.edu.cn
　　　　质量反馈:010-62772015,zhiliang@tup.tsinghua.edu.cn
　　　　课件下载:https://www.tup.com.cn,010-83470236
印 装 者:三河市龙大印装有限公司
经　　销:全国新华书店
开　　本:185mm×260mm　　印　张:23.75　　插 页:2　　字　数:551 千字
版　　次:2021 年 4 月第 1 版　　　　　　　　　　　印　次:2024 年 3 月第 6 次印刷
定　　价:69.00 元

产品编号:084741-01

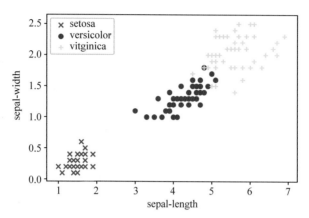

图 5-9　花瓣长度与花瓣宽度散点图

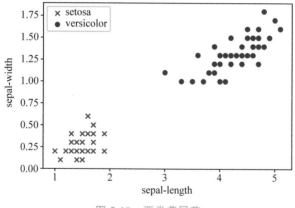

图 5-10　两类鸢尾花

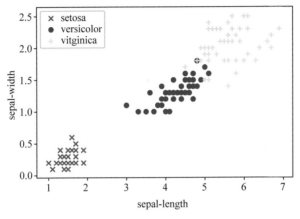

图 5-13　鸢尾花散点图

图 7-9　像素亮度变换对比图

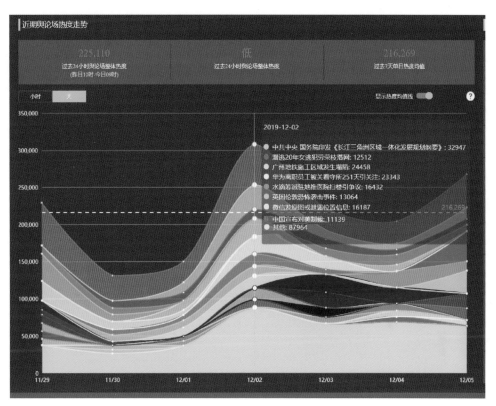

图 7-29　热点事件传播分析

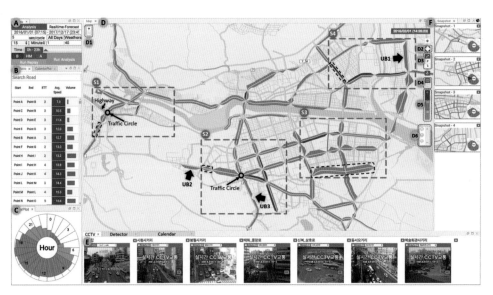

图 7-33　监控及预测交通拥堵可视化分析系统

FOREWORD

出版说明

一、系列教材背景

人类已经进入智能时代，云计算、大数据、物联网、人工智能、机器人、量子计算等是这个时代最重要的技术热点。为了适应和满足时代发展对人才培养的需要，2017 年 2 月以来，教育部积极推进新工科建设，先后形成了"复旦共识""天大行动"和"北京指南"，并发布了《教育部高等教育司关于开展新工科研究与实践的通知》《教育部办公厅关于推荐新工科研究与实践项目的通知》，全力探索形成领跑全球工程教育的中国模式、中国经验，助力高等教育强国建设。新工科有两个内涵：一是新的工科专业；二是传统工科专业的新需求。新工科建设将促进一批新专业的发展，这批新专业有的是依托于现有计算机类专业派生、扩展而成的，有的是多个专业有机整合而成的。由计算机类专业派生、扩展形成的新工科专业有计算机科学与技术、软件工程、网络工程、物联网工程、信息管理与信息系统、数据科学与大数据技术等。由计算机类学科交叉融合形成的新工科专业有网络空间安全、人工智能、机器人工程、数字媒体技术、智能科学与技术等。

在新工科建设的"九个一批"中，明确提出"建设一批体现产业和技术最新发展的新课程""建设一批产业急需的新兴工科专业"。新课程和新专业的持续建设，都需要以适应新工科教育的教材作为支撑。由于各个专业之间的课程相互交叉，但是又不能相互包含，所以在选题方向上，既考虑由计算机类专业派生、扩展形成的新工科专业的选题，又考虑由计算机类专业交叉融合形成的新工科专业的选题，特别是网络空间安全专业、智能科学与技术专业的选题。基于此，清华大学出版社计划出版"面向新工科专业建设计算机系列教材"。

二、教材定位

教材使用对象为"211 工程"高校或同等水平及以上高校计算机类专业及相关专业学生。

三、教材编写原则

(1) 借鉴 *Computer Science Curricula* 2013(以下简称 CS2013)。CS2013 的核心知识领域包括算法与复杂度、体系结构与组织、计算科学、离散结构、图形学与可视化、人机交互、信息保障与安全、信息管理、智能系统、网络与通信、操作系统、基于平台的开发、并行与分布式计算、程序设计语言、软件开发基础、软件工程、系统基础、社会问题与专业实践等内容。

(2) 处理好理论与技能培养的关系,注重理论与实践相结合,加强对学生思维方式的训练和计算思维的培养。计算机专业学生能力的培养特别强调理论学习、计算思维培养和实践训练。本系列教材以"重视理论,加强计算思维培养,突出案例和实践应用"为主要目标。

(3) 为便于教学,在纸质教材的基础上,融合多种形式的教学辅助材料。每本教材可以有主教材、教师用书、习题解答、实验指导等。特别是在数字资源建设方面,可以结合当前出版融合的趋势,做好立体化教材建设,可考虑加上微课、微视频、二维码、MOOC 等扩展资源。

四、教材特点

1. 满足新工科专业建设的需要

系列教材涵盖计算机科学与技术、软件工程、物联网工程、数据科学与大数据技术、网络空间安全、人工智能等专业的课程。

2. 案例体现传统工科专业的新需求

编写时,以案例驱动,任务引导,特别是有一些新应用场景的案例。

3. 循序渐进,内容全面

讲解基础知识和实用案例时,由简单到复杂,循序渐进,系统讲解。

4. 资源丰富,立体化建设

除了教学课件外,还可以提供教学大纲、教学计划、微视频等扩展资源,以方便教学。

五、优先出版

1. 精品课程配套教材

主要包括国家级或省级的精品课程和精品资源共享课的配套教材。

2. 传统优秀改版教材

对于已经出版、得到市场认可的优秀教材,由于新技术的发展,计划给图书配上新的教学形式、教学资源的改版教材。

3. 前沿技术与热点教材

反映计算机前沿和当前热点的相关教材，例如云计算、大数据、人工智能、物联网、网络空间安全等方面的教材。

六、联系方式

联系人：白立军

联系电话：010-83470179

联系和投稿邮箱：bailj@tup.tsinghua.edu.cn

面向新工科专业建设计算机系列教材编委会

2019 年 6 月

面向新工科专业建设计算机系列教材编委会

数据科学与大数据技术专业核心教材体系建设——建议使用时间

四年级上	计算理论导论	分布式系统与云计算	自然语言处理 信息检索导论	
三年级下	数据结构与算法Ⅱ	编译原理 计算机网络	非结构化大数据分析	模式识别与计算机视觉 智能优化与进化计算
三年级上		并行与分布式计算	大数据计算智能 数据库系统概论	网络群体与市场 人工智能导论
二年级下	离散数学	计算机系统基础Ⅱ	数据科学导论	信息内容安全
二年级上	数据结构与算法Ⅰ	计算机系统基础Ⅰ		密码技术及安全 程序设计安全
一年级下	程序设计Ⅱ			
一年级上	程序设计Ⅰ			

FOREWORD

前言

近些年,各行各业聚集的"大数据"不仅对信息处理技术提出了挑战,而且深刻影响社会经济的各个方面。大数据时代的到来也催生一门新的学科——数据科学。数据科学是基于计算机科学、统计学、数学等学科的一门新兴的交叉学科,主要研究内容包括数据科学基础理论、数据预处理、数据计算和数据管理。作为一门新兴学科,很多学校开设了相关专业,也急需讲授其核心理论体系和应用实践的教材。本书顺应数据科学兴起的潮流,为数据科学与大数据及相关专业的学生,提供一本入门和导论性质的教材。

作者深入调研了现有的大数据教材和资料,结合十余年数据挖掘和机器学习等领域的科研实践以及"计算机导论"等计算机专业基础课程的教学实践经验,以"建立知识体系、掌握基本原理、学会初级实践、了解前沿技术"为原则,精心设计编写了本书。本书具有如下特色。

(1) 内容全面,重点突出。本书涵盖了数据科学的主要内容,包括基础理论、数学基础、分析方法、应用前沿和处理技术。同时,作者也从数据挖掘的视角着重强调了数据分析的基本方法和技能。

(2) 理论系统,实践丰富。本书比较系统地介绍了与数据科学紧密相关的基本理论和方法,并且配以丰富的实例进行讲解。作者以 Python 语言为例,配以大量实例详细讲解了数据分析的基本方法。

(3) 模块设计,灵活组合。本书划分为 3 个模块:基础理论(第 1~2章)、分析方法(第 3~6 章)、高级主题(第 7~8 章),3 个模块相对独立,模块内部也是由浅入深。选择合适章节内容和讲授深度,可以支撑 2~6 学分的"数据科学导论"课程设置。

(4) 深入浅出,可读性强。本书尽量介绍数据科学最相关的内容和最基本的概念,并配以实例介绍本质含义;此外,还介绍了大量要深入学习的扩展阅读材料。本书面向具有基础的计算机相关知识的学生和科技工作者,力争概念通俗易懂,方法便于上手。

全书内容分为 3 部分,共 8 章。第一部分是数据科学的基本理论和数学基础,由第 1~2 章组成。

第 1 章是本书统领式的一章。主要介绍数据科学的产生背景、基础知识、基本理论以及数据科学家和数据科学的实践案例。通过串联数据和大数据的概念,阐述了人类社会的数据化进程;通过介绍数据科学的理论基础和应用实践引导读者在学习时应注重理论联系实际,学以致用。

第2章介绍数据科学研究中广泛使用的数学工具。主要介绍数据科学中需要用到的基础数学知识,包括线性代数、概率统计、优化理论和图论基础,并结合实例探讨它们的应用。

本书第二部分介绍数据科学中常用的数据分析方法,由第3~6章组成。

第3章介绍数据科学研究中主流的编程语言。全书的案例也都统一以 Python 语言讲解。本章涵盖 Python 的基本用法以及数据科学处理中重要库的使用。

第4章介绍数据科学处理中基本的数据预处理方法。本章是整个数据处理中的前期核心步骤,包括数据清洗、数据集成、数据归约、数据变换等技术,最后辅以一个实践案例具体阐述预处理的各个步骤。

第5章介绍数据科学研究中的基本机器学习模型。本章介绍机器学习的基本概念及主流的机器学习库,同时讲解回归、分类、神经网络等监督学习方法及聚类等无监督学习模型,每个模型均配有实例及代码演示。

第6章以实战案例系统总结前面章节的数据处理技术。首先介绍数据分析流程,继而给出4个具体的案例,包括 Titanic 生存预测、时间序列预测等,每个案例从问题分析开始,阐述数据预处理、机器学习模型使用、结果分析等完整流程。

本书第三部分介绍数据科学的应用前沿和处理技术,由第7~8章组成。

第7章围绕非结构化数据,分别对文本数据、图像视频数据、图结构数据的分析与应用方法展开介绍。此外,还简要介绍了数据可视化分析技术、应用场景、常用的可视化分析工具。

第8章介绍大数据处理的主流工具。主要介绍了云计算的相关概念和特点、核心技术虚拟化和多个商用的云计算平台;讨论了大数据处理工具 Hadoop 与 Spark 这两个框架的基本概念、核心算法以及生态环境。本章还提供了一个完整的搭建并使用 Hadoop 集群进行数据处理的应用案例。

本书可以作为数据科学与大数据及相关专业学生的数据科学和大数据分析等课程的入门教程,也可以作为科技工作者学习大数据分析的参考材料。作为大学教材使用,可以有短学时(2~3学分)和长学时(4~6学分)两种教学计划。针对短学时教学计划,可以选择第1、3~6章讲授,其他章节选讲;针对长学时教学计划,可以讲授全部内容,并且增加上机实践环节。本书还提供了丰富的教学资料供教师教学参考和学生学习使用,包括教学幻灯片和所有实例源代码等资料。这些资料可以从 www.shichuan.org 下载使用。

石川负责全书框架设计和统稿,并编写了第1章;王啸负责编写第3~6章;胡琳梅负责编写第2、7、8章;王柏对全书进行了校对。本书编写过程中得到了北京邮电大学计算机学院数据科学与服务中心的老师们的大力支持和帮助;也得到了许多研究生的支持,他们收集并整理了大量的资料。没有他们的帮助,本书很难在约定的时间内完成。在此,感谢他们在本书的编写过程中做出的巨大贡献。

CONTENTS

目录

数据科学概论

1.1 数据和大数据

1.1.1 数据

1. 数据的定义和类型

今天的人们对于"数据"二字,一定不会感到陌生。翻开书本,打开手机或计算机,甚至不必自己去搜寻,就已经有各种各样的数据源源不断地向我们涌来。大至政府发布的各种经济数据和税务数据,小至物价数据、气温数据和身体的健康数据,可以说,人们生活在一个完全离不开数据的世界。

在特定背景下的数据中蕴含的信息能够帮助人们做出合理的决策。政府可以通过统计数据制定合适的政策,健身教练可以根据人们的身体健康数据为我们制订合适的训练计划,人们自己也可以根据天气数据决定今天如何着装等。数据的重要性不言而喻。

不同的学科中对数据的定义是不同的。统计学中的数据[1],是指为了找出问题背后的规律而需要的、与问题相关的变量的观测值,是对客观现象进行计量的结果。计算机科学中的数据[2],是指所有能输入计算机并被计算机程序处理的,具有一定意义的数字、字母、符号和模拟量等的通称。

从上面两个定义中不难看出,数据只有在特定的背景下才是有意义的,对数据的研究不能脱离其产生背景。本书从数据科学的角度,将数据定义为"在一定背景下有意义的对于现实世界中的事物定性或定量的记录"。

数据可以有多种分类方式。依据结构分类,数据可以分为结构化数据和非结构化数据。例如,数字、字符、日期等属于结构化数据类型,而文字、图片、视频、音频都属于非结构化数据;依据形式分类,数据可以分为文本数据、数字数据、声音数据、图片数据、视频数据等;依据来源分类,数据可以分为观测数据和实验数据。如何对数据进行分类,取决于人们想要用数据解决什么样的问题。

2. 数据的 DIKW 模型

人们研究数据是为了得到数据背后蕴藏的规律,以指导人们做出正确的决策,帮助人们解决在现实中遇到的问题。在这个过程中,有 4 个概念需要读者理解,它们分别是数据、信息、知识和智慧。其中,数据处于相对表象的位置。当人们有目的地对数据进行处理,便可以从中抽取出对问题有意义的部分,这便是信息;信息具有一定的时效性,一些信息随着时间的推移逐渐被证明是错误的、失实的、含糊的、缺乏价值的,而另一些信息经过时间的锤炼,逐渐沉淀累积,形成了知识;知识比信息更具抽象性、逻辑性和价值性;智慧便是知识积累到一定程度而产生的一种对于规律的掌握。这样的描述或许有些抽象,为了帮助读者梳理这几个概念之间的区别与联系,这里简单介绍信息科学和知识管理领域著名的 DIKW 模型。

DIKW 模型也被称为知识金字塔。它的前身,其实源自一首名为《岩石》[3] 的诗,作者是诺贝尔奖获得者 Thomas Stearns Eliot。诗中有这样一句:"我们在知识中失去的智慧在哪里? 我们在信息中丢失的知识在哪里?"后来,这一概念被 Milan Zeleny[4]、Russell Ackoff[5] 等人不断地扩充和细化,最终形成了现在人们看到的 DIKW 理论,如图 1-1 所示。

图 1-1　DIKW 模型图

（1）数据（Data）:数据位于模型的第一层,也是模型中的"原始材料"。它是对客观事物的数量、属性、位置及其相互关系等进行的表示,以便系统对其进行保存和处理。

（2）信息（Information）:信息位于数据的上一层。它具有一定的时效性,且具有一定意义,是已经过加工处理,并对决策有指导作用的数据流。

（3）知识（Knowledge）:知识位于信息的上一层。它是经过人类长期选择与积累的、具有价值的信息。

（4）智慧（Wisdom）:智慧位于模型的顶层。它是人类所具备的、基于已有知识和相关信息对问题进行分析和解决的能力。这种能力运用的结果是将有价值的信息挖掘出来,并使之成为已有知识结构的一部分,进而促进智慧的产生。

数据科学的任务就是以数据为研究对象,提炼出数据中蕴含的对决策有益的信息和知识。

1.1.2　数据化进程

数据是对真实世界的记录。人类最早数据记录的产生,可以追溯到三万年前的旧石器时代。那时的人类祖先,就开始在岩石、洞穴上,绘制描述自然生活的壁画。法国肖维岩洞壁画是人类已知最早的史前艺术,创作年代距今约 32 000～36 000 年。壁画的内容大都为动物和捕猎的人类,贴近生活,反映了该时期的部分生活风貌。这些壁画在当时具有何种用途,我们已经无从得知,但这些壁画真实地记录了当时人类的生活状况,为发现它们的后人打开了一扇通往神秘远古时期的大门。这是人类通过外部媒介记录自己精神状态的开始。

到了新石器时代,一些早期的社会形态逐渐形成,人们对于记录的需求日益增强,出现了各种各样的记事方法,其中使用较多的有结绳记事。在我国,《易经·系词》是有关结绳记事的最早文献记载,其中提到,"上古结绳而治,后世圣人易之以书契。百官以治,万民已查。"直到近代,一些民族依旧沿用了结绳记事。例如,我国哈尼族、瑶族、独龙族、高山族等少数民族直到 20 世纪 50 年代,依旧保留了这种记事方法。结绳记事的方法使得人类的记忆凭借着外物得以延续,在人类历史上有着十分重要的意义。

除了结绳记事,这一时期的人类还掌握了很多别的方法,例如,刻木记事、编贝记事、积石记事等。这些通过实物记事的方法,使数据信息在人类大脑以外的地方得到保存,前人的智慧、经验、教训得到了更大范围和更长时间的传承。文明成果得以积累,文明发展速度开始加快,我们今天所熟知的数据记录形式——文字——开始逐渐形成。

目前,考古发现的最早的真正意义上的文字,是公元前 3200 年左右乌鲁克古城中刻有象形符号的泥板文书,这是最早的楔形文字,也是世界上最早的文字记载。最古老的文字外观并不像楔形,只是一些平板图形。随着人类文明的发展和交流范围的扩张,原始图形无法满足应用需求,于是苏美尔人逐渐简化符号,增加其意义,使得象形符号逐渐过渡为以音节表意的抽象楔形文字。事实上,汉字也起源于图画,之后从图画逐渐抽象为图案符号,再由图案符号逐渐抽象为具有意义的文字单元,这一过程持续了几千年。目前学术界公认的最早的汉字,是殷商时期,刻在龟甲和兽骨上的甲骨文以及铸造在青铜器上的金文,存在的时期约为公元前 17 世纪到公元前 11 世纪。

文字的出现是人类文明史上的一个巨大进步,人类终于不再只使用大脑存储记忆,使用语言口口相传信息,或者仅仅使用简单的工具,简略记录见到的事物和发生的事情。文字出现之后,人类在实践过程中的所见所得、所思所想、宝贵的经验和知识,通过文字得以广泛传播,长久传承,属于人类文明的知识和智慧才能够开始积累,文明化的进程进入了一个新的阶段。

随着文字产生的另一个事物,就是数字。人类早期的结绳记事等实物记事方法中,其实就蕴含着计数的思想。例如,部落中需要记录人数,那么有几个人就在绳子上系几个结,从这一点可以看出,计数源于人类的生活需要。当文字产生后,随之产生了各式各样的数学符号。发展到后期,产生的较为成熟且一直沿用至今的,便是由印度人发明、由阿拉伯人改造并传播到西方的阿拉伯数系。印度数字在公元前 3 世纪就已经出现,在经过阿拉伯人的使用流通之后,随着阿拉伯鼎盛时期的远征传入欧洲。1202 年,数学家

Fibonacci 发布著作《计算之书》,标志着印度数字在欧洲获得认可。后来,人们就将其称为阿拉伯数字系统,也是今日最为常见的全球通用的一种数据形式。

数字的出现使得人类对事物的描述开始变得精准、量化,为一系列高级计算方式的诞生提供了可能,这也是为什么有人会说"数学每往前前进一小步,人类文明就往前前进一大步"的原因。

回顾历史,算盘是人类历史上最早的用来计算的专门工具。关于其准确的产生时间,学者们说法不一,各个地区的算盘也有不同的外在结构和使用方法。但在中国,算盘的产生,大约可以追溯到汉朝时期的一种更为简单的工具——算筹。算盘由算筹在实际应用的长期过程中改进而来,并于宋元时期广泛流行。使用算盘的计算称为珠算,珠算有对应于四则运算的相应法则。这说明在这个时期,人类就已经具有了通过工具、计算数据量较大且较为复杂难解的问题的能力。

后来,欧洲逐渐产生了一些机械计算器。17 世纪中叶,法国数学家 Blaise Pascal 发明滚轮式加法器,可以透过转盘进行加法运算。几十年后,德国数学家 Gottfried Wilhelm Leibniz 将其进行改造,制作出可以进行四则运算的步进计算器。1820 年之后,机械式计算器得到了广泛使用,也随之产生了一系列其他类型的机械式计算器。除此以外,19 世纪还诞生了基于穿孔纸带的计算器。1801 年,法国人 Joseph Marie Jacquard 在前人创造的基础上发明了提花织布机,利用打孔卡控制织花的纹样,这是可编程化机器的里程碑。1822 年,英国科学家 Charles Babbage 制造出了第一台差分机,可以处理 3 个不同的五位数,并且精度达到了6 位小数。1834 年,他提出了分析机的概念,并将机器分为三个部分:堆栈、运算器、控制器。而他的助手,Ada Lovelace,著名诗人 George Gordon Byron 之女,为分析机编制了人类历史上第一批计算机程序,她也成为了世界上第一位程序员。他(她)们的工作相较真正计算机的出现,超前了一个世纪以上,为后来计算机的出现奠定了坚实的基础。

除了计算水平因各式计算器的出现获得了突飞猛进的发展,人类信息社会在这一时期所产生的数据类型也日渐多样化。除了传统的社会生活方方面面所产生的文字、数字以及绘画类型的数据,其他类型的数据记录,如照片数据、音频数据、视频数据伴随着人类的发明创造逐渐产生。

20 世纪初期,在英国数学家 George Boole 创立了布尔代数这一数字计算机的基础理论,英国工程师 John Ambrose Fleming 利用爱迪生效应发明了电子管之后,1913 年,麻省理工的教授 Vannevar Bush 制造出了第一台模拟式计算机微分分析仪。第一台电子计算机的发明人是美国人 John Vincent Atanasoff。他和他的学生 Clifford E. Berry 于1939 年 10 月,研制了人类第一台电子计算机。Atanasoff 把这台机器命名为 ABC(Atanasoff-Berry-Computer)。此后,科学家和工程师们对早期体型巨大并且价格昂贵的计算机进行了一次次的改进和优化,为人类迎接信息时代提供了高效的工具。

20 世纪 50 年代,通信领域的学者们开始意识到,不同计算机用户之间也有通信的需求,于是他们开始对分散网络、排队论、分组交换等展开研究。1960 年,美国国防部高级研究计划局,出于冷战考虑创建了 ARPA 网。此后,网络技术日益进步,ARPA 网络逐渐成为互联网发展的基础。1973 年,ARPA 网络被扩展为互联网,接入了来自英国和挪威的计算机。在互联网几十年的发展过程中,ARPA 的 Robert Elliot Kahn 和斯坦福的

Vint Cerf 提出了 TCP/IP,Timothy John Berners-Lee 在瑞士欧洲核子研究组织构建了万维网项目,如今,互联网已经达到了高度普及的程度。根据中国互联网信息中心在 2020 年 4 月发表的报告,截至 2020 年 3 月,中国的网民规模达 9.04 亿[6],为世界首位。世界各地的人们都在互联网上分享、下载、上传各种类型的数据,庞大的互联网数据正成为一种全新的数据的表现形式,相应的并行计算、分布式计算、集群计算和云计算技术等的出现,也为数据科学的研究指明了未来的方向。

今日,人们被生活中方方面面的数据包围。面对大数据,人们依旧在努力创造更有力的计算工具,设计更科学的计算流程。希望身处由人们自身创造出的数据迷雾中的人们,能够找到这些数据之后蕴藏的关于人类本身、关于人们生存的这个世界的本质规律。

1.1.3　大数据

1. 大数据的定义

跟随着信息化的浪潮,海量数据的产生和流转已经成为常态,人们已经真正地进入了大数据时代。梅宏院士曾在《中国信息化周报》中发表文章说道[7]:"所谓大数据,是信息化到一定阶段之后的必然产物。"那么大数据究竟是什么呢?

在 1998 年的 USENIX 大会上,美国硅图公司的首席科学家 John Mashey 首次提出了"大数据"这一概念,发表了名为《大数据与下一次基础设施压力的浪潮》[8]的报告。接着,在 2000 年,宾夕法尼亚大学的经济学家 Francis Diebold 发布了报告《宏观经济评估与预测的大数据动能因素模型》,再次提及了这一概念。2011 年,牛津大学客座教授 Viktor Mayer-Schönberger 开始在经济学人杂志上发布一系列大数据专栏文章,并出版了被视为大数据研究的先河之作的《大数据时代:生活、工作与思维的大变革》[9]。至此,这一概念才逐渐走进人们的视野,并迅速占据了人们的注意力。

对于这样一个产生时间不久的概念,业内还没有一个统一的说法,从不同的角度会对大数据这一概念产生不同的理解,其中最有名的是以下几种定义。

数据科学家 John Rauser 认为,大数据是指任何超过了一台计算机处理能力的数据。

咨询公司麦肯锡将其定义为[10],大数据是无法在一定时间内用传统数据库软件工具对其进行抓取、管理和处理的数据集合。

咨询公司高德纳将其定义为,大数据是大量、高速或多变的信息资产,它需要新型的处理方式去促成更强的决策能力、洞察力与最优化处理。

以上的定义都指出,首先,大数据依旧是数据,或与数据相关的过程;其次,大数据的规模并非一定要达到某一确切的数值,关键在于,是否超过了实际情况下的数据存储能力和数据计算能力。可见,大数据这一信息化的自然产物,对现存的技术手段来说是巨大的挑战,但如果着眼于挖掘海量数据背后蕴藏的丰富规律,它无疑也是我们这个时代的机遇和财富。

2. 大数据相关定理与模型

1) 5V 模型

目前对大数据本质特征的总结中,有最初的 3V 模型,由高德纳公司的高级分析师

Doug Laney 提出。之后人们对这一概念进行了扩充,最具代表性的是 IBM 公司在随后提出的 4V 模型和现在演变出的 5V 模型[11],即多样性(Variety)、大量性(Volume)、高速性(Velocity)、价值性(Value)、真实性(Veracity),如图 1-2 所示。

图 1-2　大数据特征的 5V 模型

(1)多样性:大数据的来源与类型多样。例如,从生成类型上分为交易数据、交互数据、传感数据;从数据来源上分为社交媒体、传感器数据、系统数据;从数据格式上分为文本、图片、音频、视频、光谱等;从数据关系上分为结构化、半结构化、非结构化数据;从数据所有者上分为公司数据、政府数据、社会数据等。

(2)大量性:聚合在一起供分析的数据规模非常庞大。谷歌公司的前执行董事长艾瑞特·施密特曾说,现在全球每两天创造的数据规模等同于从人类文明开始至 2003 年间产生的数据量总和。

(3)高速性:数据的增长速度快,同时要求数据访问、处理、交付等的速度快,实时性要求高。例如搜索引擎要求几分钟前的新闻能够被用户查询到,推荐算法尽可能要求完成实时推荐。

(4)价值性:尽管人们拥有大量数据,但是发挥价值的仅是其中非常小的部分。大数据背后潜藏的价值巨大。例如通过对于社交网站的用户信息进行分析,广告商可根据结果精准投放广告。

(5)真实性:一方面,对于大量的数据需要采取措施确保其真实性、客观性;另一方面,通过大数据分析,真实地还原和预测事物的本来面目也是大数据应用的内在要求。

2)5R 模型

除了 5V 模型,如果从数据管理的角度认识从大数据中获取有用信息的过程,还可以得到由 Stidston 提出的 5R 模型[12]。该模型包括大数据的相关特性(Relevant)、实时特性(Real-time)、真实特性(Realistic)、可靠特性(Reliable),以及投资回报特征(Return On Investment,ROI)。

关于 5R 模型与 5V 模型的区别与联系,计算机科学家吴信东曾在文章《从大数据到大知识:HACE ＋ BigKE》中提到[13]:

从 5R 模型的内容来看,它和 5V 模型具有类似的地方。它们都着眼于大数据的本质特征。相比较而言,5R 是基于商业用途而提出,它对于大数据的五大特征的描述是基于数据管理在商业上的应用进行阐释。从数据管理的角度来看待大数据,其关键在于数据的组织形式。大数据的海量多源异构特征已经得到了普遍的认可。针对这些特征,采取一种怎样的数据组织形式以提升数据收集、存储、处理和应用的效率,获取对商业发展与决策具有价值的"知识",是 5R 模型中提出的需要解决的问题。

3)4P 模型

信息化医疗系统的推广使得医疗数据也具有了大数据的特点,针对医疗数据体量的庞大,以及在医疗诊断中病因与病状之间多样化的复杂对应关系,在医疗大数据的环境中产生了医学 4P 模型[13],包含预测性(Predictive)、预防性(Preventive)、个体化(Personalized)、参与性(Participatory)。该医疗模型基于大数据,对疾病做出预测,并基于个人数据对病人做出个性化的服务。同时,诊疗过程中的数据将再次被记录到数据库中,从而为病人提供基于大数据的健康建议。5V 和 5R 模型主要阐述了大数据的本质特征,而 4P 模型概括了大数据与医疗模型的结合。

4)HACE 定理

除此之外,吴信东基于大数据的本质特征,提出了 HACE 定理[13]和与其关联的大数据处理框架,从大数据的来源、大数据复杂的数据结构以及数据之间的关系这三个方面,对大数据的特征进行了阐述。

HACE 定理将大数据描述为,始于异构(Heterogeneous)、自治(Autonomous)的多源海量数据,旨在寻求探索复杂的(Complex)和演化的(Evolving)数据关联的方法和途径。其中,异构和自治主要是针对大数据的数据源而言的,例如,物联网中的每一个独立的传感器和万维网中不同的作者和读者都可以作为数据源,他们产生的数据也具有不同的媒体形式和表现形式。大数据分析就是从这些异构自治的多源数据中,探索出随时间和空间演化的数据关联。

基于 HACE 定理,文章中还提出了大数据处理的三层框架[13],如图 1-3 所示。

图 1-3 基于 HACE 定理的大数据三层架构[13]

框架的第一层是大数据计算平台。这一层提出使用带有高计算性能的集群计算机。它的特点在于,每一个计算节点都可以并行处理计算任务,使得单个计算机上的计算量有所降低,从而减小对每个计算节点的硬件依赖性。

框架的第二层是大数据的语义和应用知识,包含信息共享与数据隐私、领域和应用知识的问题。基于第一层的大数据计算平台,人们需要分析大数据中的隐含知识。在对大数据下的隐含知识分析的过程中需要数据共享,而这也会带来数据隐私的问题。因此,第二层从存储角度,对访问数据的权限进行了限制,从信息共享的渠道,对数据的一部分特征进行匿名化,使得数据中的敏感信息得到模糊处理,保证了数据的安全性。

框架的第三层是大数据分析算法。针对不同类型的数据和问题,提出大数据挖掘的具体算法。例如,局部学习、多信息源的模型融合、稀疏不确定和不完整的数据挖掘、动态的复杂数据的挖掘等方面。

1.2　数据科学理论基础

1.2.1　数据科学发展历程

1974 年,图灵奖获得者 Peter Naur 在美国和瑞典出版了《计算机方法简明调查》[14]。这本书调查了当时被广泛运用的数据处理方法,首次提到了"数据科学"的概念。Peter Naur 也对"数据科学"做出了简单的定义:它是研究处理数据的科学,一旦被建立起来,数据和数据所代表的意义之间的关系需要通过其他领域和其他科学去解释。

1996 年,IFCS(International Federation of Classification Societies)的成员召开名为"数据科学,分类和相关方法"的会议,"数据科学"首次在会议的主题中出现。

1997 年,密歇根大学的 H. C. Carver 学院举行了统计学教授的就职演讲。吴建福(CF Jeff Wu)教授在演讲中提议,将统计学改名为数据科学,将统计学家改名为数据科学家。

2001 年,William S. Cleveland 发表文章《数据科学:一个用来扩大统计学领域技术范畴的行动计划》[15]。作者指出,这种对统计学领域中技术工作的扩展是实质性的,能够给该领域带来变化。因此,新的领域应该有新的名字,叫作数据科学。

2002 年 4 月,国际数据委员会(CODATA)创立了学术期刊 *DataScience Journal*,这是首个关于数据科学的学术期刊。*DataScience Journal* 的创建被认为是 CODATA 成立以来迈出的最重要的一步。

2003 年 1 月,*Journal of Datascience* 创刊,不同于上面提到的学术期刊 *DataScience Journal*,该杂志提供了一个人人参与的交流平台,数据工作者们可以发表自己的见解,促进该领域的学术交流。

2007 年,复旦大学成立数据学和数据科学研究中心。中心成立后,每年都会举办关于数据学和数据科学的研讨会。两年后,中心研究员朱扬勇和熊赟出版了《数据学》[16]。作者提出了信息化、Cyberspace、数据爆炸、数据界等概念;并指出,数据学和数据科学是关于数据的科学或研究数据的科学,可以将其定义为,"研究探索 Cyberspace 中数据界奥秘的理论、方法和技术,研究的对象是数据界中的数据"。朱扬勇和熊赟还指出:"与自然科学和社会科学不同,数据学和数据科学的研究对象是 Cyberspace 中的数据,是新的科学。"

2009 年 1 月,谷歌首席经济学家 Hal Ronald Varian 曾说"未来十年最受欢迎的工作将是统计学家"。2009 年 6 月,统计学家 Nathan Yau 在 FlowingData 上发表名为《数据科学家的崛起》的文章[17],文章对 Hal Ronald Varian 提出的"统计学家"进行探究,将其解释为,"能够从大型数据集中提取信息,并具备计算机科学、数学及统计学、数据挖掘等能力的人，而数据科学家正是能够做到这一切的人"。

2010 年 2 月，数据编辑 Kenneth Cukier 在《经济学人》中发表特别报告提出："数据科学家作为一种新的职业出现，他们具备了软件程序员、统计学家和讲故事者的技能，用来提取大量数据背后隐藏的规律。"

2010 年 9 月，Drew Conway 在文章中指出[18]，"能够胜任工作的数据科学家需要学习很多方面东西"，并将其以韦恩图的形式总结为黑客技能、数学和统计知识以及专业领域知识。

2012 年 9 月，Tom Davenport 和 Dhanurjay Patil 在《哈佛商业评论》上发表名为《数据科学家：21 世纪最有魅力的工作》的文章[19]。

2015 年 2 月 18 日，美国白宫宣布 Dhanurjay Patil 成为白宫首位数据政策副首席技术官兼首席数据科学家。在向公众发表讲话时，Dhanurjay Patil 表示，"美国首席数据科学家的使命，就是负责任地释放数据的力量，使所有美国人受益。"

近几年来，数据科学开始广泛地进入人们的视野，相关研究的文献数量迅速增加。这一新兴学科的发展历史虽然并不长，但如今发展迅速，对数据科学的研究，也能使人们更好地面对大数据时代的机遇和挑战。

1.2.2　数据科学的概念

什么是数据科学？从字面意思理解，数据科学就是以数据为中心的科学。对于这样一门起源时间并不长的"年轻"学科，业界在目前还没有一个统一的定义，但几十年来，也有很多学者和机构发表过自己的见解。

最早提出数据科学概念的 Peter Naur 将数据科学简单定义为[14]，研究处理数据的科学，它一旦被建立起来，数据和数据所代表的意义之间的关系需要通过其他领域和其他科学去解释。

美国计算机科学家 William S. Cleveland 认为[15]，随着计算机科学的发展而扩展的，统计学中数据分析的技术领域，叫作数据科学。

复旦大学的数据科学研究中心把数据科学定义为[16]，关于数据的科学，或者研究数据的科学，是用来研究探索 Cyberspace 中数据奥秘的理论、方法和技术。

李国杰院士在《对大数据的再认识》一文中写道[20]："数据科学是数学（统计、代数、拓扑等）、计算机科学、基础科学和各种应用科学融合的科学，类似钱学森先生提出的'大成智慧学'。"

我们可以从 1.2.1 节的数据科学发展史和本节对数据科学概念的梳理中看出，数据科学并非一个全新的领域，而是起源于统计学，为了探索当前学术界和工业界所产生的大量数据中蕴含的信息与知识，结合了诸如大数据、计算机科学、机器学习、数据挖掘等新的技术和理论的一门新兴交叉学科。

1.2.3　数据科学的主要内容

1. 研究内容和研究对象

数据科学通过一系列科学的流程，研究现实世界方方面面产生的数据，从而完成从数据中抽取出信息和知识的任务,发现事物背后隐藏的规律,最终使数据的集成度更高,价值密度更大。因此,数据科学依赖数据,也依赖研究数据的方法。那么数据科学的研究内容是什么呢?针对这一问题,鄂维南院士曾在《数据科学导引》的绪论中有着如下概括[21]。

> 数据科学主要包括两个方面:用数据的方法研究科学和用科学的方法研究数据。前者包括生物信息学、天体信息学、数字地球等领域;后者包括统计学、机器学习、数据挖掘、数据库等领域。这些学科都是数据科学的重要组成部分,只有把它们有机地整合在一起,才能形成整个数据科学的全貌。

数据科学对什么对象进行研究?如果粗略地看,可以认为数据科学的研究对象就是现实世界中来源不同、类型不同的数据。但由于数据科学具备科学的性质,其科学意义上的研究对象也同样有待进一步探讨。例如,李国杰院士就曾在《大数据研究的科学价值》中,针对数据科学的研究对象进行了深刻的讨论,他在文章中提到[22]如下内容。

> 计算机科学是关于算法的科学,数据科学是关于数据的科学。但任何研究领域的研究,若要成为一门科学,研究内容一定是研究共性的问题。数据研究能成为一门科学的前提是,在一个领域发现的数据相互关系和规律具有可推广到其他领域的普适性。事实上,过去的研究已发现,不同领域的数据分析方法和结果存在一定程度的普适性。但抽象出一个领域的共性科学问题往往需要较长的时间,提炼"数据界"的共性科学问题还需要一段时间的实践积累。计算机界的学者至少在未来5~10年内,还需要多花一些精力协助其他领域的学者解决大数据带来的技术挑战问题。通过分层次的不断抽象,大数据的共性科学问题才会逐渐清晰明朗。技术上解决不了的问题积累到相当的程度,科学问题就会浮现出来。(有删减)

2. 理论体系

数据科学作为支撑大数据研究与应用的新兴交叉学科,其理论基础来自多个不同的学科领域。2010 年 9 月,美国数据科学家 Drew Conway 第一次使用韦恩图定义了数据科学的理论体系。

在图 1-4 中,黑客技能(Hacking Skills)指,在收集数据、清理数据、处理数据、分析数据等一系列流程中,需要用到的计算机科学、人工智能等方面的方法与技术。

数学和统计学知识(Math & Statistics Knowledge)指,在对数据进行分析处理的过程中,需要用到的数学和统计学方法理论。

实质性专业知识(Substantive Expertise)指,数据科学工作中涉及的实质性领域知识。对于数据科学家来说,发现问题的能力离不开实质性专业知识的掌握,正如俗语所言"外行看热闹,内行看门道"。强大的发现问题的能力正是数据科学家与一般数据分析师的不同之处。

黑客技能与数学和统计学知识的交叉区域是机器学习(Machine Learning)领域。数

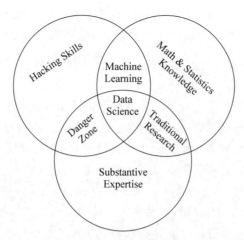

图 1-4　Drew Conway 提出的数据科学韦恩图[18]

学和统计学知识与实质性专业知识的交叉区域是传统研究(Traditional Research)领域。黑客技能与实质性专业知识的交叉区域是危险区域(Danger Zone)。而三者重叠的区域便是数据科学(Data Science)领域。这说明数据科学的理论基础应该是这三种理论知识的结合。

可以注意到,黑客技能与实质性专业知识的交叉区域是危险区域。对此,Drew Conway 表示,这并不代表同时具备两方面的理论基础就会带来危险,而只是因为缺少统计学知识可能会对数据科学的工作带来损害。这也体现了数学与统计学知识在数据科学领域中的重要性。

该韦恩图因其形式简洁明了,一经发布便受到了业界的广泛好评。如今人们见到的文献中,也大多引用此图对数据科学的概念进行介绍。受到该图的启发,在此之后,众多业内人士也纷纷提出自己对数据科学理论体系的见解。其中较为著名的是 KDD 会议联合创始人、数据科学家 Gregory Piatetsky-Shapiro 提出,Matthew Mayo 于 2016 年在 KDnuggets 上发布的数据科学韦恩图,如图 1-5 所示。

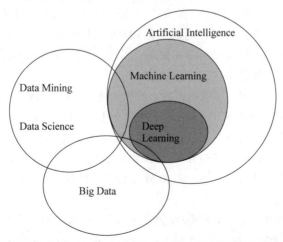

图 1-5　Gregory Piatetsky-Shapiro 数据科学韦恩图[24]

在图 1-5 中,Gregory Piatetsky-Shapiro 整理了数据科学与其他几个相关领域之间的关系。Matthew Mayo 在发布的文章中对其进行了解释。他认为[23]:

> 大数据作为"超出常用软件工具捕获、管理和处理能力"的数据集,是所有数据相关科学领域的基础。
>
> 机器学习是数据科学的核心。数据科学是为了从数据中获取知识和智慧,那么机器学习就是让这个过程自动化的引擎。它使用样本进行推断和预测,这一点与传统的统计学有很多共同点。机器学习与数据挖掘也有关联,数据挖掘是一个过程,而机器学习被用作工具来提取数据集中的潜在价值。
>
> 数据挖掘对数据科学也至关重要。Fayyad、Piatetsky-Shapiro 和 Smyth 将数据挖掘定义为"从数据中提取模式的特定算法的过程",这一概念在数据科学的概念推广之前就已经大受欢迎。但数据挖掘更多地被视为一个过程,数据科学是一门科学,它既是数据挖掘的同义词,也是包含数据挖掘的概念的超集。
>
> 深度学习是一个相对较新的概念,它是应用深度神经网络来解决问题的过程。它不会取代所有其他的机器学习算法和数据科学技术,但可以以额外的过程和工具的形式为数据科学提供大量帮助以解决问题,它是数据科学领域的一个有价值的补充。
>
> 数据科学包含机器学习和其他分析过程、统计学和相关的数学分支,而且越来越多地借鉴了高性能计算。所有这些都是为了最终从数据中提取知识和智慧,并使用这些新发现的信息来讲故事。这些故事需要以可视化的形式展现,主要应用于某些具体的行业和研究。数据科学使用来自各种相关领域的各种不同工具。
>
> (有删减)

3. 数据科学与第四范式

2007 年 1 月,图灵奖得主 Jim Gray,在演讲中提出了"指数级增长的科学数据"背景下的数据密集型科学研究的第四范式。他认为,科学范式在历史上经历了几次变革,几千年前,科学的星星之火刚刚点燃时的实验科学范式;几百年前,以牛顿的经典力学和麦克斯韦理论解释的电磁学所代表的理论科学范式;到几十年前的计算机科学范式;再到信息爆炸的今天,我们需要"从计算机科学中把数据密集型科学区分出来,作为一个新的、科学探索的第四种范式",这就是第四范式的由来。

2009 年 10 月,微软出版了《第四范式:数据密集型科学发现》一书,在 Jim Gray 提出的第四范式概念的基础上进行了展开。译者在文中提到[24]:这是"第一本、也是迄今为数不多的从研究模式变化角度来分析'大数据'及其革命影响的著作"。书中从地球与环境科学、生命与健康科学、数字信息基础设施和数字化学术信息交流等方面出发,介绍了基于海量数据的科研活动、过程、方法和基础设施,从不同角度介绍了数据密集型科学研究的内容。

2011 年 12 月,CODATA 中国全国委员会召开"数据密集型科研与数据科学研讨暨 CODATA 中委会人才团队建设启动会",会议对数据科学的基本科学问题,数据密集型科研的特点、面临的问题和挑战、未来的发展方向,如何推动数据科学发展等问题进行了探讨。

数据密集型科学由三个基本活动组成:数据采集、数据管理和数据分析。这里的数据是指大型国际实验室、跨实验室、单一实验室,甚至发展到以后还包括个人生活之中所产生的数据。实验之中涉及不同种类的学科,并且数据规模巨大,这都是数据密集型科学活动中面临的挑战。

数据科学与第四范式的联系在于,这两者是大数据研究的两大理论基础,前者是更广泛意义上的数据科学,后者是针对科学研究范式而言的。正是由于两位图灵奖获得者对这两个概念的提出和后来的科学家们对它们的扩展,大数据科学研究的理论体系才更加完善,数据科学的发展才越来越快。

1.3　数据科学应用实践

1.3.1　数据科学家

1. 数据科学家的定义

马云曾说,“数据是新一轮技术革命最重要的生产资料”。在数据已经渐渐成为“生产资料”,深刻地影响着社会生活方方面面的当下,为了探索数据中蕴含的巨大价值,业界对数据科学家的需求也在不断增大。我们首先关心的问题是,什么是数据科学家?

2005 年 9 月,美国国家科学委员会发布名为 *Long-lived Digital Data Collections:Enabling Research and Education in the 21st Century* 的报告[25],这一报告将数据科学家定义为计算机科学家、数据库和软件工程程序员、专业领域专家、专家评论员、图书管理员以及其他人的组合。这一定义说明在数据科学这样一个交叉学科当中,数据科学家应当具有多领域的技能,或者至少在一个数据科学家团队中,需要有不同学科背景的人。

2010 年 Drew Conway 发布了数据科学韦恩图[18]后,人们逐渐认可了这一简洁的表达,并在此基础上把数据科学家定义为具有计算机科学技术、数学和统计学知识基础以及实质性专业理论知识的人。因此,也出现了“数据科学家是计算机科学家中的统计学家,统计学家中的计算机科学家”这样有趣的描述。

从数据科学家所做的工作方面考虑,我们可以把数据科学家定义为,能够发现现实世界的问题,收集问题相关的数据,抽取数据中的信息,并解释数据背后的规律意义的人。

2. 数据科学家的技能

正如 Rachel Schutt 在《数据科学实战》[27]中所说,数据科学家首先需要对可能存在问题的领域有着深入的了解,发现数据科学需要解决的问题;然后需要用到统计学和软件工程方面的知识和技巧,对问题相关的数据进行采集、清理和处理;当数据被整理成型之后,数据科学家需要构建模型、设计算法、设计实验进行数据分析;最后还需要对分析结果进行可视化的展示,使用明白无误的语言和图形同别人交流,使他们明白数据背后的规律和含义。

2015 年，SAP 公司的数据科学家 Stephan Kolassa 发布了一个数据科学家韦恩图[26]，以此来说明数据科学家需要具备的技能。值得注意的是，沟通技能在其中也占据了一席之地。

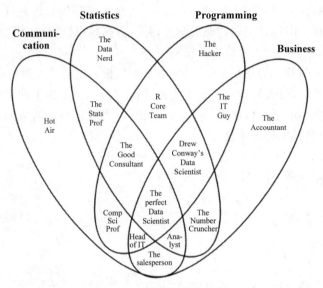

图 1-6　数据科学家韦恩图

从通用技能来说，数据科学家需要具备的技能应该涉及数据分析、数学、统计学、人工智能、机器学习、深度学习、自然语言处理、工程管理、软件工程、计算机科学、沟通能力等。从技术技能来说，数据科学家的工作需要使用到 Python、R、SQL、Hadoop、Spark、Java、SAS、C++、TensorFlow 等语言、库或工具。

1.3.2　数据科学工作流程

数据科学工作有一套完整的工作流程，但这套工作流程并非一成不变，根据实际情况的不同，可以不必按照完整的流程进行工作，而只完成工作的一部分或者重复进行某些工作。数据科学工作流程如图 1-7 所示。

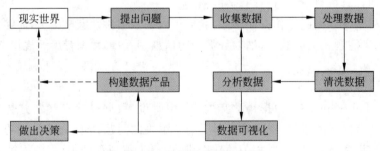

图 1-7　数据科学工作流程

（1）提出问题。数据科学工作的第一步是从现实世界发现问题并提出问题，这是数据科学家与数据分析师的一个重要区别，数据科学家需要对某一领域的专业知识更加了解,能够提出可以通过数据科学解决的问题。

(2) 收集数据。当问题被提出后,数据科学家需要从现实世界中收集大量与问题相关的原始数据。

(3) 处理数据和清洗数据。这一阶段通常是对数据的再加工,通常使用 Python 语言、R 语言、Shell 脚本、SQL 等完成,最终得到格式化的数据,便于分析。

(4) 分析数据。分析数据包括两步:第一步是探索性分析;第二步是通过机器学习算法和统计学模型对数据进行分析。探索性分析是指对已有的数据在尽量少的先验假定下进行探索,通过制图、制表、方程拟合等手段探索数据结构和规律的一种数据分析方法,适用于面对大量数据不知如何下手从何处分析的情况。在探索性分析的过程中,可能会发现数据中有重复值、缺失值,或者异常值,一些数据未被记录或错误记录。此时,为了保证数据的正确性和完整性,需要重新对数据进行采集和处理清洗。在分析数据的第二步,通常会使用机器学习的一些算法或统计学的一些模型,例如 K 近邻和朴素贝叶斯等对数据分析模型进行设计,在设计模型时需要对这是何种类型的问题进行考虑,以选取最适合的算法。

(5) 数据可视化。在得到分析结果后,数据科学家需要将分析结果可视化,以便于他人理解数据分析的结果,明白数据背后蕴含的规律。

(6) 构建数据产品。最后,可以通过数据分析的结果构建数据产品。Rachel Schutt 认为[27],在数据科学中,构建数据产品的要点在于,在数据分析中将用户与产品的交互形成的反馈数据考虑在内,以此对模型产生的偏差进行调整,这是数据科学与统计学以及单纯的数据分析的一大区别。模型不仅预测未来,它还影响未来。

1.3.3　数据科学实践案例

数据科学距我们并不遥远。今日,数据科学已经渗透进了人们生活的方方面面,帮助人们解决生活中的大小难题。为了帮助大家更好地理解数据科学工作,引发同学们的学习热情,下面给大家介绍几个数据科学的实践案例。

案例 1　医疗健康大数据

2017 年,中国大数据技术大会公布了十项年度大数据应用最佳实践。其中,颇受瞩目的一个是传统医疗行业中的医疗大数据应用系统。

传统医疗行业中累积了类型各异的海量数据,但这些数据在过去并未得到有效的利用。同时,我国的医疗现状存在着医疗资源分配不均、重复诊疗等问题。近年来,国家大力推行分级诊疗制度,移动医疗、远程医疗的发展也随着互联网技术的进步有了很大的突破。而临床一线,医疗事故仍然不时发生。资历尚浅的医生受制于医疗资源分布不均衡,医疗水平提高缓慢,这一情况直接导致优秀医生的数量严重不足。

医疗大数据的治理,可以在海量医疗数据和医疗行业中的现存问题之间架起一座桥梁。建立临床医疗诊断辅助决策平台,主要目的之一就是提高医疗的安全性和诊疗质量,减少医疗差错,提升病人的就诊体验。

具体来说,医疗大数据是指,在人们健康管理及医疗行为的过程中产生的、与健康医疗相关的数据。医疗大数据的特性包括体量大、多态性、不完整性、冗余性、时效性和隐私性。体量大是指,医疗大数据体量巨大。例如,一张 CT 图像中含有的数据量约为 100MB,而一个标准的病理图接近 5GB。多态性是指,数据来源多样,形式丰富,包括文本、医学影像等。不完整性是指医疗数据的收集和处理过程经常相互脱节,这使得医疗数据库难以全面地反映任何疾病信息。大数据来源于人工记录,这也导致了数据记录的偏差和残缺,许多数据的表达、记录本身,如"大约""不确定"等也具有不确定性。冗余性是指,同一人在不同医疗机构会产生相同的信息,而在诊疗过程中由于对病情推理的不确定也会产生大量与真实病理不相关的诊疗记录。因此,整个医疗数据库包含着大量重复和无关紧要的信息。时效性是指,医疗数据的创建速度快,更新频率高。隐私性是医疗大数据的重要特点,个体的患病情况、诊断结果、基因数据等的泄露将会导致严重后果,侵犯公民权,威胁公众安全。

医疗大数据系统将医疗大数据与机器学习、深度学习等技术,和循证医学、影像组学等学科进行结合,最终达到优化诊疗流程、提升医疗行为效率的效果。

以对医疗文本数据的挖掘为例。电子化的医疗数据方便存储和传输,但是并未达到能够直接进行数据分析的要求,大约 80% 的医疗数据是非结构化的文本数据。通过使用自然语言处理技术对文本数据进行结构化,包括数据清洗、短句切分、主干提取、短句聚类、统计筛选、模板整合、模板应用等步骤,使医疗文本达到数据分析的要求。通过对文本数据进行分析处理,也可以构建医疗知识图谱,为智能系统提供可用的学习材料。医疗知识图谱是一种从海量医疗文本中抽取结构化知识的手段,也可以应用于医疗影像数据。医疗知识图谱通过将图形学、应用数学、信息可视化技术、信息科学等学科的理论与共现分析等方法结合,利用可视化的图谱形象地展示实体之间的关系。

再以医疗影像数据的挖掘为例。医疗影像数据是 X 光、CT、核磁共振等医学影像设备所产生的影像数据的集合,具有数量巨大、维度高和复杂度高的特点,是典型的非结构化数据。作为疾病诊疗的最大信息来源,医学影像数据占全部临床医疗数据的 80% 以上。通过深度学习(如卷积神经网络),可以学习到医疗影像数据的特征表示。卷积神经网络通过一系列的方法,能够将数量庞大的图像识别问题不断降维,最终使其能够被训练,读懂医学影像,进行疾病的风险评估。

案例 2 沃尔玛与社交大数据

谈起大数据,不得不谈及沃尔玛"啤酒与尿布"的经典大数据应用案例。早在 20 世纪 90 年代,沃尔玛超市管理人员分析销售数据时发现:在某些特定的情况下,"啤酒"与"尿布"两件看上去毫无关系的商品会经常出现在同一个购物篮中。经过后续调查,美国有婴儿的家庭,一般是年轻的母亲在家照看婴儿,年轻的父亲负责购买尿布。他们在市场一般会顺路购买啤酒犒劳自己。于是,沃尔玛将尿布与啤酒摆在同一区域,两个商品的销售迅即获得增长。

在"啤酒与尿布"案例中饱尝甜头后,沃尔玛开启了大数据挖掘的大幕,陆续并购大数据企业,增强数据分析与运营实力。特别是在 2011 年,专门成立大数据公司 Walmart Labs,旨在通过深度挖掘消费者在社交网站上产生的峰值数据预测商品和消费需求,将这些数据转为有助于决策的信息,通过移动终端向用户进行精准推送。

Walmart Labs 成立之初,主要实现两大功能:首先是数据挖掘,分析消费者在社交网络上展现的兴趣,从而预测他们在沃尔玛电商平台 walmart.com 可能购买的下一个产品;其次是发展地理位置科技,实验室的工程师们希望能够开发出一个地理位置应用,引导用户寻找自己感兴趣的商品。

为了更好地进行大数据深度挖掘,沃尔玛并购了多个社交网站和移动技术企业,推出了语义搜索服务——加入社交媒体内容,扩大搜索引擎的知识储备,搜索引擎可以更好决定用户所寻找的上下文;利用社交网络上的峰值数据,预测商品需求,将这些数据转为有助于决策的信息,并推送给沃尔玛的客户。

如今,通过自身数据积累整合及并购研发,沃尔玛已然拥有一个涵盖消费者线下交易数据、沃尔玛网络商城电子数据与社交媒体应用数据为一体的实时更新积累的大数据库。沃尔玛大数据可以细化到全球 27 个国家 11 457 家门店任一时段的销售数据和销售细节。通过 Walmart Labs 工程师们的努力,这些数据会通过计算机系统,从扩散到集中,详尽地呈现顾客消费习惯的变化。通过数据挖掘和分析,得出不同地域、不同购物偏好,为采购、开店决策提供依据,将执行成本降到最低,并且创造新的消费机会。这被沃尔玛称为大脑中枢神经的终端。

在大数据的强力驱动下,沃尔玛业务飞速增长。2014 年,沃尔玛营利 270 亿美元,同比上年增长 1%;全球电子商务销售额约为 120 亿美元,相对于 2011 年翻了 3 倍。2015 财政年度(2014 年 2 月 1 日至 2015 年 1 月 31 日)的净销售金额达到近 4857 亿美元。2015 年以来,walmart.com 线上商品由 4 年前的 100 万种增至 700 多万种。

大数据会随着数据的结构化和规模化滚动增长,越来越"大",越来越"快",沃尔玛这个世界上最大的零售商,已经利用大数据技术在电子商务的发展浪潮中抢得先机。

案例 3 大数据与智慧城市

智慧城市(Smart City)这一概念发端于 20 世纪 80 年代的信息城市(Information City),经历了 20 世纪 90 年代的智能城市(Intelligent City)与数字城市(Digital City),在 2000 年后逐步演化为智慧城市。2009 年,IBM 公司首次提出了智慧城市愿景,使得智慧城市理念与实践在全球范围内迅速传播。目前,在欧洲和北美已有数百座城市宣布建设智慧城市,IBM 公司参与的智慧城市项目多达 2500 余个,微软、思科、西门子、日立、松下等科技公司以及埃森哲、奥雅纳等商业或工程咨询公司也在积极涉足智慧城市建设,预计至 2020 年智慧城市相关产业市场规模将达到 4000 亿美元。

数字城市技术把基础地理数据、正射影像、街景影像数据、全景影像数据、三维模型数据结合在一起。在政务网上,通过注册可以进行服务共享;在公共平台、互联网、公网上,通过二次开发可以提供各种交通、导航、旅游、文物、购物等服务系统。

高速发展的物联网能够实现人与人、人与机器、机器与机器的互联互通,实现智慧城市的各种应用。在经济发展方面,可以推动智慧制造、工业互联网、物联网;在文化交流方面,可以考虑智慧户外流媒体、智慧教育、智慧旅游等;在社会交往方面,有智慧交通、购物、社会综合管理。

智慧城市涉及多个方面的概念,包括智慧管理、智慧出行、智慧环境、智慧生活等。

在智慧管理方面。由城市运行所产生的交通、环境、市政、商业等各领域的数据量是巨大的,这些数据经过合理地分析、挖掘可产生大量传统数据所不能反映的城市运行信息。目前与智慧管理相关的大数据来源主要包括由遍布全市的摄像头收集的视频影像,由各类传感器收集的环境等方面信息,由各类终端收集的刷卡信息,由市民通过手机应用或社交网站贡献的相关信息等。其应用方式主要体现在三个领域。

一是实时监控与突发事件处理。例如巴塞罗那和格拉斯哥都计划在全市大规模布置摄像头或传感器以及时识别火灾、犯罪等异常情况;巴西里约热内卢还开设了一座建设有80m 宽监视屏的城市运行控制中心,显示来自全市 900 多个摄像头的监控影像,由来自30 个不同部门的 50 名工作人员对洪水威胁、交通事故、管道泄漏等突发事件做出应急控制。

二是市政服务。例如维也纳、波士顿、格拉斯哥都推出(或计划推出)用于报告市政故障的手机应用;而瑞典斯德哥尔摩自 2007 年至今已投资 7000 万欧元开发 50 多项电子服务,并以此降低了城市的管理成本。

三是公众参与。大数据使人们得以构建反映城市建成环境实时变化的三维可视化系统,这类系统可作为公众参与的平台。例如 Autodesk 公司在德国班贝格市(Bamberg)开发的城市三维可视化系统被用于讨论新铁路线建设,市民使用 iPad 即可了解铁路线对周边环境的影响,节省了公众参与的时间。

在智慧出行方面。交通流的合理规划与疏导是几乎所有城市长期面临的问题,而大数据的广泛性与实时性则为解决这类问题提供了新的可能。目前大数据在智慧出行领域的应用主要体现在两方面:一是交通流量实时监控,如利用遍布全市的摄像头监控实时交通流量;二是交通信息实时提供,如通过安装在停车场的传感器为市民提供实时停车位信息,以引导居民合理出行。

在智慧环境方面。在智慧城市概念出现之前,生态城市、低碳城市等概念就已被广泛接受,也是新千年后全球城市发展的关注重点。目前大数据在智慧环境领域的应用主要体现在两方面。

(1)能源使用管理。安装在电网系统中的传感器可实时收集用户的能耗信息,并按时段调配能源供给或在电力峰值不同的建筑物之间进行电力融通,提高能源使用效率。如伦敦、阿姆斯特丹、西雅图、斯德哥尔摩等许多城市都计划推行智慧电网(Smart Grid),日本千叶与日立公司合作建立了地区能源管理系统(AEMS)。

(2)环境质量监控。如哥本哈根利用安装在自行车轮上的传感器收集空气质量信息,巴塞罗那利用安装在路灯上的传感器收集噪声、污染信息等。

在智慧生活方面。虽然智慧城市涉及大量技术内容,但其核心价值仍在于为市民提供更高质量的生活,这也是几乎所有国外智慧城市建设项目所不断强调的。目前大数据在此领域的应用主要体现在生活服务方面。如维也纳、巴塞罗那、纽约等城市在开放数据的基础上众包开发了几十种至上百种生活服务类手机应用;多伦多、格拉斯哥等城市则通过云计算等技术对实时信息进行分析并据此为市民提供更多生活服务实时信息。此外,思科公司提出了智慧连接社区概念(Smart ＋ Connected Communities)。通过智能网络系统将社区的服务、信息和人群等各类资源相结合,将物理空间的社区转化为一个更加紧密联系的社区。但也可以看到,在医疗、教育这两个智慧生活的重要方面,大数据尚未获得较多实质性的应用。

1.4　小结

本章主要介绍了数据科学的产生背景、基础知识、基本理论、数据科学家和数据科学的实践案例。数据科学知识体系包括数据、大数据、理论基础和应用实践四大部分(见图 1-8)。其中,数据部分,应该掌握数据的定义和类型以及数据的 DIKW 模型;大数据部分,应该掌握大数据的定义以及与大数据相关的重要定理与模型。从数据到大数据,应当从宏观的角度了解人类社会所发生的数据化进程。理论基础部分,应该了解数据科学的发展历程,掌握数据科学的重要概念以及数据科学的主要内容;应用实践部分,应该了解数据科学家的概念和技能,熟悉数据科学的工作流程,了解真实世界的数据科学实践案例。在理论基础和应用实践的学习过程中,应学会相互联系,实践永无止境,理论创新也永无止境。

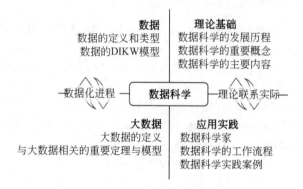

图 1-8　数据科学知识体系图

1.4.1　本章总结

1.1 节介绍了数据和大数据。数据是在一定背景下有意义的对现实世界事物定性或定量的记录。其形式多样,使用不同的分类方式可以得到如结构化数据、非结构化数据;观测数据、实验数据等不同的分类结果。随着人类数据化进程的发展,从刚开始的图画、符号,到后来产生文字、照片、视频,再到后来人类发明了互联网和电子计算机,数据的形式日益多样,数据的体量与日俱增。在当下这个大数据时代,海量数据中蕴藏着人们希望找到和获得的规律和价值,与此同时也对人们今日的数据收集、数据管理、数据处理、数据分析等一系列活动带来了挑战。大数据具有独特性质,从本质特征概括有 5V 模型,从数据管理的角度有 5R 模型,针对大数据在医疗领域的应用有 4P 模型,基于本质特征有HACE 定理和与之关联的大数据处理框架。

1.2 节介绍数据科学理论基础。数据科学的概念从第一次提出到现在只有 40 多年。作为一门新兴的学科,它在早期发展缓慢,近年来发展速度显著加快,逐渐成为热门领域。

这一现象是因为数据科学的发展与大数据的发展和第四范式概念的提出有着紧密的联系。数据科学通过一系列科学的流程,从现实世界的数据中抽取出信息和知识,最后使得数据的集成度更高,价值密度更大。它以现实世界中各种各样的数据为研究对象,以数据科学韦恩图为经典的理论体系,与第四范式共同构成了大数据科学研究的理论基础。

1.3节介绍数据科学应用实践。数据科学家是能够发现现实世界的问题,收集问题相关的数据,抽取数据中的信息,并解释数据背后规律意义的人。数据科学家需要具备实质性的专业知识,需要计算机技术等处理数据的基本技能;同时也需要统计学和数据方面的理论知识以便对数据做出正确的分析处理;最后,数据科学家需要与人合作,有良好的沟通技能。数据科学家所做的数据科学工作基本分为:提出问题,收集数据,处理数据,清洗数据,分析数据,数据可视化,构建数据产品这几个关键步骤。通过数据科学流程得出的数据分析结果能够使人们理解数据背后的信息和知识,从而对现实世界的一些重要决策起到科学指导的作用。通过介绍医疗大数据治理,沃尔玛对社交大数据的应用,以及智慧城市的概念,使同学们对数据科学的应用实践有一个初步的了解。

1.4.2　扩展阅读材料

[1]　维克托·迈尔·舍恩伯格. 大数据时代:生活、工作与思维的大变革[M]. 周涛,译. 杭州:浙江人民出版社,2012.

[2]　赵国栋,易欢欢,糜万军,等. 大数据时代的历史机遇——产业变革与数据科学[M]. 北京:清华大学出版社,2013.

[3]　朱扬勇,熊赟. 数据学[M]. 上海:复旦大学出版社,2009.

[4]　Rachel S, Cathy O'Neil. 数据科学实战[M]. 冯凌秉,王群锋,译. 北京:人民邮电出版社,2015.

[5]　Joel G. 数据科学入门[M]. 高蓉,韩波,译. 北京:人民邮电出版社,2016.

[6]　朝乐门. 数据科学[M]. 北京:清华大学出版社,2016.

[7]　阿尔贝托·博斯凯蒂,卢卡·马萨罗. 数据科学导论:Python语言实现[M]. 于俊伟,靳小波,译. 北京:机械工业出版社,2016.

[8]　吴喜之. 统计学:从数据到结论[M]. 北京:中国统计出版社,2009.

[9]　Zacharias V. 数据科学家修炼之道[M]. 吴文磊,田原,译. 北京:人民邮电出版社,2016.

[10]　Tony H, Stewart T, Kristin T. 第四范式:数据密集型科学发现[M]. 潘教峰,张晓林,译. 北京:科学出版社,2012.

1.5　习题

1. 查阅文献并思考,大数据的价值可以体现在哪些方面?
2. 查阅文献并思考,数据科学与统计学有何不同?
3. 查阅文献并思考,数据科学家和数据分析师有什么不同?
4. 查阅文献并思考,数据科学有哪些基本原则?
5. 查阅文献并思考,数据科学与数据密集型科学有什么不同?
6. 查找资料并思考,数据科学家需要具备哪些技能?
7. 查找资料,举出一个数据科学的实践案例。

1.6 参考资料

[1] 吴喜之. 统计学：从数据到结论[M]. 4 版. 北京：中国统计出版社,2013.

[2] 王珊,萨师煊. 数据库系统概论[M]. 5 版. 北京：高等教育出版社,2014.

[3] Thomas S E. The Rock[M]. London：Faber & Faber,1934.

[4] Milan Z. Management Support Systems：Towards Integrated Knowledge Management[J]. Human Systems Management,1987,7(1)：59-70.

[5] Russell A. From Data to Wisdom[J]. Journal of Applied Systems Analysis. 1989,16：3-9.

[6] 中国互联网络信息中心. 第 45 次中国互联网络发展状况统计报告[EB/OL]. http://www.cac.gov.cn/rootimages/uploadimg/1589535470391296/1589535470391296. pdf? filepath=ZBWvETi1Xzc-BKtOIkqelkI6LjXtsGgSA5nY19tMgqpxXM3yR3AbrYaldQRZRixKUS2HIKQQ6RgOUhhY5Qbga-rDEjTcORl73kmCTdYOvdSjs=&fText=全文%20第 45 次《中国互联网络发展状况统计报告》2020425.

[7] 梅宏. 推进大数据应用 繁荣数字经济发展[N]. 中国信息化周报. 2018,7.

[8] John M. Big Data and the Next Wave of InfraStress Problems，Solutions，Opportunities[EB/OL]. https://www. usenix. org/legacy/publications/library/proceedings/usenix99/invited _ talks/mashey. pdf.

[9] 维克托·迈尔·舍恩伯格. 大数据时代：生活、工作与思维的大变革[M]. 周涛,译. 杭州：浙江人民出版社. 2012.

[10] McKinsey D. Big data：The next frontier for innovation，competition，and productivity[EB/OL]. https://www. mckinsey. com/business-functions/digital-mckinsey/our-insights/big-data-the-next-frontier-for-innovation.

[11] Yuri D, Paola G, Cees de Laat, et al. Addressing Big Data Issues in Scientific Data Infrastructure [C]. 2013 International Conference on Collaboration Technologies and Systems（CTS），San Diego，CA，2013：48-55.

[12] Merritte S. Business leaders need R's not V's：the 5 R's of big data[EB/OL]. https://mapr. com/blog/business-leaders-need-rs-not-vs-5-rs-big-data/.

[13] 吴信东,何进,陆汝钤,等. 从大数据到大知识：HACE + BigKE[J]. 自动化学报. 2016,42(7)：965-982.

[14] Peter N. Concise Survey of Computer Methods[EB/OL]. http://www. naur. com/Conc. Surv. html.

[15] William S C. Data Science：An Action Plan for Expanding the Technical Areas of the Field of Statistics[J]. International Statistical Review，2001,69(1)：21-26.

[16] 朱扬勇,熊赟. 数据学[M]. 上海：复旦大学出版社,2009.

[17] Nathan Y. Rise of the Data Scientist[EB/OL]. http://flowingdata.com/2009/06/04/rise-of-the-data-scientist/.

[18] Drew C. The Data Science Venn Diagram[EB/OL]. http://drewconway.com/zia/2013/3/26/the-data-science-venn-diagram.

[19] Tom D, Patil D J. Data Scientist：The Sexiest Job of the 21st Century[EB/OL]. https://hbr. org/2012/10/data-scientist-the-sexiest-job-of-the-21st-century.

［20］ 李国杰. 对大数据的再认识［J］. 大数据，2015，1(01)：8-16.

［21］ 欧高炎，朱占星，董彬，等. 数据科学导引［M］. 北京：高等教育出版社，2017.

［22］ 李国杰. 大数据研究的科学价值［J］. 中国计算机学会通讯. 2012，8(9)：8-15.

［23］ The Data Science Puzzle［EB/OL］. https://www.kdnuggets.com/2016/03/data-science-puzzle-explained. html.

［24］ Tony H，Stewart T，Kristin T. 第四范式：数据密集型科学发现［M］. 潘教峰，张晓林，译. 北京：科学出版社，2012.

［25］ National Science Board. Long-lived Digital Data Collections：Enabling Research and Education in the 21st Century［EB/OL］. https://www.nsf.gov/geo/geo-data-policies/nsb-0540-1. pdf.

［26］ The (Not So) New Data Scientist Venn Diagram［EB/OL］. https://www.kdnuggets.com/2016/09/new-data-science-venn-diagram. html.

［27］ Rachel S，Cathy O'Neil. 数据科学实战［M］. 冯凌秉，王群锋，译. 北京：人民邮电出版社，2015.

数 学 基 础

想要对数据科学领域有较为深入的了解,不仅对编程语言有一定的要求,也需要掌握一定的数学方法。数学基础不够扎实,在学习过程中可能寸步难行。例如,在使用奇异值分解(SVD)对数据进行降维操作时需要线性代数相关知识;在社交网络分析中,需要知道图的属性和快速算法以搜索和遍历网络。数学和统计学是机器学习算法的基础。有人说,数据科学家可能是程序员中最擅长统计学、统计学中最擅长编程的一类人,数据科学不仅仅只涉及这些领域的数学知识。本章将主要介绍数据科学中常用的数学知识,将其分为 4 个部分,分别为线性代数、概率论、优化理论、图论基础。先介绍每个部分的必备的知识点,再在每节末尾给出相应数学知识在数据科学中的应用,希望读者能打下良好的数学基础。

2.1 线性代数

线性代数在数据科学中有时会被人忽视,但实际上,它是数据科学领域——包括计算机视觉与自然语言处理等热门领域的强力支撑。可以在众多领域中找到线性代数的影子,例如,机器学习中的损失函数、正则化、协方差矩阵、支持向量机,降维中的主成分分析、奇异值分解,自然语言处理中的词嵌入、潜在语义分析,计算机视觉中的卷积与图像处理等。数据开发者可能会因为数学太难而尝试避开这个主题,因为有许多现成的数据库可以帮他们摆脱这个烦恼,但这样是不利的。线性代数是机器学习算法的背后核心,也是数据科学家技能的重要组成,对线性代数的学习可以对机器学习算法有更深层的理解,构建更好的模型,选择更合适的参数,而不是仅仅将它们视为黑盒。2.1 节主要介绍线性代数相关基础知识。先介绍常用来表示数据对象和属性的向量,再讨论可以用来表示数据集和描述数据集上变换的矩阵,然后详细介绍矩阵导数的求导法则和常用定理,最后以矩阵奇异值分解为例,介绍线性代数在数据科学中的代表性应用。想要进一步了解线性代数部分的同学可以查阅参考资料[3][4][5]。

2.1.1 向量

1. 向量的定义

在欧几里得空间中,向量指具有大小和方向的量,一个向量通常用一个有向线段表示。其中,有向线段的长度表示向量的大小,指向表示向量的方向。图 2-1 给出了两个不同的向量 u 和 v。

图 2-1　两个向量

n 维向量:n 维向量是普通平面和空间向量的推广,一个由 n 个数构成的一个有序数组 $[a_1,a_2,\cdots,a_n]$ 可以称为一个 n 维向量,记 $\boldsymbol{a}=[a_1,a_2,\cdots,a_n]$,并称 $\boldsymbol{a}$ 为 n 维行向量,$\boldsymbol{a}^{\mathrm{T}}=[a_1,a_2,\cdots,a_n]^{\mathrm{T}}$ 称为 n 维列向量,其中 a_i 称为向量 $\boldsymbol{a}$ 的第 i 个分量。

2. 向量的运算

向量之间可以进行多种运算,如加法、减法、数乘等,向量的加减法遵循平行四边形法则和三角形法则,如图 2-2 所示。同数的运算一样,n 维向量的运算也遵循一些我们熟知的性质,如交换律、结合律、分配律等。另外,向量的一些其他运算性质,如内积、外积、线性相关性等,限于篇幅原因,读者可以参考相关的数学书籍。

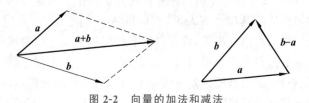

图 2-2　向量的加法和减法

【例 2-1】　设向量 $a=(2,3,4),b=(1,5,6)$,如果向量 c 满足 $2b-3(a+c)=\boldsymbol{0}$,求向量 c。

解:根据向量的运算规律有

$$c=\frac{2\boldsymbol{b}}{3}-\boldsymbol{a}=\frac{1}{3}(2,10,12)-(2,3,4)=\left(-\frac{4}{3},\frac{1}{3},0\right)$$

2.1.2　矩阵

1. 矩阵的定义

矩阵:数据科学领域中,数据的存在形式是矩阵,直观的表现为向量空间的点。一个由 $m\times n$ 个数排成的 m 行 n 列的矩形表格

$$\begin{bmatrix} a_{11} & a_{12} & \cdots & a_{1n} \\ a_{21} & a_{22} & \cdots & a_{2n} \\ \vdots & \vdots & \ddots & \vdots \\ a_{m1} & a_{m2} & \cdots & a_{mn} \end{bmatrix}$$

称为一个 $m\times n$ 矩阵,简记为 $\boldsymbol{A}_{m\times n}$ 或 $(a_{ij})_{m\times n}$ 或 $A\in\mathbb{R}^{m\times n}$。如果 $m=n$,则称为 n 阶方阵。两个矩阵 $\boldsymbol{A}=(a_{ij})_{m\times n},\boldsymbol{B}=(b_{ij})_{s\times k}$,若 $m=s,n=k$,则称 $\boldsymbol{A}$、$\boldsymbol{B}$ 为同型矩阵。另外,向量可以看作一种特殊的矩阵。

2. 矩阵的基本运算

相等:$\boldsymbol{A}=(a_{ij})_{m\times n}=\boldsymbol{B}=(b_{ij})_{s\times k}\Leftrightarrow m=s,n=k$ 且 $a_{ij}=b_{ij}(i=1,2,\cdots,m;j=1,$

$2,\cdots,n$），即两个矩阵相等时，它们为同型矩阵且对应元素相等。

加法：两个矩阵是同型矩阵时可以相加，例如

$$C=A+B=(a_{ij})_{m\times n}+(b_{ij})_{m\times n}=(c_{ij})_{m\times n} \tag{2-1}$$

其中，$c_{ij}=a_{ij}+b_{ij}(i=1,2,\cdots,m;j=1,2,\cdots,n)$，即对应元素相加。

【例 2-2】　两个 2×2 矩阵加法：

$$\begin{bmatrix}2 & 1\\ 5 & 3\end{bmatrix}+\begin{bmatrix}-1 & 2\\ -5 & 0\end{bmatrix}=\begin{bmatrix}1 & 3\\ 0 & 3\end{bmatrix}$$

数乘：设 k 为一个数，A 为矩阵，则 k 和 A 的乘积称为数乘矩阵，有 $kA=Ak$，其运算方法为 A 中的每个元素都乘以 k。

矩阵乘法（内积）：设 $A=(a_{ij})_{m\times s}$，$B=(b_{ij})_{s\times n}$，其中 A 的行数与 B 的列数相等时，A、B 可以进行乘法运算，结果是一个 $m\times n$ 矩阵，记 $C=AB=(c_{ij})_{m\times n}$，其中每个元素的计算为

$$\begin{aligned}c_{ij}&=\sum_{k=1}^{s}a_{ik}b_{kj}\\&=a_{i1}b_{1j}+a_{i2}b_{2j}+\cdots+a_{is}b_{sj}\quad i=1,2,\cdots,m;j=1,2,\cdots,n\end{aligned} \tag{2-2}$$

矩阵的乘法满足以下规律。

结合律：$(A_{m\times s}B_{s\times r})C_{r\times n}=A_{m\times s}(B_{s\times r}C_{r\times n})$

分配律：$A_{m\times s}(B_{s\times n}+C_{s\times n})=A_{m\times s}B_{s\times n}+A_{m\times s}C_{s\times n}$

数乘与矩阵乘积的结合：$k(A_{m\times s})B_{s\times n}=A_{m\times s}(kB_{s\times n})=k(A_{m\times s}B_{s\times n})$

另外，矩阵乘法一般情况下并不满足交换律，即 $AB\neq BA$。

矩阵转置：将 $m\times n$ 矩阵 A 的行与列互换得到的 $n\times m$ 矩阵称为 A 的转置矩阵，记为 A^{T}，于是有 $(A+B)^{\mathrm{T}}=A^{\mathrm{T}}+B^{\mathrm{T}}$，$(AB)^{\mathrm{T}}=B^{\mathrm{T}}A^{\mathrm{T}}$。

【例 2-3】　设 $a=[2,-1,1]$，$b=[1,2,3]$，$A=a^{\mathrm{T}}b$，求 A^n。

解：

$$\begin{aligned}A^n&=(a^{\mathrm{T}}b)(a^{\mathrm{T}}b)\cdots(a^{\mathrm{T}}b)=a^{\mathrm{T}}(ba^{\mathrm{T}})(ba^{\mathrm{T}})\cdots(ba^{\mathrm{T}})b\\&=(ba^{\mathrm{T}})^{n-1}a^{\mathrm{T}}b\\&=3^{n-1}\begin{bmatrix}2 & 4 & 6\\ -1 & -2 & -3\\ 1 & 2 & 3\end{bmatrix}\end{aligned}$$

除了上述的矩阵乘法以外，还有其他一些特殊的"乘积"形式被定义在矩阵上，值得注意的是，当提及"矩阵相乘"或者"矩阵乘法"时，并不是指这些特殊的乘积形式，而是上述定义中所描述的矩阵乘法，即矩阵内积。在描述这些特殊乘积时，应使用这些运算的专用名称和符号来避免表述歧义。

哈达玛积：两个同型 $m\times n$ 矩阵 $A=(a_{ij})_{m\times n}$，$B=(b_{ij})_{m\times n}$，可以进行哈达玛积运算，运算符号记为 $\odot$，运算得到的结果为对应元素相乘，$C=A\odot B=(c_{ij})_{m\times n}$，其中 $c_{ij}=a_{ij}\times b_{ij}$。

【例 2-4】　设矩阵 $A=\begin{bmatrix}1 & 3 & -2\\ 4 & 2 & 5\end{bmatrix}$，$B=\begin{bmatrix}-2 & 7 & 0\\ 4 & -3 & 1\end{bmatrix}$，求哈达玛积 $A\odot B$。

解：

$$\boldsymbol{A} \odot \boldsymbol{B} = \begin{bmatrix} 1 & 3 & -2 \\ 4 & 2 & 5 \end{bmatrix} \odot \begin{bmatrix} -2 & 7 & 0 \\ 4 & -3 & 1 \end{bmatrix}$$

$$= \begin{bmatrix} 1 \times (-2) & 3 \times 7 & -2 \times 0 \\ 4 \times 4 & 2 \times (-3) & 5 \times 1 \end{bmatrix}$$

$$= \begin{bmatrix} -2 & 21 & 0 \\ 16 & -6 & 5 \end{bmatrix}$$

克罗内克积：克罗内克积是两个任意大小的矩阵间的运算，运算符号记为 $\otimes$。克罗内克积也被称为直积或张量积，定义如下：若 $\boldsymbol{A}$ 是一个 $m \times n$ 矩阵，$\boldsymbol{B}$ 是一个 $p \times q$ 矩阵，它们的克罗内克积是一个 $mp \times nq$ 的分块矩阵。

$$\boldsymbol{A} \otimes \boldsymbol{B} = \begin{bmatrix} a_{11}\boldsymbol{B} & \cdots & a_{1n}\boldsymbol{B} \\ \vdots & \ddots & \vdots \\ a_{m1}\boldsymbol{B} & \cdots & a_{mn}\boldsymbol{B} \end{bmatrix}$$

【例 2-5】 设矩阵 $\boldsymbol{A} = \begin{bmatrix} 1 & 2 \\ 3 & 1 \end{bmatrix}$，$\boldsymbol{B} = \begin{bmatrix} 2 & 0 \\ 4 & 1 \end{bmatrix}$，求克罗内克积 $\boldsymbol{A} \otimes \boldsymbol{B}$。

解：根据定义

$$\boldsymbol{A} \otimes \boldsymbol{B} = \begin{bmatrix} 1 \cdot 2 & 1 \cdot 0 & 2 \cdot 2 & 2 \cdot 0 \\ 1 \cdot 4 & 1 \cdot 1 & 2 \cdot 4 & 2 \cdot 1 \\ 3 \cdot 2 & 3 \cdot 0 & 1 \cdot 2 & 1 \cdot 0 \\ 3 \cdot 4 & 3 \cdot 1 & 1 \cdot 4 & 1 \cdot 1 \end{bmatrix} = \begin{bmatrix} 2 & 0 & 4 & 0 \\ 4 & 1 & 8 & 2 \\ 6 & 0 & 2 & 0 \\ 12 & 3 & 4 & 1 \end{bmatrix}$$

3. 一些特殊矩阵

零矩阵：每个元素均为 0 的矩阵，记为 $\boldsymbol{O}$。例如一个三阶零矩阵 $\boldsymbol{O}$：$\begin{bmatrix} 0 & 0 & 0 \\ 0 & 0 & 0 \\ 0 & 0 & 0 \end{bmatrix}$。

单位矩阵：主对角线元素全为 1，其余元素全为 0 的 n 阶方阵，称为 n 阶单位矩阵，记为 $\boldsymbol{E}$ 或 $\boldsymbol{I}$，有时为了突出阶数，也记作 $\boldsymbol{E}_n$ 或 $\boldsymbol{I}_n$。例如一个三阶单位矩阵 $\boldsymbol{E}_3$：$\begin{bmatrix} 1 & 0 & 0 \\ 0 & 1 & 0 \\ 0 & 0 & 1 \end{bmatrix}$。

对称矩阵：满足 $\boldsymbol{A}^{\mathrm{T}} = \boldsymbol{A}$ 的矩阵 $\boldsymbol{A}$ 称为对称矩阵，$\boldsymbol{A}^{\mathrm{T}} = \boldsymbol{A} \Leftrightarrow a_{ij} = a_{ji}$。

【例 2-6】 矩阵 $\boldsymbol{A} = \begin{bmatrix} 2 & 4 & 3 \\ 4 & 1 & 7 \\ 3 & 7 & 0 \end{bmatrix}$，有 $\boldsymbol{A}^{\mathrm{T}} = \begin{bmatrix} 2 & 4 & 3 \\ 4 & 1 & 7 \\ 3 & 7 & 0 \end{bmatrix}^{\mathrm{T}} = \begin{bmatrix} 2 & 4 & 3 \\ 4 & 1 & 7 \\ 3 & 7 & 0 \end{bmatrix} = \boldsymbol{A}$，则矩阵 $\boldsymbol{A}$ 是一个对称矩阵。

正定矩阵：若对任意的向量 $\boldsymbol{x} = [x_1, x_2, \cdots, x_n]^{\mathrm{T}} \neq 0$，对称矩阵 $\boldsymbol{A}$ 均有 $\boldsymbol{x}^{\mathrm{T}}\boldsymbol{A}\boldsymbol{x} > 0$，则称 $\boldsymbol{A}$ 为正定矩阵；若只有 $\boldsymbol{x}^{\mathrm{T}}\boldsymbol{A}\boldsymbol{x} \geqslant 0$，则称 $\boldsymbol{A}$ 为半正定矩阵；类似地，若均有 $\boldsymbol{x}^{\mathrm{T}}\boldsymbol{A}\boldsymbol{x} < 0$ 或 $\boldsymbol{x}^{\mathrm{T}}\boldsymbol{A}\boldsymbol{x} \leqslant 0$，则分别称为负定矩阵或半负定矩阵；否则称为不定矩阵。该定义也可推广至一般方阵。矩阵的正定性有一良好的性质，正定矩阵的特征值全为正数，半正定矩阵的特征值全为非负数。

正交矩阵：满足 $\boldsymbol{A}^{\mathrm{T}} = \boldsymbol{A}^{-1}$ 或 $\boldsymbol{A}^{\mathrm{T}}\boldsymbol{A} = \boldsymbol{A}\boldsymbol{A}^{\mathrm{T}} = \boldsymbol{E}$ 的矩阵 $\boldsymbol{A}$ 称为正交矩阵。

【例 2-7】　设矩阵 $A = \begin{bmatrix} \dfrac{1}{2} & -\dfrac{\sqrt{3}}{2} \\ \dfrac{\sqrt{3}}{2} & \dfrac{1}{2} \end{bmatrix}$，则有 $A^{\mathrm{T}} = \begin{bmatrix} \dfrac{1}{2} & \dfrac{\sqrt{3}}{2} \\ -\dfrac{\sqrt{3}}{2} & \dfrac{1}{2} \end{bmatrix}$，根据矩阵乘法得 $AA^{\mathrm{T}} = \begin{bmatrix} 1 & 0 \\ 0 & 1 \end{bmatrix} = E$，则 A 是一个正交矩阵。

4. 矩阵的属性

矩阵的逆：A、B 是 n 阶方阵，E 是 n 阶单位矩阵，若 $AB = BA = E$，则称 A 是可逆矩阵，并称 B 是 A 的逆矩阵，且矩阵的逆是唯一的，记为 A^{-1}。有 $(AB)^{-1} = B^{-1}A^{-1}$，$(A^{-1})^{\mathrm{T}} = (A^{\mathrm{T}})^{-1}$。

关于矩阵的逆还有一些扩展概念，如左逆、右逆、广义逆等，此处不再一一介绍，感兴趣的读者可根据需要查阅相关书籍。

矩阵的迹：一个 n 阶方阵 A 主对角线上的元素之和称为矩阵 A 的迹，一般记为 $\mathrm{tr}(A)$。其具有以下性质：

$$\mathrm{tr}(A) = \mathrm{tr}(A^{\mathrm{T}})$$
$$\mathrm{tr}(A + B) = \mathrm{tr}(A) + \mathrm{tr}(B)$$
$$\mathrm{tr}(AB) = \mathrm{tr}(BA)$$

利用这个结果，可以推导出矩阵迹的循环性质：

$$\mathrm{tr}(ABC) = \mathrm{tr}(CAB) = \mathrm{tr}(BCA)$$

更一般地，当矩阵不被假设为方阵，但其所有乘积依然存在时，其迹依然满足循环性质。该性质常用于矩阵求导中，并且该性质还有一个直接推论，称为相似不变性：

$$\mathrm{tr}(P^{-1}AP) = \mathrm{tr}(PP^{-1}A) = \mathrm{tr}(A)$$

特征值与特征向量：设 A 为 n 阶矩阵，若存在非零列向量 ξ，数 λ 使得 $A\xi = \lambda\xi$，则称 λ 为 A 的特征值，同时称 ξ 为 A 的对应于特征值 λ 的特征向量。根据定义有 $(\lambda E - A)\xi = 0$，因 $\xi \neq 0$，有：

$$| \lambda E - A | = \begin{vmatrix} \lambda - a_{11} & -a_{12} & \cdots & -a_{1n} \\ -a_{21} & \lambda - a_{22} & \cdots & -a_{2n} \\ \vdots & \vdots & & \ddots \\ -a_{n1} & -a_{n2} & \cdots & \lambda - a_{nn} \end{vmatrix} = 0 \tag{2-3}$$

此行列式称为 A 的特征方程，是未知量 λ 的 n 次方程，有 n 个根（包括重根），分别对应于 n 个特征值。$\lambda E - A$ 称为特征矩阵，$|\lambda E - A|$ 称为特征多项式。

特征值反映矩阵的本质特征。直观上来比喻，若把矩阵看作一种变换，则特征值是这一变换的强弱程度，特征向量则是这一变换的方向；若把矩阵看作一种运动，则特征值是这一运动的速度，特征向量则是这一运动的方向。

【例 2-8】　求矩阵 $A = \begin{bmatrix} 2 & -1 & 2 \\ 5 & -3 & 3 \\ -1 & 0 & -2 \end{bmatrix}$ 的特征值和特征向量。

解：根据特征方程有

$$0=|\lambda \boldsymbol{E}-\boldsymbol{A}|=\begin{vmatrix} \lambda-2 & 1 & -2 \\ -5 & \lambda+3 & -3 \\ 1 & 0 & \lambda+2 \end{vmatrix}=(\lambda+1)^3$$

解得 $\lambda_1=\lambda_2=\lambda_3=-1$，令 $(-\boldsymbol{E}-\boldsymbol{A})\boldsymbol{x}=\boldsymbol{0}$，即 $\begin{bmatrix} -3 & 1 & -2 \\ -5 & 2 & -3 \\ 1 & 0 & 1 \end{bmatrix}\begin{bmatrix} x_1 \\ x_2 \\ x_3 \end{bmatrix}=\begin{bmatrix} 0 \\ 0 \\ 0 \end{bmatrix}$，解得特征向量

为 $k[1,1,-1]^{\mathrm{T}}$，其中 k 为任意常数。

矩阵的秩：设 $\boldsymbol{A}$ 是 $m\times n$ 矩阵，$\boldsymbol{A}$ 中最大不为零的子行列式的阶数称为矩阵 $\boldsymbol{A}$ 的秩，记为 $\mathrm{r}(\boldsymbol{A})$。对于矩阵的秩的求法，一般运用矩阵的初等变换将其变为行阶梯矩阵来求解。其他方法和性质参考相关数学书籍。

【例 2-9】 求矩阵 $\boldsymbol{A}=\begin{bmatrix} 1 & 1 & 2 \\ 2 & 0 & 3 \\ 1 & -1 & 1 \end{bmatrix}$ 的秩。

解：对矩阵 $\boldsymbol{A}$ 进行初等行变换

$$\boldsymbol{A}=\begin{bmatrix} 1 & 1 & 2 \\ 2 & 0 & 3 \\ 1 & -1 & 1 \end{bmatrix}\rightarrow\begin{bmatrix} 1 & 1 & 2 \\ 0 & -2 & -1 \\ 0 & -2 & -1 \end{bmatrix}\rightarrow\begin{bmatrix} 1 & 1 & 2 \\ 0 & -2 & -1 \\ 0 & 0 & 0 \end{bmatrix},$$

得 $\mathrm{r}(\boldsymbol{A})=2$，即矩阵 $\boldsymbol{A}$ 的秩为 2。

矩阵的奇异值：设 $\boldsymbol{A}$ 是 $m\times n$ 矩阵，$\boldsymbol{A}^{\mathrm{T}}\boldsymbol{A}$ 的特征值为

$$\lambda_1\geqslant\lambda_2\geqslant\cdots\geqslant\lambda_r>\lambda_{r+1}=\cdots=\lambda_n=0$$

称 $\sigma_i=\sqrt{\lambda_i}(i=1,2,\cdots,n)$ 为 $\boldsymbol{A}$ 的奇异值，当 $\boldsymbol{A}$ 为零矩阵时，它的奇异值均为 0。

【例 2-10】 求矩阵 $\boldsymbol{A}=\begin{bmatrix} 1 & 0 & 1 \\ 0 & 1 & 1 \\ 0 & 0 & 0 \end{bmatrix}$ 的奇异值。

解：

$$\boldsymbol{B}=\boldsymbol{A}^{\mathrm{T}}\boldsymbol{A}=\begin{bmatrix} 1 & 0 & 1 \\ 0 & 1 & 1 \\ 1 & 1 & 2 \end{bmatrix},$$

列特征方程：

$$0=|\lambda\boldsymbol{E}-\boldsymbol{B}|=\begin{vmatrix} \lambda-1 & 0 & -1 \\ 0 & \lambda-1 & -1 \\ -1 & -1 & \lambda-2 \end{vmatrix}=\lambda(\lambda-3)(\lambda-1)$$

从而解得 $\boldsymbol{B}$ 的特征值分别为 $\lambda_1=3,\lambda_2=1,\lambda_3=0$，则矩阵 $\boldsymbol{A}$ 的奇异值为 $\sqrt{3}$、1、0。

矩阵范数：矩阵范数通俗地说是一种度量矩阵"大小"的概念，可以看作是向量长度在矩阵上的一种推广。常用于机器学习中的正则化项，以惩罚过于"巨大化"的参数矩阵。矩阵范数的严格定义如下。

函数 $\|\cdot\|: \mathbb{R}^{m\times n}\rightarrow\mathbb{R}$ 称为一个矩阵范数,如果对于任意的 $m\times n$ 矩阵 $\boldsymbol{A}$、$\boldsymbol{B}$ 及实数 a 满足以下条件。

非负性: $\|\boldsymbol{A}\|\geqslant 0$,当且仅当 $\boldsymbol{A}=\boldsymbol{O}$ 时,$\|\boldsymbol{A}\|=0$。

齐次性: $\|a\boldsymbol{A}\|=|a|\|\boldsymbol{A}\|$。

三角不等式: $\|\boldsymbol{A}+\boldsymbol{B}\|\leqslant\|\boldsymbol{A}\|+\|\boldsymbol{B}\|$。

相容性: $\|\boldsymbol{A}\boldsymbol{B}\|\leqslant\|\boldsymbol{A}\|\|\boldsymbol{B}\|$。

其中,只满足前三条的范数称为矩阵上的向量范数(Vector Norm on Matrix)。这里介绍一种最常见的特殊范数:Frobenius 范数,简称 F 范数。

Frobenius 范数:假设矩阵 $\boldsymbol{A}\in\mathbb{R}^{m\times n}$,则称

$$\|\boldsymbol{A}\|_{\mathrm{F}}=(\mathrm{tr}(\boldsymbol{A}\boldsymbol{A}^{\mathrm{T}}))^{\frac{1}{2}}=\Big(\sum_{i=1}^{m}\sum_{j=1}^{n}|\boldsymbol{A}_{ij}|^{2}\Big)^{\frac{1}{2}} \tag{2-4}$$

为矩阵 $\boldsymbol{A}$ 的 F 范数,也称 l_2 范数。

2.1.3 矩阵导数

矩阵导数是函数导数的概念推广到矩阵的情况,矩阵求导在许多领域特别是数据科学领域中都能见到。在对某些目标问题建立数学模型后,问题被抽象成矩阵的优化问题,为求解此类问题,需要对矩阵做求导操作。

1. 布局

在矩阵的求导过程中,所有的法则都可以从最基本的求导规则中推导出来,然而在不同的文献和书籍中,同样的式子却推导出不同的结果,仔细观察会发现结果相差一个转置,这样的结果实际上是矩阵导数中的两个布局的问题。先假定所有的向量都是列向量,

$\boldsymbol{y}=\begin{bmatrix}y_1\\y_2\\\vdots\\y_m\end{bmatrix}$。先看向量 $\boldsymbol{y}$ 对于标量 x 的求导,其在分子布局下 $\dfrac{\partial\boldsymbol{y}}{\partial x}=\begin{bmatrix}\dfrac{\partial y_1}{\partial x}\\\dfrac{\partial y_2}{\partial x}\\\vdots\\\dfrac{\partial y_m}{\partial x}\end{bmatrix}$,而在分母布局

下 $\dfrac{\partial\boldsymbol{y}}{\partial x}=\begin{bmatrix}\dfrac{\partial y_1}{\partial x},\dfrac{\partial y_2}{\partial x},\cdots,\dfrac{\partial y_m}{\partial x}\end{bmatrix}$,其求导结果的差异是由两种不同的思路导致,本节假定使用的是分子布局。

2. 标量有关的求导

假设向量 $\boldsymbol{y}=[y_1,y_2,\cdots,y_m]^{\mathrm{T}}$ 或矩阵 $\boldsymbol{Y}(x)=(y_{ij}(x))_{m\times n}$ 的每一个元素都是标量 x 的可微元素,那么可以对向量或者矩阵进行与之相关的求导。无论是矩阵、向量对标量求导,或者是标量对矩阵、向量求导,其运算一般都是保持维数不变,然后分别对每个分量求导。

向量与标量间的求导:向量关于标量的求导在布局中已经讲过,这里看下标量关于

向量的求导，标量 y 关于向量 $\boldsymbol{x} = \begin{bmatrix} x_1 \\ x_2 \\ \vdots \\ x_n \end{bmatrix}$ 的导数定义为

$$\frac{\partial y}{\partial \boldsymbol{x}} = \left[\frac{\partial y}{\partial x_1}, \frac{\partial y}{\partial x_2}, \cdots, \frac{\partial y}{\partial x_n} \right] \tag{2-5}$$

矩阵与标量间的求导：矩阵 $\boldsymbol{Y}(x)$ 对于标量 x 的导数定义为

$$\frac{\partial}{\partial x} \boldsymbol{Y}(x) = \left(\frac{\partial}{\partial x} y_{ij}(x) \right)_{m \times n} = \begin{bmatrix} \dfrac{\partial y_{11}}{\partial x} & \dfrac{\partial y_{12}}{\partial x} & \cdots & \dfrac{\partial y_{1n}}{\partial x} \\ \dfrac{\partial y_{21}}{\partial x} & \dfrac{\partial y_{22}}{\partial x} & \cdots & \dfrac{\partial y_{2n}}{\partial x} \\ \vdots & \vdots & & \ddots \\ \dfrac{\partial y_{m1}}{\partial x} & -\dfrac{\partial y_{m2}}{\partial x} & \cdots & \dfrac{\partial y_{mn}}{\partial x} \end{bmatrix} \tag{2-6}$$

标量 $y = f(x)$ 对矩阵 $\boldsymbol{X}$ 求导：标量函数对矩阵的求导定义为函数 $y = f(x)$ 对矩阵 $\boldsymbol{X}$ 中的每个元素求偏导，即

$$\frac{\partial y}{\partial \boldsymbol{X}} = \begin{bmatrix} \dfrac{\partial y}{\partial x_{11}} & \cdots & \dfrac{\partial y}{\partial x_{1n}} \\ \vdots & \ddots & \vdots \\ \dfrac{\partial y}{\partial x_{m1}} & \cdots & \dfrac{\partial y}{\partial x_{mn}} \end{bmatrix} \tag{2-7}$$

3. 向量对向量的求导

对于向量的求导，可以先将其中一个分量看作一个标量，然后使用标量求导法则进行求导，最后分别在每一个元素上再进行一次标量求导法则进行求导。若向量 $\boldsymbol{y} = [y_1, y_2, \cdots, y_m]^{\mathrm{T}}$，$\boldsymbol{x}$ 是 n 维列向量，则有

$$\frac{\partial \boldsymbol{y}}{\partial \boldsymbol{x}} = \begin{bmatrix} \dfrac{\partial y_1}{\partial x_1} & \cdots & \dfrac{\partial y_1}{\partial x_n} \\ \vdots & \ddots & \vdots \\ \dfrac{\partial y_m}{\partial x_1} & \cdots & \dfrac{\partial y_m}{\partial x_n} \end{bmatrix} \tag{2-8}$$

这是一个 $m \times n$ 矩阵，在向量微积分中，像这样的一个向量函数对另一个向量的导数一般称为雅可比矩阵（Jacobian Matrix）。

4. 函数矩阵对矩阵的导数

假设矩阵 $\boldsymbol{A} \in \mathbb{R}^{r \times s}$，即

$$\boldsymbol{A} = \begin{bmatrix} a_{11} & \cdots & a_{1s} \\ \vdots & \ddots & \vdots \\ a_{r1} & \cdots & a_{rs} \end{bmatrix}$$

的每个元素都是纯量,矩阵 $F \in \mathbb{R}^{m \times n}$ 的每个元素都是 A 的各元纯量函数,则称 F 是以 A 为自变量的多元函数矩阵,记为 $F(A)$,即

$$F(A) = \begin{bmatrix} f_{11}(A) & \cdots & f_{1n}(A) \\ \vdots & \ddots & \vdots \\ f_{m1}(A) & \cdots & f_{mn}(A) \end{bmatrix}$$

$F(A)$ 对矩阵 A 的导数:

$$\frac{\partial F}{\partial A} = \begin{bmatrix} \dfrac{\partial F}{\partial a_{11}} & \cdots & \dfrac{\partial F}{\partial a_{1s}} \\ \vdots & \ddots & \vdots \\ \dfrac{\partial F}{\partial a_{r1}} & \cdots & \dfrac{\partial F}{\partial a_{rs}} \end{bmatrix} \tag{2-9}$$

其中:

$$\frac{\partial F}{\partial a_{ij}} = \begin{bmatrix} \dfrac{\partial f_{11}}{\partial a_{ij}} & \cdots & \dfrac{\partial f_{1n}}{\partial a_{ij}} \\ \vdots & \ddots & \vdots \\ \dfrac{\partial f_{m1}}{\partial a_{ij}} & \cdots & \dfrac{\partial f_{mn}}{\partial a_{ij}} \end{bmatrix}$$

这样得到的求导结果为一个 $mr \times ns$ 矩阵。

2.1.4　实例:利用 SVD 进行评分预测

在推荐系统中,一类重要的方法称为协同过滤,即根据相似度给相似的用户推荐相似的商品,其中最具代表性的算法就是矩阵分解——如奇异值分解(SVD 矩阵分解)。

奇异值分解就是把上面这样一个大矩阵,分解成 3 个小矩阵相乘,如图 2-3 所示。例如把上面的例子中的 1 000 000 乘以 1 000 000 的矩阵 A 分解成一个 1 000 000 乘以 100 的矩阵 X,一个 100 乘以 100 的矩阵 B,和一个 100 乘以 1 000 000 的矩阵 Y。这 3 个矩阵的元素总数加起来也不过 2 亿,仅仅是原来的 1/5000。相应的存储量和计算量都会小 3 个数量级以上。并且通过这种方式,还可以

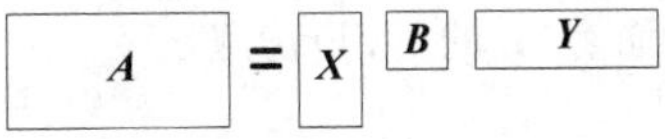

图 2-3　矩阵奇异值分解

拟合原评分矩阵中的已知量,从而预测未知量,即评分预测。这种方法称为 SVD 分解,下面进行简要介绍。

设矩阵 $A \in \mathbb{R}^{m \times n}$ 的秩 $r > 0$,则存在 m 阶正交矩阵 U 和 n 阶正交矩阵 V,使得

$$A = U \begin{bmatrix} \Sigma & O \\ O & O \end{bmatrix} V^{\mathrm{T}} \tag{2-10}$$

其中 $\Sigma = \mathrm{diag}(\sigma_1, \sigma_2, \cdots, \sigma_r)$,为矩阵 A 的全部非零奇异值构成的对角矩阵,称此为矩阵 A 的奇异值分解(一般不唯一)。

直观理解,U 和 V 分别代表两组正交单位向量,各自可生成一个线性空间,奇异值分解把线性变换清晰地分解为旋转、缩放和投影:当矩阵 A 作为一个线性变换时,它的作用是将一个向量从 V 这组正交基向量的空间旋转到 U 这组正交基向量空间,并对每个方向

进行了一定的缩放,缩放因子就是矩阵 A 的各个奇异值,同时如果 $m>n$,则表示还进行了投影。因此若抛开变换矩阵的身份,SVD 分解实质上是对矩阵的一种本质剖析。

【例 2-11】 求矩阵 $A = \begin{bmatrix} 1 & 0 & 1 \\ 0 & 1 & 1 \\ 0 & 0 & 0 \end{bmatrix}$ 的 SVD 分解。

解:由例 2-10 可知 $B = A^{\mathrm{T}} A$ 的特征值有 $\lambda_1 = 3, \lambda_2 = 1, \lambda_3 = 0$,对应的特征向量分别为

$$\xi_1 = \begin{bmatrix} 1 \\ 1 \\ 2 \end{bmatrix}, \quad \xi_2 = \begin{bmatrix} 1 \\ -1 \\ 0 \end{bmatrix}, \quad \xi_3 = \begin{bmatrix} 1 \\ 1 \\ -1 \end{bmatrix}$$

于是可得 $r(A) = 2, \Sigma = \begin{bmatrix} \sqrt{3} & 0 \\ 0 & 1 \end{bmatrix}$,令 V 等于归一化后的特征向量拼接构成的矩阵,即

$$V = \begin{bmatrix} \dfrac{1}{\sqrt{6}} & \dfrac{1}{\sqrt{2}} & \dfrac{1}{\sqrt{3}} \\ \dfrac{1}{\sqrt{6}} & -\dfrac{1}{\sqrt{2}} & \dfrac{1}{\sqrt{3}} \\ \dfrac{2}{\sqrt{6}} & 0 & -\dfrac{1}{\sqrt{3}} \end{bmatrix}$$

计算 U_1 并构造 U_2, U 如下:

$$U_1 = A V_1 \Sigma^{-1} = \begin{bmatrix} \dfrac{1}{\sqrt{2}} & \dfrac{1}{\sqrt{2}} \\ \dfrac{1}{\sqrt{2}} & -\dfrac{1}{\sqrt{2}} \\ 0 & 0 \end{bmatrix}, \quad U_2 = \begin{bmatrix} 0 \\ 0 \\ 1 \end{bmatrix}, \quad U = [U_1 : U_2] = \begin{bmatrix} \dfrac{1}{\sqrt{2}} & \dfrac{1}{\sqrt{2}} & 0 \\ \dfrac{1}{\sqrt{2}} & -\dfrac{1}{\sqrt{2}} & 0 \\ 0 & 0 & 1 \end{bmatrix}$$

从而有 A 的 SVD 分解:

$$A = U \begin{bmatrix} \sqrt{3} & 0 & 0 \\ 0 & 1 & 0 \\ 0 & 0 & 0 \end{bmatrix} V^{\mathrm{T}}$$

注意:此评分矩阵中并无缺失值,因为有缺失值的情形属于优化问题,已超出本节范围。矩阵奇异值分解的构造性证明留给读者结合例 2-11 的计算过程自行完成。

2.2 概率统计

概率论是用于表示不确定性声明的数学,提供了量化不确定性的方法和公式。在计算机科学中,大多数分支处理的实体部分是确定的,并不需要考虑硬件出错等情况,相比之下,数据科学尤其是机器学习需要大量使用概率论。统计学是一门收集、处理、分析、解释数据并从中得出结论的学科。本节主要介绍相关的概率论知识背景和部分数理统计知识。想要进一步了解概率统计部分的读者可以查阅参考资料[1][6][7]。

2.2.1　随机事件与概率

1. 随机事件

在自然现象和社会现象中存在着大量的"不确定的"现象。如用同一仪器多次测量同一物体的质量,所得结果彼此总是略有差异,这可能是由于诸如测量仪器受大气影响、观察者生理上或心理上的变化等偶然因素引起的。同样地,同一门炮向同一目标发射多发同种炮弹,弹落点也不一样,这可能是因为炮弹制造时种种偶然因素对炮弹质量的影响、炮筒位置的误差、天气条件的微小变化等都影响弹落点。再如从某生产线上用同一种工艺生产出来的灯泡的寿命也有差异等。

数据科学要研究的大多数对象便是上述这些"不确定的"现象,这就要求必须使用"不确定"的方式进行建模,甚至在很多情况下,即便是具有"确定性"的现象,使用一些简单而不确定的规则要比复杂而确定的规则更为实用。例如,简单的原则"多数鸟儿都会飞"的描述很简单并且使用很广泛,而确定的规则"除了那些非常小的还没学会飞翔的幼鸟,因为生病或是受伤而失去了飞翔能力的鸟,不会飞的鸟类如食火鸟、鸵鸟等,鸟会飞",很难应用、维护和沟通,并且容易失效[6]。

总之,这些现象的一个共同的特点:在基本条件不变的情况下,一系列试验或观察会得到不同的结果。换句话说,针对单次试验或观察而言,它会时而出现这种结果,时而出现那种结果,呈现出一种"不确定性",这种现象称为随机现象(Random Phenomenon)。对于随机现象通常关心的是在试验或观察中某个结果是否出现,这些结果称为随机事件,简称事件(Event)。例如,过马路交叉口时可能遇上各种颜色的交通指挥灯,这是一个随机现象,而"遇到红灯"则是一个随机事件,随机事件一般用大写字母 A、B、C 等表示。

每次试验一定发生的事件称为必然事件,记为 Ω;一定不发生的事件称为不可能事件,记为 $\varnothing$。随机试验的每个基本结果都是一个随机事件,称为基本事件或样本点,记为 e,随机事件 E 的全体样本点产生的集合称为试验 E 的样本空间,记为 S。

这里介绍几个常用的事件的关系与运算。

(1) 如果事件 A 发生必导致事件 B 发生,则称事件 B 包含事件 A,记 $A \subset B$。

(2) 事件 A 和 B 同时发生的事件为事件 A 和 B 的交(或积),记 AB 或 $A \bigcap B$。

(3) 事件 A 和 B 至少发生一个的事件为事件 A 和 B 的并(或和),记 $A \bigcup B$。

(4) 若 $AB = \varnothing$,则表示事件 A 和 B 不可能同时发生,称 **A** 和 **B** 互不相容。这时它们的并可记作 $A + B$。

(5) 事件 A 发生而 B 不发生的事件为事件 A 和 B 的差,记作 $A - B$,事件 A 不发生的事件称为 A 的逆事件或对立事件,记为 $\bar{A}$。

(6) 德摩根(De Morgen)定理亦称对偶原理:对于事件 A 和 B,有

$$\overline{A \bigcup B} = \bar{A} \bigcap \bar{B}, \quad \overline{A \bigcap B} = \bar{A} \bigcup \bar{B} \tag{2-11}$$

2. 概率

人们经过实践发现,虽然个别随机事件在某次试验或观察中可以出现也可以不出现,

但在大量试验中它却呈现出明显的规律性——频率稳定性。这种规律称为统计规律性。对于随机事件 A，若在 N 次试验中出现了 n 次，则称

$$F_N(A) = \frac{n}{N} \tag{2-12}$$

为随机事件 A 在 N 次试验中出现的频率。

频率的稳定性说明随机事件发生的可能性大小是随机事件本身固有的、不随人们的意志而改变的一种客观属性，因此可以对它进行度量。对一个事件 A，用一个数 $P(A)$ 来表示该事件发生的可能性大小，这个数 $P(A)$ 就称为随机事件 A 的概率（Probability）。

上述对概率的定义称为"概率的描述性定义"。现在更规范的定义方式则是 1933 年数学家科尔莫戈罗夫（1903—1987）提出的公理化定义。定义在事件域 $\mathcal{F}$（事件域的元素是事件）上的函数 $P(\cdot)$ 称为概率，如果 $P(\cdot)$ 满足以下条件。

（1）非负性：$P(A) \geqslant 0$，对一切 $A \in \mathcal{F}$。

（2）规范性：$P(\Omega) = 1$。

（3）可列可加性（或完全可加性）：对可列个互不相容事件 $A_1, A_2, \cdots, A_n, \cdots$（即 $A_i A_j = \varnothing, i \neq j$）有

$$P\left(\sum_{i=1}^{\infty} A_i\right) = \sum_{i=1}^{\infty} P(A_i) \tag{2-13}$$

其中 $P(A)$ 为事件 A 的概率。此外，概率具有如下性质。

（1）不可能事件概率为 0，即 $P(\varnothing) = 0$。

（2）（有限可加性）若 $A_1, A_2, \cdots, A_n$ 是两两互不相容事件，则有 $P(A_1 \bigcup A_2 \bigcup \cdots \bigcup A_n) = P(A_1) + P(A_2) + \cdots + P(A_n)$。

（3）（单调性）若 A、B 是两个事件，若有 $A \subset B$，则有 $P(B-A) = P(B) - P(A)$。

（4）（有界性）对任意事件 A，有 $0 \leqslant P(A) \leqslant 1$。

（5）（逆事件概率）对任意事件有 $P(\overline{A}) = 1 - P(A)$。

（6）加法公式 $P(A \bigcup B) = P(A) + P(B) - P(AB)$。

（7）减法公式 $P(A-B) = P(A) - P(AB) = P(A\overline{B})$。

2.2.2 条件概率与事件独立性

1. 条件概率

在某些情况下，人们希望通过一个事件的概率去计算另一事件的概率，这种概率称为条件概率。设 A、B 为任意两个事件，若 $P(A) > 0$，称在已知事件 A 发生的条件下，事件 B 发生的概率为条件概率，记为 $P(B|A)$，并且有

$$P(B \mid A) = \frac{P(AB)}{P(A)} \tag{2-14}$$

概率的乘法公式可以推广至任意 n 个事件之交，如果 $P(A_1 \cdots A_{n-1}) > 0$，则有

$$P(A_1 \cdots A_{n-1} A_n) = P(A_1) P(A_2 \mid A_1) P(A_3 \mid A_1 A_2) \cdots P(A_n \mid A_1 \cdots A_{n-1}) \tag{2-15}$$

【例 2-12】 已知 $P(\overline{A}) = 0.4, P(B) = 0.3, P(A\overline{B}) = 0.5$，求 $P(B \mid A \bigcup B)$。

解：

$$P(B|A \cup \bar{B}) = \frac{P(AB)}{P(A \cup \bar{B})}$$

其中

$$P(A \cup \bar{B}) = P(A) + P(\bar{B}) - P(A\bar{B}) = 0.6 + 0.7 - 0.5 = 0.8$$

又 $P(A\bar{B}) = P(A) - P(AB)$，可得

$$P(AB) = 0.1$$

代回原式有

$$P(B|A \cup \bar{B}) = \frac{P(AB)}{P(A \cup \bar{B})} = \frac{0.1}{0.8} = 0.125$$

2. 全概率公式

如果 $\bigcup_{i=1}^{n} A_i = \Omega, A_i A_j = \varnothing (i \neq j; i,j = 1,2,\cdots,n), P(A_i) > 0$，则对任意事件 B，有

$$B = \bigcup_{i=1}^{n} A_i B, \quad P(B) = \sum_{i=1}^{n} P(A_i) P(B|A_i) \tag{2-16}$$

3. 贝叶斯公式（又称为逆概率公式）

如果 $\bigcup_{i=1}^{n} A_i = \Omega, A_i A_j = \varnothing (i \neq j; i,j = 1,2,\cdots,n), P(A_i) > 0$，则对任意事件 B，只要有 $P(B) > 0$，就有

$$P(A_j|B) = \frac{P(A_j)P(B|A_j)}{\sum_{i=1}^{n} P(A_i)P(B|A_i)} \tag{2-17}$$

特别地，

$$P(A|B) = \frac{P(A)P(B|A)}{P(B)} \tag{2-18}$$

【例 2-13】 假设有两个口袋各装 10 个球，第一个口袋中 10 个白球，第二个口袋中有 7 个白球，3 个黑球，所有球除颜色外均无其他区别。从一个口袋中取出一个球，已知为白球，放回原口袋，再从该口袋中取一个球，求该球是黑球的概率。

解：假设 $H_i(i=1,2)$ 为"第一次从第 i 个口袋中取球"，A 为"取白球"，则

$$P(H_1) = P(H_2) = \frac{1}{2}, \quad P(A|H_1) = 1, \quad P(A|H_2) = \frac{7}{10}$$

那么 $P(A) = P(A|H_1)P(H_1) + P(A|H_2)P(H_2) = \frac{17}{20}$，进而

$$P(H_1|A) = \frac{P(H_1)P(A|H_1)}{P(A)} = \frac{10}{17}$$

$$P(H_2|A) = \frac{P(H_2)P(A|H_2)}{P(A)} = \frac{7}{17}$$

那么有

$$P(\overline{A}) = \frac{10}{17} \times 0 + \frac{7}{17} \times \frac{3}{10} = \frac{21}{170}$$

4. 事件独立性

设 A、B 为两个事件，如果其中任意一个事件发生与否不受另一个事件的影响，则称设 A、B 两个事件相互独立，设 $A_1,A_2,\cdots,A_n$ 为 n 个事件，如果其中任意个事件发生的概率不受其余任意个事件发生与否的影响，则称这 n 个事件相互独立。

设 A、B 为事件，如果 $P(AB)=P(A)P(B)$，则称 A、B 两个事件相互独立，简称 A、B 相互独立。以 n 重伯努利概型为例，在相同条件下独立进行一系列完全相同的试验，即每次试验结果及其发生概率不变，每次试验相互独立，称这种重复试验序列的数学模型为独立试验序列概型。此时，如果每次试验只有两个结果 A 与 $\overline{A}$，将这种试验独立重复 n 次，称为 n 重伯努利概型。此时事件 A 发生 k 次的概率利用独立性的定义可以求得为 $C_n^k p^k (1-p)^{n-k}$，其中 p 为独立事件中 A 发生的概率。

2.2.3 随机变量及其数字特征

1. 随机变量

关于随机变量等概念的严格数学定义需要实变函数、测度论等数学基础，为了避免陷入纯粹的数学，这里不给出严格的公理化定义，而是给出其描述性定义。

随机变量是指"其值会随机而定"的变量，用于表示随机试验的实验结果，即它是将事件映射为实数的函数。例如，每天同一时间点的气温，掷 100 次硬币正面出现的次数。

随机变量的分布函数：设 X 为随机变量，x 为任意实数，称函数 $F(x)=P(X \leqslant x)$ $(x \in \mathbf{R})$ 为随机变量 X 的分布函数，或称 X 服从分布 $F(x)$，记 $X \sim F(x)$。按照随机变量可能取得的值，可以把它们分为两种基本类型。

1）离散型随机变量

如果随机变量 X 只可能有有限个取值 $x_1,x_2,\cdots,x_n$，则称 X 为离散型随机变量，称

$$p_i = P\{X = x_i\}, \quad i = 1,2,\cdots,n$$

为 X 的分布列、分布律或概率分布，记 $X \sim p_i$，其概率分布通常用表格或矩阵形式表示

X	x_1	x_2	$\cdots$
P	p_1	p_2	$\cdots$

或 $\quad X \sim \begin{pmatrix} x_1 & x_2 & \cdots \\ p_1 & p_2 & \cdots \end{pmatrix}$

2）连续型随机变量

与离散型随机变量不同，连续型随机变量中其随机变量的取值不可完全逐个列举，而是在某一区间内的任一点，如某元件的使用寿命等。连续型随机变量 X 的分布函数可以表示为

$$F(x) = \int_{-\infty}^{x} f(t)\mathrm{d}t \quad (x \in \mathbf{R}) \tag{2-19}$$

其中，$f(x)$ 为非负可积函数，是变量 X 的概率密度函数，记为 $X \sim f(x)$。可知 $f(x)$ 作

为某随机变量 X 的概率密度函数的充要条件为 $f(x) \geqslant 0$，且 $\int_{-\infty}^{+\infty} f(x)\mathrm{d}x = 1$。

2. 常见的随机变量分布

均匀分布 $U(a,b)$：均匀分布（见图 2-4）在相同长度间隔的分布概率是相同的，其概率密度函数和分布函数分别为

$$f(x) = \begin{cases} \dfrac{1}{b-a}, & a \leqslant x \leqslant b \\ 0, & \text{其他} \end{cases} \quad \text{和} \quad F(x) = \begin{cases} 0, & x < a \\ \dfrac{x-a}{b-a}, & a \leqslant x < b \\ 1, & x \geqslant b \end{cases} \quad (2\text{-}20)$$

二项分布 $B(n,p)$：如果 X 的概率分布为 $P(X=k) = C_n^k p^k (1-p)^{n-k}$（$k=0,1,\cdots,n$；$0<p<1$），则称 X 服从参数为 (n,p) 的二项分布，记 $X \sim B(n,p)$。如图 2-5 为一个 $n=10$，$p=0.3$ 的二项分布图。

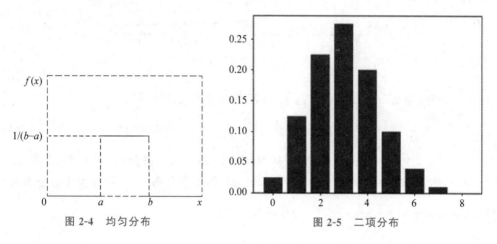

图 2-4　均匀分布　　　　　　　　　图 2-5　二项分布

泊松分布 $P(\lambda)$：如果 X 的概率分布为 $P(X=k) = \dfrac{\lambda^k}{k!}\mathrm{e}^{-\lambda}$（$k=0,1,\cdots$；$0<\lambda$），则称 X 服从参数为 λ 的泊松分布（见图 2-6），记 $X \sim P(\lambda)$。

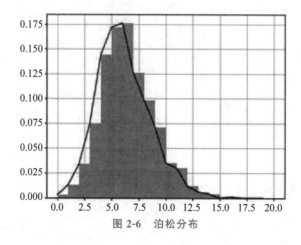

图 2-6　泊松分布

指数分布 $E(\lambda)$：如果概率密度函数和分布函数分别为

$$f(x)=\begin{cases}\lambda e^{-\lambda x}, & x>0 \\ 0, & \text{其他}\end{cases} \quad \text{和} \quad F(x)=\begin{cases}1-e^{-\lambda x}, & x \geqslant 0 \\ 0, & x<0\end{cases} \quad (\lambda>0) \quad (2\text{-}21)$$

那么称 X 服从参数为 λ 的指数分布（见图 2-7），记 $X\sim E(\lambda)$。

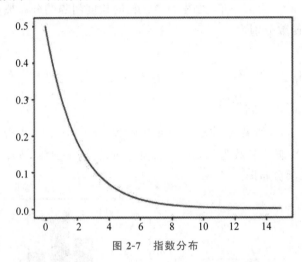

图 2-7　指数分布

正态分布（高斯分布）$N(\mu,\sigma^2)$：如果 X 的概率密度函数满足

$$f(x)=\frac{1}{\sqrt{2\pi}\sigma}e^{-\frac{1}{2}\left(\frac{x-\mu}{\sigma}\right)^2} \quad (-\infty<x<+\infty) \quad (2\text{-}22)$$

其中 $-\infty<\mu<+\infty,\sigma>0$，则称 X 服从参数为 (μ,σ^2) 的正态分布（见图 2-8），记 $X\sim N(\mu,\sigma^2)$，称 $\mu=0$、$\sigma=1$ 的正态分布 $N(0,1)$ 为标准正态分布，通常记标准正态分布的概率密度函数为 $\varphi(x)=\frac{1}{\sqrt{2\pi}\sigma}e^{-\frac{1}{2}x^2}$，分布函数记为 $\phi(x)$。

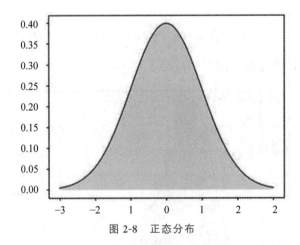

图 2-8　正态分布

正态分布函数 $X\sim N(\mu,\sigma^2)$ 有以下几种常用运算。

(1) $F(x) = P(X \leqslant x) = \phi\left(\dfrac{x-\mu}{\sigma}\right)$。

(2) $F(\mu-x) + F(\mu+x) = 1$。

(3) $P(a < X < b) = \phi\left(\dfrac{b-\mu}{\sigma}\right) - \phi\left(\dfrac{a-\mu}{\sigma}\right)$。

(4) $aX + b \sim N(a\mu + b, a^2\sigma^2)$。

χ^2 分布：若随机变量 $X_1, X_2, \cdots, X_n$ 相互独立，且都服从正态分布，则随机变量 $X = \sum\limits_{i=1}^{n} X_i^2$ 服从自由度为 n 的 χ^2 分布（卡方分布，见图 2-9），记为 $X \sim \chi^2(n)$。

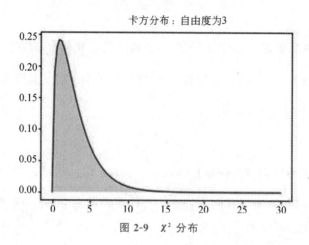

图 2-9 χ^2 分布

t 分布：设随机变量 $X \sim N(0,1)$，$Y \sim \chi^2(n)$，X、Y 相互独立，则随机变量 $t = \dfrac{X}{\sqrt{Y/n}}$ 服从自由度为 n 的 t 分布（见图 2-10），记为 $t \sim t(n)$。

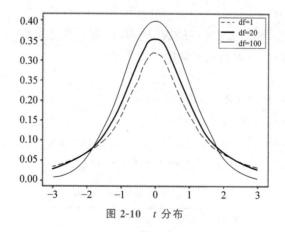

图 2-10 t 分布

F 分布：设随机变量 $X \sim \chi^2(n_1)$，$Y \sim \chi^2(n_2)$，X、Y 相互独立，则随机变量

$$F = \frac{X/n_1}{Y/n_2}$$

服从自由度为 n_1 和 n_2 的 F 分布,记为 $F \sim F(n_1, n_2)$,其中,n_1、n_2 分别称为第一自由度和第二自由度。

3. 随机变量的数字特征

1) 数学期望(Mean)

数学期望又称为概率平均值,一般简称为期望或均值,数学期望是描述随机变量的评价取值的。设 X 是随机变量,$Y = g(X)$ 是一个函数,如果 X 是离散型随机变量,其分布列 $p_i = P\{X = x_i\}(i = 1, 2, \cdots)$,若级数

$$\sum_{i=1}^{n} x_i p_i$$

绝对收敛,则称随机变量 X 的数学期望存在,并将此级数和称为随机变量 X 的数学期望,记为 $E(X)$,即 $E(X) = \sum_{i=1}^{n} x_i p_i$,否则称 X 的数学期望不存在。如果 X 是连续型随机变量,概率密度函数为 $f(x)$,若积分

$$\int_{-\infty}^{+\infty} x f(x) \mathrm{d}x$$

绝对收敛,则称 X 的数学期望存在且 $E(X) = \int_{-\infty}^{+\infty} x f(x) \mathrm{d}x$,否则称其数学期望不存在。

对于随机变量的数学期望有以下性质:对任意常数变量 a_i 和随机变量 $X_i(i = 1, 2, \cdots, n)$ 有

$$E\left(\sum_{i=1}^{n} a_i X_i\right) = \sum_{i=1}^{n} a_i EX_i \tag{2-23}$$

设 X 与 Y 相互独立,有

$$E(XY) = E(X)E(Y), \quad E[g_1(X)g_2(Y)] = E[g_1(X)]E[g_2(Y)]$$

2) 方差(Variance)

设 X 是随机变量,如果 $E(X - E(X))^2$ 存在,那么称 $E(X - E(X))^2$ 为随机变量 X 的方差,记为 $D(X)$。方差的几个常用性质如下。

(1) $D(X) \geqslant 0$。

(2) $E(X)^2 = D(X) + (E(X))^2$。

(3) $D(aX + b) = a^2 D(X)$。

(4) $D(X \pm Y) = D(X) + D(Y) \mp 2\mathrm{Cov}(X, Y)$,其中 $\mathrm{Cov}(X, Y)$ 为协方差(见表 2-1)。

这里给出以上常见随机变量分布的数学期望与方差。

表 2-1 常见随机变量分布的期望与方差

分布	分布列 p_k 或概率密度函数 $f(x)$	期望	方差
均匀分布 $U(a, b)$	$f(x) = \dfrac{1}{b-a}(a \leqslant x \leqslant b)$	$\dfrac{a+b}{2}$	$\dfrac{(b-a)^2}{12}$
二项分布 $B(n, p)$	$P(X = k) = C_n^k p^k (1-p)^{n-k}(k = 0, 1, \cdots, n)$	np	$np(1-p)$

续表

分布	分布列 p_k 或概率密度函数 $f(x)$	期望	方差
泊松分布 $P(\lambda)$	$P(X=k)=\dfrac{\lambda^k}{k!}\mathrm{e}^{-\lambda}(k=0,1,\cdots)$	λ	λ
指数分布 $E(\lambda)$	$f(x)=\lambda\mathrm{e}^{-\lambda x}(\lambda>0)$	$\dfrac{1}{\lambda}$	$\dfrac{1}{\lambda^2}$
正态分布 $N(\mu,\sigma^2)$	$f(x)=\dfrac{1}{\sqrt{2\pi}\sigma}\mathrm{e}^{-\frac{1}{2}\left(\frac{x-\mu}{\sigma}\right)^2}(-\infty<x<+\infty)$	μ	σ^2
$\chi^2(n)$ 分布		n	$2n$

3) 协方差与相关系数

如果随机变量 X、Y 的方差均存在,且 $D(X)>0,D(Y)>0$,则称 $E[(X-E(X))(Y-E(Y))]$ 为随机变量 X,Y 的协方差,记为 $\mathrm{Cov}(X,Y)$。

$$\mathrm{Cov}(X,Y)=E[(X-E(X))(Y-E(Y))]=E(XY)-E(X)E(Y) \quad (2\text{-}24)$$

另外,称

$$\rho_{XY}=\frac{\mathrm{Cov}(X,Y)}{\sqrt{D(X)}\sqrt{D(Y)}}$$

为随机变量 X、Y 的相关系数,如果 $\rho_{XY}=0$,则称 X、Y 不相关,否则称为相关。随机变量的相关系数可以用来刻画随机变量间的线性相关程度。

2.2.4　数理统计

1. 中心极限定理

中心极限定理揭示大量随机变量的平均结果,而无关随机变量的分布问题。其说明的是在一定条件下,大量独立随机变量的平均数是以正态分布为极限的。

1) 列维-林德伯格定理(独立同分布中心极限定理)

假设 $\{X_n\}$ 是独立同分布的随机变量序列,如果 $E(X_n)=\mu,D(X_n)=\sigma^2>0(n\geqslant1)$ 存在,则 $\{X_n\}$ 服从中心极限定理,此时对任意实数 x 有

$$\lim_{n\to\infty}P\left\{\frac{\sum_{i=1}^{n}x_i-n\mu}{\sqrt{n}\sigma}\leqslant x\right\}=\frac{1}{\sqrt{2\pi}}\int_{-\infty}^{x}\mathrm{e}^{-\frac{1}{2}t^2}\mathrm{d}t=\phi(x) \quad (2\text{-}25)$$

此定理中,三个条件"独立、同分布、期望方差存在"缺一不可。若随机变量序列满足二项分布,则可直接推论得出以下定理。

2) 德莫佛-拉普拉斯中心极限定理(二项分布以正态分布为其极限分布定理)

假设随机变量 $Y_n\sim B(n,p)(0<p<1,n\geqslant1)$,此时对任意实数 x 有

$$\lim_{n\to\infty}P\left\{\frac{Y_n-np}{\sqrt{np(1-p)}}\leqslant x\right\}=\frac{1}{\sqrt{2\pi}}\int_{-\infty}^{x}\mathrm{e}^{-\frac{1}{2}t^2}\mathrm{d}t=\phi(x) \quad (2\text{-}26)$$

2. 参数估计与假设检验

1) 参数估计

参数估计是统计推断的一种,根据从总体中抽取的随机样本来估计总体分布中未知

参数的一个过程,参数估计可分为点估计和区间估计。

点估计:设总体 X 的分布函数为 $F(x,\theta)$,其中 θ 是一个未知参数,$X_1,X_2,\cdots,X_n$ 是取自总体 X 一个样本,由样本构造一个统计量 $\hat{\theta}(X_1,X_2,\cdots,X_n)$ 作为参数 θ 估计,则称其为 θ 的估计量,通常记 $\hat{\theta}=\hat{\theta}(X_1,X_2,\cdots,X_n)$。常用的方法一般有矩估计法和最大似然估计法。

区间估计:设 θ 是总体 X 的一个未知参数,给定 $a(0<a<1)$,如果由样本 X_1,$X_2,\cdots,X_n$ 确定统计量 $\hat{\theta}_1=\hat{\theta}_1(X_1,X_2,\cdots,X_n),\hat{\theta}_2=\hat{\theta}_2(X_1,X_2,\cdots,X_n)$,使

$$P\{\hat{\theta}_1=\hat{\theta}_1(X_1,X_2,\cdots,X_n)<\theta<\hat{\theta}_2(X_1,X_2,\cdots,X_n)\}=1-a \qquad (2\text{-}27)$$

则称随机区间 $(\hat{\theta}_1,\hat{\theta}_2)$ 为 θ 置信度为 $1-a$ 的置信区间,$\hat{\theta}_1$ 和 $\hat{\theta}_2$ 分别称为 θ 置信度为 $1-a$ 的双侧置信区间的置信上限和置信下限,$1-a$ 为置信度或置信水平。

2) 假设检验

关于总体的每一种论断或看法,我们称为统计假设,然后根据样本数据去推断这个假设是否成立,这种统计推断问题称为统计假设检验问题,简称假设检验。其中,把着重考查、没有充分理由不能否定的假设称为原假设(基本假设或零假设),记为 H_0,将其否定的陈述称为对立假设或备择假设,记为 H_1。假设检验的基本思想为小概率反证法,概率很接近 0 的事件在一次试验或观察中不会出现。其中小概率的值并没有统一规定,规定一个界限 a,当一个事件发生的概率不大于 a 时,我们认为其是小概率事件,我们称 a 为显著性水平,通常取 $a=0.1,0.05,0.01$ 等。假设检验中,由拒绝原假设 H_0 的全体样本点组成的集合称为否定域(或拒绝域),其补集称为接受域。以下为假设检验的一般步骤。

(1) 根据实际问题提出原假设 H_0 和备择假设 H_1。

(2) 给定显著性水平 a 和样本容量 n。

(3) 确定检验统计量和拒绝域形式。

(4) 求出拒绝域。

(5) 由样本值计算统计量值,若其落入否定域,则拒绝 H_0,否则接受 H_0。

2.2.5 信息论

信息论是应用数学的一个分支,主要是研究对一个信号包含信息的多少进行量化。而在数据科学中,信息论中的各种概念应用十分广泛,例如构造损失函数等。信息论的一个基本思想为"越不可能发生的事情,即概率越小的事情发生了,那么其包含的信息量就越大"。人们想要通过这种方法来量化信息,自信息就是因此用来衡量单一事件发生时所包含的信息量的多少,此外根据定义,自信息的量是正的并且可以相加,例如事件 C 是事件 A 和事件 B 的交集,那么 C 包含的信息量就是 A 和 B 信息量的和。为满足以上性质,定义一个事件 x 的自信息

$$I_x=-\log P(x) \qquad (2\text{-}28)$$

其中没指定对数的底,如果以 2 为底,单位为比特(bit);如果以自然数 e 为底,单位为奈特(nats)。1 奈特是以概率为 $\dfrac{1}{e}$ 观测到一个事件时获得的信息量。

1. 熵

熵的概念最早在热力学中被引入,用于表述热力学第二定律,热力学的熵用于表述分子状态程度的物理量,香农用信息熵表述随机变量不确定度的度量,一个离散型随机变量 X 的熵 $H(X)$ 定义为

$$H(X) = -\sum_{x \in X} p(x) \log p(x) \tag{2-29}$$

换言之,一个随机变量的信息熵指遵循这个分布的事件产生的期望信息总量。

2. KL 散度(相对熵)和交叉熵

KL 散度又称为相对熵,如果对于同一随机变量 x 有两个单独的概率分布 $P(x)$ 和 $Q(x)$,可以用其描述两个概率分布的差异。其定义为

$$\mathrm{KL}(P \parallel Q) = \int_{-\infty}^{\infty} p(x) \log \frac{p(x)}{q(x)} \mathrm{d}x \tag{2-30}$$

KL 散度的一个基本性质为非负性,KL 散度为 0 时当且仅当 P 和 Q 为两个相同的离散分布。将式(2-30)展开有

$$\mathrm{KL}(P \parallel Q) = \int_{-\infty}^{\infty} p(x) \log p(x) \mathrm{d}x - \int_{-\infty}^{\infty} p(x) \log q(x) \mathrm{d}x$$

$$= -H(P) + H(P, Q) \tag{2-31}$$

其中,$H(P)$ 为熵;$H(P, Q)$ 称为 P、Q 的交叉熵,其表示使用基于 Q 的编码对来自 P 的编码所需要的字节数。因此,KL 散度可以认为表示使用基于 Q 的编码对来自 P 的编码所需要的额外字节数。此外,KL 散度不满足对称性,即

$$\mathrm{KL}(P \parallel Q) \neq \mathrm{KL}(Q \parallel P)$$

3. 条件熵

条件熵 $H(Y|X)$ 表示在已知随机变量 X 的条件下随机变量 Y 的不确定性。条件熵 $H(Y|X)$ 定义为 X 给定条件下 Y 的条件概率分布的熵对 X 的数学期望:

$$H(Y|X) = \sum_{x \in X} p(x) H(Y|X=x)$$

$$= -\sum_{x \in X} p(x) \sum_{y \in Y} p(y|x) \log p(y|x)$$

$$= -\sum_{x \in X} \sum_{y \in Y} p(x, y) \log p(y|x)$$

2.2.6　实例:利用朴素贝叶斯算法进行文本分类

解决文本分类的任务,涉及语言建模和学习算法的选择两个问题。这里使用最常用的语言建模方式——N-gram 语言模型对训练语料进行特征抽取,并使用朴素贝叶斯算法进行文本分类,以展示贝叶斯定理在数据科学中的应用。

朴素贝叶斯算法是在统计数据的基础上,依据条件概率公式计算当前特征的样本属于某个分类的概率,选择最大的概率进行分类,基本思想就是前文提到的贝叶斯公式。

N-gram 是一种基于概率的判别的语言模型,它的输入是一句话,输出则是这句话的概率。N-gram 模型基于这样一种假设:第 N 个词的出现只与前面 $N-1$ 个词相关,而与其他任何词都不相关,整句的概率就是各个词出现概率的乘积,即词序列 $w_1, w_2, \cdots, w_m$ 出现的概率

$$p(w_1, w_2, \cdots, w_m) = p(w_1) \cdot p(w_2 \mid w_1) \cdot p(w_3 \mid w_1, w_2) \cdot \cdots \cdot p(w_m \mid w_1, \cdots, w_{m-1})$$

当 $N=1$ 时,称为一元语言模型,此时模型简化为 $P(w_1, w_2, \cdots, w_m) = \prod_{i=1}^{m} P(w_i)$,其中 $P(w_i) = \dfrac{C(w_i)}{M}$,$C(\cdot)$ 表示词在训练语料中出现的次数,M 是语料库中的总字数。

现在假设有语料,左三句为侮辱性句子,右三句非侮辱性句子:

Maybe not take him to dog park, stupid.   My dalmatian is so cute. I love him.

Stop posting stupid worthless garbage.   Quit buying worthless dog food, stupid.

My dog has flea problems, help please.   Mr. Licks ate my steak. How to stop him?

为了避免测试中出现某些未在训练语料中出现过的词,从而造成概率值归零的情形出现,将每个词的出现次数都自增 1,以词 stupid 为例,计算其在侮辱性句子和非侮辱性句子中出现的概率。

$$P(\text{stupid} \mid \text{侮辱性}) = \frac{3+1}{19} \approx 0.2105$$

$$P(\text{stupid} \mid \text{非侮辱}) = \frac{0+1}{24} \approx 0.0417$$

从中可以看出,两种类别下的词分布有明显的差异,从而使得分类器可以生效,考虑测试用例:stupid garbage,应用朴素贝叶斯公式计算此句是侮辱性句子的概率。

$$P(\text{侮辱性} \mid \text{stupidgarbage}) = \frac{P(\text{侮辱性})P(\text{stupid} \mid \text{侮辱性})P(\text{garbage} \mid \text{侮辱性})}{\sum_{Y=\{\text{侮辱性},\text{非侮辱}\}} P(\text{stupid} \mid Y)P(\text{garbage} \mid Y)}$$

$$= \frac{\dfrac{3}{6} \times \dfrac{4}{19} \times \dfrac{2}{19}}{\dfrac{4}{19} \times \dfrac{2}{19} + \dfrac{1}{24} \times \dfrac{1}{24}}$$

$$= 0.9274$$

同理 $P(\text{非侮辱} \mid \text{stupid garbage}) = 0.0726$,从而将其正确分类为"侮辱性句子"。

请读者计算句子"Love my dalmatian."的分类概率。

2.3 优化理论

本节主要介绍优化理论的相关知识。先介绍优化理论中的基本概念,然后介绍 3 种常见优化问题的形式,再介绍两种常用的数值优化方法,最后以 SVM 为例,介绍优化理论在数据科学中的典型应用。想要进一步了解优化理论部分的同学可以查阅参考资料

[1][8][10][11]。

2.3.1　基本概念

优化理论是一门应用非常广泛的学科,它讨论的是某种问题的最优或者近似最优的解决方案,以及寻找最优方案的计算方法。伴随着计算机的高速发展和最优化技术的进步,越来越多的大规模优化问题得到了解决,这就为优化技术在数据科学领域的应用铺开了道路。例如在机器学习、数据挖掘等领域应用非常广泛。以机器学习为例,简单地说,机器学习主要做的就是优化问题,即先初始化一下模型参数,然后利用某种优化方法来优化这个权重,直到准确率不再上升,迭代停止。到底什么是最优化问题呢?

甲要从清华大学到北京邮电大学,可供选择的交通方式有公交车、出租车、地铁、共享单车、步行等,但是甲身上只有 3 块钱,要求以最快的时间到达。应该如何选择出行方案?

形式化地,

$$\min f(x) \quad \text{s.t. } x \in S$$

要选择的出行方式 x 是被优化的参数,到达的时间 $f(x)$ 就是优化的目标,3 块钱则是限制条件,满足所有限制条件的可行域记为 S。我们希望找到一个满足约束条件的 $x^* \in S$,使得对于任意的 $x \in S$,都有 $f(x) \geqslant f(x^*)$,这时 x^* 就是我们所求的最后结果。人们称这样的问题为优化问题。

如果建立的优化数学模型中,约束集合 S 为凸集合,目标函数 f 是凸函数,则大多求解算法(通常是某种迭代算法)都是收敛的,满足上述条件的优化问题称为凸优化问题。因此,凸集合和凸函数的概念对于研究优化数学模型的求解来说至关重要。下面介绍一般概念和性质。

1. 凸集合

设集合 $S \in \mathbb{R}^n$,如果对任意 $x_1, x_2 \in S$,有

$$\lambda x_1 + (1-\lambda) x_2 \in S, \quad \forall \lambda \in [0,1] \tag{2-32}$$

则称集合 S 是凸集合。此定义也可以推广定义为:如果对任意 $x_1, x_2, \cdots, x_n \in S$,有

$$\sum_{i=1}^{n} \lambda_i x_i \in S \tag{2-33}$$

其中 $\sum_{i=1}^{n} \lambda_i = 1, \lambda_i \geqslant 0, \forall \lambda_i \in [0,1]$,则称集合 S 是凸集合。

凸集合的直观举例如图 2-11 所示,其他常见凸集合例如,超平面 $H = \{x \mid \boldsymbol{\omega}^{\mathrm{T}} x = \gamma\}$

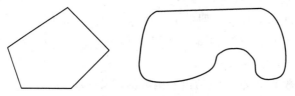

图 2-11　凸集合与非凸集合

是凸集合,非零向量 $\boldsymbol{\omega} \in \mathbb{R}^n$ 称为超平面的法向量,γ 是实数。闭半空间 $P_- = \{\boldsymbol{x} \mid \boldsymbol{\omega}^\mathrm{T}\boldsymbol{x} \leqslant \gamma\}$ 和 $P_+ = \{\boldsymbol{x} \mid \boldsymbol{\omega}^\mathrm{T}\boldsymbol{x} \geqslant \gamma\}$ 也是凸集合。开半空间 $S_- = \{\boldsymbol{x} \mid \boldsymbol{\omega}^\mathrm{T}\boldsymbol{x} < \gamma\}$ 和 $S_+ = \{\boldsymbol{x} \mid \boldsymbol{\omega}^\mathrm{T}\boldsymbol{x} > \gamma\}$ 也是凸集合。有限个闭半空间的交组成的集合 S 叫多面集,即

$$S = \{\boldsymbol{x} \mid \boldsymbol{\omega}_i^\mathrm{T}\boldsymbol{x} \leqslant \gamma_i, i = 1, 2, \cdots, m\} \tag{2-34}$$

是凸集合。如果令 $\boldsymbol{W} = (\boldsymbol{\omega}_1^\mathrm{T}, \boldsymbol{\omega}_2^\mathrm{T}, \cdots, \boldsymbol{\omega}_m^\mathrm{T})^\mathrm{T}$, $\boldsymbol{\Gamma} = (\gamma_1, \gamma_2, \cdots, \gamma_m)^\mathrm{T}$,则多面体(见图 2-12)也可以改写成如下矩阵形式

$$S = \{\boldsymbol{x} \mid \boldsymbol{W}\boldsymbol{x} \leqslant \boldsymbol{\Gamma}\} \tag{2-35}$$

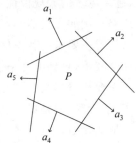

图 2-12 多面体

优化问题的求解算法迭代终止后,得到的是问题的最优解或者近似最优解,对算法进行理论分析时,就要用到求解区域的极值点和极值方向的概念。

设集合 $S \subset \mathbb{R}^n$ 是非空凸集,如果对任意 $\boldsymbol{x} \in S$,存在 $\boldsymbol{x}_1, \boldsymbol{x}_2 \in S, \boldsymbol{\theta} \in (0,1)$,使得

$$\boldsymbol{x} = \theta\boldsymbol{x}_1 + (1-\theta)\boldsymbol{x}_2 \Rightarrow \boldsymbol{x} = \boldsymbol{x}_1 = \boldsymbol{x}_2 \tag{2-36}$$

则称 $\boldsymbol{x}$ 是凸集 S 的极值点。例如,凸集的顶点即为极值点。

设集合 $S \subset \mathbb{R}^n$ 是闭凸集,$\boldsymbol{d}$ 为非零向量,如果对每个 $\boldsymbol{x} \in S$,均有

$$\forall \lambda \geqslant 0, \quad \boldsymbol{x} + \lambda\boldsymbol{d} \in S \tag{2-37}$$

则称 $\boldsymbol{d}$ 是凸集 S 的方向,记为 $D(S)$。如果 $\boldsymbol{d} \in D(S)$,且对 $\forall \boldsymbol{d}_1, \boldsymbol{d}_2 \in D(S)$,且 $\boldsymbol{d}_1 \neq \alpha\boldsymbol{d}_2$ ($\alpha > 0$),不存在 $\lambda_1, \lambda_2 > 0$,使得 $\boldsymbol{d} = \lambda_1\boldsymbol{d}_1 + \lambda_2\boldsymbol{d}_2$,则称 $\boldsymbol{d}$ 是集合 S 的极值方向。

2. 凸函数

在最优化问题中,目标函数常常具有凸性,这使得算法很快能求得最优解。下面给出凸函数(见图 2-13)的一般概念。

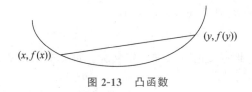

图 2-13 凸函数

设集合 $S \subset \mathbb{R}^n$ 是非空凸集,$\alpha \in (0,1)$,f 是定义在 S 上的函数。如果对 $\forall \boldsymbol{x}_1, \boldsymbol{x}_2 \in S$,有

$$f(\alpha\boldsymbol{x}_1 + (1-\alpha)\boldsymbol{x}_2) \leqslant \alpha f(\boldsymbol{x}_1) + (1-\alpha)f(\boldsymbol{x}_2) \tag{2-38}$$

则称函数 f 是凸集 S 的凸函数。如果 $\forall \boldsymbol{x}_1, \boldsymbol{x}_2 \in S, \boldsymbol{x}_1 \neq \boldsymbol{x}_2$,有

$$f(\alpha\boldsymbol{x}_1 + (1-\alpha)\boldsymbol{x}_2) < \alpha f(\boldsymbol{x}_1) + (1-\alpha)f(\boldsymbol{x}_2) \tag{2-39}$$

则称函数 f 是凸集 S 的严格凸函数。

根据上述凸函数的定义,可以给出凹函数的定义:如果函数 $-f$ 是凸集 S 的凸(严格凸)函数,则称函数 f 是凸集 S 的凹(严格凹)函数。对于实际优化数学模型来说,要判断其目标函数是凸函数或者严格凸函数,直接使用定义来判断通常难度较大,下面给出一个

比较有用的判断定理。

定理 2.1　设集合 $S \subset \mathbf{R}^n$ 是非空凸集，$f: S \subset \mathbf{R}^n \to \mathbf{R}$，且 $f \in \mathbf{D}^2(S)$（f 在 S 上二阶连续可微），$\nabla^2 f(\boldsymbol{x})$ 是 $f(\boldsymbol{x})$ 在 $\boldsymbol{x}$ 处的二阶导数矩阵或者 Hessian 矩阵。则有如下结论。

（1）f 是凸集 S 上的凸函数 $\Leftrightarrow \forall \boldsymbol{x} \in S, \nabla^2 f(\boldsymbol{x})$ 半正定。

（2）$\forall \boldsymbol{x} \in S, \nabla^2 f(\boldsymbol{x})$ 正定 $\Rightarrow f$ 是凸集 S 上的严格凸函数。

【例 2-14】　证明 log-sum-exp 函数 $f(\boldsymbol{x}) = \log\left(\sum_{i=1}^{n} \mathrm{e}^{x_i}\right)$ 是凸函数（常称为 softmax 函数）。

证：利用凸函数的二阶微分的性质，计算一阶微分和二阶微分：

$$\nabla_i f(\boldsymbol{x}) = \frac{\mathrm{e}^{x_i}}{\sum_{l=1}^{n} \mathrm{e}^{x_l}}$$

$$\nabla_{ij}^2 f(\boldsymbol{x}) = \frac{\mathrm{e}^{x_i}}{\sum_{l=1}^{n} \mathrm{e}^{x_l}} l\{i=j\} - \frac{\mathrm{e}^{x_i}\,\mathrm{e}^{x_j}}{\left(\sum_{l=1}^{n} \mathrm{e}^{x_l}\right)^2} = \mathrm{diag}(\boldsymbol{z}) - \boldsymbol{z}\boldsymbol{z}^{\mathrm{T}}$$

其中，$z_i = \mathrm{e}^{x_i} / \left(\sum_{l=1}^{n} \mathrm{e}^{x_l}\right)$，$l\{i=j\}$ 是示性函数，当且仅当 $i=j$ 时取值为 1，否则为 0。通过计算可以得到 $\nabla^2 f(\boldsymbol{x})$ 是半正定矩阵，根据定理可得该函数为凸函数。

典型凸函数还包括线性函数、指数函数、负熵和范数等。

3. 全局最优与局部最优

对于一般优化数学模型来说，由于实际问题的复杂性，通常很难保证有良好的凹凸性，这就产生了两个概念——全局最优和局部最优（见图 2-14）。针对一定约束条件下的一个优化目标，若一个解和所有其他可行解相比始终是最优的，则该解就可以称为全局最优解；若该解只相比一部分可行解是最优的，则该解称为局部最优解。将上述定义用数学公式形式化描述如下：

$$f(x_0) = \min\{f(x)\}, \quad x_0 \in S'$$

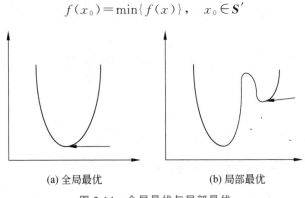

(a) 全局最优　　　　　　　(b) 局部最优

图 2-14　全局最优与局部最优

假设限制条件为集合 S'，目标函数为 $f(\boldsymbol{x})$，其中 $\boldsymbol{x}$ 指决策，则全局最优是指决策 x_0 满足

$$f(\boldsymbol{x}_0) = \min\{f(\boldsymbol{x})\}, \quad \boldsymbol{x}_0 \in \boldsymbol{S} \tag{2-40}$$

假设限制条件为集合 $\boldsymbol{S}'$，$\boldsymbol{S}' \subset \boldsymbol{S}$，目标函数为 $f(\boldsymbol{x})$，其中 $\boldsymbol{x}$ 指决策，则局部最优是指决策 $\boldsymbol{x}_0$ 满足

$$f(\boldsymbol{x}_0) = \min\{f(\boldsymbol{x})\}, \quad \boldsymbol{x}_0 \in S' \tag{2-41}$$

通俗来讲，局部最优就是目标函数的极值点，全局最优则是目标函数的最值点。由图 2-14 可以看到，局部最优不一定是全局最优，全局最优一定是局部最优。对于凸优化问题来说，局部最优就是全局最优！

定理 2.2　如果 $\boldsymbol{x} \in \boldsymbol{S}$ 同时满足所有约束，那么对于局部 $\|\boldsymbol{x} - \boldsymbol{y}\|_2 \leqslant \rho$ 中的 $\boldsymbol{y}$，当 $f(\boldsymbol{x}) \leqslant f(\boldsymbol{y})$ 时，即 $\boldsymbol{x}$ 为局部解，则对于所有可行解 $\boldsymbol{y}'$，$f(\boldsymbol{x}) \leqslant f(\boldsymbol{y}')$，即 $\boldsymbol{x}$ 为全局解。相反，非凸优化问题则不具有该性质。

证明：采用反证法来证明该理论。

假设 $\boldsymbol{x}$ 为凸优化问题的局部最优解，意味着函数在 ρ 范围内的点的值都小于 $f(\boldsymbol{x})$。如果假设定理是错误的，那么必然存在一点 $\boldsymbol{z}$，使得 $f(\boldsymbol{z}) < f(\boldsymbol{x})$，且 $\|\boldsymbol{z} - \boldsymbol{x}\|_2 > \rho$。此时，假设存在一点 $\boldsymbol{y}$，使得 $\boldsymbol{y} = t\boldsymbol{z} + (1-t)\boldsymbol{x}$，其中 $t \in [0,1]$，那么：$\boldsymbol{y} \in \boldsymbol{S}$，因为 $\boldsymbol{x} \in \boldsymbol{S}$，同时 $\boldsymbol{z} \in \boldsymbol{S}$，两者线性组合也必然存在于 $\boldsymbol{S}$（因为 $\boldsymbol{S}$ 是凸集）；因此，意味着 $\boldsymbol{y}$ 同样也是凸优化问题的可行解。然后，因为点 $\boldsymbol{y}$ 在 $t \in [0,1]$ 内均成立，所以我们可以假设 t 足够小，但大于 0，使得 $\boldsymbol{y}$ 可以落在点 $\boldsymbol{x}$ 以 ρ 为半径的圆内，这时，对于凸优化问题中可行解的两个点 $\boldsymbol{x}$、$\boldsymbol{z}$ 之间的点 $\boldsymbol{y}$，可以得到如下公式：

$$f(\boldsymbol{y}) \leqslant t f(\boldsymbol{z}) + (1-t) f(\boldsymbol{x}) \tag{2-42}$$

又因为 $t \to 0$，且之前假设 $f(\boldsymbol{z}) < f(\boldsymbol{x})$，所以 $t f(\boldsymbol{z}) < t f(\boldsymbol{x})$，因此 $f(\boldsymbol{y}) < f(\boldsymbol{x})$，这就与之前最开始假设 $\boldsymbol{x}$ 为局部最优解的定义相违背。

2.3.2　优化问题的一般形式

1. 无约束的优化问题

假设 $f(x)$ 是一元函数，具有连续一阶导数和二阶导数，在无约束的优化问题中，找出最小化（最大化）$f(x)$ 的解 x^*，而不对 x^* 施加任何约束。形式化为

$$\min_x f(x)$$

根据高等数学的知识，解 x^* 一定是 $f(x)$ 的驻点。可以通过求 $f(x)$ 的一阶导数，并令其等于零找到：

$$\frac{\mathrm{d}f}{\mathrm{d}x}\bigg|_{x=x^*} = 0$$

$f(x^*)$ 可以取极小或极大值，这取决于该函数的二阶导数：

如果在 $x = x^*$ 有 $\dfrac{\mathrm{d}^2 f}{\mathrm{d}x^2} < 0$，则 x^* 是极大值点；

如果在 $x = x^*$ 有 $\dfrac{\mathrm{d}^2 f}{\mathrm{d}x^2} > 0$，则 x^* 是极大值点；

如果在 $x = x^*$ 有 $\dfrac{\mathrm{d}^2 f}{\mathrm{d}x^2} = 0$，则 x^* 是拐点。

图 2-15 展示了一个例子,函数包含了三类驻点。

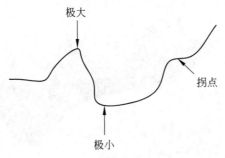

图 2-15　一个函数的三类驻点

该优化问题可以推广到多元函数 $f(\boldsymbol{x})$,此时求驻点的条件相应地变为梯度等于零:

$$\nabla f(\boldsymbol{x}) = \boldsymbol{0} \tag{2-43}$$

然而不像一元函数,确定 $\boldsymbol{x}^*$ 是极大还是极小更困难,困难的原因在于需要对所有可能的任意一对 i 和 j,考虑偏导数 $\dfrac{\partial^2 f}{\partial x_i \partial x_j}$。二阶偏导数构成的矩阵称为 Hessian 矩阵。

$$H(\boldsymbol{x}) = \begin{bmatrix} \dfrac{\partial^2 f}{\partial x_1 \partial x_1} & \dfrac{\partial^2 f}{\partial x_1 \partial x_2} & \cdots & \dfrac{\partial^2 f}{\partial x_1 \partial x_d} \\ \dfrac{\partial^2 f}{\partial x_2 \partial x_1} & \dfrac{\partial^2 f}{\partial x_2 \partial x_2} & \cdots & \dfrac{\partial^2 f}{\partial x_2 \partial x_d} \\ \vdots & \vdots & & \vdots \\ \dfrac{\partial^2 f}{\partial x_d \partial x_1} & \dfrac{\partial^2 f}{\partial x_d \partial x_2} & \cdots & \dfrac{\partial^2 f}{\partial x_d \partial x_d} \end{bmatrix} \tag{2-44}$$

若 Hessian 矩阵 $H(\boldsymbol{x}^*)$ 是正定的,则 $\boldsymbol{x}^*$ 是极小值点;

若 Hessian 矩阵 $H(\boldsymbol{x}^*)$ 是负定的,则 $\boldsymbol{x}^*$ 是极大值点;

若 Hessian 矩阵 $H(\boldsymbol{x}^*)$ 是不定的,则 $\boldsymbol{x}^*$ 是鞍点,即在某个方向上有极小值,在另一方向上有极大值。

【例 2-15】　设 $f(x,y) = 3x^2 + 2y^3 - 2xy$,图 2-16 显示了该函数的图像。求它的驻点并判断驻点类型。

解:

$$\nabla f(x,y) = \begin{bmatrix} 6x - 2y \\ 6y^2 - 2x \end{bmatrix} = \boldsymbol{0}$$

的解为 $x^* = y^* = 0$ 或 $x^* = \dfrac{1}{27}, y^* = \dfrac{1}{9}$。Hessian 矩阵为

$$H(x,y) = \begin{bmatrix} 6 & -2 \\ -2 & 12y \end{bmatrix}$$

在 $x^* = y^* = 0$ 处时,它是不定的,因此 $(0,0)$ 是一个鞍点;在 $x^* = \dfrac{1}{27}, y^* = \dfrac{1}{9}$ 处时,它是正定的,因此 $\left(\dfrac{1}{27}, \dfrac{1}{9}\right)$ 是一个极小值点,极小值为 -0.0014。

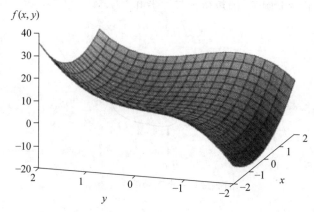

图 2-16　函数 $f(x,y)=3x^2+2y^3-2xy$ 的图像

2. 等式约束的优化问题

在实际应用中,通常会对可行域加以限制,常见的约束如等式约束,此时的优化问题形式如下:

$$\min_{x} f(\boldsymbol{x})$$

$$\text{s.t.} g_i(\boldsymbol{x})=0, \quad i=1,2,\cdots,m \tag{2-45}$$

这时需要使用一种称为拉格朗日乘子法的方法对该问题进行转化。首先只考虑其中一个等式约束 $g(\boldsymbol{x})=0$,假定 $\boldsymbol{x}$ 为 d 维向量,要寻找 $\boldsymbol{x}$ 的某个取值 $\boldsymbol{x}^*$,使目标函数 $f(\boldsymbol{x})$ 最小且同时满足 $g(\boldsymbol{x})=0$ 的约束。从几何角度看,该问题的目标是在由方程 $g(\boldsymbol{x})=0$ 确定的 $d-1$ 维曲面上寻找能使目标函数 $f(\boldsymbol{x})$ 最小化的点。此时不难得到如下结论。

(1) 对于约束曲面上的任意点 $\boldsymbol{x}$,该点的梯度 $\nabla g(\boldsymbol{x})$ 正交于约束曲面。

(2) 在最优点 $\boldsymbol{x}^*$,目标函数在该点的梯度 $\nabla f(\boldsymbol{x}^*)$ 正交于约束曲面。

由此可知,在最优点 $\boldsymbol{x}^*$,如图 2-17 所示,梯度 $\nabla g(\boldsymbol{x})$ 和 $\nabla f(\boldsymbol{x}^*)$ 的方向必相同或相反,即存在 $\lambda \neq 0$ 使得

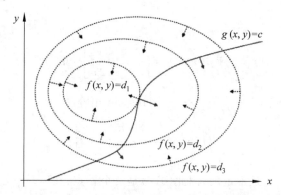

图 2-17　约束条件 $g(x,y)$ 与优化目标 $f(x,y)$ 的梯度方向示意图

$$\nabla f(\boldsymbol{x}^*) + \lambda \nabla g(\boldsymbol{x}^*) = \boldsymbol{0} \tag{2-46}$$

λ 称为拉格朗日乘子。为了在原始问题中引入这一条件,可以简单地定义拉格朗日函数

$$L(\boldsymbol{x}, \lambda) = f(\boldsymbol{x}) + \lambda g(\boldsymbol{x}) \tag{2-47}$$

不难发现,令其对 $\boldsymbol{x}$ 的偏导数 $\nabla_x L(\boldsymbol{x}, \lambda)$ 等于零即得上式。同时,令其对 λ 的偏导数 $\nabla_\lambda L(\boldsymbol{x}, \lambda)$ 等于零即得约束条件 $g(\boldsymbol{x}) = \boldsymbol{0}$。推广到多个等式约束条件的情形,于是,原等式约束优化问题可转化为对拉格朗日函数 $L(\boldsymbol{x}, \lambda)$ 的无约束优化问题:

$$L(\boldsymbol{x}, \boldsymbol{\lambda}) = f(\boldsymbol{x}) + \sum_{i=1}^{m} \lambda_i g_i(\boldsymbol{x}) \tag{2-48}$$

3. 不等式约束的优化问题

在实际应用中,仅等式约束很难涵盖大多数场景,更一般的情形是不等式约束条件,这时优化问题形式如下:

$$\min_x f(\boldsymbol{x})$$
$$\text{s.t.} \quad g_i(\boldsymbol{x}) = 0 \quad i = 1, 2, \cdots, m$$
$$h_j(\boldsymbol{x}) \leqslant 0 \quad j = 1, 2, \cdots, n$$

现在考虑某个不等式约束 $h(\boldsymbol{x}) \leqslant 0$,如图 2-18 所示,此时最优点 $\boldsymbol{x}^*$ 或在 $h(\boldsymbol{x}) < 0$ 的区域中,或在边界 $h(\boldsymbol{x}) = 0$ 上。

(1) 对于 $h(\boldsymbol{x}) < 0$ 的情形,约束 $h(\boldsymbol{x}) \leqslant 0$ 不起作用,可直接通过条件 $\nabla f(\boldsymbol{x}) = 0$ 来获得最优点。这等价于将 λ 置零,然后令 $\nabla_x L(\boldsymbol{x}, \lambda)$ 等于零得到最优点 $\boldsymbol{x}^*$。

(2) 对于 $h(\boldsymbol{x}) = 0$ 的情形,类似于上面等式约束的分析,但需注意的是,此时 $\nabla f(\boldsymbol{x}^*)$ 的方向必与 $\nabla h(\boldsymbol{x})$ 相反,即存在常数 $\lambda > 0$ 使得 $\nabla f(\boldsymbol{x}^*) + \lambda \nabla g(\boldsymbol{x}^*) = \boldsymbol{0}$。

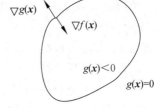

图 2-18　不等式约束

整合这两种情形,必满足 $\lambda h(\boldsymbol{x}) = 0$。推广到既有等式约束条件,又有不等式约束条件的多条件情形,这时拉格朗日函数变为

$$L(\boldsymbol{x}, \boldsymbol{\lambda}, \boldsymbol{\mu}) = f(\boldsymbol{x}) + \sum_{i=1}^{m} \lambda_i g_i(\boldsymbol{x}) + \sum_{j=1}^{n} \mu_j h_j(\boldsymbol{x}) \tag{2-49}$$

称为广义拉格朗日函数,这里 λ_i、$\mu_j (j = 1, 2, \cdots, n)$ 是拉格朗日乘子。这时原始优化问题转化为在如下约束下最小化上式的问题:

$$\begin{cases} h_j(\boldsymbol{x}) \leqslant 0 \\ \mu_j \geqslant 0 \qquad j = 1, 2, \cdots, n \\ \mu_j h_j(\boldsymbol{x}) = 0 \end{cases} \tag{2-50}$$

这些称为 Karush-Kuhn-Tucker(简称 KKT)条件。

【例 2-16】 最小化函数 $f(x, y) = (x-1)^2 + (y-3)^2$,受限于如下约束:

$$x + y \leqslant 2 \quad \text{并且} \quad y \geqslant x$$

解: 该问题的拉格朗日函数为 $L = (x-1)^2 + (y-3)^2 + \lambda_1(x+y-2) + \lambda_2(x-y)$,受限于如下 KKT 约束:

$$\frac{\partial L}{\partial x} = 2(x-1) + \lambda_1 + \lambda_2 = 0$$

$$\frac{\partial L}{\partial y} = 2(y-3) + \lambda_1 - \lambda_2 = 0$$

$$\lambda_1(x+y-2) = 0$$

$$\lambda_2(x-y) = 0$$

$$\lambda_1 \geqslant 0, \quad \lambda_2 \geqslant 0, \quad x+y \leqslant 2, \quad y \geqslant x$$

为了求解以上方程,需要考察所有可能情况。

情况 1:$\lambda_1 = 0, \lambda_2 = 0$。在这种情况下,可得到如下方程:

$$2(x-1) = 0, \quad 2(y-3) = 0$$

其解为 $x=1, y=3$。违反约束 $x+y \leqslant 2$,不是一个可行的解。

情况 2:$\lambda_1 = 0, \lambda_2 \neq 0$。在这种情况下,可得到如下方程:

$$x-y=0, \quad 2(x-1) + \lambda_2 = 0, \quad 2(y-3) - \lambda_2 = 0$$

其解为 $x=1, y=3, \lambda_2 = -2$。违反约束 $\lambda_2 \geqslant 0$ 和 $x+y \leqslant 2$,不是一个可行的解。

情况 3:$\lambda_1 \neq 0, \lambda_2 = 0$。在这种情况下,可得到如下方程:

$$x+y-2=0, \quad 2(x-1) + \lambda_1 = 0, \quad -2(x+1) + \lambda_1 = 0$$

其解为 $x=0, y=2, \lambda_1 = 2$。这是一个可行的解。

情况:$4\lambda_1 \neq 0, \lambda_2 \neq 0$。在这种情况下,可得到如下方程:

$$x+y-2=0, \quad x-y=0, \quad 2(x-1) + \lambda_1 + \lambda_2 = 0, \quad 2(y-3) + \lambda_1 - \lambda_2 = 0$$

其解为 $x=1, y=1, \lambda_1 = 2, \lambda_2 = -2$。这不是一个可行的解。

因此,该问题的解是 $x=0, y=2$。

求解 KKT 条件可能是一项相当艰巨的任务,当约束不等式的数量较大时尤其如此。在这种情况下,求解析解(闭式解)不再可行,而需要使用诸如梯度下降这样的数值优化技术,这些将在 2.3.3 节介绍。

4. 拉格朗日对偶性

注意上述讨论均基于凸优化问题,然而在实际应用中,凸优化问题的"凸"通常难以满足,而成为非凸优化问题。幸运的是,可以利用拉格朗日函数的对偶性将原始的非凸问题转化为凸的对偶问题。

1) 原始问题

假设 $f(\boldsymbol{x})$、$g_i(\boldsymbol{x})$、$h_j(\boldsymbol{x})$ 是定义在 $\mathbb{R}^d$ 上的连续可微函数,考虑约束优化问题

$$\min_{\boldsymbol{x}} f(\boldsymbol{x})$$

$$\text{s.t.} \quad g_i(\boldsymbol{x}) = 0 \quad i = 1, 2, \cdots, m$$

$$h_j(\boldsymbol{x}) \leqslant 0 \quad j = 1, 2, \cdots, n$$

称此约束优化问题为原始优化问题或原始问题。首先引入广义拉格朗日函数

$$L(\boldsymbol{x}, \boldsymbol{\lambda}, \boldsymbol{\mu}) = f(\boldsymbol{x}) + \sum_{i=1}^{m} \lambda_i g_i(\boldsymbol{x}) + \sum_{j=1}^{n} \mu_j h_j(\boldsymbol{x}) \tag{2-51}$$

考虑 $\boldsymbol{x}$ 的函数:

$$\theta_P(\boldsymbol{x}) = \max_{\boldsymbol{\lambda},\boldsymbol{\mu};\mu_i \geqslant 0} L(\boldsymbol{x},\boldsymbol{\lambda},\boldsymbol{\mu}) \tag{2-52}$$

这里下标 P 表示原始问题。假设给定某个 $\boldsymbol{x}$，如果 $\boldsymbol{x}$ 违反原始问题的约束条件，即存在某个 i 使得 $g_i(\boldsymbol{x}) \neq 0$ 或者存在某个 j 使得 $h_j(\boldsymbol{x}) > 0$，那么就有

$$\theta_P(\boldsymbol{x}) = \max_{\boldsymbol{\lambda},\boldsymbol{\mu};\mu_i \geqslant 0} \left[f(\boldsymbol{x}) + \sum_{i=1}^{m} \lambda_i g_i(\boldsymbol{x}) + \sum_{j=1}^{n} \mu_j h_j(\boldsymbol{x}) \right] = +\infty \tag{2-53}$$

因为若某个 i 使得 $g_i(\boldsymbol{x}) \neq 0$，则可令 $\lambda_i \to +\infty$；若某个 j 使得 $h_j(\boldsymbol{x}) > 0$，则可令 μ_j 使 $\mu_j h_j(\boldsymbol{x}) \to +\infty$，而将其余各 λ、μ 均取为 0。相反地，如果 $\boldsymbol{x}$ 满足约束条件，则 $\theta_P(\boldsymbol{x}) = f(\boldsymbol{x})$。因此

$$\theta_P(\boldsymbol{x}) = \begin{cases} f(\boldsymbol{x}), & \boldsymbol{x} \text{ 满足约束条件} \\ +\infty, & \text{其他} \end{cases} \tag{2-54}$$

所以如果考虑极小化问题

$$\min_{\boldsymbol{x}} \theta_P(\boldsymbol{x}) = \min_{\boldsymbol{x}} \max_{\boldsymbol{\lambda},\boldsymbol{\mu};\mu_i \geqslant 0} L(\boldsymbol{x},\boldsymbol{\lambda},\boldsymbol{\mu}) \tag{2-55}$$

它与原始问题是等价的，即它们有相同的解。问题 $\min\limits_{\boldsymbol{x}} \max\limits_{\boldsymbol{\lambda},\boldsymbol{\mu};\mu_i \geqslant 0} L(\boldsymbol{x},\boldsymbol{\lambda},\boldsymbol{\mu})$ 称为广义拉格朗日函数的极小极大问题。这样一来，就把原始最优化问题表示为广义拉格朗日函数的极小极大问题。为了方便，定义原始问题的最小值

$$\boldsymbol{p}^* = \min_{\boldsymbol{x}} \theta_P(\boldsymbol{x}) \tag{2-56}$$

称为原始问题的最优解。

2）对偶问题

定义 $\theta_D(\boldsymbol{\lambda},\boldsymbol{\mu}) = \min\limits_{\boldsymbol{x}} L(\boldsymbol{x},\boldsymbol{\lambda},\boldsymbol{\mu})$ 再考虑它的极大化问题，即

$$\max_{\boldsymbol{\lambda},\boldsymbol{\mu};\mu_i \geqslant 0} \theta_D(\boldsymbol{\lambda},\boldsymbol{\mu}) = \max_{\boldsymbol{\lambda},\boldsymbol{\mu};\mu_i \geqslant 0} \min_{\boldsymbol{x}} L(\boldsymbol{x},\boldsymbol{\lambda},\boldsymbol{\mu}) \tag{2-57}$$

问题 $\max\limits_{\boldsymbol{\lambda},\boldsymbol{\mu};\mu_i \geqslant 0} \min\limits_{\boldsymbol{x}} L(\boldsymbol{x},\boldsymbol{\lambda},\boldsymbol{\mu})$ 称为广义拉格朗日函数的极大极小问题。可以将广义拉格朗日函数的极大极小问题表示为约束最优化问题：

$$\max_{\boldsymbol{\lambda},\boldsymbol{\mu}} \theta_D(\boldsymbol{\lambda},\boldsymbol{\mu}) = \max_{\boldsymbol{\lambda},\boldsymbol{\mu}} \min_{\boldsymbol{x}} L(\boldsymbol{x},\boldsymbol{\lambda},\boldsymbol{\mu})$$
$$\text{s.t.} \quad \mu_i \geqslant 0, \quad i = 1,2,\cdots,n \tag{2-58}$$

称为原始问题的对偶问题，定义对偶问题的最大值

$$\boldsymbol{d}^* = \max_{\boldsymbol{\lambda},\boldsymbol{\mu};\mu_i \geqslant 0} \theta_D(\boldsymbol{\lambda},\boldsymbol{\mu})$$

称为对偶问题的最优解。

3）原始问题和对偶问题的关系

定理 2.3　若原始问题和对偶问题都有解，则

$$\boldsymbol{d}^* = \max_{\boldsymbol{\lambda},\boldsymbol{\mu};\mu_i \geqslant 0} \min_{\boldsymbol{x}} L(\boldsymbol{x},\boldsymbol{\lambda},\boldsymbol{\mu}) \leqslant \min_{\boldsymbol{x}} \max_{\boldsymbol{\lambda},\boldsymbol{\mu};\mu_i \geqslant 0} L(\boldsymbol{x},\boldsymbol{\lambda},\boldsymbol{\mu}) = \boldsymbol{p}^* \tag{2-59}$$

证：对任意的 $\boldsymbol{\lambda}$、$\boldsymbol{\mu}$ 和 $\boldsymbol{x}$，有

$$\theta_D(\boldsymbol{\lambda},\boldsymbol{\mu}) = \min_{\boldsymbol{x}} L(\boldsymbol{x},\boldsymbol{\lambda},\boldsymbol{\mu}) \leqslant L(\boldsymbol{x},\boldsymbol{\lambda},\boldsymbol{\mu}) \leqslant \max_{\boldsymbol{\lambda},\boldsymbol{\mu};\mu_i \geqslant 0} L(\boldsymbol{x},\boldsymbol{\lambda},\boldsymbol{\mu}) = \theta_P(\boldsymbol{x})$$

即

$$\theta_D(\boldsymbol{\lambda},\boldsymbol{\mu}) \leqslant \theta_P(\boldsymbol{x})$$

由于原始问题和对偶问题均有最优解，所以，

$$\max_{\boldsymbol{\alpha},\boldsymbol{\beta};\alpha_i \geqslant 0} \theta_D(\boldsymbol{\lambda},\boldsymbol{\mu}) \leqslant \min_{\boldsymbol{x}} \theta_P(\boldsymbol{x})$$

即

$$d^* = \max_{\boldsymbol{\lambda},\boldsymbol{\mu}:\mu_i \geqslant 0} \min_{\boldsymbol{x}} L(\boldsymbol{x},\boldsymbol{\lambda},\boldsymbol{\mu}) \leqslant \min_{\boldsymbol{x}} \max_{\boldsymbol{\lambda},\boldsymbol{\mu}:\mu_i \geqslant 0} L(\boldsymbol{x},\boldsymbol{\lambda},\boldsymbol{\mu}) = p^*$$

定理 2.3 说明了拉格朗日函数的对偶问题是原始问题的下界。因此,如果对偶问题的某个解恰好也是原始问题的解,则可以直接得出该解同时是这两个问题的最优解的结论。

推论　设 $\boldsymbol{x}^*$、$\boldsymbol{\lambda}^*$、$\boldsymbol{\mu}^*$ 分别是原始问题和对偶问题的可行解,并且 $\boldsymbol{d}^* = \boldsymbol{p}^*$,则 $\boldsymbol{x}^*$、$\boldsymbol{\lambda}^*$、$\boldsymbol{\mu}^*$ 分别是原始问题和对偶问题的最优解。

在某些条件下,原始问题和对偶问题的最优解相等,$\boldsymbol{d}^* = \boldsymbol{p}^*$。这时可以用解对偶问题替代解原始问题,从而实现了将非凸优化问题转化为凸优化问题,进而可以采用高效的凸优化算法进行求解。下面以定理的形式叙述有关的重要结论而不予证明。

定理 2.4　假设函数 $f(\boldsymbol{x})$ 和 $h_j(\boldsymbol{x})$ 是凸函数,$g_i(\boldsymbol{x})$ 是仿射函数;并且假设不等式约束 $h_j(\boldsymbol{x})$ 是严格可行的,即存在 $\boldsymbol{x}$,对所有 j 有 $h_j(\boldsymbol{x}) \leqslant 0$。则存在 $\boldsymbol{x}^*$、$\boldsymbol{\lambda}^*$、$\boldsymbol{\mu}^*$,使 $\boldsymbol{x}^*$ 是原始问题的解,λ^*、$\boldsymbol{\mu}^*$ 是对偶问题的解,并且

$$\boldsymbol{p}^* = \boldsymbol{d}^* = L(\boldsymbol{x}^*,\boldsymbol{\lambda}^*,\boldsymbol{\mu}^*) \tag{2-60}$$

定理 2.4 给出了原始问题和对偶问题最优解相等的存在性的条件,下面的定理则给出了最优解的求法。

定理 2.5　假设函数 $f(\boldsymbol{x})$ 和 $h_j(\boldsymbol{x})$ 是凸函数,$g_i(\boldsymbol{x})$ 是仿射函数;并且假设不等式约束 $h_j(\boldsymbol{x})$ 是严格可行的。则 $\boldsymbol{x}^*$ 和 λ^*、$\boldsymbol{\mu}^*$ 分别是原始问题和对偶问题的解的充分必要条件是 $\boldsymbol{x}^*$、$\boldsymbol{\lambda}^*$、$\boldsymbol{\mu}^*$ 满足下面的 Karush-Kuhn-Tucker(KKT)条件:

$$\nabla_x L(\boldsymbol{x}^*,\boldsymbol{\lambda}^*,\boldsymbol{\mu}^*) = 0$$
$$\nabla_\lambda L(\boldsymbol{x}^*,\boldsymbol{\lambda}^*,\boldsymbol{\mu}^*) = 0$$
$$\nabla_\mu L(\boldsymbol{x}^*,\boldsymbol{\lambda}^*,\boldsymbol{\mu}^*) = 0$$
$$g_i(\boldsymbol{x}^*) = 0, \quad i = 1,2,\cdots,m$$
$$\mu_j h_j(\boldsymbol{x}^*), \quad j = 1,2,\cdots,n$$
$$h_j(\boldsymbol{x}^*) \leqslant 0, \quad j = 1,2,\cdots,n$$
$$\mu_j \geqslant 0, \quad j = 1,2,\cdots,n$$

2.3.3　优化方法

1. 梯度下降法

梯度下降法(Gradient Descent)或最速下降法(Steepest Descent)是求解无约束最优化问题的一种最常用的方法,有实现简单的优点。梯度下降法是迭代算法,每一步需要求解目标函数的梯度向量。

假设 $f(\boldsymbol{x})$ 是 $\mathbb{R}^d$ 上具有一阶连续偏导数的函数。要求解的无约束最优化问题是

$$\min_{\boldsymbol{x}} f(\boldsymbol{x})$$

$\boldsymbol{x}^*$ 表示目标函数 $f(\boldsymbol{x})$ 的极小点。

梯度下降法是一种迭代算法,选取适当的初值 $\boldsymbol{x}^{(0)}$,不断迭代,更新 $\boldsymbol{x}$ 的值,进行目标

函数的极小化,直到收敛。由于负梯度方向是使函数值下降最快的方向,如图 2-19 所示,在迭代的每一步,以负梯度方向更新 $\boldsymbol{x}$ 的值,从而达到减小函数值的目的。

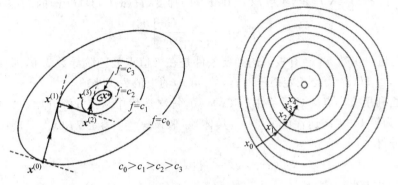

图 2-19　负梯度下降

由于 $f(\boldsymbol{x})$ 具有一阶连续偏导数,若第 k 次迭代值为 $\boldsymbol{x}^{(k)}$,则可将 $f(\boldsymbol{x})$ 在 $\boldsymbol{x}^{(k)}$ 附近进行一阶泰勒展开:

$$f(\boldsymbol{x}) = f(\boldsymbol{x}^{(k)}) + g_k^{\mathrm{T}}(\boldsymbol{x} - \boldsymbol{x}^{(k)}) + o(\boldsymbol{x} - \boldsymbol{x}^{(k)}) \tag{2-61}$$

这里,$\boldsymbol{g}_k = g(\boldsymbol{x}^{(k)}) = \nabla f(\boldsymbol{x}^{(k)})$ 为 $f(\boldsymbol{x})$ 在 $\boldsymbol{x}^{(k)}$ 的梯度。求出第 $k+1$ 次迭代值 $\boldsymbol{x}^{(k+1)}$:

$$\boldsymbol{x}^{(k+1)} \leftarrow \boldsymbol{x}^{(k)} + \lambda_k \boldsymbol{p}_k$$

其中,$\boldsymbol{p}_k$ 是搜索方向,取负梯度方向 $\boldsymbol{p}_k = -\nabla f(\boldsymbol{x}^{(k)})$,$\lambda_k$ 是步长,由一维搜索确定,即 λ_k 使得

$$f(\boldsymbol{x}^{(k)} + \lambda_k \boldsymbol{p}_k) = \min_{\lambda \geqslant 0} f(\boldsymbol{x}^{(k)} + \lambda \boldsymbol{p}_k)$$

梯度下降法算法如下。

输入:目标函数 $f(\boldsymbol{x})$,梯度函数 $g(\boldsymbol{x}) = \nabla f(\boldsymbol{x})$,计算精度 ε。

输出:$f(\boldsymbol{x})$ 的极小点 $\boldsymbol{x}^*$。

(1) 取初始值 $\boldsymbol{x}^{(0)} \in \mathbb{R}^d$,置 $k = 0$。

(2) 计算 $f(\boldsymbol{x}^{(k)})$。

(3) 计算梯度 $\boldsymbol{g}_k = g(\boldsymbol{x}^{(k)}) = \nabla f(\boldsymbol{x}^{(k)})$,当 $\|\boldsymbol{g}_k\| < \varepsilon$ 时,停止迭代,令 $\boldsymbol{x}^* = \boldsymbol{x}^{(k)}$;否则,令 $\boldsymbol{p}_k = -g(\boldsymbol{x}^{(k)})$,求 λ_k,使

$$f(\boldsymbol{x}^{(k)} + \lambda_k \boldsymbol{p}_k) = \min_{\lambda \geqslant 0} f(\boldsymbol{x}^{(k)} + \lambda \boldsymbol{p}_k)。$$

(4) 置 $\boldsymbol{x}^{(k+1)} = \boldsymbol{x}^{(k)} + \lambda \boldsymbol{p}_k$,计算 $f(\boldsymbol{x}^{(k+1)})$。

(5) 当 $\|f(\boldsymbol{x}^{(k+1)}) - f(\boldsymbol{x}^{(k)})\| < \varepsilon$ 或 $\|\boldsymbol{x}^{(k+1)} - \boldsymbol{x}^{(k)}\| < \varepsilon$ 时,停止迭代,令 $\boldsymbol{x}^* = \boldsymbol{x}^{(k+1)}$;否则置 $k = k+1$,转(3)。

2. 牛顿法

牛顿法(Newton Method)也是求解无约束最优化问题的常用方法,有收敛速度快的优点。牛顿法是迭代算法,每一步需要求解目标函数的 Hessian 矩阵的逆矩阵。

假设 $f(\boldsymbol{x})$ 具有二阶连续偏导数,若第 k 次迭代值为 $\boldsymbol{x}^{(k)}$,则可将 $f(\boldsymbol{x})$ 在 $\boldsymbol{x}^{(k)}$ 附近进行二阶泰勒展开:

$$f(\boldsymbol{x}) = f(\boldsymbol{x}^{(k)}) + g_k^{\mathrm{T}}(\boldsymbol{x} - \boldsymbol{x}^{(k)}) + \frac{1}{2}(\boldsymbol{x} - \boldsymbol{x}^{(k)})^{\mathrm{T}} H(\boldsymbol{x}^{(k)})(\boldsymbol{x} - \boldsymbol{x}^{(k)}) \qquad (2\text{-}62)$$

这里，$\boldsymbol{g}_k = g(\boldsymbol{x}^{(k)}) = \nabla f(\boldsymbol{x}^{(k)})$为$f(\boldsymbol{x})$在$\boldsymbol{x}^{(k)}$的梯度，$H(\boldsymbol{x}^{(k)})$是$f(\boldsymbol{x})$的 Hessian 矩阵。

$$H(\boldsymbol{x}) = \left[\frac{\partial^2 f}{\partial x_i \partial x_j}\right]_{n \times n}$$

在点$\boldsymbol{x}^{(k)}$的值。函数$f(\boldsymbol{x})$有极值的必要条件是在极值点处一阶导数为$\boldsymbol{0}$，即梯度向量为$\boldsymbol{0}$。特别地，当$H(\boldsymbol{x}^{(k)})$是正定矩阵时，函数$f(\boldsymbol{x})$的极值为极小值。

牛顿法利用极小点的必要条件$\nabla f(\boldsymbol{x}) = 0$，每次迭代中从点$\boldsymbol{x}^{(k)}$开始，求目标函数的极小点，作为第$k+1$次迭代值$\boldsymbol{x}^{(k+1)}$。具体地，假设$\boldsymbol{x}^{(k+1)}$满足$\nabla f(\boldsymbol{x}^{(k+1)}) = 0$。由泰勒展开求微分得

$$\nabla f(\boldsymbol{x}) = \boldsymbol{g}_k + H(\boldsymbol{x}^{(k)})(\boldsymbol{x} - \boldsymbol{x}^{(k)})$$

将$\boldsymbol{x} = \boldsymbol{x}^{(k+1)}$代入得

$$\boldsymbol{g}_k + \boldsymbol{H}_k(\boldsymbol{x}^{(k+1)} - \boldsymbol{x}^{(k)}) = \boldsymbol{0}$$

因此，

$$\boldsymbol{x}^{(k+1)} = \boldsymbol{x}^{(k)} - \boldsymbol{H}_k^{-1}\boldsymbol{g}_k$$

或者

$$\boldsymbol{x}^{(k+1)} = \boldsymbol{x}^{(k)} + \boldsymbol{p}_k, \qquad \text{其中 } \boldsymbol{H}_k \boldsymbol{p}_k = -\boldsymbol{g}_k$$

用上式作为迭代公式更新的算法就是牛顿法。

输入：目标函数$f(\boldsymbol{x})$，梯度函数$g(\boldsymbol{x}) = \nabla f(\boldsymbol{x})$，Hessian 矩阵$\boldsymbol{H}(\boldsymbol{x})$，精度要求$\varepsilon$。

输出：$f(\boldsymbol{x})$的极小点$\boldsymbol{x}^*$。

(1) 取初始点$\boldsymbol{x}^{(0)}$，置$k = 0$。

(2) 计算$\boldsymbol{g}_k = g(\boldsymbol{x}^{(k)}) = \nabla f(\boldsymbol{x}^{(k)})$。

(3) 若$\|\boldsymbol{g}_k\| < \varepsilon$，则停止计算，得近似解$\boldsymbol{x}^* = \boldsymbol{x}^{(k)}$。

(4) 计算$\boldsymbol{H}_k = H(\boldsymbol{x}^{(k)})$，并求$\boldsymbol{p}_k$

$$\boldsymbol{H}_k \boldsymbol{p}_k = -\boldsymbol{g}_k$$

(5) 置$\boldsymbol{x}^{(k+1)} = \boldsymbol{x}^{(k)} + \boldsymbol{p}_k$，$k = k+1$，转(2)。

牛顿法可以利用包含在 Hessian 矩阵中的曲率信息，而梯度下降法无法利用，极端情形会发生振荡，如图 2-20 所示。从几何上说，牛顿法就是用一个二次曲面去拟合当前所

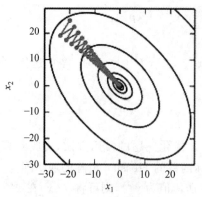
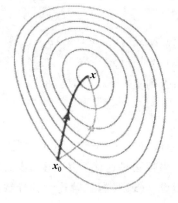

图 2-20　牛顿法

处位置的局部曲面,而梯度下降法是用一个平面去拟合当前的局部曲面。通常情况下,二次曲面的拟合会比平面更好,所以牛顿法选择的下降路径会更符合真实的最优下降路径。然而牛顿法涉及计算 Hessian 矩阵的逆,计算比较复杂,所以有其他改进算法,如 BFGS 算法等,此处不再详细介绍。

2.3.4　实例:SVM 分类器

支持向量机(Support Vector Machine,SVM)是建立在统计学习理论基础上的一种二分类的模型。其主要思想为找到空间中的一个能够将所有数据样本划开的超平面,并且使得样本集中所有数据到这个超平面的距离最短。支持向量机是机器学习中应用非常广泛的一种分类器,这里只对它的推导过程进行介绍,SVM 具体的应用将在后续的章节中展开。

考虑线性可分的二分类问题,如图 2-21 所示,显然存在多个分离超平面都可以将两种类别的数据点分离,为了使模型更具有鲁棒性和泛化性能,SVM 假设其中最远离数据点的分离超平面最优,以保证有更大的分类可信度。

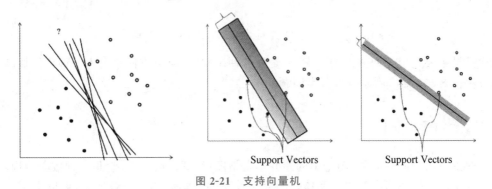

Support Vectors　　　　Support Vectors

图 2-21　支持向量机

根据几何关系可以得到,数据点 (x_i,y_i) 距离平面 $y=wx+b$ 的几何距离为

$$\gamma_i = y_i\left(\frac{w}{\|w\|}\cdot x_i + \frac{b}{\|w\|}\right)$$

从而 SVM 的优化问题可以表示为最大化该距离,即

$$\max_{w,b}\gamma$$

$$\text{s.t.}\quad y_i\left(\frac{w}{\|w\|}\cdot x_i + \frac{b}{\|w\|}\right)\geqslant\gamma,\quad i=1,2,\cdots,N$$

为了简化该形式,令 $\gamma=\dfrac{1}{\|w\|}$,同时还注意到最大化 $\dfrac{1}{\|w\|}$ 与最小化 $\dfrac{1}{2}\|w\|^2$ 是等价的,则该问题可以不影响最优解(具体的原因可以参阅《统计学习方法》),可改写为

$$\min_{w,b}\frac{1}{2}\|w\|^2$$

$$\text{s.t.}\quad y_i(w\cdot x_i+b)-1\geqslant0,\quad i=1,2,\cdots,N$$

要求解该问题,需要引入广义拉格朗日函数

$$L(\boldsymbol{w},b,\boldsymbol{\alpha}) = \frac{1}{2}\|\boldsymbol{w}\|^2 - \sum_{i=1}^{N}\alpha_i y_i(\boldsymbol{w}\cdot\boldsymbol{x}_i+b) + \sum_{i=1}^{N}\alpha_i \qquad (2\text{-}63)$$

进而问题转化为了满足 KKT 条件的最小化广义拉格朗日函数的问题,之后则可以使用 2.3.3 节介绍的数值方法进行求解。这里为了进一步简化和推广模型,将利用拉格朗日的对偶性继续推导。根据对偶性,原始问题的对偶问题是极大极小问题:

$$\max_{\boldsymbol{\alpha}}\min_{w,b} L(\boldsymbol{w},b,\boldsymbol{\alpha})$$

首先求内层的极小问题,分别对 $\boldsymbol{w}$、b 求偏导得

$$\nabla_w L(\boldsymbol{w},b,\boldsymbol{\alpha}) = \boldsymbol{w} - \sum_{i=1}^{N}\alpha_i y_i \boldsymbol{x}_i = 0$$

$$\nabla_b L(\boldsymbol{w},b,\boldsymbol{\alpha}) = \sum_{i=1}^{N}\alpha_i y_i = 0$$

从而 $\boldsymbol{w} = \sum_{i=1}^{N}\alpha_i y_i \boldsymbol{x}_i$,$\sum_{i=1}^{N}\alpha_i y_i = 0$,代入拉格朗日函数中,得到对偶问题的新形式:

$$\min_{\boldsymbol{\alpha}} \frac{1}{2}\sum_{i=1}^{N}\sum_{j=1}^{N}\alpha_i\alpha_j y_i y_j(\boldsymbol{x}_i\cdot\boldsymbol{x}_j) - \sum_{i=1}^{N}\alpha_i$$

$$\text{s.t.} \quad \sum_{i=1}^{N}\alpha_i y_i = 0 \text{ 并且 } \alpha_i \geqslant 0, \quad i=1,2,\cdots,N$$

这样推导主要是出于两方面的考虑,一是更方便求解,二是更方便地引入一种称作核函数的方法使 SVM 推广到非线性分类问题。

2.4 图论基础

图论以图为研究对象,图论中的图并不是指图形、图像或地图,它是一种数学结构,具体而言是用于描述研究对象和实体之间成对关系的数学结构。一般来说,可以把图视为一种由顶点构成的抽象网络,顶点之间由边连接。图是数据结构算法中强大的框架之一,图可以描述众多类型的结构或系统,从交通网络到通信网络,从下棋游戏到最优流程,从任务分配到人际交互网络,图都有广阔的用武之地。图论用于研究和模拟社交网络、欺诈模式、功耗模式、社交媒体的影响力。社交网络分析可能是图论在数据科学中最著名的应用。从计算机科学的角度来看,图还提高了计算效率,某些算法的复杂度以图形式来排列数据更好。现在图神经网络的大热,图论更成为研究数据科学一项不可或缺的基本工具。想要进一步了解图论部分的同学可以查阅参考资料[9]。

2.4.1 图的定义

图 G 由一个有序二元组组成,记为 $G=(V,E)$,其中 $V=\{v_1,v_2,\cdots,v_n\}$ 是图 G 的顶点有限非空集合,$E=\{(u,v)\mid u\in V,v\in V\}$ 是图 G 中两个不同顶点的边的集合。用 $|V|$ 表示图 G 中的顶点个数,用 $|E|$ 表示图 G 中的边的条数。

1. 有向图

若图 G 中 E 是有向边(也称为弧)的有限集合时,则图 G 为有向图。弧是顶点的有

序对,记为⟨v,w⟩,其中 v、w 是顶点,v 是弧头,w 是弧尾,称其为由顶点 v 到顶点 w 的弧。有向图 G_1(见图 2-21(a))可以表示为

$$G_1 = (V_1, E_1)$$
$$V_1 = \{A, B, C\}$$
$$E_1 = \{⟨B, A⟩, ⟨B, C⟩, ⟨C, A⟩\}$$

2. 无向图

若图 G 中 E 是无向边的有限集合时,则图 G 为无向图。弧是顶点的无序对,记为 (v, w) 或者 (w, v),其中 v、w 是顶点,可以称顶点 v、w 互为邻接点。边 (v, w) 和顶点 v、w 相关联。无向图 G_2(见图 2-22(b))可以表示为

$$G_2 = (V_2, E_2)$$
$$V_2 = \{A, B, C, D, E\}$$
$$E_1 = \{(A, B), (A, C), (A, D), (B, C), (B, D), (C, D), (C, E), (D, E)\}$$

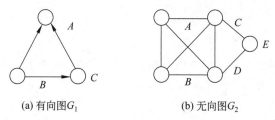

(a) 有向图 G_1　　　　　　　　(b) 无向图 G_2

图 2-22　有向图和无向图

2.4.2　图的概念

1. 顶点的度

图中每个顶点的度为以该顶点为一个端点的边的数目。在无向图中,顶点 v 的度为与 v 相关联边的条数,记为 $\deg(v)$。在有向图中,顶点 v 的度分为入度和出度,入度是以顶点 v 为终点的有向边的条数,记为 $\deg^-(v)$,出度为以顶点 v 为起点的有向边的条数,记为 $\deg^+(v)$。顶点 v 度为入度和出度之和,即 $\deg(v) = \deg^-(v) + \deg^+(v)$。

在具有 n 个顶点和 e 条边的图中,有

$$\sum_{i=1}^{n} \deg(v_i) = 2e$$

因为每条边都与两个顶点相关,特别地,在有向图中有

$$\sum_{i=1}^{n} (\deg^-(v_i) + \deg^+(v_i)) = 2e \tag{2-64}$$

这是因为每条边都有一个起点和终点。例如在图 2-22(a)中

$$\deg^-(A) = 2, \quad \deg^+(B) = 2, \quad \deg^-(C) = 1, \quad \deg^+(C) = 1$$

在图 2-22(b)中,

$$\deg(A) = 3, \quad \deg(B) = 3, \quad \deg(C) = 4, \quad \deg(D) = 4, \quad \deg(E) = 2$$

可以看出,在无向图中,度数为奇数的顶点数必为偶数个。因为度数为偶数的各顶点度数之和为偶数,若其为奇数个,那么总的度数和将为奇数,与式(2-64)矛盾,所以其必为偶数。

【例2-17】 无向图中有17条边,其中度为4的顶点有4个,度为2的顶点有3个,其余顶点度为3,求总节点个数。

解:无向图有17条边,于是有

$$\sum_{i=1}^{n} \deg(v_i) = 2e = 34$$

度为4和2的顶点总度数为$4 \times 4 + 2 \times 3 = 22$,于是有度为3的顶点个数为$(34-22) \div 3 = 4$,所以总节点个数为11。

2. 简单图

一个图如果满足:①不存在重复边;②不存在顶点到自身的边,则此图为一个简单图。

3. 多重图

与简单图相对,如果一个图中某两节点之间存在的边数多于一条,又或允许顶点通过同一条边与自己相连,则其为一个多重图。

4. 完全图

无向图中,如果任意两节点间都存在边,则称此图为无向完全图,含有 n 个顶点的无向完全图有 $n(n-1)/2$ 条边。如果在一个有向图中,任意两顶点间都存在方向相反的两条弧,则称该图为有向完全图。

5. 正则图

若一个图中每个顶点的度均为 k,那么其为一个 k-正则图,如图2-23为一个2-正则图。

6. 同构图

如果图 G_1、G_2 的顶点和边都一一对应,且连接关系相同,则它们是同构的,如图2-24所示。

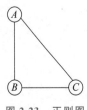

图 2-23　正则图

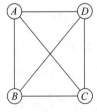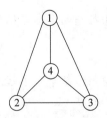

图 2-24　同构图

7. 子图

设有两个图 $G=(V,E)$ 和 $G'=(V',E')$，其中 V' 是 V 的子集，E' 是 E 的子集，那么称 G' 是 G 的子图。若有满足 $V(G')=V(G)$ 的子图 G'，则 G' 为 G 的子图，如图 2-25 所示。

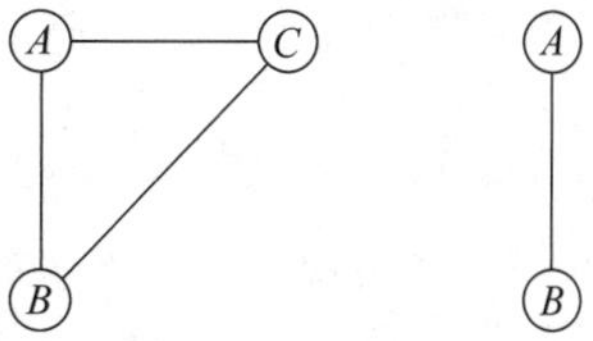

8. 连通图

在无向图中，若从顶点 v 到顶点 w 有路径存在，则称顶点 v 和顶点 w 是连通的。如果图 G 中任意两个顶点都是连通的，那么其为一个连通图，否则为非连通图。如果一个有 n 个顶点的图有少于 $n-1$ 条边，那么其必是一个非连通图。

图 2-25 图和它的子图

9. 连通分量

无向图中的极大连通子图称为连通分量，任何无向连通图的连通分量只有一个，为其自身，非连通的无向图可以有多个连通分量。如图 2-26 为一个无向图和它的 3 个连通分量。

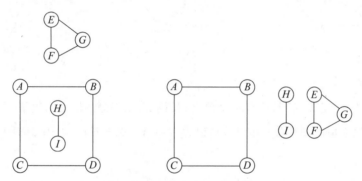

图 2-26 无向图和它的 3 个连通分量

10. 强连通图与强连通分量

在有向图中，若从顶点 v 到顶点 w 有路径存在，则称顶点 v 和顶点 w 是强连通的，如果图 G 中任意两个顶点都是强连通的，那么其为一个强连通图。有向图中的极大强连通子图称为强连通分量。强连通图与强连通分量针对的是有向图，与无向图的连通图和连通分量类似。

11. 边的权值

在一个图中，每条边都可以标上一些有意义的数值，这样的数值称作该边上的权值，这种边上带权的图被叫作带权图，也称作网。

12. 图的运算

设有无孤立点的图 G_1、G_2，以图 2-27 为例，它们之间可以有以下运算。

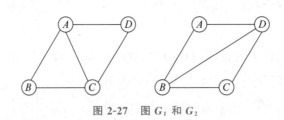

图 2-27　图 G_1 和 G_2

1）并运算

由 G_1、G_2 中的所有边组成的图，称为 G_1 和 G_2 的并，记作 $G_1\bigcup G_2$，如图 2-28 所示。

2）交运算

由 G_1、G_2 中的公共边组成的图，称为 G_1 和 G_2 的交，记 $G_1\bigcap G_2$，如图 2-29 所示。

3）差运算

由 G_1 中去掉 G_2 中的边组成的图，称为 G_1 和 G_2 的差，记 G_1-G_2，如图 2-30 所示。

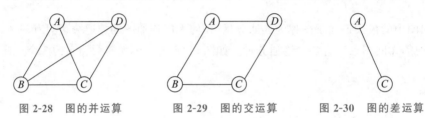

图 2-28　图的并运算　　　图 2-29　图的交运算　　　图 2-30　图的差运算

4）补图

设 $G=(V,E)$ 是无向图，V 有 n 个顶点；又设 E_k 是完全图 K_n 的边集，那么由 G 的点集和 E_k-E 为边集的图称作 G 的补图，记为 $\overline{G}=(V,E_k-E)$。如图 2-31 中的两个图即互为补图。

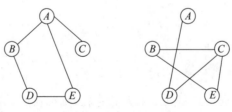

图 2-31　图与它的补图

2.4.3　图的矩阵表示

人们用矩阵来表示图，从而将图表示在计算机中，利用矩阵的运算还能够进行图的计算以及了解相关的性质。

1. 图的邻接矩阵

邻接矩阵用一个二维数组存储图中边的信息，设 n 个顶点的图 $G=(V,E)$，$V=\{v_1,v_2,\cdots,v_n\}$，那么 G 的邻接矩阵为一个 n 阶方阵 $\boldsymbol{A}=(a_{ij})_{n\times n}$。其中，$(v_i,v_j)$ 或 $\langle v,w\rangle$ 是

$E(G)$ 的边时，$a_{ij}=1$，否则 $a_{ij}=0$。例如有一个无向图和一个有向图，分别给出其邻接矩阵表示，如图 2-32 所示。

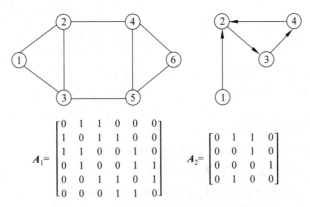

$$A_1=\begin{bmatrix} 0 & 1 & 1 & 0 & 0 & 0 \\ 1 & 0 & 1 & 1 & 0 & 0 \\ 1 & 1 & 0 & 0 & 1 & 0 \\ 0 & 1 & 0 & 0 & 1 & 1 \\ 0 & 0 & 1 & 1 & 0 & 1 \\ 0 & 0 & 0 & 1 & 1 & 0 \end{bmatrix} \qquad A_2=\begin{bmatrix} 0 & 1 & 1 & 0 \\ 0 & 0 & 1 & 0 \\ 0 & 0 & 0 & 1 \\ 0 & 1 & 0 & 0 \end{bmatrix}$$

图 2-32　无向图和有向图的邻接矩阵

对于带权图，将 1 改为对应边上权值，将 0 不变或改为 ∞。

邻接矩阵具有以下性质。

（1）无向图的邻接矩阵是一个对称矩阵，且对角线元素均为 0。

（2）无向图中，邻接矩阵第 i 行（或第 i 列）非零元素（或非 ∞ 元素）的个数为第 i 个顶点的度。

（3）有向图中，邻接矩阵第 i 行（或第 i 列）非零元素（或非 ∞ 元素）的个数为第 i 个顶点的出度（或入度）。

（4）设图 G 的邻接矩阵为 A，幂矩阵 $A^k(k=1,2,\cdots,n)$ 的元素 $(A^k)_{ij}$ 为第 i 个顶点到第 j 个顶点的长度为 k 的路径的条数。

其中性质（1）、（2）、（3）较为显然。对于性质（4），可以用数学归纳法证明如下。

证明：

当 $k=1$ 时，由 A 的定义可知成立。

假设 $k=m$ 时性质成立，即 $A^m=(a_{ir}^{(m)})_{n\times n}$ 中，$a_{ir}^{(m)}$ 表示顶点 i 到顶点 j 的长度为 m 的路径条数。当 $k=m+1$ 时，有

$$A^{m+1}=A^m\cdot A=(a_{ij}^{m+1})_{n\times n}=\Big(\sum_{i=1}^{n}a_{ir}^{(m)}\cdot a_{rj}\Big)_{n\times n} \tag{2-65}$$

由归纳假设有 $a_{ir}^{(m)}$ 是 v_i 到 v_r 的长度为 m 的路径数，由 a_{rj} 定义有 $a_{ir}^{(m)}\cdot a_{rj}$ 是 v_r 开始倒数第二个顶点连接 v_i 到 v_j 长为 $m+1$ 的路径数总和。对所有的 r 求和，即得 $a_{ir}^{(m+1)}$ 为顶点 i 到顶点 j 的长度为 $m+1$ 的路径条数。

2. 图的关联矩阵

设图 $G=(V,E)$，设其有 p 个顶点和 q 条边，将行对应顶点，列对应边，令矩阵 $A=(a_{ij})_{p\times q}$，其中第 j 条边 e_j 关联第 i 个顶点 v_i 时，$a_{ij}=1$，否则 $a_{ij}=0$，称矩阵 A 为图 G 的关联矩阵。例如，图 $G=(V,E)$ 与它的关联矩阵如图 2-33 所示。

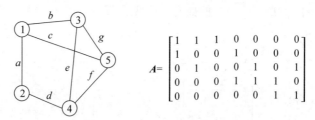

图 2-33 图 $G=(V,E)$ 与它的关联矩阵

对于关联矩阵,有以下性质。

(1) 由于每条边关联两个顶点,A 的每列都有两个元素等于 1,其余为 0。

(2) 每行中等于 1 的元素个数为顶点的度。

(3) 若一行中元素全为 0,则该行对应的顶点为孤立的点。

(4) 若一个图 G 不连通,且包含两个子图 G_1 和 G_2,那么图 G 的关联矩阵 A 可以写成分块矩阵。

$$A = \begin{bmatrix} A_1 & 0 \\ 0 & A_2 \end{bmatrix}$$

其中,A_1、A_2 分别为子图 G_1 和 G_2 的关联矩阵。

2.4.4 拉普拉斯矩阵与谱

随着被称为深度学习 2.0 的图神经网络的大热,图的谱理论也有了更广泛的应用。这里简要介绍其中最基础的两个概念——拉普拉斯矩阵与图的谱。

拉普拉斯矩阵同样是表示图的一种矩阵。给定一个具有 n 个顶点的图 $G=(V,E)$,其拉普拉斯矩阵定义为 $L=D-A$,其中 D 为图的度矩阵,A 为图的邻接矩阵。例如给出一个简单图,如图 2-34 所示。则有

$$D = \begin{bmatrix} 1 & 0 & 0 & 0 \\ 0 & 3 & 0 & 0 \\ 0 & 0 & 2 & 0 \\ 0 & 0 & 0 & 2 \end{bmatrix}, \quad A = \begin{bmatrix} 0 & 1 & 0 & 0 \\ 1 & 0 & 1 & 1 \\ 0 & 1 & 0 & 1 \\ 0 & 1 & 1 & 0 \end{bmatrix},$$

$$L = \begin{bmatrix} 1 & -1 & 0 & 0 \\ -1 & 3 & -1 & -1 \\ 0 & -1 & 2 & -1 \\ 0 & -1 & -1 & 2 \end{bmatrix}$$

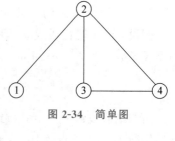

图 2-34 简单图

可以得知,拉普拉斯矩阵是一个实对称矩阵,除此之外,拉普拉斯矩阵同时具有以下性质。

(1) 所有实对称矩阵所具有的性质。

(2) 是一个半正定矩阵,n 个特征值均大于或等于 0,有 $0=\lambda_1 \leqslant \lambda_2 \leqslant \cdots \leqslant \lambda_n$,其中 $\lambda_1=0$ 对应的特征向量为全 1 列向量。

（3）对于任意一个向量 f 均满足：

$$f^{\mathrm{T}}Lf=\frac{1}{2}\sum_{i,j=1}^{n}w_{ij}(f_i-f_j)^2 \tag{2-66}$$

令 $|\lambda E-L|=0$，可解得拉普拉斯矩阵的特征值 $\lambda_1=4,\lambda_2=3,\lambda_3=1,\lambda_4=0$，而图的谱指的就是这 4 个特征值的全体，即 $\{4,3,1,0\}$ 就是图 2-34 的谱。

2.4.5　实例：谱聚类算法

谱聚类是从图论中演化出来的算法，在聚类中得到了广泛的应用。它的主要思想是把所有的数据看成空间中的点，这些点之间可以用边连接起来。距离较远的两个点之间的边权重值较低，而距离较近的两个点之间的边权重值较高。通过对所有数据点组成的图进行切分，让切分后不同的子图间边权重之和尽可能地低，而子图内的边权重之和尽可能地高，从而达到聚类的目的。

在社交网络的图结构数据中，谱聚类算法可以自然地用于社区发现。社区发现用来发现网络中的社区结构，是一种聚类算法。同一社区的节点连接较为紧密，社区与社区之间则较为稀疏。以下简单介绍谱聚类的实现过程。

输入：样本集 $G=(x_1,x_2,\cdots,x_n)$，相似矩阵的生成方式，降维后的维度 k_1，聚类方法和聚类后的维度 k_2。

输出：簇划分 $C=(c_1,c_2,\cdots,c_{k_2})$。

（1）根据输入的相似矩阵的生成方式构建样本的相似矩阵 S。

（2）根据相似矩阵 S 构建邻接矩阵 W，构建度矩阵 D。

（3）计算拉普拉斯矩阵。

（4）构建标准化的拉普拉斯矩阵 $D^{-\frac{1}{2}}LD^{\frac{1}{2}}$。

（5）计算 $D^{-\frac{1}{2}}LD^{\frac{1}{2}}$ 最小的 k_1 个特征值对应的特征向量 f。

（6）将各自对应的特征向量 f 组成的矩阵标准化，最终组成 $n\times k_1$ 维的特征矩阵 F。

（7）对 F 中的每一行作为一个 k_1 维的样本，共 n 个，用输入的聚类方法进行聚类，聚类维数为 k_2。

（8）得到簇划分 $C=(c_1,c_2,\cdots,c_{k_2})$。

关于聚类过程中具体的实现细节方法限于篇幅原因不再过多介绍，想要了解的读者可以参考相关的参考资料。以图 2-35 为例简单介绍谱聚类实现。

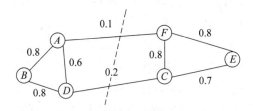

图 2-35　图 G 的网络结构

相似矩阵为 $\begin{bmatrix} 0 & 0.8 & 0.6 & 0 & 0.1 & 0 \\ 0.8 & 0 & 0.8 & 0 & 0 & 0 \\ 0.6 & 0.8 & 0 & 0.2 & 0 & 0 \\ 0 & 0 & 0.2 & 0 & 0.8 & 0.7 \\ 0.1 & 0 & 0 & 0.8 & 0 & 0.8 \\ 0 & 0 & 0 & 0.7 & 0.8 & 0 \end{bmatrix}$，计算度矩阵

$$D = \begin{bmatrix} 1.5 & 0 & 0 & 0 & 0 & 0 \\ 0 & 1.6 & 0 & 0 & 0 & 0 \\ 0 & 0 & 1.6 & 0 & 0 & 0 \\ 0 & 0 & 0 & 1.7 & 0 & 0 \\ 0 & 0 & 0 & 0 & 1.7 & 0 \\ 0 & 0 & 0 & 0 & 0 & 1.5 \end{bmatrix}$$

求 G 的拉普拉斯矩阵为

$$L = D - A = \begin{bmatrix} 1.5 & -0.8 & -0.6 & 0 & -0.1 & 0 \\ -0.8 & 1.6 & -0.8 & 0 & 0 & 0 \\ -0.6 & -0.8 & 1.6 & -0.2 & 0 & 0 \\ 0 & 0 & -0.2 & 1.7 & -0.8 & -0.7 \\ -0.1 & 0 & 0 & -0.8 & 1.7 & -0.8 \\ 0 & 0 & 0 & -0.7 & -0.8 & 1.5 \end{bmatrix}$$

对其进行标准化：

$$\hat{L} = D^{-\frac{1}{2}} L D^{\frac{1}{2}} = \begin{bmatrix} 1 & -0.52 & -0.39 & 0 & -0.06 & 0 \\ -0.52 & 1 & -0.5 & 0 & 0 & 0 \\ -0.39 & -0.5 & 1 & -0.12 & 0 & 0 \\ 0 & 0 & -0.12 & 1 & -0.47 & -0.44 \\ -0.06 & 0 & 0 & -0.47 & 1 & -0.5 \\ 0 & 0 & 0 & -0.44 & -0.5 & 1 \end{bmatrix}$$

对标准化的矩阵求特征值和特征向量，求得特征向量矩阵：

$$\begin{bmatrix} 0.4026 & -0.3963 & -0.5191 & -0.3751 & -0.3452 & -0.3892 \\ 0.4163 & -0.4434 & -0.0973 & 0.2464 & 0.0301 & 0.7476 \\ 0.4146 & -0.3729 & 0.6023 & 0.1613 & 0.3276 & -0.4399 \\ 0.4142 & 0.3849 & 0.4810 & -0.4317 & -0.4622 & 0.2211 \\ 0.4127 & 0.4193 & -0.2943 & -0.2813 & 0.6972 & 0.0452 \\ 0.3883 & 0.4282 & -0.2009 & 0.7120 & -0.2711 & -0.2122 \end{bmatrix}$$

同时求得对应的特征值为 -0.0008、0.1148、1.3210、1.4643、1.5357、1.5650。之后可以选择 K-Means 等聚类方法对求得的特征向量进行聚类得到簇划分，后续步骤限于篇幅过程暂不展开，相关的聚类方法实现可以参考相应资料。若将得到的结果分为两类，则左边 3 个点为一类，右边 3 个点为一类，这也很符合直观的观察结果，左边的 3 个点之间有较为

紧密的联系,右边的 3 个点间也有较为紧密的联系。

谱聚类在聚类的类别数较小时,聚类的效果比较好,聚类的类别个数较大时则不建议使用谱聚类,谱聚类只需要数据间的相似度矩阵,处理稀疏数据的聚类很有效,这点比传统聚类方法要强。但对相似度图和聚类参数的选择比较敏感,对于各簇间点个数相差较大的聚类问题不太适用。

2.5　小结

2.5.1　本章总结

本章主要介绍了数据科学领域中需要重点掌握的数学知识,分别是线性代数、概率论、优化理论、图论基础 4 个部分。每节都从基础的概念和介绍出发,引出数据科学领域中需要掌握的数学知识,再在每节末介绍一个典型应用。限于篇幅原因,每节有些内容不够完善,读者若想要深入了解,可以查阅相关的数学书籍,希望读者在此章中能有所收获。

2.1 节介绍线性代数相关知识。线性代数作为机器学习方法的重要组成部分。先介绍基础的向量,再介绍矩阵,从矩阵的定义开始,介绍矩阵的基本运算与基本性质。同普通线性代数课本中不同的是,还介绍了克罗内克积和哈达玛积,之后再介绍矩阵的运算方法,介绍了特征矩阵、特征向量和特征值,然后介绍了以此延伸的矩阵奇异值分解。介绍了能够表示线性变换过程大小的量的矩阵范数,再介绍了矩阵求导,最后以矩阵奇异值分解为例展示了线性代数在数据科学中的一个典型应用。

2.2 节介绍概率论和信息论相关知识,从为什么使用概率开始和什么是概率出发,引出概率论,着重介绍概率论中比较重要的性质,如全概率公式和贝叶斯公式。全概率公式可以理解为达到某种情况的所有方法的可能性总和,贝叶斯公式本质上是根据某个观测结果去更新某个事件的概率的问题。之后介绍离散型和连续型随机变量的数字特征、均值、方差、标准差等。介绍数理统计中的基本知识、中心极限定理,参数估计和假设检验是重要的统计学中的方法,介绍信息论中熵的几个概念和性质,最后以朴素贝叶斯算法为例,介绍一种文本分类方法。

2.3 节则是优化理论,优化理论是一门应用非常广泛的学科,它讨论的是某种问题的最优或者近似最优的解决方案,以及寻找最优方案的计算方法。技术的进步为优化理论在数据科学领域的应用铺开了道路。简单地说,机器学习主要做的就是优化问题。先介绍优化理论中的基本概念、凸集合、凸函数、全局最优和局部最优、介绍 3 种常见优化问题的形式;再介绍两种常用的数值优化方法、最后以 SVM 为例,介绍优化理论在数据科学中的典型应用。

2.4 节介绍图论,图论以图为研究对象,其中的图与常见的图不同,图论中的图是一种数学结构,具体而言是用于描述研究对象和实体之间成对关系的数学结构;它是离散数学的一个分支。图是数据科学中常用的一种建模方式。先介绍图的基本概念、什么是图、有向图和无向图,再介绍了图的一些性质、度、权值、连通性等,再以两个图为例,介绍了图的基本运算。介绍了图论中的关联矩阵、邻接矩阵、拉普拉斯矩阵和谱,最后以一个谱聚类的例子结束了这节。

2.5.2 扩展阅读材料

[1] Gilbert S. An Introduction to Linear Algebra[M]. Cambride：Wellesley-Cambridge Press,2011.

[2] 丘维声. 简明线性代数[M]. 北京：北京大学出版社,2002.

[3] 陈希儒. 概率论与数理统计[M]. 北京：科学出版社,2008.

[4] 盛骤,谢式千,潘承毅. 概率论与数理统计[M]. 北京：高等教育出版社,2017.

[5] Dimitri P B. 凸优化理论[M]. 赵千川,王梦迪,译. 北京：清华大学出版社,2017.

[6] Moody B. Graph Theory[M]. Berlin：Springer Press,2010.

[7] Bela B. Extremal Graph Theory[M]. New York：Dover Publication Press,2004.

[8] Vladimir V. The Nature Of Statistical Learning Theory[M]. Berlin：Springer Press,1999.

[9] Erwin K. Introductory Functional Analysis with Applications[M]. Berlin：Springer Press,2010.

[10] John M L. Introduction to Smooth Manifolds[M]. Berlin：Springer Press,2016.

2.6 习题

1. 已知 $A=\begin{bmatrix} 1 & 2 \\ 3 & 4 \end{bmatrix}$, $B=\begin{bmatrix} 1 & 2 \\ 0 & 3 \end{bmatrix}$, 求 BA 和 AB。

2. 已知 $a=[1,2,-1]^T$, $b=[1,2,3]$, $A=ab$, 求 A^n。

3. 矩阵 $A=\begin{bmatrix} 1 & 2 & -1 \\ 0 & 1 & 3 \\ 0 & -0 & 1 \end{bmatrix}$, 计算矩阵 A 的逆矩阵。

4. 计算矩阵 $A=\begin{bmatrix} 3 & -1 & -1 \\ -1 & 3 & -1 \\ -1 & -1 & 3 \end{bmatrix}$ 的特征值。

5. 设矩阵 $A=\begin{bmatrix} 4 & 2 & 3 \\ 1 & 1 & 0 \\ -1 & 2 & 3 \end{bmatrix}$, 求矩阵 B 满足 $AB=A+2B$。

6. 设 A、B 为两个随机事件,$P(A)=0.4$,$P(A\bigcup B)=0.7$,若 A、B 互不相容,求 B 的概率;若 A、B 相互独立,求 B 的概率。

7. 从 $[0,1]$ 中随机取两个数,求它们的和小于 $5/4$、积小于 $1/4$ 的概率。

8. 4 个人分别给 4 个不同的朋友写信,他们写的信随机投给一个未收到信的人,求四封信全部正确和全部错误投递的概率。

9. 证明 $S=\{(x_1,x_2)|x_1+2x_2\geqslant1,x_1-x_2\geqslant1\}$ 是凸集。

10. 试说明牛顿法的求解步骤。

11. 试用牛顿法求解

$$\min f(x)=\frac{1}{2}x_1^2+\frac{9}{2}x_2^2, \quad \boldsymbol{x}^{(0)}=(9,1)^T$$

12. 简单有向图有 21 条边,3 个度为 4 的节点,其余均为度为 3 的节点,求此图有多少个节点。

13. 证明:设 G 为简单有向图,图中任何两个节点间有且只有一条有向边相连,证明该图所有节点的入度的平方和等于所有节点出度的平方和。

14. 已知图的邻接矩阵 $\boldsymbol{A} = \begin{bmatrix} 0 & 1 & 0 & 1 & 0 \\ 1 & 0 & 0 & 1 & 1 \\ 0 & 0 & 0 & 1 & 1 \\ 1 & 1 & 1 & 0 & 0 \\ 0 & 1 & 1 & 0 & 0 \end{bmatrix}$,求该图的补图,并分别计算二者的关联矩阵和谱。

2.7　参考资料

[1] Lan G,Yoshua B,Aaron C. 深度学习[M]. 赵申剑,黎彧君,符天凡,译. 北京:人民邮电出版社,2017.

[2] 范明,范宏建. 数据挖掘导论[M]. 北京:人民邮电出版社,2011.

[3] 同济大学数学系. 工程数学 线性代数[M]. 北京:高等教育出版社,2014.

[4] Roger A H,Charles R J. 矩阵分析[M]. 张明尧,张凡,译. 北京:机械工业出版社,2014.

[5] 程云鹏. 矩阵论[M]. 西安:西北工业大学出版社,2013.

[6] 李贤平. 概率论基础[M]. 北京:高等教育出版社,2010.

[7] 李贤平,卜国瑞,吴立鹏. 概率论与数理统计简明教程[M]. 北京:高等教育出版社,1988.

[8] Stephen B,Lieven V. 凸优化[M]. 北京:清华大学出版社,2013.

[9] 卢力. 离散数学简明教程[M]. 北京:清华大学出版社,2017.

[10] 周志华. 机器学习[M]. 北京:清华大学出版社,2016.

[11] 李航. 统计学习方法[M]. 北京:清华大学出版社,2012.

[12] 覃雄派,陈跃国,杜小勇. 数据科学概论[M]. 北京:中国人民大学出版社,2018.

Python 语言初步

3.1 Python 语言概述

3.1.1 Python 语言简介

什么是 Python？ Python 是一种灵活多用的计算机程序设计语言，使用 Python 进行的编程语法特色更强，具有更高的可读性。Python 对于初级程序员来说非常友好，语法简单易懂，应用广泛，实用性强。**Python** 是一种解释型语言，解释型语言指的是源代码先被翻译成中间代码，再由解释器对中间代码进行解释运行，这就意味着 Python 的跨平台性很好，所有支持 Python 语言的解释器都可以运行 Python。**Python** 是交互式语言，它可以在交互界面直接执行代码，大多数 Linux 系统都使用 Python 语言作为基本配置。Python 是面向对象语言，这意味着 Python 支持面向对象的风格或代码封装在对象的编程技术。

1. Python 的发展历史

Python 由荷兰人 Guido van Rossum 于 1989 年创造，并于 1991 年发布第一个公开发行版。自 2004 年以后，Python 的使用率大幅增长，Python 2 于 2000 年 10 月发布，稳定版本是 Python 2.7。Python 3 于 2008 年 12 月发布，不完全兼容 Python 2。

2. Python 的特点

Python 语言简单易学，有较为简单的语法，也很容易入门与上手操作。免费、开源，Python 的一个很重要的优点是它是免费开源的，开发者可以自由地发布这个软件的复制版、阅读它的源代码、对它加以改动、取其部分用于新的自由软件中。可移植性，由于它的开源本质，Python 有很强的可移植性能，如果避免使用了依赖于系统的特性，那么所有 Python 程序无须修改就可以在多个平台上面运行。

3. 为什么使用 Python

Python 提供了很多的重要库，包括 NumPy、Pandas、Matplotlib、SciPy、

scikit-learn 等。这些库为 Python 提供了数值计算需要的多种数据结构、算法、接口及多种机器学习库函数，以及用于制图和可视化的必备操作等。这些功能都使得 Python 用起来更为方便，也因此成为了解决数据挖掘、数据分析和机器学习问题的必备工具。同时 Python 编写小型程序、脚本也十分方便，能够快速处理各种类型的数据，在服务器命令行环境上运行简单明了。因此，综合考虑 Python 的各个方面的优点，我们选择使用 Python 作为本书分析与挖掘数据的首要语言。

3.1.2　Python 语言环境搭建

1. Python 的下载与安装

Python 的版本有 2.x 和 3.x 两大类，其中比较常用的是 Python 2.7 和 Python 3.6。由于 Python 不支持向下兼容，在 Python 3.x 的环境下，Python 2.x 版本的代码不一定能正常运行。因此，在使用 Python 进行开发与移植时，需要了解对于 Python 版本的需求。

另一方面，Python 的使用通常需要与多种附加包结合，而且应用场景也多种多样。因此，需要附加的安装操作也多种多样，没有统一的解决方案。在本书中推荐使用免费的且集成较多安装包的 Anaconda 软件来安装 Python 3.6 以及相应的环境。

下面分别对 3 个系统上的 Anaconda 安装过程进行简述。

Windows：先从（http://anaconda.com/downloads）下载 Anaconda 安装器，并按照官网下载页上的安装说明进行安装。安装结束后需要确定所有的设置是否都正确，确认方法如下：打开命令行应用（cmd.exe），输入 Python 来启动 Python 解释器，如果能够正确输出符合你下载的 Anaconda 版本的信息，则证明安装成功。

```
C:\Windows\system32>Python
Python 3.6.4 |Anaconda, Inc.| (default, Jan 16 2018, 10:22:32) [MSC v.1900 64 bit
(AMD64)] on win32
>>>
```

Mac OS：下载 OS X 版的 Anaconda 安装器，命令如 Anaconda3-4.1.0-MacOSX-x86_64.pkg。双击.pkg 文件运行安装器。安装器运行时，会自动将 Anaconda 执行路径添加到.bash_profile 文件中，该文件位于/Users/$USER/.bash_profile。确认安装正常，可以尝试在系统命令行（打开终端应用得到命令提示符）中运行 IPython：

```
$iPython
```

要退出命令行，按下 Ctrl＋D 键，或输入命令 exit() 后按回车。

Linux：Linux 下的安装细节取决于所用的 Linux 版本，安装器是一段 Shell 脚本，安装时需要使用一个文件名类似于 Anaconda3-4.1.0-Linux-x86_64.sh 的文件，并在 bash 命令行中输入：

```
$bash Anaconda3-4.1.0-Linux-x86_64.sh
```

在接受许可后,通常选用默认安装设置就可以成功安装。

2. 集成开发环境

Python 开发环境的基准是"IPython 加文本编辑器"。通常会在 IPython 或 Jupyter notebook 中写一段代码,然后迭代测试、调试。这种方法有助于在交互情况下操作数据,并可以通过肉眼确认特定数据集是否做了正确的事。

然而,当开发软件时,使用者可能倾向于使用功能更为丰富的集成开发环境(IDE)而不是功能相对简单的文本编辑器。常用的 IDE 如下。

(1) PyDev(免费),基于 Eclipse 平台的 IDE。

(2) PyCharm,Jetbrains 公司开发,对商业用户收费,对开源用户免费。

(3) Spyder,Anaconda 集成的 IDE。

(4) Python Tools for Visual Studio,适合 Windows 用户。

具体的选择,则需要读者根据自己的需求进行自行判断。在本书中,使用 Anaconda 自带的 Spyder 和 Jupyter notebook 进行编程。

3.2 Python 的基本用法

3.2.1 列表与元组

1. 序列概述、常用的序列操作

在 Python 中,最常用且最基础的数据结构是序列,英文为 sequence。序列中的每个元素都设有对应的编号,并且使用这些标号来查找这些元素,因此也通常称编号为这些元素的位置或索引。另外一点非常重要的是,序列的索引从 0 开始,即第一个元素的索引为 0,第二个元素的索引为 1,以此类推。

Python 中有多种序列,但最常见的是列表和元组两类,它们除了最基本的操作相同外,也会有一定的区别:列表中的元素是可以修改的,而元组不可以修改。

适用于所有序列的操作包括索引、切片、相加、相乘和成员资格检查等,下面通过举出一些例子来对这些内容进行详细讲解。

1) 索引

使用索引来查找序列中的元素,索引的描述方式为"[ ]"。方框中的元素表示索引的元素位置,它可以取正数,也可以取负数。当使用负数 $-n$ 时,表示从右(即从最后一个元素)开始往左数,查找第 n 个元素。

【例 3-1】

```
In[1]:    number_list = [0,1,2,3,4,5,6,7,8,9]
In[2]:    number_list[3]
Out[2]:   3
In[3]:    number_list[-1]
Out[3]:   9
```

2）切片

索引通常用来访问单个元素，而当想要访问多个元素时，通常采用切片（Slicing）的方式。使用方括号截取特定范围内的元素，这种操作就是切片。切片本质上是被冒号间隔的两个索引，用来截取从第一个索引下标到第二个索引下标之间的元素。其中第一个索引指定的元素包含在切片内，但第二个索引指定的元素不包含在切片内。

【例 3-2】

```
In[4]:   number_list = [0,1,2,3,4,5,6,7,8,9]
In[5]:   number_list[3:7]
Out[5]:  [3, 4, 5, 6]
```

同样，当要从列表末尾开始访问元素时，可以使用负数索引。

【例 3-3】

```
In[6]:   number_list[-3:-1]
Out[6]:  [7, 8]
```

省略第一个索引时表示切片开始于序列开头，省略第二个索引时表示切片结束于序列末尾，而当两个索引都省略时，则选取整个序列。

【例 3-4】

```
In[7]:   number_list[-5:]
Out[7]:  [5, 6, 7, 8, 9]
In[8]:   number_list[:5]
Out[8]:  [0, 1, 2, 3, 4]
```

除此之外，在索引 1 和索引 2 之间可以设置步长来指定访问时跳跃的幅度。步长为正表示从前向后访问，步长为负表示从后向前访问。

【例 3-5】

```
In[9]:   number_list[1:7:2]
Out[9]:  [1, 3, 5]
In[10]:  number_list[8:2:-2]
Out[10]: [8, 6, 4]
```

3）序列相加

可以使用加法运算符"＋"来拼接序列。

【例 3-6】

```
In[11]:  list1=[1,2,3]
         list2=[4,5,6]
In[12]:  list1 + list2
Out[12]: [1, 2, 3, 4, 5, 6]
```

4）乘法

在序列中，乘法用 * 表示，当序列与数 x 相乘时，将重复这个序列 x 次来创建一个新序列。

【例 3-7】

```
In[13]:  [1,2] * 8
Out[13]: [1, 2, 1, 2, 1, 2, 1, 2, 1, 2, 1, 2, 1, 2, 1, 2]
```

5）成员资格检查

通过使用 in 运算符来检查特定的值是否包含在序列中。in 用来检查满足某条件的元素是否存在，如果存在，返回 True；不存在，则返回 False。

【例 3-8】

```
In[14]:  name_list = ['Tom','Jerry','Mickey','Mike']
In[15]:  'Tom' in name_list
Out[15]: True
In[16]:  'Marry' in name_list
Out[16]: False
```

2. 列表概述、常用的列表操作

列表是序列的一种，可以对列表执行所有的序列操作，但是不同之处在于列表是可以修改的。因此，接下来会介绍一些修改列表的方法：给元素赋值、删除元素、给切片赋值以及使用列表的方法。

1）列表的修改操作

（1）给元素赋值：给元素赋值之前，需要使用索引法找到特定位置的元素，然后使用赋值号"＝"给元素赋值。但需要注意的是，不能对超出列表长度范围的元素进行赋值。

【例 3-9】

```
In[17]:  lst = [1,10,20,30,40]
In[18]:  lst[3]=35
In[19]:  lst
Out[19]: [1, 10, 20, 35, 40]
In[20]:  lst[5]=50
Out[20]: IndexError: list assignment index out of range
```

（2）删除元素：使用下标索引并结合 del 语句来删除元素。

【例 3-10】

```
In[21]:  lst = [1,10,20,30,40]
In[22]:  del lst[3]
In[23]:  lst
Out[23]: [1, 10, 20, 40]
```

（3）使用切片可以同时对多个元素进行赋值,甚至可以实现序列的长度改变。不仅如此,使用切片赋值还可以在不替换原有元素的情况下更新元素。

【例 3-11】

```
In[24]:   number_list = [1,2,3,4,5,6]
In[25]:   number_list[2:]=[20,30,40]
In[26]:   number_list
Out[26]: [1, 2, 20, 30, 40]
In[27]:   number_list[1:1]=[5,10,15]
In[28]:   number_list
Out[28]: [1, 5, 10, 15, 2, 20, 30, 40]
In[29]:   number_list[1:4] = []
In[30]:   number_list
Out[30]  [1, 2, 20, 30, 40]
```

2）列表方法

首先,我们要了解什么是方法,所谓方法(Method)通常会加上对象(Object)和句点来调用：object.method(arguments),方法用来实现某些功能。列表中包含一些常用的方法,可以用来查看或修改内容,下面则给出一些常用的例子来说明。

（1）append 方法：使用 append()函数,将某一个对象附加到列表的末尾。

【例 3-12】

```
In[31]:   number_list.append(50)
In[32]:   number_list
Out[32]: [1, 2, 20, 30, 40, 50]
```

（2）clear 方法：使用 clear()函数来清空列表中的所有内容。

【例 3-13】

```
In[33]:   number_list.clear()
In[34]:   number_list
Out[34]: []
```

（3）copy 方法：复制列表。

【例 3-14】

```
In[35]:   number_list = [1,2,3,4,5,6,7]
In[36]:   nl = number_list.copy()
In[37]:   number_list[3] = 40
In[38]:   number_list
Out[38]: [1, 2, 3, 40, 5, 6, 7]
In[39]:   nl
Out[39]: [1, 2, 3, 4, 5, 6, 7]
```

（4）**insert** 方法：将一个对象插入到列表中。

【例 3-15】

```
In[39]:   number_list.insert(2,7)
In[40]:   number_list
Out[40]: [1, 2, 7, 3, 40, 5, 6, 7]
```

（5）**remove** 方法：用于删除第一个为指定值的元素。

【例 3-16】

```
In[41]:   sentence = ['how','do','you','do']
In[42]:   sentence.remove('do')
In[43]:   sentence
Out[43]: ['how', 'you', 'do']
```

（6）**count** 方法：统计某个元素在列表中出现的次数。

【例 3-17】

```
In[44]:   ['to', 'be', 'or', 'not', 'to', 'be'].count('to')
Out[44]: 2
```

（7）**extend** 方法：在列表末尾一次性追加另一个序列中的多个值。

【例 3-18】

```
In[45]:   a1 = ['a','b','c']
          b1 = ['d','e','f']
In[46]:   a1.extend(b1)
In[47]:   a1
Out[47]: ['a', 'b', 'c', 'd', 'e', 'f']
```

（8）**index** 方法：在列表中查找指定值第一次出现的索引。

【例 3-19】

```
In[48]:   sentence = ['how','do','you','do']
In[49]:   sentence.index('do')
In[50]:   1
In[51]:   sentence.index('who')
Out[52]: ValueError: 'who' is not in list
```

（9）**reverse** 方法：对列表元素倒序排列。

【例 3-20】

```
In[53]:   name = ['M','i','c','k','e','y']
In[54]:   name.reverse()
```

```
In[55]:   name
Out[55]: ['y', 'e', 'k', 'c', 'i', 'M']
```

3. 特殊的列表——元组

元组与列表一样,也是序列的一种,而区别就在于元组是不能修改的。创建元组方法很简单,只要将一些值用逗号分隔,就能自动创建。

【例 3-21】

```
In[56]:   1,2,3
Out[56]: (1, 2, 3)
```

同样还可以用圆括号括起定义元组。

【例 3-22】

```
In[57]:   (1,2,3)
Out[57]: (1, 2, 3)
```

当定义只包含一个值的元组时需要在它的后面加上逗号。

【例 3-23】

```
In[58]:   31
Out[58]: 31
In[59]:   31,
Out[59]: (31,)
In[60]:   (31,)
Out[60]: (31,)
```

元组并不太复杂,它的创建和访问与序列一致,除此之外可对元组执行的操作不多。

3.2.2　字符串

1. 字符串的概述

字符串在 Python 语言中很常见,它是一种最常用的数据类型。创建字符串很简单,只需要在引号("或"")内赋值一个由字符数字等组成的变量即可。

【例 3-24】

```
In[1]:   name1 = 'Kitty'
In[2]    name1
Out[2]: 'Kitty'
In[3]    name2 = "Tom"
In[4]    name2
Out[4]   'Tom'
```

除此之外,字符串本身也是一种序列。因此,适用于序列的操作也同样适用于字符串,可以通过下标索引以及方括号截取字符串的方式访问字符串。对字符串的更新、修改和删除等操作,这里仅通过表 3-1 进行简单的说明。

表 3-1　字符串的基本操作

操作符	描　　述	实　　例
+	字符串连接	In[5]:　name1+name2 Out[5]:　'KittyTom' *
*	重复输出字符串	In[6]:　name2 * 2 Out[6]:　'TomTom'[]
[]	通过索引获取字符串中的字符	In[7]:　name2[2] Out[7]:　'm'[:]
[:]	截取字符串中的一部分	In[8]:　name1[2:4] Out[8]:　'tt'in
in	如果字符串中包含给定的字符返回 True	In[9]:　'K' in name1 Out[9]:　Truenot in
not in	如果字符串中不包含给定的字符返回 True	In[10]:　'K' not in name2 Out[10]:　True

2. 字符串用法

由于字符串很常用,因此字符串的使用方法也非常多,这里列一些较为常用的字符串使用方法来举例说明。

(1) **find 方法**:使用 find()函数在字符串中查找子串,如果找到,就返回子串的第一个字符的位置,未找到则返回 -1。当出现返回值为 0 时,表明恰巧在最开始处找到了指定的子串。

【例 3-25】

```
In[11]:　sentence = 'Actions speak louder than words.'
In[12]　sentence.find('speak')
Out[12]: 8
In[13]　sentence.find('pick')
Out[13]　-1
In[14]　sentence.find('Actions')
Out[14]　0
```

同时,find 方法的第二个和第三个参数分别代表搜索的起点与终点,通过起点与终点,指明了搜索范围。需要注意的是,范围包含起点但不包含终点。

【例 3-26】

```
In[15]　sentence.find('s',3,10)
Out[15]　6
```

（2）**join 方法**：join 方法用于合并字符串，需要注意的是所有合并的序列元素都必须是字符串。

【例 3-27】

```
In[16]:   number_list = ['1','2','3','4','5']
In[17]    add = '+'
In[18]:   add.join(number_list)
Out[18]   '1+2+3+4+5'
```

（3）**split 方法**：split 是非常重要的字符串方法，它的作用与 join 方法相反，用于将字符串按照分隔符拆分为序列。如果没有指定分隔符，则在单个或多个连续的空白字符处进行拆分。

【例 3-28】

```
In[19]:   '1+2+3+4+5'.split('+')
Out[19]   ['1', '2', '3', '4', '5']
In[20]:   "I am a student from BUPT".split()
Out[20]   ['I', 'am', 'a', 'student', 'from', 'BUPT']
```

（4）**strip 方法**：使用 strip 方法将字符串开头和末尾的空白删除，并返回删除后的结果，需要注意的是 strip()函数删除并不会删除字符串中间的空格。同样，在 strip()函数中指定字符则可以删除在开头或末尾的对应字符，而中间的字符不会被删掉。

【例 3-29】

```
In[21]:   "     I am a student from BUPT          ".strip()
Out[21]   'I am a student from BUPT'
In[22]:   '*****!!!!!Something important!!!!!*****'.strip('*!')
Out[22]   'Something important'
```

strip()函数在处理数据中十分常见，当进行比较或切分操作之前，通常使用 strip()去掉不小心在尾部加上的空格，以免出现错误。

（5）**lower 方法**：用于将字符串中的大写字符全部替换为小写，当用户不想区分字符串大小写时很重要。例如用户名字、地址等信息往往大小写多样，而转换为字符串在存储与查找时，应先将它们全部处理为小写后，再进行操作。

【例 3-30】

```
In[23]:   'My favourite character is Mickey Mouse'.lower()
Out[23]   'my favourite character is mickey mouse'
```

3.2.3　字典

我们都知道序列使用索引来访问各个值，而 Python 中还提供一种数据结构，可以通过名称来访问其各个值,这种数据结构就是映射(Mapping)。在映射中,较常用的就是字典,字典通过“键-值”对进行索引,这里的键可能是数、字符串或元组等。

字典的“键-值”对是它的特点,而“键-值”对也被称为项(Item)。每个键与其值之间都用冒号(:)进行分隔,各个项之间用逗号分隔,同时被包括在花括号内,类似于{key1:value1,key2:value2}的格式。为了实现字典中的快速查找,键必须是独一无二的,这样给定键就能直接找到该键对应的值,而值是可以重复的。

空字典中没有任何项,用两个花括号表示,类似于{}的格式。

下面详细介绍如何创建以及使用字典。

1. 创建字典

创建字典的最简单方式就是直接赋值,但需要注意的是保持键的唯一性,否则会导致后赋值的一个“键-值”对替换掉前面的。键的数据类型必须是不可变的,如字符串、数字或元组等,而值可以取任何数据类型。

【例 3-31】

```
In[1]:   number_dict = {'a':1,'b':2,'c':3,'c':4}
In[2]    number_dict
Out[2]   {'a': 1, 'b': 2, 'c': 4}
```

可以使用 dict 方法从其他的映射或“键-值”对来转换创建字典。

【例 3-32】

```
In[3]:   student = [('name','Mickey'),('age',24)]
In[4]    d = dict(student)
In[5]    d
Out[5]   {'age': 24, 'name': 'Mickey'}
```

2. 字典操作

字典也有索引、删除、修改对应项的值等操作,操作的基本思想与序列很像。下面通过举例说明。

【例 3-33】

```
In[6]:   student_dict={'Tom':24,'Mickey':23,'Marry':15,'Abel':18}
In[7]    student_dict
Out[7]   {'Abel': 18, 'Marry': 15, 'Mickey': 23, 'Tom': 24}
```

使用 len 方法可以计算字典中包含的“键-值”对数目。

【例 3-34】

```
In[8]   len(student_dict)
Out[8]  4
```

索引时使用键做下标来找到相应的值。

【例 3-35】

```
In[9]   student_dict['Marry']
Out[9] 15
```

对字典的值进行修改时,常使用赋值的方法。

【例 3-36】

```
In[10]   student_dict['Tom'] = 28
In[11]   student_dict
Out[11] {'Abel': 18, 'Marry': 15, 'Mickey': 23, 'Tom': 28}
```

使用 del 命令删除字典中对应的"键-值"对。

【例 3-37】

```
In[12]   del student_dict['Mickey']
In[13]   student_dict
Out[13] {'Abel': 18, 'Marry': 15, 'Tom': 28}
```

通过 in 命令来判断某一关键字是否在字典中。

【例 3-38】

```
In[14]   'Mickey' in student_dict
Out[14] False
```

从这些基本的操作来看,字典和列表的操作有很多相同之处,但也存在一些重要的不同之处。

首先,列表的索引只能对应于相应的位置,而字典中的键可以多种多样,并不是一定要设置为整数,只要保证字典的键是不可变的,则实数、字符串、元组等类型都可以。

其次,通过赋值列表无法增加新的项,即不能给列表中没有的元素赋值。但是即便是字典中原本没有的"键-值",也可以通过赋值来创建新项。

【例 3-39】

```
In[15]   student_dict['Alan'] = 24
In[16]   student_dict
Out[16] {'Abel': 18, 'Alan': 24, 'Marry': 15, 'Tom': 28}
```

3. 字典方法

介绍了字典的操作后,接下来就介绍一些很有用的字典方法。

(1) clear 方法:使用该方法进行彻底地清除,删除所有的字典项,清除成功后返回值为 None。当然,除了使用 clear 方法外,还可以通过给字典赋空值来清空此字典。

【例 3-40】

```
In[17]   student_dict = {'Abel': 18, 'Alan': 24}
In[18]   student_dict.clear()
In[19]   student_dict
Out[19] {}
```

（2）**copy** 方法：使用该方法进行复制，返回一个新字典，其包含与原来的字典相同的"键-值"对。

【例 3-41】

```
In[20]   x = {'username': '201820091', 'grades': [90,87,10]}
In[21]   y = x.copy()
In[22]   y
Out[22] {'grades': [90, 87, 10], 'username': '201820091'}
```

（3）**get** 方法：get 方法是用来快速访问字典的项。访问 get 指定的键，与普通的字典查找结果一样，而使用 get 访问不存在的键是不会引发异常的，只是返回 None 值。

【例 3-42】

```
In[23]   d = {}
In[24]   print(d['name'])
Out[24] KeyError: 'name'
In[25]   print(d.get('name'))
Out[25] None
In[26]   d['name'] = 'Eric'
In[27]   d.get('name')
Out[27] 'Eric'
```

同时，get 方法还可以指定"默认"值，这样当未找到时，返回的将是指定的默认值而不是 None。

【例 3-43】

```
In[29]   d.get('name', 'N/A')
Out[29] 'N/A'
```

（4）**keys** 方法：函数 keys() 返回一个字典的"键-值"视图，列出字典中的所有键。

【例 3-44】

```
In[30]   x = {'username': '201820091', 'grades': [90,87,10]}
In[31]   x.keys()
Out[31] dict_keys(['username', 'grades'])
```

（5）**pop** 方法：该方法首先找出指定"键-值"对，然后将它们从字典中删除。

【例 3-45】

```
In[32]  d = {'x': 1, 'y': 2}
In[33]  d.pop('x')
Out[33] 1
In[34]  d
Out[34] {'y': 2}
```

（6）**items 方法**：函数 items()将字典转换成列表，返回一个包含所有字典项的列表，其中每个元素都为(key，value)的形式。字典项在列表中的排列顺序不确定。返回值的类型为字典视图，可以对其执行成员资格检查。

【例 3-46】

```
In[35]  student = {'year': '2015', 'grades': [90,87,10]}
In[36]  student.items()
Out[36] dict_items([('year', '2015'), ('grades', [90, 87, 10])])
In[37]  len(student.items())
Out[37] 2
In[38]  ('year', '2015') in student.items()
Out[38] True
```

3.2.4 条件与循环语句

1. 条件与条件语句介绍及用法

目前为止的语句都是逐条执行的，而 Python 的条件语句通过某些条件是 True 或 False 来决定是否选择执行或是跳过某些特定的语句块。通常来说，False、None、各种类型（包括浮点数、复数等）的数值 0、空序列（如空字符串、空元组和空列表）以及空映射（如空字典）这些都被视为假，其他各种值都被视为真。

Python 中的条件语句用 if 和 else 来控制程序的执行，基本形式为

```
if 判断条件:
    执行语句段 1……
else:
    执行语句段 2……
```

当判断条件为真时，执行紧接着的语句段，这部分内容可以为多行，以缩进来区分。else 部分为可选语句，当有需要在条件不成立时执行的内容可以在此处写下。

if 语句的判断条件可以用＞（大于）、＜（小于）、＝＝（等于）、＞＝（大于或等于）、＜＝（小于或等于）、！＝（不等于）来表示。

Python 与 C 语言的条件语句有些不同，Python 不支持 switch 语句，所以多个条件判断，只能使用 elif 来实现。因此，当判断条件为多个值，可以使用以下形式。

```
if 判断条件 1:
```

```
        执行语句段 1…
    elif 判断条件 2:
        执行语句段 2…
    elif 判断条件 3:
        执行语句段 3…
    else:
        执行语句段 4…
```

如果多个条件需要同时判断时,可以使用 or(或),表示两个条件只要有一个成立时值即为真;使用 and(与)时,表示只有两个条件同时成立的情况下,值才为真。同时可使用圆括号来区分判断的先后顺序,圆括号中的判断优先执行,此外 and 和 or 的优先级低于>(大于)、<(小于)等符号,即大于和小于在没有括号的情况下会比 and 和 or 要优先判断。

除此之外,if 语句还可以实现嵌套,可将 if 语句放到其他 if 语句中,来实现判断后的再次判断。

下面通过一个使用条件语句的程序例子来说明。

【例 3-47】

程序 3-1 条件语句的应用实例

```
num = 9
if num < 0:
    print('负数!')
elif num >0:

    #Python 3 中,下面式子括号里可合并为 0< = num < =100
    if (num > = 0 and num < =100) or (num > =100 and num < =150):
        print(num)
else:
    print('大于 150!')
```

2. 循环语句介绍及用法

当了解了条件语句如何使程序在条件为真(或假)时执行特定的操作,接下来则进一步了解如何重复执行某些操作,这里通过循环语句来解决这个问题。

Python 的基本循环语句是 while 循环和 for 循环,在这些基础上加入一些跳出循环的语句就可以使得整个程序的流程更为多样,可能性更为丰富。

下面对这些一一进行介绍。

1) while 循环

while 循环的基本形式为

```
while 判断语句:
    执行语句…
```

执行语句可以是单个语句或语句段,判断语句可以是任何表达式,结果为真时就执行语句,当判断条件为假时,循环结束。

不仅如此,while 语句后还可以加 else 语句,表示在循环条件为假时执行另一段程序,形式为

```
while 判断语句:
    执行语句 1…
else:
    执行语句 2…
```

【例 3-48】

程序 3-2　while 循环的应用实例

```
numbers = [12, 23, 34, 45, 56, 67, 78, 89]
even = []
odd = []
while len(numbers) > 0:
    number = numbers.pop()
    if(number % 2) == 0:
        even.append(number)
    else:
        odd.append(number)
else:
    print(even)
    print(odd)
```

输 出 结 果

```
[78, 56, 34, 12]
[89, 67, 45, 23]
```

2) for 循环

for 循环的基本思想是在遍历某一序列的每一个项目时执行一段语句,序列可以是一个列表或字符串,也可以是一个范围。

for 循环的基本形式为:

```
for 迭代变量 in 序列:
    执行语句…
```

当 for 循环遍历的是一个范围时,迭代变量相当于一个计数器,序列则通常是使用 len() 函数获取的列表长度和 range() 函数返回的元素范围等。

与 while 循环相类似,for 循环也可以同 else 结合表示跳出循环后执行的内容。

【例 3-49】

程序 3-3　for 循环的应用实例

```python
books = ['math','chinese','computer science']
for index in range(len(books)):
    print("book about "+str(index)+":", books[index])
else:
    print("Bye")
```

输 出 结 果

```
book about 0: math
book about 1: chinese
book about 2: computer science
Bye
```

3）嵌套循环

Python 允许在一个循环体中嵌入另一个循环，例如同类型的，在 for 循环中嵌入 for 循环，在 while 循环中嵌入 while 循环。不仅如此，在 while 循环中也可以嵌入 for 循环，在 for 循环中也可以嵌入 while 循环等。

break 跳出循环：Python 的 break 语句用来终止循环语句，即使循环条件没有 False 条件或者序列还没被完全递归完，也会停止执行循环语句。它在 while 和 for 中都可以被使用，当使用嵌套循环时，break 语句将停止执行最深层的循环，并开始执行下一行代码。

【例 3-50】

程序 3-4　break 跳出循环的应用实例

```python
for letter in 'Python':
    if letter == 'h':
        break
        print('这是 break 块')
    print('当前字母 :', letter)
print('break')
```

输 出 结 果

```
当前字母 : P
当前字母 : y
当前字母 : t
break
```

---

continue 跳出循环：相比于 break 跳出整个循环，continue 语句用来跳出本次循环。言下之意是，continue 语句用来告诉 Python 跳过当前循环的剩余语句，然后继续进行下一轮循环。它可以在 while 和 for 循环中使用。

【例 3-51】

程序 3-5　continue 跳出循环的应用实例

```
for letter in 'Python':          #第一个实例
    if letter == 'h':
        continue
        print('这是 continue 块')
    print('当前字母 :', letter)
print('continue')
```

输　出　结　果

```
当前字母 : P
当前字母 : y
当前字母 : t
当前字母 : o
当前字母 : n
continue
```

pass 跳出循环：Python 的 pass 是空语句，为了保持程序结构的完整性而设计的。pass 不做任何事情，一般用作占位语句。

【例 3-52】

程序 3-6　pass 跳出循环的应用实例

```
for letter in 'Python':
    if letter == 'h':
        pass
        print('这是 pass 块')
    print('当前字母 :', letter)
print('pass')
```

输　出　结　果

```
当前字母 : P
当前字母 : y
当前字母 : t
这是 pass 块
当前字母 : h
当前字母 : o
当前字母 : n
pass
```

3.2.5　函数

1. 定义函数

函数是预先设计好的、可重复使用的、能够实现单一或多种功能的综合代码段。使用了函数的 Python 代码,模块性较强,代码的重复利用率较高。目前为止我们可能或多或少地也使用过 Python 自带的函数,如 print()等。

当然,除了使用 Python 提供的函数以外,用户也可以自己定义,但是首先要知道的是,定义函数有如下几条规则。

首先,定义函数的标志关键字是 def,在它之后应该紧接着用户想要设计的函数名称。

其次,用户想要传入的参数用圆括号起来放在函数名后,并且在圆括号结束的位置之后加上冒号作为函数内容的开始。

同时,当开始定义函数内容时,要时刻保持缩进的使用是正确的。

最后,使用 return 语句表示函数结束时返回给调用者的值,不带 return 则相当于返回 None。

示例的结构如下:

```
def 函数名(参数列表):
    函数执行语句段…
    return [表达式]
```

2. 函数调用

当使用如上规则定义了一个函数,指定了函数名称、传递的参数以及代码块内容后,需要通过另外的语句调用函数,才能使这个函数在适当的时间与位置执行相应的功能。函数的调用可以嵌套在任何用户设定的位置里,如另外的函数中、命令行中等。下面举例说明函数的定义与调用过程。

【例 3-53】

程序 3-7　函数的定义与调用实例

``
def printstr(string):
    print(string)
 	
printstr("函数的定义与调用!")
``

输　出　结　果
函数的定义与调用!

3. 参数传递

Python 的变量是没有特定类型的,定义的函数参数列表中的变量类型取决于参数传递时所赋值的类型。同时根据函数传递的参数是否可以修改，将它们分成不可变类型与可变类型。

　　不可变类型参数传递本质上就是传值，常用的有数字、字符串等。当使用传值时，即使在函数内部对这些参数进行修改，它们的变化也不会影响函数外的值。因为当它们被传入函数后，相当于生成了另外一个复制的对象，使得函数内部语句在复制对象上进行操作。

　　可变类型参数传递本质上是传引用。传引用传入的是变量的地址，而当函数内部得到变量的地址后，再进行的操作相当于对原变量进行修改，修改后函数外部的变量也会受到影响。

【例 3-54】

程序 3-8　传不可变对象的应用实例

```
def ChangeInt(a):
    a = 10

b = 3
ChangeInt(b)
print(b)
```

输　出　结　果

```
3
```

【例 3-55】

程序 3-9　传可变对象的应用实例

```
def ChangeList(mylist):
    "修改传入的列表"
    mylist.append([1,2,3,4])
    print("函数内取值: ", mylist)

mylist = [10,20,30]
print("更改前取值: ", mylist)
ChangeList(mylist)
print("更改后取值: ", mylist)
```

输　出　结　果

```
更改前取值:  [10, 20, 30]
函数内取值:  [10, 20, 30, [1, 2, 3, 4]]
更改后取值:  [10, 20, 30, [1, 2, 3, 4]]
```

4. 参数分类

除了从参数的可变与不可变进行分类外,还可以将参数分为必备参数、关键字参数、默认参数等。下面对这三类参数进行详细说明。

必备参数指的是在函数最初定义时就设置好的参数,在函数调用阶段必须按照正确的顺序传入,数量也应该与声明时保持一致,不然会导致语法错误。

【例 3-56】

程序 3-10　必备参数传递的应用实例

```
def printme(str1,str2):
    "打印任何传入的字符串"
    print("string1:",str1)
    print("string2:",str2)


#调用 printme()函数
string1 = "Hello "
string2 = "World!"
printme(string1,string2)
printme(string2,string1)
printme()
```

输 出 结 果

```
string1: Hello
string2: World!
string1: World!
string2: Hello


TypeError: printme() missing 2 required positional arguments: 'str1' and 'str2'
```

关键字参数指的是在传递参数时使用关键字标明对应的参数,使用关键字参数声明后,允许函数调用时顺序与声明不一致,因为通过参数名也能够很好地进行参数值匹配。

【例 3-57】

程序 3-11　关键字参数传递的应用实例

```
def printme(str1,str2):
    "打印任何传入的字符串"
    print("string1:",str1)
    print("string2:",str2)


string1 = "Hello "
string2 = "World!"
```

```
printme(string2,string1)
printme(str2 = string2,str1 = string1)
```

输 出 结 果

```
string1: World!
string2: Hello
string1: Hello
string2: World!
```

　　默认参数在定义时也是必须声明的,它通过在定义阶段设置某个值,以便在调用时不被传入,方便使用默认值。同时,默认参数也可以在调用时传入,这时就用新传入的参数值替换默认值。

【例 3-58】

程序 3-12　默认参数传递的应用实例

```
def printme(str1 = "oh ", str2 = "hello ", str3 = "world"):
    "打印任何传入的字符串"
    print("string1:",str1)
    print("string2:",str2)
    print("string3:",str3)


string2 = "Hello "
string3 = "World"
printme(str2 = string2, str3 = string3)
```

输 出 结 果

```
string1: oh
string2: Hello
string3: World
```

5. 匿名函数

　　匿名函数是 Python 中比较有特色的定义函数方式,它通常只包含一条语句,主体是一个表达式,与前面所讲的定义函数方式比要简单很多。

　　匿名函数通过 lambda 来定义,它有专属于自己的参数空间,它的参数与全局参数和其他参数是不共享的。具体的定义方式如下:

```
lambda [arg1 [,arg2,…,argn]]:expression
```

【例 3-59】

程序 3-13　匿名函数的应用实例

```
sum = lambda arg1, arg2: arg1 + arg2;
```

```
print("相加后的值为 : ", sum( 10, 20 ))
print("相加后的值为 : ", sum( 20, 20 ))
```

输 出 结 果
相加后的值为 ： 30
相加后的值为 ： 40

6. return 语句

利用 return 语句表示函数结束时的退出，return 后通常设计一个表达式，表达式的结果表示向调用方返回的内容，不带 return 语句的结束表示返回为 None。

【例 3-60】

程序 3-14　return 语句的应用实例

```
def sum(arg1, arg2):

    total = arg1 + arg2
    print("相加后的值 : ", total)
    return total;


total = sum(10, 20)
print("返回的值 :",total)
```

输 出 结 果
相加后的值 ： 30
返回的值 : 30

7. 变量作用域

变量定义后，有一定的有效范围，并不是任意一个位置都可以访问，人们把控制函数内变量的访问范围的机制称为变量作用域，它规定了在何时可以访问哪一个特定的变量。

变量作用域分为全局作用域和局部作用域：在某一局部位置定义的变量拥有局部作用域，例如函数内容定义的变量，这些变量又被称为局部变量，它们只能在被声明的函数内部使用；在全局位置定义的变量拥有全局作用域，例如在函数外代码开始处定义的变量，这些变量被称为全局变量，可以在整个程序范围内被访问和使用。

另外，需要注意的是，global 关键字可以将局部变量变成一个全局变量，而 nonlocal 关键字可以修改外层变量，并且 nonlocal 关键字只能作用于局部变量，且始终找离当前最近的上层局部作用域中的变量。

下面通过例子来说明局部变量以及全局变量的使用情况。

【例 3-61】

程序 3-15　变量作用域的应用实例

```
#说明局部变量与全局变量
total = 0
def sum(arg1,arg2):
    total = arg1 + arg2
    print("函数内是局部变量 : ", total)
    return total


sum(10,20)
print ("函数外是全局变量 : ", total)
total = sum(10,20)
print ("函数外是全局变量 : ", total)



#说明 global 的使用
a = 10
b = 5
def func():
    global a        #变成了全局变量
    a = 20          #修改全局变量的值
    b = 50          #没法修改全局变量 b,只能定义一个新的局部变量 b
func()
print(a)
print(b)



#说明 nonlocal 关键字的使用
a = 1
def outer():
    a = 2
    def inner():
        nonlocal a
        a = 3
        def inner2():
            print(a)
        inner2()
        print(a)
    inner()
    print(a)
outer()
print(a)
```

输 出 结 果

```
##运行结果 1
函数内是局部变量： 30
函数外是全局变量： 0
函数内是局部变量： 30
函数外是全局变量： 30

##运行结果 2
20
5

##运行结果 3
3
3
3
1
```

3.2.6 文件

截至本节，主要讲的是使用基本的数据结构进行输入输出以及存储，并没有将这些数据写入某些存储介质中永久保存。本节将介绍能够存储以及处理数据的文件，通过文件操作就可以进行更大规模地处理数据，与外界交互。

1. 打开文件

最常使用的打开文件操作函数就是 open()，它以目标文件名为参数，打开该文件并返回文件对象以供后续操作。例如当前目录下有一个 test.txt 文件，那么可以通过如下方式打开。

【例 3-62】

```
In[1]  f = open('test.txt')
```

此种默认的打开方式为读取方式，并不能对文件进行创建或者写操作，而想要达到这些目的，则需要使用函数 open() 的第二个参数，也就是显式地指定文件模式。表 3-2 对函数 open() 可以使用的参数 mode 进行了总结。

表 3-2 函数 open() 可以使用的参数 mode

值	描　　述
'r'	读取模式（默认值）
'w'	写入模式
'x'	独占写入模式

续表

值	描　　述
'a'	附加模式
'b'	二进制模式(与其他模式结合使用)
't'	文本模式(默认值,与其他模式结合使用)
'+'	读写模式(与其他模式结合使用)

在读取模式下,仅能够读取文件中的内容,并不可以写入。在写入模式下,可以对文件内容进行写入,并且当文件不存在时会创建这个文件,而如果文件存在的话,原有的内容将会被删除,并从开头重新写入。当需要在原文件的基础上进行补充写入,则可以使用附加模式等。除此之外,默认的打开文件编码为 UTF-8 编码,要指定其他编码打开方式可以使用关键字 encoding 方式进行设置。

【例 3-63】

```
In[2]  f=open('test.txt', encoding='gbk')
```

2. 文件的基本操作

当能够打开一个文件后,我们能想到的最重要的就是使用它读写数据并保存信息。假设已经获取了一个文件对象 f,那么简单来说可以使用 f.read()来读取数据,使用 f.write()来写入数据。值得注意的是,调用 read()需要指定想要读取的字符数量,不指定则读取全部字符,执行 write 语句的返回值表示写入的字符数量。

【例 3-64】

```
In[3]  f = open('newfile.txt','w')
In[4]  f.write('Hello, ')
Out[4] 7
In[5]  f.write('World!')
Out[5] 6
In[6]  f.close()
```

【例 3-65】

```
In[7]  f = open('newfile.txt','r')
In[8]  f.read(4)
Out[8] 'Hell'
In[9]  f.read()
Out[9] 'o, World!'
```

实际上,按照字符流一点一点读取可能会比较烦琐,这时多行的读取就会方便很多。readline()方法可以读取当前位置到下一行开始的整行内容。

readlines()方法能够读取整个文件的所有行,并保存到列表将它们返回,用户可以通过 for 循环——调取。

writelines()方法则是将多行内容都一次性写入文件中。

另外需要注意的是,没有方法 writeline(),因为可以使用 write() 来写入单行内容。

【例 3-66】

```
In[10]   f = open('lines.txt','w')
In[11]   string_list = ['Hello\n','World\n','Good\n','Morning\n ']
In[12]   f.writelines(string_list)
In[13]   f.close()
In[14]   f = open('lines.txt','r')
In[15]   lines = f.readlines()
In[16]   lines
Out[16] ['Hello\n', 'World\n', 'Good\n', 'Morning\n']
In[17]   f.close()
```

实际文件的写入效果为

```
Hello
World
Good
Morning
```

对打开的文件操作后,往往需要在最后使用 close() 函数来关闭文件,如果不及时关闭文件,可能会出现写入的内容并没有显示等错误,因此使用完文件,最安全的做法就是及时将它关闭。

3.2.7 综合实例

(1) 问题描述:用所学的 Python 语法实现一个购物车,包括以下要求。

① 能够制定商品条目。

② 初始启动程序,让用户输入初始金额。

③ 用户可选择如下操作。

0:退出。

1:查看商品列表。

2:加入购物车。

3:结算购物车。

4:查看余额。

5:清空购物车及购买历史。

④ 允许用户根据商品编号购买商品。

⑤ 用户选择结算购物车后检测余额是否足够,够就直接扣款,不够就提醒。

⑥ 用户可以一直购买商品,也可以直接退出。

⑦ 用文件保存购买历史、购物车历史以及商品列表。

（2）程序设计样例如下。

【例 3-67】

程序 3-16　购物车实现

```python
import numpy as np
products = {'Iphone8':6888, 'MacPro':14800, 'mi6':2499, 'Coffee':31, 'Book':80, 'Nike shoes':799}
shopping_cart = {}
buy = {}

#从文件中读取 shopping_cart、buy 以及 products 三个字典,若没有就用默认的初始化情况
def initialize():
    try:
        f = open('shopping_cart.txt','r')
        a = f.read()
        global shopping_cart        #global 用于修改全局变量
        shopping_cart = eval(a)   #eval() 函数用来执行一个字符串表达式,并返回表达式
的值。在这里即返回从文件中读取到的字典。
        f.close()
        f = open('buy.txt','r')
        a = f.read()
        global buy
        buy = eval(a)
        f.close()
        f = open('products.txt','r')
        a = f.read()
        global products
        products = eval(a)
        f.close()
    except FileNotFoundError:
        pass

#展示商品,当参数为 1 时,输出所有商品;当参数为 3 时,输出购物车中的商品
def show_item(content):
    print("###############################################")
    if content == 1:
        print("序号{:<10s}商品名称{:<10s}价格{:<10s}".format(" "," "," "))
#format 控制输出格式,{}部分用后面的空格替代
        k = 0
        for i in products:
            print("{:<14d}{:<18s}{}".format(k,i,products[i]))
```

```
                    k = k+1
        elif content == 3:
            print("购物车中有如下商品:")
            print("序号{:<10s}商品名称{:<10s}价格{:<10s}数量{:<10s}".format(" "," "," "," "))
            k = 0
            for i in shopping_cart:
                print("{:<14d}{:<18s}{:<14d}{}".format(k,i, products[i], shopping_
cart[i] ) )
                k = k+1


#展示可进行的操作
def show_operation():
    print("###############################################")
    print("您可进行如下操作(选择对应序号即可)")
    print("0 退出")
    print("1 查看商品列表")
    print("2 加入购物车")
    print("3 结算购物车")
    print("4 查看余额")
    print("5 清空购物车及购买历史")
    choice = input('您选择的操作是:')
    return choice


#将商品加入购物车
def in_cart():
    show_item(1)
    print("您想加入购物车的是? ")
    while True:
        choice = input('请输入所选择商品序号:')
        if choice.isdigit() :
            choice = int(choice)
            if 0<=choice<len(products) :
                break
            else:
                print("无该商品!")
        else:
            print("无该商品!")
    product = list(products)[choice]
    if product in shopping_cart:
        shopping_cart[product] +=1
    else:
```

```
        shopping_cart[product] = 1
    print("已帮您加入购物车")


#买家完成付款
def pay(money):
    show_item(3)
    list_pay = input("您想结算的商品是?")
    xlist = list_pay.split(",")
    xlist = [int(xlist[i]) for i in range(len(xlist)) if 0<= int(xlist[i])< len
(shopping_cart)]
    c,s=np.unique(xlist,return_counts=True)      #np.unique 用于对 list 排序,当可选
参数 return_counts=True 时,返回两个参数:第一个参数是去除数组中的重复数字后,进行排
序的结果,第二个参数是第一个返回参数中每个元素在原 list 中的个数
    total = 0
    pay_item = [list(shopping_cart)[c[i]] for i in range(len(c))]
    for i in range(len(c)):
        total +=products[pay_item[i]] * s[i]
    if total< money:
        for i in range(len(pay_item)):
            if pay_item[i] in buy:
                buy[pay_item[i]] +=s[i]
            else:
                buy[pay_item[i]] =1
            shopping_cart[pay_item[i]] -=1
            if shopping_cart[pay_item[i]] == 0:
                del shopping_cart[pay_item[i]]
        print("已经结算清!")
        return total
    else:
        print("余额不足!")
        return 0


#清空购买以及购物车历史,即清空对应的字典即可
def clean_history():
    global buy
    buy.clear()
    global shopping_cart
    shopping_cart.clear()


if __name__ == '__main__':
    initialize()
    money = int(input('请输入初始金额:'))
    while True:
        choice = show_operation()
```

```
            if choice.isdigit():
                choice = int(choice)
                if choice == 0:
                    break
                elif choice == 1:
                    show_item(1)
                elif choice == 2:
                    in_cart()
                elif choice == 3:
                    delta = pay(money)
                    money - = delta
                elif choice == 4:
                    print("当前余额: ",money)
                elif choice == 5:
                    clean_history()
                    print("已清空历史")
                else:
                    print("操作不当!")
            else:
                print("操作不当!")

    #将购物车和已购买的字典存储
    f = open('shopping_cart.txt','w')
    f.write(str(shopping_cart))
    f.close()
    f = open('buy.txt','w')
    f.write(str(buy))
    f.close()
    f = open('products.txt','w')
    f.write(str(products))
    f.close()
    print("购物信息已经储存好,欢迎下次光临!")
```

3.3 重要库的使用方法与案例

3.3.1 NumPy

1. NumPy 概述

NumPy 是 Numerical Python 的简称,它是支持大规模数组与矩阵运算的函数库,在 NumPy 中为了方便数组运算提供了大量的函数,作为 Python 的扩展功能包常与后几节将要讲的多个库一起使用。它们的结合为数据科学与机器学习提供了一个非常强大的科学运算环境。

这里从 NumPy 的安装、Ndarray 对象、NumPy 数据类型、常用操作等方面对 NumPy 进行简要介绍。

1）NumPy 安装

最常用的就是使用 pip 命令安装 NumPy，对应的命令为

```
pip install numpy
```

通过 import 库检查 NumPy 是否安装成功。

【例 3-68】

```
In[1]   from numpy import *
In[2]   eye(4)
Out[2]  array([[1., 0., 0., 0.],
               [0., 1., 0., 0.],
               [0., 0., 1., 0.],
               [0., 0., 0., 1.]])
```

2）Ndarray 对象

NumPy 的代表就是 Ndarray，正如名字所呈现的，它是一种数组对象，集合了 N 个类型相同的数据。与普通的数组一样，它的起始下标也是 0，并且通过这些下标，能够对它的内容进行索引。不同之处在于，Ndarray 数组对象有反映它本身性质的 shape 和 dtype 属性，分别反映了数组的维度以及数据类型情况。

创建 Ndarray 有很多方法，其中最简单的方法就是使用 array()，通过这个函数可以将原有的数组、序列等转换成对应的 Ndarry 数组格式。

【例 3-69】

```
In[3]   import numpy as np
In[4]   data1 = [6,7.2,8.5,0,9.1,10]
In[5]   a1 = np.array(data1)
In[6]   a1
Out[6]  array([ 6.,   7.2,  8.5,   0.,   9.1, 10. ])
```

而对于原来是嵌套格式的序列则会被转换成多维数组。

【例 3-70】

```
In[7]   data2 = [[1,2,3,4],[5,6,7,8]]
In[8]   a2 = np.array(data2)
In[9]   a2
Out[9]  array([[1, 2, 3, 4],
               [5, 6, 7, 8]])
```

对于转换后的数组可以分别求得它们的维度、大小等。同时 np.array 会尝试为新建

102

的数组推断出一个较为合适的数据类型。数据类型保存在一个特殊的 dtype 对象中。

【例 3-71】

```
In[10]  a2.ndim
Out[10] 2
In[11]  a2.shape
Out[11] (2, 4)
In[12]  a1.dtype
Out[12] dtype('float64')
In[13]  a2.dtype
Out[13] dtype('int32')
```

除了 np.array 之外，zero()函数可以创建全为 0 的数组，empty()函数可以创建一个空数组，ones()函数可以创建全为 1 的数组，当然使用这些方法首先应该传入数组的形状参数。

【例 3-72】

```
In[14]  np.zeros((2,4))
Out[14] array([[0., 0., 0., 0.],
               [0., 0., 0., 0.]])
In[15]  np.ones((5,4))
Out[15] array([[1., 1., 1., 1.],
               [1., 1., 1., 1.],
               [1., 1., 1., 1.],
               [1., 1., 1., 1.],
               [1., 1., 1., 1.]])
In[16]  np.empty((1,3,5))
Out[16] array([[[0., 0., 0., 0., 0.],
                [0., 0., 0., 0., 0.],
                [0., 0., 0., 0., 0.]]])
```

3）Ndarray 的数据类型

Ndarray 数据类型的命名方式为 float\uint\int 等加表示位长的数字，使用 dtype 查看。dtype 也是 NumPy 中特殊的对象，它存储了描述 Ndarray 类型的全部信息。

表 3-3 列出了 NumPy 所支持的全部数据类型。

表 3-3　NumPy 所支持的全部数据类型

类　　型	说　　明
int8/int16/int32/int64	有符号的 8 位（16/32/64 位）一字节整型
uint8/uint16/uint32/uint64	无符号的 8 位（16/32/64 位）一字节整型
float16/float32/float64/float128	半精度（16 位）、单精度（32 位）、双精度（64 位）、扩展精度（128 位）浮点数。

类　　型	说　　明
complex64/complex128/complex256	分别用两个 32 位、64 位、128 位浮点数表示的复数
bool	存储 True 和 False 值的布尔类型
object	Python 类型对象

有些类型之间可以通过 astype 方法进行显式地转换。

【例 3-73】

```
In[17]   arr = np.array([1,2,3,4,5])
In[18]   arr.dtype
Out[18] dtype('int32')
In[19]   float_arr = arr.astype(np.float64)
In[20]   float_arr.dtype
Out[20] dtype('float64')
```

4）数组的操作

本节将针对 Ndarray 的索引、切片、转置等基本操作进行介绍。

（1）索引：NumPy 数组的索引方法十分多样，但是本质上与列表的功能差不多。

【例 3-74】

```
In[21]   arr = np.array([0,1,2,3,4,5,6,7,8,9])
In[22]   arr[5]
Out[22] 5
In[23]   arr[5:8]
Out[23] array([5, 6, 7])
```

Ndarray 与 Python 中列表最大的区别在于切片。NumPy 数组的切片得到的是原数组的视图，任何切片上的修改都会直接影响原来的数据。

【例 3-75】

```
In[24]   arr_slice = arr[5:8]
In[25]   arr_slice[1] = 54321
In[26]   arr
Out[26] array([   0,    1,    2,   3,   4,    5, 54321,   7,    8,    9])
In[27]   arr_slice[:] = 64
In[28]   arr
Out[28] array([ 0,  1,  2,  3,  4, 64, 64, 64,  8,  9])
```

对于高维度数组进行的索引得到的是低一阶的 Ndarray 数组。因此，当想要访问某个具体的数值时，则需要使用多维下标索引。

【例 3-76】

```
In[29]   arr3d=np.array([[[1,2,3],[4,5,6]],[[7,8,9],[10,11,12]]])
In[30]   arr3d
Out[30] array([[[ 1,  2,  3],
                [ 4,  5,  6]],

               [[ 7,  8,  9],
                [10, 11, 12]]])
In[31]   arr3d[0]
Out[31] array([[1, 2, 3],
               [4, 5, 6]])
In[32]   arr3d[0][1]
Out[32] array([4, 5, 6])
In[33]   arr3d[0,1,2]
Out[33] 6
In[34]   arr3d[0] = 42
In[35]   arr3d
Out[35] array([[[42, 42, 42],
                [42, 42, 42]],

               [[ 7,  8,  9],
                [10, 11, 12]]])
```

（2）切片：对 NumPy 数组的切片分为一维与高维，对于一维的数组切片，操作与列表差别不大；而对于高维的数组，切片先选取一个轴向，再沿着它截取元素。因此，为了得到某一低维度的切片，往往将索引与切片混合进行操作。

【例 3-77】

```
In[36]   arr2d = np.array([[1,2,3],[4,5,6],[7,8,9]])
In[37]   arr2d
Out[37] array([[1, 2, 3],
               [4, 5, 6],
               [7, 8, 9]])
In[38]   arr2d[:2]
Out[38] array([[1, 2, 3],
               [4, 5, 6]])
In[39]   arr2d[:2,1:]
Out[39] array([[2, 3],
               [5, 6]])
In[40]   arr2d[:2,1]
Out[40] array([2, 5])
In[41]   arr2d[2,1:]
Out[41] array([8, 9])
In[42]   arr2d[:,:1]
```

```
Out[42]  array([[1],
                [4],
                [7]])
In[43]   arr2d[:2,1:] = 0
In[44]   arr2d
Out[44]  array([[1, 0, 0],
                [4, 0, 0],
                [7, 8, 9]])
```

（3）转置：转置是对数组进行反转操作，除了 transpose 方法以外，还可以使用 T 属性实现转置。数组的转置是十分重要的，在众多矩阵运算中，往往需要转置操作，例如使用 np.dot 计算矩阵 X 内积 $X^T X$ 等。对于高维数组，需要设置轴标号构成元组才能实现转置，因此从简便程度来说，T 属性更为常用些。

【例 3-78】

```
In[45]   arr = np.arange(15).reshape((3,5))
In[46]   arr
Out[46]  array([[ 0,  1,  2,  3,  4],
                [ 5,  6,  7,  8,  9],
                [10, 11, 12, 13, 14]])
In[47]   arr.T
Out[47]  array([[ 0,  5, 10],
                [ 1,  6, 11],
                [ 2,  7, 12],
                [ 3,  8, 13],
                [ 4,  9, 14]])
In[48]   arr
Out[48]  array([[ 0,  1,  2,  3,  4],
                [ 5,  6,  7,  8,  9],
                [10, 11, 12, 13, 14]])
In[49]   np.dot(arr.T, arr)
Out[49]  array([[125, 140, 155, 170, 185],
                [140, 158, 176, 194, 212],
                [155, 176, 197, 218, 239],
                [170, 194, 218, 242, 266],
                [185, 212, 239, 266, 293]])
```

transpose 方法使用如下。

【例 3-79】

```
In[50]   arr = np.arange(16).reshape((2,2,4))
In[51]   arr
```

```
Out[51]  array([[[ 0,  1,  2,  3],
                 [ 4,  5,  6,  7]],

                [[ 8,  9, 10, 11],
                 [12, 13, 14, 15]]])
In[52]   arr.transpose((1,0,2))
Out[52]  array([[[ 0,  1,  2,  3],
                 [ 8,  9, 10, 11]],

                [[ 4,  5,  6,  7],
                 [12, 13, 14, 15]]])
```

2. 实例分析

接下来通过以下实例,说明一些简单的 NumPy 库函数的应用,比如 randn()、choice ()、sin()、log()、exp()、sqrt()等。

【例 3-80】

程序 3-17　NumPy 应用实例

```
import numpy as np
l=[[1,3,5],[2,4,6]]
print(type(l))

np_l = np.array(l)
print(type(np_l))
np_l = np.array(l,dtype=np.float)
print(type(np_l))
print(np_l.shape)
print(np_l.ndim)
print(np_l.dtype)
print(np_l.itemsize)
print(np_l.size)

print("Randn:")
print(np.random.randn(2,4))
print("Choice:")
print(np.random.choice([10,20,30,40]))
print("Distribute:")
print(np.random.beta(1,20,100))
print(np.zeros([2,4])) #两行四列
print(np.ones([3,5]))
print("Rand:")
print(np.random.rand(2,4))
print(np.random.rand())
```

```
print("RandInt:")
print(np.random.randint(1,10,3))

l=np.arange(1,11).reshape([2,-1])
print("sin:")
print(np.sin(l))
print("log:")
print(np.log(l))
print("exp:")
print(np.exp(l))
print("exp2:")
print(np.exp2(l))
print("sqrt:")
print(np.sqrt(l))
```

输 出 结 果

```
<class 'list'>
<class 'numpy.ndarray'>
<class 'numpy.ndarray'>
(2, 3)
2
float64
8
6
Randn:
[[ 2.74183491  0.66242623  0.54920169 -0.01977923]
 [ 2.92046338  1.7261694  -0.77908491  0.48954913]]
Choice:
10
Distribute:
[0.03967305 0.04091759 0.06249832 0.03563735 0.00774539 0.08738616
 0.01054061 0.01633764 0.04145333 0.02957361 0.06273542 0.00870184
 0.06009685 0.01737358 0.0162992 0.18239914 0.04013393 0.02174051
 0.0923802 0.06365978 0.02700241 0.00180627 0.00649997 0.03298875
 0.00348077 0.07822244 0.07143278 0.05966195 0.03076692 0.04287523
 0.07550526 0.004544 0.04822816 0.0121661 0.01211952 0.01535821
 0.03126995 0.03987668 0.02161111 0.14641758 0.03862074 0.06879839
 0.09149311 0.01030418 0.01033844 0.17061839 0.02992015 0.00718348
 0.01652991 0.1261616 0.07477168 0.09792989 0.00877263 0.00767347
 0.09927961 0.04098003 0.03947093 0.03672553 0.02812784 0.00725765
 0.02261422 0.09362557 0.04042908 0.01395861 0.04205806 0.09155862
 0.01738354 0.03442654 0.01676712 0.07291877 0.08265521 0.05267544
 0.06376756 0.01216346 0.00223696 0.10270868 0.11142532 0.0007643
 0.10292653 0.21549421 0.00539429 0.04060078 0.07874756 0.01785816
```

```
    0.06214096 0.03517504 0.05103785 0.03935064 0.05886047 0.01945065
    0.00374835 0.02845563 0.02622604 0.04836525 0.03019747 0.03251978
    0.024855 0.0160299 0.03569566 0.17038256]
[[0. 0. 0. 0.]
 [0. 0. 0. 0.]]
[[1. 1. 1. 1. 1.]
 [1. 1. 1. 1. 1.]
 [1. 1. 1. 1. 1.]]
Rand:
[[0.95224699 0.5663578 0.40521752 0.66756314]
 [0.40651172 0.56920716 0.78005736 0.51072009]]
0.16143846662037842
RandInt:
[5 3 2]
sin:
[[ 0.84147098 0.90929743 0.14112001 -0.7568025 -0.95892427]
 [-0.2794155 0.6569866 0.98935825 0.41211849 -0.54402111]]
log:
[[0.         0.69314718 1.09861229 1.38629436 1.60943791]
 [1.79175947 1.94591015 2.07944154 2.19722458 2.30258509]]
exp:
[[2.71828183e+00 7.38905610e+00 2.00855369e+01 5.45981500e+01
  1.48413159e+02]
 [4.03428793e+02 1.09663316e+03 2.98095799e+03 8.10308393e+03
  2.20264658e+04]]
exp2:
[[  2.   4.   8.  16.  32.]
 [ 64. 128. 256. 512. 1024.]]
sqrt:
[[1.         1.41421356 1.73205081 2.         2.23606798]
 [2.44948974 2.64575131 2.82842712 3.         3.16227766]]
```

3.3.2 Pandas

1. Pandas 概述

Pandas 是进行科学数据分析中另一个比较常用的数据库,它是基于 NumPy 设计的,并加入了更多的高级数据结构以及操作工具,进一步简化了 NumPy 等的运算与应用。

下面从 Pandas 的安装、Series 数据结构、DataFrame 数据结构以及 Pandas 的基本操作 4 个方面进行概要介绍。

1) Pandas 安装

最常用的就是使用 pip 命令安装 Pandas,对应的命令为

```
pip install pandas
```

可以通过 import 库检查 Pandas 是否安装成功。

【例 3-81】

```
In[1]   from pandas import Series,DataFrame
        import pandas as pd
```

2）Series 数据结构

Series 是 Pandas 库中具有特色的数据类型之一，它与一维数组有些相似，由一组数据以及对应的数据标签组成。这组数据的类型可以是所有 NumPy 数据类型，同时这些数据标签就是它们的索引。Series 中索引在左边，值在右边，形成了一种整齐的排列。

【例 3-82】

```
In[2]   obj = Series([2,5,7,-2])
In[3]   obj
Out[3]  0    2
        1    5
        2    7
        3   -2
        dtype: int64
```

正如上面的程序所示，这里面没有为数据规定对应的索引，所以它会自动创建一个范围为 0 到数据长度减 1 的整数索引。

当创建好 Series 数组后，可以通过 Series 的 values 和 index 属性获取其数组表示形式和索引对象。

【例 3-83】

```
In[4]   obj.values
Out[4]  array([ 2,   5,   7, -2], dtype=int64)
In[5]   obj.index
Out[5]  RangeIndex(start=0, stop=4, step=1)
```

实际上，可以在创建 Series 时指定标记的索引。

【例 3-84】

```
In[6]   obj2 = Series([2,7,-5,3], index = ['d','b','a','c'])
In[7]   obj2
Out[7]  d    2
        b    7
        a   -5
        c    3
        dtype: int64
In[8]   obj2.index
Out[8]  Index(['d', 'b', 'a', 'c'], dtype='object')
```

可以通过索引的方式选取 Series 中的单个或一组值。

【例 3-85】

```
In[9]    obj2['a']
Out[9]   -5
In[10]   obj2[['a','b','c']]
Out[10]  a    -5
         b     7
         c     3
         dtype: int64
In[11]   obj2['d'] = 80
In[12]   obj2
Out[12]  d    80
         b     7
         a    -5
         c     3
         dtype: int64
```

Series 的索引可以通过赋值的方式就地修改。

【例 3-86】

```
In[13]   obj2.index = ['Bob','Tom','Marry','Aliee']
In[14]   obj2
Out[14]  Bob     80
         Tom      7
         Marry   -5
         Aliee    3
         dtype: int64
```

3）DataFrame 数据结构

DataFrame 也是 Pandas 中较有特色的数据结构，与 Series 不同，DataFrame 是表格类型。它可以有多个列，每一列都可以设置不同的内容与类型，包括字符串、数值、布尔值等，这些列都是有序的列。

对 DataFrame 结构进行索引可以分别采用行或者列的形式，创建 DataFrame 有很多方法，例如可以直接传入由列表或者 NumPy 数组组成的字典，需要注意的是，必须保证它们之间是长度相等的，接着 DataFrame 会自动为它们加上索引，并将全部列进行排序设置。

【例 3-87】

```
In[15]  data = {'name':['Tom','Marry','Herry'],
                 'year':[1996,1997,1998],
                 'grade':[86,79,93]}
In[16]  frame = DataFrame(data)
```

```
In[17]   frame
Out[17]
```

	grade	name	year
0	86	Tom	1996
1	79	Marry	1997
2	93	Herry	1998

如果指定了列顺序,则 DataFrame 的列就会按照指定顺序进行排列。

【例 3-88】

```
In[18]   DataFrame(data, columns = ['year','grade','name'])
Out[18]
```

	year	grade	name
0	1996	86	Tom
1	1997	79	Marry
2	1998	93	Herry

可以获取 DataFrame 的某一列作为一个 Series,返回的 Series 拥有和原 DataFrame 具有相同的索引。

【例 3-89】

```
In[19]   frame['name']
Out[19] 0       Tom
        1     Marry
        2     Herry
        Name: name, dtype: object
In[20]   frame.year
Out[20] 0      1996
        1      1997
        2      1998
        Name: year, dtype: int64
```

4）Pandas 的基本操作

（1）重新索引：重新索引在 Pandas 对象中很重要,它能够创建与旧索引不同的索引,能够适应新索引对象。调用 Series 的 reindex 将会根据新索引进行重排,同时如果某个索引值当前不存在,就引入缺失值。

【例 3-90】

```
In[21]   obj=Series([4.5,7.2,-5.3,3.6],index = ['x','m','o','t'])
In[22]   obj.reindex(['m','o','t','x','z'])
Out[22] m     7.2
        o    -5.3
```

```
         t    3.6
         x    4.5
         z    NaN
         dtype: float64
In[23]   obj.reindex(['m','o','t','x','z'],fill_value = 0)
Out[23]  m    7.2
         o   -5.3
         t    3.6
         x    4.5
         z    0.0
         dtype: float64
```

（2）丢弃：使用 drop 方法可以返回一个丢弃了指定行或列中的新对象。

【例 3-91】

```
In[24]   Import numpy as np
         obj=Series(np.arange(5.),index=['a','b','c','d','e'])
In[25]   obj
Out[25]  a    0.0
         b    1.0
         c    2.0
         d    3.0
         e    4.0
         dtype: float64
In[26]   new_obj = obj.drop('c')
In[27]   new_obj
Out[27]  a    0.0
         b    1.0
         d    3.0
         e    4.0
         dtype: float64
```

【例 3-92】

```
In[28]   data = DataFrame(np.arange(16).reshape((4,4)),
                 index=['math','English','Chinese','Sports'],
                 columns = ['one','two','three','four'])
In[29]   data
```

Out[29]

	one	two	three	four
math	0	1	2	3
English	4	5	6	7
Chinese	8	9	10	11
Sports	12	13	14	15

```
In[30]   data.drop('Chinese')
Out[30]
```

	one	two	three	four
math	0	1	2	3
English	4	5	6	7
Sports	12	13	14	15

```
In[31]   data.drop('two',axis = 1)
Out[31]
```

	one	three	four
math	0	2	3
English	4	6	7
Chinese	8	10	11
Sports	12	14	15

（3）索引：Series 索引的方式类似与 NumPy 数组的索引，只不过它的索引和切片不仅可以用整数，还可以使用对应的标记。

【例 3-93】

```
In[32]   obj = Series(np.arange(4.),index = ['a','b','c','d'])
In[33]   obj
Out[33]  a    0.0
         b    1.0
         c    2.0
         d    3.0
         dtype: float64
In[34]   obj['b']                        obj[1]
Out[34]  1.0                             1.0
In[35]   obj[['b','c']]                  obj[1:3]
Out[35]  b    1.0                        b    1.0
         c    2.0                        c    2.0
         dtype: float64                  dtype: float64
```

利用标签的切片运算与普通的 Python 切片运算不同，其末端是包含在内的。

【例 3-94】

```
In[36]   obj['b':'c']
Out[36]  b    1.0
         c    2.0
         dtype: float64
In[37]   obj[1:2]
Out[37]  b    1.0
         dtype: float64
```

使用索引字段 ix,可以从 DataFrame 中选取行和列的子集,具体的操作如表 3-4 所示。

表 3-4 ix 的具体操作类型

操 作 类 型	说　　明
obj.ix[val]	选取 DataFrame 的单个行或一组行
obj.ix[:,val]	选取单个列或列子集
obj.ix[val1,val2]	同时选取行和列

【例 3-95】

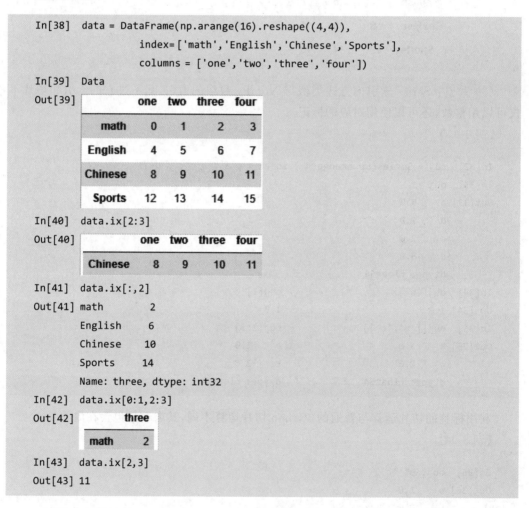

```
In[38]   data = DataFrame(np.arange(16).reshape((4,4)),
                 index=['math','English','Chinese','Sports'],
                 columns = ['one','two','three','four'])
In[39]   Data
Out[39]
```

	one	two	three	four
math	0	1	2	3
English	4	5	6	7
Chinese	8	9	10	11
Sports	12	13	14	15

```
In[40]   data.ix[2:3]
Out[40]
```

	one	two	three	four
Chinese	8	9	10	11

```
In[41]   data.ix[:,2]
Out[41]   math      2
          English   6
          Chinese   10
          Sports    14
          Name: three, dtype: int32
In[42]   data.ix[0:1,2:3]
Out[42]
```

	three
math	2

```
In[43]   data.ix[2,3]
Out[43]   11
```

(4) 算术运算:算术运算是 Pandas 最常用的功能之一,它是在计算索引的基础上进行的。这些运算首先保证索引对应相同,再对相应的内容进行加、减等操作。如果存在不同的索引对,则结果的索引就是该索引对的并集。

【例 3-96】

```
In[44]   s1=Series([7.3,-2.5,3.4,1.5], index=['a','c','d','e'])
In[45]   s2=Series([-2.1,3.6,-1.5,4,3.1],
         index=['a','c','e','f', 'g'])
In[46]   s1
Out[46]  a    7.3
         c   -2.5
         d    3.4
         e    1.5
         dtype: float64
In[47]   s2
Out[47]  a   -2.1
         c    3.6
         e   -1.5
         f    4.0
         g    3.1
         dtype: float64
In[48]   s1+s2
Out[48]  a    5.2
         c    1.1
         d    NaN
         e    0.0
         f    NaN
         g    NaN
         dtype: float64
```

对于 DataFrame，对齐操作会同时发生在行和列上，把它们相加后会返回一个新的
DataFrame，其索引和列为原来那两个 DataFrame 的并集。

【例 3-97】

```
In[48]   df1=DataFrame(np.arange(9.).reshape((3,3)),columns=list
         ('bcd'),index=['Tom','Mary','Alice'])
In[49]   df2=DataFrame(np.arange(12.).reshape((4,3)),columns=list
         ('bde'),index=['Mary','Alice','Mike','Tom'])
In[50]   df1
Out[50]
```

	b	c	d
Tom	0.0	1.0	2.0
Mary	3.0	4.0	5.0
Alice	6.0	7.0	8.0

```
In[51]   df2
```

Out[51]		b	d	e
	Mary	0.0	1.0	2.0
	Alice	3.0	4.0	5.0
	Mike	6.0	7.0	8.0
	Tom	9.0	10.0	11.0

In[52] df1+df2

Out[52]		b	c	d	e
	Alice	9.0	NaN	12.0	NaN
	Mary	3.0	NaN	6.0	NaN
	Mike	NaN	NaN	NaN	NaN
	Tom	9.0	NaN	12.0	NaN

　　DataFrame 和 Series 之间算术运算也是有明确规定的,它们通常将 Series 的索引匹配到 DataFrame 的列,然后沿着行传播下去。如果某个索引值在 DataFrame 的列或 Series 的索引中找不到,则参与运算的两个对象就会被重新索引以形成并集。

【例 3-98】

```
In[53]   frame=DataFrame(np.arange(12.).reshape((4,3)),columns=list('bde'),
         index=['Mary','Alice','Mike','Tom'])
In[54]   series = frame.ix[0]
In[55]   series
Out[55] b    0.0
        d    1.0
        e    2.0
        Name: Mary, dtype: float64
In[56]   frame
```

Out[56]		b	d	e
	Mary	0.0	1.0	2.0
	Alice	3.0	4.0	5.0
	Mike	6.0	7.0	8.0
	Tom	9.0	10.0	11.0

In[57] frame- series

Out[57]		b	d	e
	Mary	0.0	0.0	0.0
	Alice	3.0	3.0	3.0
	Mike	6.0	6.0	6.0
	Tom	9.0	9.0	9.0

```
In[58]   series2 = Series(range(3),index=['b','e','f'])
In[58]   frame+series2
Out[58]
```

	b	d	e	f
Mary	0.0	NaN	3.0	NaN
Alice	3.0	NaN	6.0	NaN
Mike	6.0	NaN	9.0	NaN
Tom	9.0	NaN	12.0	NaN

2. 实例分析

【例 3-99】 使用来自 MovieLen 的电影数据集（https：//grouplens.org/datasets/
movielens）的 1MB 数据（需要的同学在链接中自行下载，其中有 3 个数据包，分别是 user.
dat、rating.dat、movies.dat），完成数据的读取、合并、透视、排序等操作。

程序 3-18   pandas 的应用实例

```python
import pandas as pd


#读取数据
ratings=pd.read_table('ratings.dat',header=None, names=[' UserID','MovieID',
'Rating', 'Timestamp'], sep='::')
users=pd.read_table('users.dat', header=None, names=[' UserID','Gender','Age',
'Occupation','Zip-code'], sep='::')
movies=pd.read_table('movies.dat', header=None, names=[' MovieID', 'Title',
'Genres'], sep='::')
#表格合并
data = pd.merge(pd.merge(users, ratings), movies)
#print(data[data.UserID == 1])
#自创 data_gender 数据表,采用数据透视,建立以 Title 为行索引,Gerder 为列索引,mean 为
聚合方法来显示 Rating 中的数据。


data_gender=data.pivot_table(values='Rating', index='Title', columns='Gender',
aggfunc='mean')
#print(data_gender)
#data_gender 数据表中新插入了一列 difference,用来存放男、女用户评分的差值
data_gender['difference'] = data_gender.F - data_gender.M
#排序
data_gender_sorted = data_gender.sort_values(by='difference', ascending=False)
```

3.3.3 SciPy

1. SciPy 概述

SciPy 库函数和 NumPy 联系密切,一般都是基于 NumPy 之上、类似于 MATLAB 的工具箱,是 Python 科学计算程序的核心包,用于有效地计算 NumPy 矩阵。

1)SciPy 的安装

最常用的命令就是使用 pip 安装 SciPy,安装命令如下:

```
pip install scipy
```

检验是否安装成功:

```
import scipy
```

2)SciPy 功能实现

(1)基本功能:通过 savemat()函数和 loadmat()函数实现保存和读取矩阵文件。

【例 3-100】

```
In[1]   from scipy import io
In[2]   import numpy as np
In[3]   arr = np.array([1,2,3,4,5,6])
In[4]   io.savemat('test.mat',{'arr1':arr})
In[5]   loadArr = io.loadmat('test.mat')
In[6]   print(loadArr['arr1'])
Out[6]  [[1 2 3 4 5 6]]
```

(2)统计功能:SciPy 中的 scipy.stats 中提供了产生连续性分布的函数,使用它们可以生成服从某些类型分布的随机数。

【例 3-101】 均匀分布。

```
In[7]   import scipy.stats as stats
In[8]   x=stats.uniform.rvs(size=10)
In[9]   x
Out[9]  array([0.5096222, 0.80276548, 0.55104734, 0.39647492, 0.28579773,
        0.9753477,0.99687883, 0.2478621, 0.96339299, 0.76606339])
        #生成了 10 个[0,1]均匀分布的随机数
```

【例 3-102】 正态分布。

```
In[10]  x=stats.norm.rvs(size = 10)
In[11]  x
Out[11] array([0.61853429,-0.53861231,0.10269049, -0.14896491,-1.33722916,
        -1.20673983,0.87445845,0.07740439,1.01448085,-0.22453793])
        #生成了 10 个正态分布随机数
```

【例 3-103】　贝塔分布。

```
In[12]   x=stats.beta.rvs(size=10,a=2.3,b=4.2)
In[13]   x
Out[13]  array([0.49505388, 0.38089622, 0.53224837, 0.60111899, 0.16436832,
         0.42284313, 0.2474509, 0.0972824, 0.43080192, 0.60522265])
         #生成了 10 个服从 a=2.3,b=4.2 的贝塔分布
```

【例 3-104】　泊松分布。

```
In[14]   x=stats.poisson.rvs(0.8,loc=0,size = 10)
In[15]   x
Out[15]  array([0, 0, 2, 1, 1, 2, 0, 0, 0, 1])
         #生成了 10 个服从泊松分布的随机数
```

（3）均值与标准差计算：使用 stats.norm.fit() 函数利用正态分布去拟合生成的数据，得到其均值和标准差。

【例 3-105】

```
In[16]   x = np.array([0.49505388, 0.38089622, 0.53224837, 0.60111899,
         0.16436832,0.42284313, 0.2474509, 0.0972824, 0.43080192, 0.60522265])
In[17]   stats.norm.fit(x)
Out[17]  (0.397728678, 0.1677216294341434)
```

（4）偏度计算：偏度描述的是概率分布的偏离（非对称）程度。有两个返回值，第 2 个为 p-value，即数据集服从正态分布的概率（0～1）。可以利用 stats.skewtest() 计算偏度。

【例 3-106】

```
In[18]   x = np.array([0.49505388, 0.38089622, 0.53224837, 0.60111899,
         0.16436832,0.42284313, 0.2474509, 0.0972824, 0.43080192, 0.60522265])
In[19]   stats.skewtest(x)
Out[19]  SkewtestResult(statistic= - 0.8452455315000195,
         pvalue = 0.39797376549224095)
```

（5）峰度计算：峰度描述的是概率分布曲线的陡峭程度。可以利用 stats.kurtosis() 计算峰度。

【例 3-107】

```
In[20]   x = np.array([0.49505388, 0.38089622, 0.53224837, 0.60111899,
         0.16436832,0.42284313, 0.2474509, 0.0972824, 0.43080192, 0.60522265])
In[21]   stats.kurtosis(x)
Out[21]  - 1.0276640207366072
```

（6）正态分布程度检验：正态性检验同样返回两个值，第 2 个返回 p-values。利用

stats.normaltest()进行检验。

【例 3-108】

```
In[22]   x = np.array([0.49505388, 0.38089622, 0.53224837, 0.60111899,
         0.16436832,0.42284313, 0.2474509, 0.0972824, 0.43080192, 0.60522265])
In[23]   stats.normaltest(x)
Out[23]  NormaltestResult(statistic=1.0598695662498878,
         pvalue=0.5886433579068866)
```

（7）计算某一百分比处的数值：使用 scoreatoercentile（数据集，百分比）计算在某一百分比位置的数值。

【例 3-109】

```
In[24]   x = np.array([0.49505388, 0.38089622, 0.53224837, 0.60111899,
         0.16436832,0.42284313, 0.2474509, 0.0972824, 0.43080192, 0.60522265])
In[25]   stats.scoreatpercentile(arr,50)
Out[25]  3.5
```

2. 实例分析

【例 3-110】 已知某次考试分数与各个分数出现次数如表 3-5 所示，求出此次考试的均值、中位数、众数、极差、方差、标准差、变异系数（均值/方差）、偏度、峰度。

表 3-5　某次考试数据

分数	次数	分数	次数	分数	次数	分数	次数
0	2	22.5	31	45	165	67.5	500
2.5	4	25	35	47.5	182	70	511
5	6	27.5	40	50	195	72.5	300
7.5	9	30	53	52.5	208	75	200
10	13	32.5	68	55	217	77.5	80
12.5	16	35	90	57.5	226	80	20
15	19	37.5	110	60	334	82.5	50
17.5	23	40	130	62.5	342	85	6
20	27	42.5	148	65	349	90	3

程序 3-19　SciPy 的应用实例

```
from scipy import stats
arr=np.array([[0,2],[2.5,4],[5,6],[7.5,9],[10,13],[12.5,16],[15,19],[17.5,23],[20,
27],[22.5,31],[25,35],[27.5,40],[30,53],[32.5,68],[35,90],[37.5,110],[40,130],
```

```
[42.5,148],[45,165],[47.5,182],[50,195],[52.5,208],[55,217],[57.5,226],[60,334],
[62.5,342],[65,349],[67.5,500],[70,511],[72.5,300],[75,200],[77.5,80],[80,20],[82.
5,50],[85,6],[90,3]])
score, num = arr[:,0],arr[:,1]   #所有行第一列和所有行第二列
All_score = np.repeat(list(score),list(num))

def count(score):
    #集中趋势度量
    print('均值')
    print(np.mean(score))
    print('中位数')
    print(np.median(score))
    print('众数')
    print(stats.mode(score))
    #离散趋势度量
    print('极差')
    print(np.ptp(score))
    print('方差')
    print(np.var(score))
    print('标准差')
    print(np.std(score))
    print('变异系数')
    print(np.mean(score)/np.std(score))
    #偏度与峰度的度量
    print('偏度')
    print(stats.skewtest(score))
    print('峰度')
    print(stats.kurtosis(score))

count(All_score)
```

输　出　结　果

```
均值
57.65014855687606
中位数
62.5
众数
ModeResult(mode=array([70.]), count=array([511]))
极差
90.0
方差
215.64357383192066
标准差
```

```
14.684807585798346
变异系数
3.9258361554991996
偏度
SkewtestResult(statistic=-23.201191283130118,
pvalue=4.428865440236225e-119)
峰度
0.7136422362619905
```

3.3.4 Matplotlib

1. Matplotlib 概述

Matplotlib 是一个 Python 2D 绘图库,下面从 Matplotlib 的安装、常用函数、如何使用等方面进行介绍。

1) Matlpotlib 安装

最常用的就是使用 pip 命令安装 Matlpotlib,对应的命令为

pip install matplotlib

通过 import 库检查是否安装成功:

import matplotlib

Matplotlib 的 API 函数(如 plot 和 close)都位于 matplotlib.pyplot 模块中,其通常的引入约定是:

import matplotlib.pyplot as plt

2) Figure 和 Subplot

Matplotlib 的图像都位于 Figure 对象中,可以理解成我们需要一张画板才能开始绘画,通常使用 plt.figure 创建一个新的 Figure。

【例 3-111】

```
In[1]  fig = plt.figure()
```

在拥有 Figure 对象之后,在作画之前还需要轴,这里可以将它理解为子图,没有轴的话就没有绘图基准,所以需要添加 Axes。使用 add_subplot(i,j,k) 添加 Axes(在画板的第 i 行第 j 列的第 k 个位置生成一个 Axes 对象来准备作画),并且通过 set()函数设置这个 Axes 的 X 轴以及 Y 轴。

【例 3-112】

程序 3-20　figure 的应用实例

```
import matplotlib.pyplot as plt
fig = plt.figure()
```

```
fig = plt.figure()
ax = fig.add_subplot(111)
ax.set(xlim=[0.5, 4.5], ylim=[-2, 8], title='An Example Axes',
       ylabel='Y-Axis'; xlabel='X-Axis')
plt.show()
```

输 出 结 果

输出结果如图 3-1 所示。

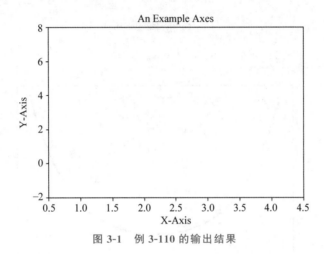

图 3-1 例 3-110 的输出结果

2. 实例分析

【例 3-113】 用 Matplotlib 绘制 $\cosh(0.5x)$、$\sin(x)$、$\cos(2x)$，并设置曲线与坐标轴的属性。

程序 3-21 Matplotlib 应用实例

```
import  matplotlib.pyplot as plt
import  numpy as np



x = np.arange(-2 * np.pi, 2 * np.pi, 0.01)       #定义横轴范围(-2pi 2pi)
#分别绘制三条曲线
y1 = np.cosh(0.5 * x)                             #函数
y2 = np.sin(x)
y3 = np.cos(2 * x)
#绘制曲线,Matplotlib默认展示不同的颜色
plt.plot(x, y1)
plt.plot(x, y2, '--')
plt.plot(x, y3)
```

```
#设置 x 轴标签
plt.xticks([-2*np.pi,-np.pi,0,np.pi,2*np.pi],[r'$-2\pi$',r'$\pi$','$0$','$\pi
$','$2\pi$'])
#设置 y 轴标签
plt.yticks([-1,0,1,2,3],[r'$-1$','$0$','$+1$','$+2$','$+3$'])
#设置图标
plt.legend(['y1','y2','y3'])

plt.show()
```

输 出 结 果

输出结果如图 3-2 所示。

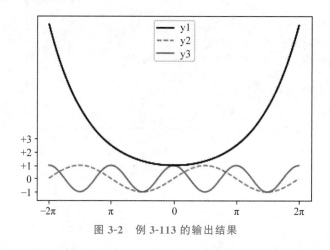

图 3-2　例 3-113 的输出结果

3.4　小结

本章主要介绍了 Python 语言的概念、环境配置、基本用法以及一些常用的库函数等。首先,应该对 Python 语言的背景、特点有整体的认知与了解,并且能够掌握 Python 环境的搭建与配置方法。在此基础上,熟记 Python 中的基本语法的使用,看懂书中给出的简单例子以及综合实例,并学会举一反三,做到完全掌握 Python 的使用方法。最后,书中列举出的 Python 库对于设计数据挖掘和机器学习任务有很重要的作用,能够熟练掌握这些库的安装配置以及基本操作用法,对于本书后续章节的学习有重要的意义。

3.4.1　本章总结

3.1 节是 Python 语言概述。Python 是一种灵活多用的计算机程序设计语言,使用 Python 进行的编程语法特色更强,具有更高的可读性。Python 语言简单、免费、开源、可移植性好的特点也为它被广泛地认可与使用奠定了基础。除了 Python 简单明了的基本语法之外,Python 还提供了很多的重要库,这些库为 Python 提供了数值计算需要的多种数据结构、算法、接口以及多种的机器学习库函数和用于制图和可视化用的必备操作等。因此,Python 也成为本书分析与挖掘数据的首要使用的语言。Python 的下载与安装针对不同操作系统都有不同的方法,了解常用集成开发环境,配置 Python 的基本环境是后续学习的必要环节。

3.2 节是介绍 Python 语言中的基本用法,具体包括如下一些重要概念,在此进行总结与回顾。

(1) 序列:序列是一种数据结构,其中的元素带编号(编号从 0 开始)。列表、元组都属于序列,其中列表是可变的,而元组是不可变的。要访问序列的一部分,可使用切片操作;要修改列表,可给其元素赋值,也可使用赋值给切片赋值。

(2) 字符串:字符串是 Python 中最常用的数据类型。可以使用引号("或"")来创建字符串。字符串本身也是一种序列,Python 访问字符串可以用下标索引以及方括号截取字符串。由于字符串很常用,因此字符串的使用方法也非常多。

(3) 字典:字典是 Python 中比较常用的映射类型,字典中的值不按顺序存放,而是通过键值索引,这里的键可能是数、字符串或元组等。

(4) 条件循环语句:Python 的条件语句通过一条或多条语句的执行结果(True 或 False)来决定执行的代码块,让程序能够选择执行或是跳过某些特定的语句块。循环语句能够重复地执行某些操作。

(5) 函数:函数是组织好的、可重复使用的、用来实现单一或相关联功能的代码段,函数能提高应用的模块性和代码的重复利用率。本节介绍了函数的定义、调用与参数传递等。

(6) 文件:文件能够永久存储数据以及处理来自其他程序数据的文件,使用文件程序就可以与外部数据进行交互。使用 open() 函数打开文件,使用 read() 函数读取数据,使用 write() 函数写入数据,使用 close() 函数关闭文件等。

3.3 节介绍了 Python 语言中重要库的使用方法,并给出了一些对应案例。具体包括 NumPy、SciPy、Pandas、Matplotlib 等常用 Python 库对应的操作。NumPy 通常与 SciPy (Scientific Python)和 Matplotlib(绘图库)一起使用,这种组合广泛用于替代 MATLAB,是一个强大的科学计算环境,有助于人们通过 Python 学习数据科学或者机器学习。

3.4.2　扩展阅读材料

[1]　Magnus L H. Python 基础教程[M]. 2 版. 袁国忠,译. 北京:人民邮电出版社,2014.

[2]　韦斯·麦金尼. 利用 Python 进行数据分析[M]. 徐敬一,译. 北京:机械工业出版社,2018.

[3]　埃里克·马瑟斯. Python 编程:从入门到实践[M]. 袁国忠,译. 北京:人民邮电出版社,2016.

[4]　杰克·万托布拉斯. Python 数据科学手册[M]. 陶俊杰,陈小莉,译. 北京:人民邮电出版社,2018.

3.5　习题

1. 输出 9 行内容,第 1 行输出 1,第 2 行输出 12,第 3 行输出 123,以此类推,第 9 行输出 123456789。

2. 随机生成 20 个学生的成绩,并定义函数来判断这 20 个学生成绩的等级(100~90 为 A,80~89 为 B,其余为 C)。其中生成 1~100 随机数的语句为 score＝random.randint (1,100)。

3. (1) 生成一个大文件 data.txt,要求 1200 行,每行随机为 0~20 的整数。

(2) 读取 data.txt 文件,统计这个文件中出现频率排前 10 的整数。

4. 输入某年某月某日,判断这一天是这一年的第几天。

5. 利用切片操作,实现一个 trim() 函数,去除字符串首尾的空格,注意不要调用 str 的 strip() 方法。

6. 斗地主是一款风靡全国的纸牌类游戏,有着广泛的群众基础。一副牌共有 54 张, 包括大王、小王以及黑桃、红桃、梅花、方块四种花色各 13 张。请模拟斗地主发牌过程。

【功能要求】

(1) 三人制斗地主,每人 17 张牌,留有三张底牌。

(2) 大小顺序:大小王、2、A 以及 K 到 3(3 为最小)。

(3) 同一大小的牌按照黑桃、红桃、梅花、方块的顺序排列。

(4) 最后展示出 3 个玩家的牌,以及底牌。

7. 使用 Python 语言,设计一个小型的学生宿舍管理程序,系统用户为宿舍管理员。

【功能要求】

(1) 学生信息:学号、姓名、性别(男/女)、宿舍房间号、联系电话。

(2) 系统功能如下。

① 可按学号查找某一位学生的具体信息。

② 可以录入新的学生信息。

③ 可以显示现有的所有学生信息。

【程序要求】

(1) 使用函数、列表、字典、字符串、条件循环等解决问题。

(2) 程序规模在 80~200 行。

3.6　参考资料

[1]　Python 官网. https://www.python.org/.

[2]　NumPy 官网. https://www.numpy.org/.

[3]　Pandas 官网. http://pandas.pydata.org/.

[4]　Matplotlib 官网. https://matplotlib.org/.

第4章

数据预处理

4.1 数据预处理概述

现实世界的原始数据经常是不完整的、不持续的(即时间上不够连续)、不一致的、形式不规范的,还可能包含很多错误,数据预处理的主要作用为将未经处理的原始数据转换为在数量、结构和格式方面完全适合于对应的数据挖掘任务的干净数据,数据预处理技术是一种已被证明的处理上述问题的有效方法。

根据对不同的原始数据进行预处理的功能来分,数据预处理主要包括数据清理、数据集成、数据变换、数据归约4种基本的过程。在实际的数据预处理过程中,这4种功能不一定都用得到,同时它们的使用也没有先后顺序,而且某种预处理过程可能要先后多次进行。

4.1.1 数据预处理的意义与目标

数据如果能满足其实际的应用需求,则它就是高质量的。评判数据的质量通常涉及诸多因素,其中包括准确性、完整性、一致性、相关性、时效性、可信性、可解释性。

存在不正确、不完整和不一致的数据是现实世界大型数据库和数据仓库的共同特点。

(1) 不正确的数据的存在(即数据具有不正确的属性值)具有多种原因,例如:收集数据的设备出现了故障;在数据输入时,人向计算机输入了错误的数据;当用户不希望提交个人信息时,故意向强制输入的字段输入不正确的值(例如,为生日选择默认值"1月1日"),这被称为被掩盖的缺失数据;此外,也可能由于技术的限制,在数据传输中出现了错误;不正确的数据也可能由命名规范或所用的数据字段不一致,或输入字段(如日期)的格式不一致而导致。

(2) 不完整数据的出现同样具有多种原因。有些有价值的属性,如商品销售的数据中顾客的信息,并非总是可以得到的。对于有些数据属性的缺失,可能只是因为用户输入时认为是不重要的,所以并未填写导致的。数据也有可能由于理解错误或者设备故障没有被记录而导致缺失。对于缺失的数据,特别是某些属性上缺失值的元组,可能需要通过某些方式推导出来。

(3) 不一致数据的产生也是常见的。例如,在客户通讯录数据集中,地址字段列出了邮编和城市名,但是有的邮编并不存在于对应的城市中,这就会造成邮编和城市对应不一致的情况。

数据质量也依赖于数据的应用场景。对于同一个给定的数据集,两个不同的用户可能有着完全不同的评价。采集的数据如果能满足预期的应用场景,那么就是高质量的。这就涉及数据的相关性和时效性。

(4)相关性影响数据质量,特别是在工业界,数据质量的相关性要求是非常高的。在统计学和实验科学领域,强调精心设计实验来收集与特定假设相关的数据。许多数据质量问题与特定的应用和领域有关。例如,考虑构造一个模型,预测交通事故发生率。如果忽略了驾驶员的年龄和性别信息,那么除非这些信息可以间接地通过其他属性得到,否则模型的精度可能是有限的。在这种情况下,就需要尽量采集全面的、相关的数据信息。

(5)时效性也影响数据的质量。有些数据收集后就开始老化,使用老化后的数据进行数据分析、数据挖掘,将会产生不同的分析结果。

例如,如果数据提供的是正在发生的现象的数据或过程的快照,如顾客的购买行为或Web浏览模式,则快照只代表有限时间内的真实情况。如果数据已经过时,基于它的模型和模式也就已经过时。在这种情况下,需要考虑重新采集数据信息,以及对数据进行更新。

(6)影响数据质量的另外两个因素是可信性和可解释性。可信性反映了有多少数据是用户信赖的,而可解释性了反映数据是否容易理解。例如,某一数据库在某一时刻存在错误,恰好销售部门使用了这个时刻的数据。虽然之后数据库的错误被及时修正,但过去的错误使得销售部门不再信任该数据。同时数据还存在许多会计编码,销售部门很难读懂。即便该数据库经过修正后是正确的、完整的、一致的、时效性强的,但由于很差的可信性和可解释性,销售部门可能把它当作低质量数据。

数据预处理是数据挖掘中必不可少的关键一步,更是进行数据挖掘前的准备工作。它一方面保证挖掘数据的正确性和有效性,另一方面通过对数据格式和内容的调整,使数据更符合挖掘的需要。

4.1.2　背景知识

在进行数据挖掘之前,我们首先需要准备好数据。这需要仔细地考察数据的属性和数据值。本节旨在熟悉数据,对于数据预处理来说,了解关于数据的基本知识是相当必要的。本节从介绍属性类型开始,包括标称属性、二元属性、序数属性和数值属性。之后介绍关于数据的基本的统计描述,例如均值、中位数和众数等中心趋势度量,关于每个属性的这种基本统计量的知识也有助于在数据预处理时填补缺失值、平滑噪声、识别离群点。关于属性和属性值的知识也有助于解决数据集成时出现的不一致。绘制中心趋势的图形可以显示数据是对称的还是倾斜的。分位数图、直方图和散点图都是显示基本统计描述的其他图形方法。这些在数据预处理时都可能是有用的,并且为初步直观地理解数据提供了强有力的支持。

1. 数据对象与属性类型

数据集是由数据对象组成的。一个数据对象代表一个实体。通常,数据对象用属性来描述。数据对象又称为样本、实例、数据点或对象。数据对象以数据元组的形式存放在数据库中,数据库的行对应于数据对象,列对应于属性。例如,在学生管理系统中,数据库中的每一行代表一个学生,每一列代表学生的一种属性(例如性别、学号、选修课程等)。

属性是一个数据字段,表示数据对象的特征,在文献中,属性、维度(Dimension)、特征(Feature)、变量(Variance)可以互换使用。"维度"一般用在数据仓库中。"特征"一般用在机器学习中。"变量"一般用在统计学中。一个属性的类型由该属性可能具有的值的集合决定,可以是标称的、二元的、序数的、数值的。

标称属性:标称属性的值是一些符号或事物的名称。每个值代表某种类别、编码、状态。因此,标称属性又被看作是分类的(Categorical)。在计算机科学中,这些值也被看作是枚举的(Enumeration)。例如头发的颜色属性就是典型的标称属性,因为头发颜色可以有黑色、黄色等。尽管标称属性的值是一些符号或"事物的名称",但也可以用数表示这些符号或名称,如发色的种类,可以用 0 表示黑色、1 表示黄色等。可以看到标称属性的值不具有有意义的顺序,而且不是定量的。因此,给定一个对象集,找出这种属性的均值或中位数是没有意义的。然而,找出一种属性中最常出现的值即众数(Mode),一般来说是有意义的。例如可以找到人群中是黑色还是黄色头发的人多。

二元属性:二元属性是一种特殊的标称属性,只有两个状态:0 或 1,其中 0 通常表示该属性不出现、1 表示该属性出现。又例如可用 1 表示男、0 表示女。如果两种状态对应的是 True 和 False,二元属性又称为布尔属性。

序数属性:序数属性可能的值之间具有有意义的序(Ranking),但是相继值之间的差是未定义的(也就是对应的值有先后次序)。例如,饮料杯子大小的属性可以有 3 个取值:小、中、大。这些值具有从小到大的先后次序。在实际处理中,序数属性可以通过把数值量的值域(即数值的取值范围)划分成有限个有序类别(如,0 表示很不满意、1 表示不满意、2 表示中性、3 表示满意、4 表示很满意),把数值属性离散化而得到。可以用众数和中位数表示序数属性的中性趋势,但不能定义均值。

标称、二元和序数属性都是定性的,即它们描述对象的特征,而不给出实际大小或数值。

数值属性:数值属性是定量的可度量的量,用整数或实数表示。可以是区间标度的或比率标度的。可以计算差、均值、中位数、众数等。例如学生成绩、店铺销售量等。

在机器学习领域中的分类算法通常把属性分为离散的和连续的。每种类型可以用不同的方法处理。

离散属性:离散属性具有有限个或无限个可数个数,可以用或不用整数表示。例如头发的颜色、杯子的个数都有有限个值,因此是离散的。无限可数:如果一个属性可能的值集合是无限的,但是可以建立一个与自然数一一对应的映射关系,则该属性是无限可数的。例如顾客的编号就是无限可数的。

连续属性:如果属性不是离散的,则它是连续的。文献中,术语"数值属性"和"连续属性"可以互换使用。实践中,实数值用有限位数数字表示,连续属性一般用浮点变量表示。例如,在金融计算领域使用浮点变量表示连续属性较为常见。

2. 数据的基本统计描述的图形显示

本节介绍如何通过图形显示清晰有效地表达数据的基本统计描述,包括分位数图、分位数-分位数图、直方图和散点图。这些图形显示有助于可视化地审视数据,利于识别噪声和离群点,这对于数据预处理是相当有用的。

分位数图:分位数(Quantile)也称为分位点,是指将一个随机变量的概率分布范围分为几个等分的数值点,以利于分析其数据变量的趋势。分位数图(Quantile Plot)是一种观察单变量数据分布的简单有效方法。第一,分位数图直观地绘出了给定属性的全部数据点,好处是可以直接观测到数据的整体分布情况和异常点。第二,分位数图给出了分位数的信息,即描述了前百分之几的数小于或等于该数。

分位数-分位数图:分位数-分位数图(Quantile-Quantile Plot)或 Q-Q 图是一个概率图,用图形的方式比较两个变量的概率分布,把它们的两个分位数放在一起比较。它是一种强有力的可视化工具,使得用户可以观察从一个分布到另一个分布是否有偏移。

直方图:直方图或频率直方图是一种被广泛使用的统计方法。它是一种概括给定属性的分布的图形方法。属性的值域被划分成不相交的连续子域。子域称作桶(Bucket)或箱(Bin),是属性的数据分布的不相交子集。桶的范围称作宽度。通常,各个桶是等宽的。对于每个子域,其高度表示在该子域观测到的对象的计数。

散点图:散点图(Scatter Plot)是确定两个数值变量之间看上去是否存在联系、模式或趋势的最有效的图形方法之一。为构造散点图,每个值对视为一个代数坐标对,并作为一个点画在平面上。

4.1.3 数据可视化实例

接下来使用 Kaggle 的房价预测竞赛的数据集(数据集来源于 Kaggle——House Prices：Advanced Regression Techniques),该数据集中有 79 个变量,描述了 Ames 住宅的方方面面,例如房屋面积、有无停车位等,竞赛要求预测最终的房价。这里选取该数据集中的某些属性来进行数据可视化,从而展示数据分析中的一些最常用的方法。

【例 4-1】 数据可视化。

首先,将用到的库都包含进来,numpy 和 pandas 用于数据处理;matplotlib 和 seaborn 用于可视化操作。

```
In[1]:  import pandas as pd
        import numpy as np
        import matplotlib.pyplot as plt
        import seaborn as sns        #统计绘图
        from sklearn.preprocessing import StandardScaler
        from scipy.stats import norm
        from scipy import stats    #统计
        import warnings
        warnings.filterwarnings('ignore')
        %matplotlib inline
```

之后,载入数据集。

```
In[2]: df_train = pd.read_csv(' Ch3-HousePrice-train.csv')
```

载入数据集之后即可以查看数据列名(在此处略去了部分列名),也就是数据的不同属性,可以看到一共 81 个属性,这里省略每一个属性的具体含义。从属性的字面含义与数据存储形式,分析数据类型,可以大致将数据分为 numerical(数值型)和 categorical(类别型)。例如,SalePrice(商品售价)为典型的数值属性,SaleType(销售类型)为典型的标称属性等。

```
In[3]:   df_train.columns
Out[3]: Index(['Id', 'MSSubClass', 'MSZoning', 'OverallQual', 'LotArea',
         'Street','SalePrice', 'GrLivArea', …
         ],
             dtype='object'
```

接下来,用 describe()函数进行数据的快速统计汇总,可以查看数据的总体统计情况。

```
In[4]:   df ['SalePrice'].describe()
Out[4]: count      1460.000000
         mean     180921.195890
         std       79442.502883
         min       34900.000000
         25%      129975.000000
         50%      163000.000000
         75%      214000.000000
         max      755000.000000
         Name: SalePrice, dtype: float64
```

还可以绘制直方图来初步观察 SalePrice(房屋售价)属性的数据分布。该图中横轴为销售价格,纵轴为数据的频率,可以从图中(见图 4-1)看出房屋售价的大体情况。

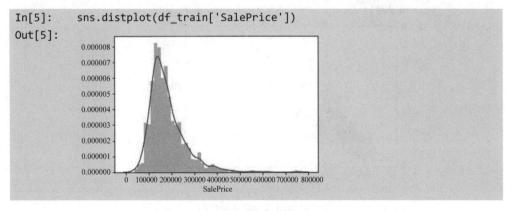

图 4-1　直方图

在了解了房屋售价的大体分布情况后,再来绘制 OverallQual(总体质量)/ SalePrice(房屋售价)的箱型图(见图 4-2),该图可以显示一组数据的最大值、最小值、中位数及上下四分位数,还有异常值,它比四分位图更加全面。

```
In[7]:     var = 'OverallQual'
           data =
           pd.concat([df_train['SalePrice'],df_train['OverallQual']],axi
           s = 1)
           f,ax = plt.subplots(figsize = (8,6)) #subplots 创建一个画像
           (figure)和一组子图(subplots)
           fig = sns.boxplot(x = var,y = 'SalePrice',data = data)
           fig.axis (ymin = 0,ymax = 800000)
```

Out[7]:

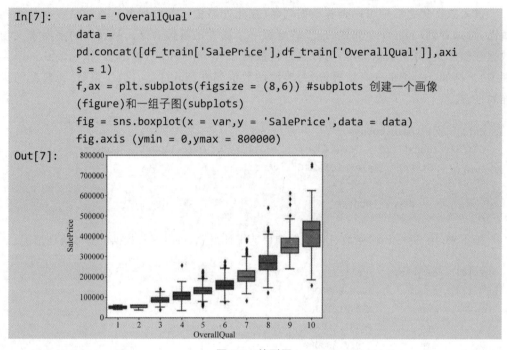

图 4-2　箱型图

之后,绘制 Grlivearea(平方英尺)/ SalePrice(售价)的散点图(见图 4-3),直观上看,这两个变量可能存在线性正相关的关系。

```
In[8]:     var = 'GrLivArea'
           data = pd.concat([df_train['SalePrice'],df_train[var]],axis =
           1)
           data.plot.scatter(x = var, y = 'SalePrice',ylim =
           (0,800000));
```

Out[8]:

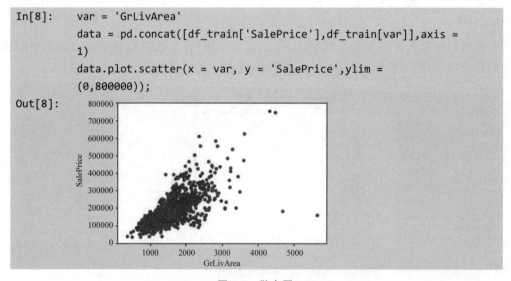

图 4-3　散点图

4.2　数据清洗

我们在书中看到的数据集,例如常见的 iris 数据集[①],波士顿房价数据集[②],IMDB 电影评分数据集[③]等,数据质量都很高,基本没有缺失值或异常点,也没有噪声。在真实的数据集中,人们拿到的数据一般是不完整的、有噪声和不一致的,所以需要通过一些方法,尽量提高数据的质量。数据清洗一般包括以下几个任务:填充缺失值、平滑噪声数据、识别或删除异常值并解决不一致性、最后转换成标准化数据格式、清除异常数据、纠正错误、清除重复数据等。

4.2.1　缺失值处理

数据的缺失主要包括属性的缺失和属性中某些值的缺失,两者都会造成分析结果的不准确。通过使用简单的统计分析,可以得到含有缺失值的属性的个数,以及每个属性的未缺失数、缺失数与缺失率等。缺失值产生的原因有很多种:可能是因为输入时用户认为不重要、忘记填写或对数据理解错误等一些人为因素而遗漏了;也有可能是有些信息暂时无法获取,或者获取的代价比较大导致属性值不存在。大量的未经处理的缺失值会导致数据挖掘建模丢失大量的有用信息;使数据挖掘模型所表现出的不确定性更加显著,模型中蕴含的规律更难把握;包含空值的数据会使建模过程陷入混乱,导致不可靠的输出。下面介绍一些处理缺失值的方法。

1. 忽略元组

元组是关系数据库中的基本概念,关系是一张表,表中的每行(即数据库中的每条记录)就是一个元组,每列就是一个属性。该方法适用于数据集较大并且某些属性中缺少多个值的情况,但是当每个属性缺失值的百分比差距很大时,它的性能就会变得非常差。因为如果采用忽略元组的处理方法,那么便不能使用该元组的剩余的非缺失的属性值,而这些数据可能对当前的数据挖掘任务是有用的。

2. 人工填充缺失值

人工填充缺失值即根据人为经验和领域知识来推测并填充缺失值,一般来说,该方法很费时,并且当数据量很大、缺失值很多时,人工填充缺失值一般是不可行的。

---

① Iris Data Set(鸢尾属植物数据集)是历史最悠久的数据集之一,它首次出现在著名的英国统计学家和生物学家 Ronald Fisher 发表于 1936 年的论文 *The Use of Multiple Measurements in Taxonomic Problems* 中,被用来介绍线性判别式分析。

② 使用 sklearn.datasets.load_boston 即可加载相关数据。这是一个解决回归问题的数据集。每个类的观察值数量是均等的,共有 506 个观察值、13 个输入变量和 1 个输出变量。每条数据包含房屋以及房屋周围的详细信息。

③ IMDB 数据集包含来自互联网的 50 000 条严重两极分化的评论,该数据被分为用于训练的 25 000 条评论和用于测试的 25 000 条评论,训练集和测试集都包含 50%的正面评价和 50%的负面评价。

3. 自动填充缺失值

(1) 全局常数(Unknown):将缺失的属性值用同一个常量(如 Unknown 或 NaN)替换。如果将真实存在但缺失的值都用 Unknown 替换,那么数据挖掘程序可能误认为它们构成了一个新的类别,因为它们都具有相同的值——Unknown。因此,尽管该方法简单,但是并不十分可靠。

(2) 属性的中心度量(均值或中位数):对于正常的(对称的)数据分布而言,可以使用均值来填充,例如在电商平台数据库中,顾客的平均收入为 37 000 元,则可以使用该值替换字段"收入"中的缺失值。如果数据分布是倾斜的,则应该使用中位数来填充缺失值。也可以使用与给定元组属同一类的所有样本的属性均值或中位数。例如,如果将顾客按信用来分类,则用具有相同信用等级的顾客的平均收入替换"收入"的缺失值。同样地,如果给定类的数据分布是倾斜的,则中位数是更好的选择。

(3) 最可能的值:在填充缺失值时,还可以用回归、贝叶斯形式化方法的基于推理的工具或决策树归纳来确定缺失值最可能的取值。例如,利用数据集中其他顾客数据的属性,可以构造一棵决策树,来预测缺失值的值。一般来说,使用自动填充最可能的值作为缺失值的方法最为普遍。与其他方法相比,它使用已有数据的大部分信息来预测缺失值。

需要注意的是,在某些情况下,缺失值并不意味着数据有错误。理想情况下,每个属性都应当有一个或多个空值条件的规则。这些规则可以说明是否允许空值,并且/或者说明这样的空值应该如何处理或转换。如果在数据处理的后续步骤会提供属性的值,该属性值也可能故意留下空白。因此,尽管在得到数据后,可以尽所能来清洗数据,但好的数据库和数据输入设计将有助于在最开始就把缺失值或者错误的数量降至最低。

下面使用一个简单的例子来说明如何利用 Python 进行缺失值处理。

【例 4-2】 缺失值处理。

首先引入要用到的库。

```
In[1]:   import pandas as pd
         import numpy as np
         from sklearn.impute import Simple Imputer
```

在本例中使用随机生成的数据集作为样例,在该 6×4 的由随机数生成的数据集中,可以看出在 Pandas 的数据结构 DataFrame 中缺失值的存在是用 NaN 来表示的。

```
In[2]:   df = pd.DataFrame(np.random.randn(6,4),columns =
         list('abcd'))              #随机生成数据
         df.iloc[4,3] = np.nan      #iloc 选择行和列
         df.loc[3] = np.nan         #loc 选择行
         df
Out[2]:          a          b          c          d
         0 - 1.307529   0.492307 - 0.778860   0.676985
         1   2.038122 - 2.059310   0.593188   0.938932
```

```
2 - 2.185166 - 0.983283   0.923166 - 0.391080
3        NaN        NaN        NaN        NaN
4   1.063453   1.860630   0.101212        NaN
5 - 0.446168 - 0.812740 - 0.669961   1.896452
```

在处理缺失值的过程中,经常需要先统计各个属性的缺失值百分比,然后再选择缺失值处理的方案,可以通过如下代码实现,可以看出在该生成数据集中,a、b、c、d 4 个属性的缺失百分比分别为 33%、16.6%、16.6%、16.6%。

```
In[3]:   total = df.isnull().sum().sort_values(ascending = False)
         percent = (df.isnull().sum() /
         df.isnull().count()).sort_values(ascending = False)
         missing_data = pd.concat([total,percent],axis = 1,keys =
         ['Total','Percent'])
         missing_data
Out[3]: Total    Percent
         d   2    0.333333
         c   1    0.166667
         b   1    0.166667
         a   1    0.166667
```

对于元组中缺少多个值或全部缺失时,可以简单地把该元组忽略,例如本例中标号为 3 的行,就可以直接忽略。在此使用 DataFrame 中的 dropna()函数来删除第 3 行的全部缺失数据。

```
In[4]:   df_cleaned = df.dropna(how='all')
         df_cleaned
Out[4]:        a            b            c            d
         0 - 1.307529   0.492307 - 0.778860   0.676985
         1   2.038122 - 2.059310   0.593188   0.938932
         2 - 2.185166 - 0.983283   0.923166 - 0.391080
         4   1.063453   1.860630   0.101212        NaN
         5 - 0.446168 - 0.812740 - 0.669961   1.896452
```

在忽略掉缺少多个值的元组之后,接下来进行缺失值的填充。在这里,使用 Imputer 类进行缺失值填充,本例中使用了列均值来填充缺失值,还可以用其他值来填充,具体实现可以参考 sklearn.impute.Simple Imputer 类的参数方法。

```
In[5]:   imp = Simple Imputer(missing_values=np.nan, strategy= 'mean', axis=0)
         imp.fit(df)
         df_cleaned_1=imp.transform(df_cleaned)
         df_cleaned_1
```

```
Out[5]:array([[-1.30752853,  0.49230657, -0.77885966,  0.67698501],
              [ 2.03812208, -2.05931031,  0.59318837,  0.93893153],
              [-2.18516552, -0.98328262,  0.92316561, -0.39107956],
              [ 1.06345277,  1.86062975,  0.10121239,  0.78032236],
              [-0.44616785, -0.81273968, -0.66996112,  1.89645247]])
```

4.2.2 噪声平滑

噪声（Noise）是被测量的变量的随机误差或方差，包括错误的值或偏离期望的离群点。可以使用基本的数据统计描述技术（例如，盒图或者散点图）和数据可视化方法来识别可能代表噪声的离群点。下面介绍一些数据平滑的技术。

（1）分箱法：分箱法通过考察数据的"近邻"（即周围的值）来平滑有序数据值，是一种局部平滑的方法。所谓"分箱"指的就是将数据划分为几个含有相同个数数据的数据段，之后将箱中每一个值用某个值来替换，从而达到平滑数据、消除噪声的目的。按照取值的不同可分为按箱均值平滑、按箱中位数值平滑以及按箱边界值平滑。我们用"箱的宽度"来表示每个箱值的取值区间。

① 用箱均值平滑：箱中每一个值被箱中的平均值替换。

② 用箱中位数平滑：箱中的每一个值被箱中的中位数替换。

③ 用箱边界平滑：箱中的最大和最小值同样被视为边界。箱中的每一个值被最近的边界值替换。

如图 4-4 所示，对一组按升序排序后的价格数据，先将这 9 个数据划分为 3 个含有相同个数数据的等频的"箱"，分别记为箱 1、箱 2、箱 3，之后分别使用箱均值和箱边界进行平滑。一般而言，宽度越大，平滑效果越明显。箱也可以是等宽的，其中每个箱值的区间范围是个常量。分箱也可以作为一种离散化技术使用。

价格按升序排序后的数据：4,8,15,21,21,24,25,28,34

划分为等频的箱：
箱1: 4, 8, 15
箱2: 21, 21, 21
箱3: 25, 28, 34

用箱均值平滑：
箱1: 9, 9, 9
箱2: 22, 22, 22
箱3: 29, 29, 29

用箱边界平滑：
箱1: 4, 4, 15
箱2: 21, 21, 24
箱3: 25, 25, 34

图 4-4 数据平滑的分箱方法

（2）回归法：用一个函数拟合数据来平滑数据。线性回归涉及找出拟合两个属性（或变量）的"最佳"函数，使得一个属性能够预测另一个。多线性回归是线性回归的扩展，它涉及多于两个属性,并且数据拟合到一个多维面。使用回归,找出适合数据的数学方程式,能够剔除一些数据中的异常点,所以能够帮助消除噪声。如图 4-5 所示,即对某一段时间内的某人群的上网时长数据进行了线性回归拟合,图中直观地可以看出拟合出的多项式相较于真实的数据平滑了很多,这帮助我们消除了一些数据中可能含有的噪声。

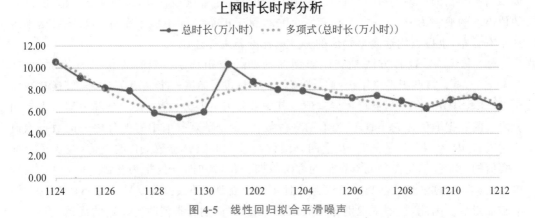

图 4-5　线性回归拟合平滑噪声

（3）离群点分析:通过如聚类来检测离群点。将落在簇集合之外的值视为离群点。图 4-6 显示了 3 个数据簇,簇集合之外的点就可以看为离群点。对于离群点,某些文献与书籍也将其称为异常值,在 4.2.3 节中将详细地解释异常值的检测与处理方法。

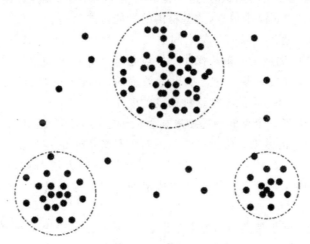

图 4-6　顾客在城市中的位置图

许多噪声平滑的方法也适用于数据离散化(一种数据变化形式)和数据归约。

4.2.3　异常值的检测与处理

由于系统误差、人为误差或者固有数据的变异,使得某些数据与总体的行为特征、结构或相关性等不一样,这部分数据称为异常值。一般异常值的检测方法有基于统计的方法、基于聚类的方法,以及一些专门检测异常值的方法等,下面对这些方法进行介绍。

(1) 简单统计：拿到数据后可以对数据进行一个简单的描述性统计分析，如最大最小值可以用来判断这个变量的取值是否超过了合理的范围，如客户的年龄为 -20 岁或 200 岁，显然是不合常理的，为异常值。

(2) 3σ 原则：如果数据服从正态分布，σ 为标准差，在 3σ 原则下，异常值为一组测定值中与平均值的偏差超过 3 倍标准差的值。如果数据服从正态分布，距离平均值 3σ 之外的值出现的概率为 $P(|x-u|>3\sigma)\leqslant0.003$，属于极个别的小概率事件。如果数据不服从正态分布，也可以用远离平均值的多少倍标准差来描述。

(3) 箱型图：这种方法是利用箱型图的四分位距(IQR)对异常值进行检测，也叫 Tukey's test。箱型图提供了识别异常值的一个标准：如果一个值小于 **QL－1.5IQR** 或大于 **QU＋1.5IQR** 的值，则被称为异常值。其中 QL 为下四分位数，表示全部观察值中有四分之一的数据取值比它小；QU 为上四分位数，表示全部观察值中有四分之一的数据取值比它大；IQR 为四分位数间距，是上四分位数 QU 与下四分位数 QL 的差值，包含了全部观察值的一半。箱型图判断异常值的方法以四分位数和四分位距为基础，四分位数具有鲁棒性：25％的数据可以变得任意远并且不会干扰四分位数，所以异常值不能对这个标准施加影响。因此，箱型图识别异常值比较客观，在识别异常值时有一定的优越性。

(4) 基于模型检测：首先建立一个数据模型，异常值是那些同模型不能完美拟合的对象；如果模型是簇的集合，则异常值是不显著属于任何簇的对象；在使用回归模型时，异常值是相对远离预测值的对象。该方法的优点是有坚实的统计学理论基础，当存在充分的数据和所用的检验类型的知识时，这些检验可能非常有效；缺点是对于多元数据，可用的选择少一些，并且对于高维数据，这些检测的性能可能很差。

(5) 基于距离：通常可以在对象之间定义邻近性度量，异常对象是那些远离其他对象的对象。该方法的优点是简单易操作。缺点是基于邻近度的方法需要 $O(n^2)$ 时间，不适用于大数据集；该方法对参数的选择也是敏感的；不能处理具有不同密度区域的数据集，因为它使用全局阈值，不能考虑这种密度的变化。

(6) 基于密度：当一个点的局部密度显著低于它的大部分近邻时才将其分类为离群点。适合非均匀分布的数据。优点是给出了对象是离群点的定量度量，并且即使数据具有不同的区域也能够很好地处理；缺点是与基于距离的方法一样，这些方法必然具有 $O(n^2)$ 的时间复杂度。对于低维数据使用特定的数据结构可以达到 $O(n\ln n)$；并且参数选择困难。

(7) 基于聚类：基于聚类的离群点是指，一个对象是基于聚类的离群点，如果该对象不强属于任何簇。离群点对初始聚类的影响：如果通过聚类检测离群点，则由于离群点影响聚类，存在一个问题，即结构是否有效。为了处理该问题，可以使用如下方法：对象聚类，删除离群点，对象再次聚类(这个不能保证产生最优结果)。优点是基于线性和接近线性复杂度(k 均值)的聚类技术来发现离群点可能是高度有效的；簇的定义通常是离群点的补，因此可能同时发现簇和离群点。缺点是产生的离群点集和它们的得分可能非常依赖所用的簇的个数和数据中离群点的存在性；聚类算法产生的簇的质量对该算法产生的离群点的质量影响非常大。

对于异常值常见的处理方法如下。

（1）删除含有异常值的记录：是否要删除异常值可根据实际情况考虑。因为一些模型对异常值不很敏感，即使有异常值也不影响模型效果，但是一些模型比如逻辑回归 LR 对异常值很敏感，如果不进行处理，可能会出现过拟合等非常差的效果。

（2）将异常值视为缺失值，交给缺失值处理方法来处理。

（3）用平均值来修正。

（4）不处理。

下面使用最简单也最常用的 3σ 原则和箱型图方法进行异常值分析。在本例中，使用随机生成的取值范围在 $0\sim10000$ 的 100 个数据来进行异常值分析。

【例 4-3】　异常值的检测与处理

首先生成数据集，之后进行正态性检验。

```
In[1]:   import numpy as np
         import pandas as pd
         import matplotlib.pyplot as plt
         from scipy import stats
         data = pd.Series(np.random.randn(10000) * 100)      #随机生成数据
         u = data.mean()                                      #计算均值
In[2]:   std = data.std()                                     #计算标准差
         stats.kstest(data, 'norm', (u, std))
         print('均值为:%.3f,标准差为:%.3f' %(u,std))
Out[2]:  均值为:1.398,标准差为:99.887
```

绘制数据密度曲线（见图 4-7）。

```
In[3]:   fig = plt.figure(figsize = (10,6))
         ax1 = fig.add_subplot(2,1,1)
         data.plot(kind = 'kde',grid = True,style = '-k',title =
         'Density curve')
Out[3]:
```

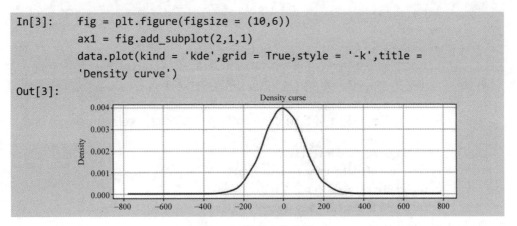

图 4-7　数据密度曲线

根据 3σ 原则，异常值共有 36 个。剔除异常值之后的数据为 data_c。

```
In[4]:   ax2 = fig.add_subplot(2,1,2)
         error = data[np.abs(data - u) > 3 * std]
         data_c = data[np.abs(data - u) < = 3 * std]
```

```
        len(error)
Out[4]: 36
```

使用箱型图查看数据分布（见图 4-8）。

```
In[5]:   fig = plt.figure(figsize = (10,6))
         ax1 = fig.add_subplot(2,1,1)
         color = dict(boxes='DarkGreen', whiskers='DarkOrange',
         medians='DarkBlue', caps='Gray')
         data.plot.box(vert=False, grid = True,color = color,ax =
         ax1,label = 'sample data')
Out[5]:
```

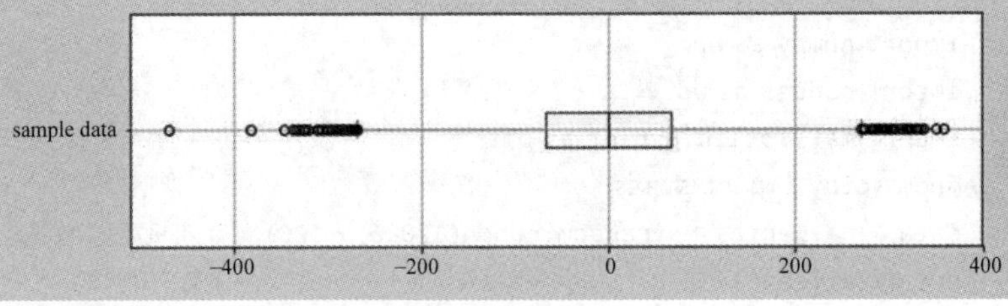

图 4-8　箱型图

计算分位差。

```
In[6]:   q1 = s['25%']
         q3 = s['75%']
         iqr = q3 - q1
         mi = q1 - 1.5 * iqr
         ma = q3 + 1.5 * iqr
         print('分位差为:%.3f,下限为:%.3f,上限为:%.3f' %(iqr,mi,ma))
Out[6]: 分位差为:134.487,下限为:- 268.710,上限为:269.239
```

根据分位差的上下限筛选出异常值 error，剔除异常值之后的数据为 data_c。

```
In[7]:   ax2 = fig.add_subplot(2,1,2)
         error = data[(data < mi) | (data > ma)]
         data_c = data[(data >= mi) & (data <= ma)]
         print('异常值共%i 条' %len(error))
Out[7]: 异常值共 80 条
```

4.3　数据集成

随着信息化的普及、推广及建设，更多的信息系统投入使用，一方面提高了工作效率、带来了经济社会效益，但另一方面因为信息系统独立、数据源分布异构等原因形成了越来越多的"信息孤岛"现象,为了解决"信息孤岛"问题,数据集成成为一种重要的解决方法。数据挖掘经常需要数据集成——合并来自多个数据源的数据。正确的集成过程有助于减少结果数据集的冗余与不一致,这有助于提高其后数据挖掘过程中的准确性和速度。

4.3.1　实体识别问题

如何处理数据语义的多样性和数据结构是数据集成过程中经常遇到的挑战。如何匹配多个数据源的模式与对象? 这实质上是实体识别问题。实体识别是指从不同数据源识别出现实世界的实体,它的任务是统一不同源数据的矛盾之处,见形式如下。

(1) 同名异义:数据源 A 中的属性 ID 和数据源 B 中的 ID 分别描述的是菜品编号和订单编号,即描述不同的实体。

(2) 异名同义:数据源 A 中的 sales_dt 和数据源 B 中的 sales_date 都是描述销售日期的,即 A.sales_dt＝B.sales_date。

对于这些常见的矛盾一般利用元数据来解决,元数据是"描述数据的数据"。每个属性的元数据包括名字、含义、数据类型和属性的值的允许范围,以及处理空值的规则。这些元数据可以用来帮助避免模式集成的错误,还有助于数据变换。

此外,在数据集成的过程中,当一个数据库的属性与另一个数据库的属性相匹配时,要特别注意数据的结构。这旨在确保源系统中的函数依赖和参照约束与目标系统的匹配。

4.3.2　检测和解决数据值冲突

数据集成还涉及数据值冲突的检测与处理。对于现实世界的同一实体,来自不同数据源的属性值可能不同,这可能是因为表示、比例、编码、数据类型、单位不统一、字段长度不同。例如,质量属性可能在一个系统中以公制单位存放,而在另一个系统中以英制单位存放。再如,不同学校交换信息时,每个学校有自己的课程设置和等级模式。一个大学可能采用季度制,数据库系统中存在 3 门课程,等级从 A＋到 F。另一个可能采用学期制,数据库系统中提供 2 门课程,等级从 1 到 10。很难制定两所大学精确的课程和等级之间的转换规则,交换信息很困难。

4.3.3　冗余数据与相关分析

数据集成往往导致数据冗余。一个属性(例如年收入)如果能由另一个或另一组属性"导出",则这个属性可能是冗余的。同一属性多次出现、同一属性命名不一致等也可能导致结果数据集中的冗余。

对于属性间的冗余可以用相关分析检测到,然后删除。对于标称数据,使用 χ^2(卡方)检验。对于数值属性,使用相关系数(Correlation Coefficient)和协方差(Covariance),它们都评估一个属性的值如何随另一个变化。

1. χ^2 相关性检验(卡方检验)

对于标称属性,两个属性 A 和 B 之间的相关联系可以通过 χ^2(卡方)检验发现。假

设 A 有 c 个不同值 $a_1, a_2, \cdots, a_c$，B 有 r 个不同值 $b_1, b_2, \cdots, b_r$。A 属性的 c 个值构成列，B 属性的 r 个值构成行（即构成二维表），(A_i, B_j) 表示 A 的第 i 个值与 B 的第 j 个值构成联合事件。χ^2 的值可用下式计算：

$$\chi^2 = \sum_{i=1}^{c} \sum_{j=1}^{r} \frac{(o_{ij} - e_{ij})^2}{e_{ij}} \tag{4-1}$$

其中，o_{ij} 是联合事件 (A_i, B_j) 的观测频度，即实际计数；e_{ij} 是 (A_i, B_j) 的期望频度，由以下公式计算：

$$e_{ij} = \frac{\text{count}(A=a_i) \times \text{count}(B=b_j)}{n} \tag{4-2}$$

其中，n 是数据元组的个数，$\text{count}(A=a_i)$ 表示 A 上具有值 a_i 的元组个数，$\text{count}(B=b_j)$ 表示 B 上具有值 b_j 的元组个数。式 (4-1) 中的和在所有 $r \times c$ 个单元上计算。注意，影响 χ^2 值的单元是其实际计数与期望计数不同的单元。

χ^2 统计检验假设 A、B 是独立的。检验基于显著水平，具有自由度 $(r-1) \times (c-1)$。如果拒绝该假设，则可以说 A、B 是统计相关的。

2. 利用数值数据的相关系数和协方差

(1) 数值数据的相关系数：对于数值数据，可以通过计算属性 A 和 B 的相关系数（又称为 Pearson 积矩系数）估计这两个属性的相关度 $r_{A,B}$：

$$r_{A,B} = \frac{\sum_{i=1}^{n}(a_i - \overline{A})(b_i - \overline{B})}{n\sigma_A \sigma_B} = \frac{\sum_{i=1}^{n}(a_i b_i) - n\overline{A}\,\overline{B}}{n\sigma_A \sigma_B} \tag{4-3}$$

其中，n 是数据元组的个数；a_i 和 b_i 分别是元组 i 在 A 和 B 上的值；$\overline{A}$ 和 $\overline{B}$ 分别是 A 和 B 的均值；σ_A 和 σ_B 分别表示 A 和 B 的标准差。另外，$-1 \leqslant r_{A,B} \leqslant +1$，如果 $r_{A,B} > 0$，则 A 和 B 上的值是正相关的，意味着 A 值随 B 值增加而增加，而且值越大相关性就越强。因此，一个较高的 $r_{A,B}$ 值意味着 A 或 B 可以作为冗余而被删除。

如果 $r_{A,B} = 0$，则 A 和 B 是独立的，并且它们之间不存在相关性。如果 $r_{A,B} < 0$，则 A 和 B 是负相关，一个值随另一个值减小而增加，这意味着一个属性阻止另一个属性出现。

注意：相关性并不蕴含因果关系，也就是说，如果 A 和 B 是相关的，不意味着 A 导致 B 或者 B 导致 A。

(2) 数值数据的协方差：在概率论与统计学中，协方差和方差是两个类似的度量，评估两个属性如何一起变化。考虑两个数值属性 A、B 和 n 次观测的集合 $\{(a_1, b_1), \cdots, (a_n, b_n)\}$，$A$ 和 B 的均值又分别称为 A 和 B 的期望值，即

$$E(A) = \overline{A} = \frac{\sum_{i=1}^{n} a_i}{n}$$

且

$$E(B) = \overline{B} = \frac{\sum_{i=1}^{n} b_i}{n}$$

A 和 B 的协方差定义为

$$\mathrm{Cov}(A,B) = E((A - \overline{A})(B - \overline{B})) = \frac{\sum\limits_{i=1}^{n}(a_i - \overline{A})(b_i - \overline{B})}{n} \tag{4-4}$$

可以发现协方差与相关度的关系：

$$r_{A,B} = \frac{\mathrm{Cov}(A,B)}{\sigma_A \sigma_B} \tag{4-5}$$

对于两个趋向于一起变化的属性 A 和 B。如果 A 大于 A 的期望，则 B 很可能大于 B 的期望。因此，A 和 B 的协方差为正；另一方面，如果当一个属性小于它的期望值，而另一个趋向于大于它的期望值，则 A 和 B 的协方差为负。

如果 A 和 B 是独立的（即它们不具有相关性），则 $E(A \cdot B) = E(A) \cdot E(B)$，则协方差 $\mathrm{Cov}(A,B) = E(A \cdot B) - E(A) \cdot E(B) = 0$；然而，反过来则不成立，某些随机变量（属性）对可能协方差等于 0，但不是独立的。仅在某些附加的假设下（如数据遵守多元正态分布），协方差等于 0 蕴含独立性。

4.3.4　元组重复

除了检测属性间的冗余外，还应当在元组级检测重复（例如，对于给定的唯一数据实体，存在两个或多个相同的元组）。去规范化表（Denormalized Table）的使用（这样做通常是为了通过避免连接来改善性能）是数据冗余的另一个来源。不一致通常出现在不同的副本之间，这可能是由于不正确的数据输入，或者由于更新了数据副本的某些变化，但未更新所有副本的变化导致的。例如，如果订单数据库包含订货人的姓名和地址属性，而这些信息不是在订货人数据库中的关键码，则不一致就可能出现，同一订货人的名字可能以不同的地址出现在订单数据库中。

下面使用 kaggle 房价数据集来展示如何使用 χ^2 值、相关系数与协方差进行删除冗余与相关分析。

【例 4-4】　冗余数据与相关分析。

首先导入要用到的包和数据集，数据集存储在 house_price.csv 文件中。

```
In[1]:   from scipy import stats
         import numpy as np
         import pandas as pd
         import random
         df = pd.read_csv('house_price.csv')
```

读入数据集之后，选取 YearBuilt 和 YearRemodAdd 两个标称属性为例来计算 p 值，p 值为 1.0，说明这两个数据完全正相关，因此可以删掉一个属性来消除冗余。

```
In[2]:   YearBuilt = df.YearBuilt
         YearRemodAdd = df.YearRemodAdd
```

```
            stats.chisquare(YearBuilt, f_exp = YearRemodAdd)
Out[2]: Power_divergenceResult(statistic=573.8859327905188, pvalue=1.0
```

之后,再选取 GrLivArea(房屋面积)和 SalePrice(售价)两个数值属性来分析两者之间的相关性。

```
In[3]:    Area = df.GrLivArea
          Price = df.SalePrice
          ab = np.array([Area, Price])
          dfab = pd.DataFrame(ab.T, columns=['Area',
          'Price'])
          dfab.head(5)
Out[3]: Area   Price
        0   1710   208500
        1   1262   181500
        2   1786   223500
        3   1717   140000
        4   2198   250000
```

计算协方差。

```
In[4]:    dfab.Area.cov(dfab.Price)
Out[4]: 29581866.743236598
```

计算相关系数,可以发现这两个属性存在相关性,但并不是完全相关,不能删除其中任何一个属性。

```
In[5]:    dfab.Area.corr(dfab.Price)
Out[5]: 0.7086244776126522
```

4.4 数据归约

数据仓库中往往存有海量数据,在其上进行复杂的数据分析与挖掘需要很长的时间。数据归约可以用来得到数据集的归约表示,这种表示相比于原数据集要小得多,但可以产生相同的(或几乎相同的)分析结果。

4.4.1 数据归约策略

数据归约策略包括维归约、数量归约和数据压缩。

维归约以减少所考虑的随机变量或属性的个数为目标。主成分分析是一种广泛使用的维归约方法,它把原数据变换或投影到较小的空间。属性子集选择另一种维归约方法,它检测不相关、弱相关或冗余的属性(维)并删除它们。

数量归约用替代的、较小的数据表示形式替换原数据。这些技术可以是参数的或非参数的。对于参数方法而言,使用模型估计数据,一般只需要存放模型参数,而不是实际数据(离群点可能也要存放)。回归模型和对数线性模型就是例子。存放数据归约表示的非参数方法包括直方图、聚类、抽样和数据立方体聚集等。

数据压缩使用变换,以便得到原数据的归约或"压缩"表示。如果原数据能够从压缩后的数据重构,而不损失信息,则称该数据归约为无损的。如果只能近似重构原数据,则称该数据归约为有损的。

4.4.2　维归约

1. 主成分分析

主成分分析(Principal Component Analysis,PCA)又称为 K-L 方法,搜索 k 个最能代表数据的 n 维正交向量,其中 $k \leqslant n$。这样,原来的数据投影到一个小得多的空间上,实现维归约。然而,不像属性子集选择通过保留原属性集的一个子集来减少属性集的大小,PCA 通过创建一个替换的、较小的变量集"组合"属性的基本要素。原数据可以投影到该较小的集合中。PCA 常常能够揭示先前未曾察觉的联系,并因此允许解释不寻常的结果。

主成分分析基本过程如下。

(1) 对输入数据 $\boldsymbol{X} = \{x_1, x_2, \cdots, x_n\}$ 规范化,使得每个属性都落入相同的区间。此步有助于确保具有较大定义域的属性不会支配具有较小定义域的属性。

(2) 计算协方差矩阵 $\dfrac{1}{n}\boldsymbol{X}\boldsymbol{X}^{\mathrm{T}}$,用特征值分解方法求协方差矩阵 $\dfrac{1}{n}\boldsymbol{X}\boldsymbol{X}^{\mathrm{T}}$ 的特征值与特征向量,对特征值从大到小排序,选择其中最大的 k 个作为规范化输入数据的基。这些基是单位向量,每一个都垂直于其他向量。这些向量称为主成分。输入数据是主成分的线性组合。

(3) 对主成分按"重要性"或强度降序排列。主成分本质上充当数据的新坐标系,提供关于方差的重要信息。也就是说,对坐标轴进行排序,使得第一个轴显示的数据方差最大,第二个显示的方差次之,如此下去。例如,图 4-9 显示原来映射到轴 X_1 和 X_2 的给定数据集的两个主成分 Y_1 和 Y_2。这一信息帮助识别数据中的组群或模式。

(4) 既然主成分根据"重要性"降序排列,就可以通过去掉较弱的成分(即方差较小的那些)来归约数据。使用最强的主成分,应当能够重构原数据的很好的近似。

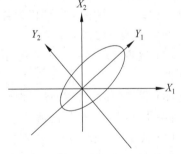

图 4-9　主成分分析(Y_1 和 Y_2 是给定数据集的前两个主成分)

PCA 可以用于有序和无序的属性,并且可以处理稀疏和倾斜数据。多于二维的多维数据可以通过 PCA 将问题归约为二维问题来处理。主成分可以用作多元回归和聚类分析的输入。

2. 属性子集选择

暴力遍历所有属性子集的方法在时间代价上是非常昂贵的,因为分析具有 n 个属性的数据的每个子集至少需要 $O(2^n)$ 的时间。完成这项任务的最简单方法是使用统计显著性测试,以便识别出最佳(或最差)属性。统计显著性检验假设属性彼此独立。该方法是一种贪心算法,首先确定显著性水平(显著性水平的统计理想值为 5%),之后反复测试模型,直到所有属性的 p 值(概率值)小于或等于选定的显著性水平,即 p 值高于显著性水平的属性被丢弃了。最后会得到一个简化的数据属性子集,该子集中没有不相关的属性。

属性子集选择的基本启发式方法包括以下技术,其中一些图示在图 4-10 中。

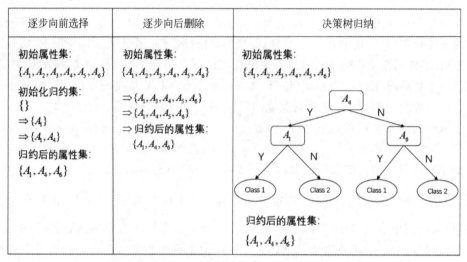

图 4-10　属性子集选择的贪心(启发式)算法

(1) 逐步向前选择:该过程由空属性集开始,选择原属性集中最好的属性(使用统计显著性测试),并将它添加到该集合中。在其后的每一次迭代,将原属性集剩下的属性中的最好的属性添加到该集合中。

(2) 逐步向后删除:该过程由整个属性集开始。在每一步,删除尚在属性集中的最坏属性。

(3) 逐步向前选择和逐步向后删除组合:向前选择和向后删除方法可以结合在一起,每一步选择一个最好的属性,并在剩余属性中删除一个最坏的属性。

(4) 决策树归纳:决策树算法(例如,ID3、C4.5 和 CART)最初是用于分类的。决策树归纳构造一个类似于流程图的结构,其每个内部(非树叶)节点表示一个属性上的测试,每个分枝对应于测试的一个结果;每个外部(树叶)节点表示一个类预测。在每个节点,算法选择"最好"的属性,将数据划分成类。

当决策树归纳用于属性子集选择时,由给定的数据构造决策树,不出现在树中的所有属性假定是不相关的,出现在树中的属性形成归约后的属性子集。上述方法的结束条件不同,可以使用一个度量阈值来决定何时停止属性选择过程。

在某些情况下,可基于其他属性创建一些新属性。属性构造可提高准确性和对高维数据结构的理解。通过组合属性,属性构造可以发现关于数据属性间联系的缺失信息,这对知识发现是有用的。

我们选取 Boston 房价数据集(下载地址为 http://t.cn/RfHTAgY),分别使用 PCA 方法和逐步向前选择的属性子集选择方法进行维归约。

【例 4-5】　PCA 与属性子集选择。

载入用到的包和数据集,Boston 数据集是 Sklearn 中自带的经典数据集。

```
In[1]:   from sklearn.feature_selection import RFE
         from sklearn.linear_model import LinearRegression
         from sklearn.datasets import load_boston
         from sklearn.decomposition import PCA
```

通过下面的代码载入 Boston 数据集后,可以获得该数据集的大小,共 506 行,13 个特征维度。

```
In[2]:   boston = load_boston()
         X = boston["data"]
         X.shape
Out[2]: (506, 13)
```

Sklearn 自带 PCA 函数,可以直接使用,如下代码所示。首先判断应该选取几个主成分,通过观察特征方差百分比数组,可以看到当选取前 3 个主成分时,累计贡献率已接近达到 99%,所以选择 3 个主成分。

```
In[2]:   pca = PCA()
         pca.fit(X)
         pca.explained_variance_ratio_      #输出方差百分比
Out[2]: array([8.05823175e-01, 1.63051968e-01, 2.13486092e-02,
         6.95699061e-03, 1.29995193e-03, 7.27220158e-04, 4.19044539e-04,
         2.48538539e-04, 8.53912023e-05, 3.08071548e-05, 6.65623182e-06,
         1.56778461e-06, 7.96814208e-08])
```

下面代码演示了在确定选择 3 个主成分之后,如何将原始数据从 13 维降到三维,这三维数据占了原始数据 98% 以上的信息。

```
In[2]:   pca = PCA(3)
         pca.fit(X)
         low_d = pca.transform(X)    #降低维度
         low_d.shape
Out[2]: (506, 3)
```

之后,进行属性子集筛选,这里使用线性回归模型来筛选属性。

```
In[3]:  Y = boston["target"]
        names = boston["feature_names"]
        lr = LinearRegression()
```

在这里调用 sklearn.feature_selection 包里的递归特征消除（RFE）模型实现逐步向前选择的属性子集选择方法。输出结果显示了特征的选择顺序。

```
In[4]:  rfe = RFE(lr, n_features_to_select=1)
        rfe.fit(X,Y)
        print ("Features sorted by their rank:")
        print (sorted(zip(map(lambda x: round(x, 4), rfe.ranking_), names)))
Out[4]: Features sorted by their rank:
        [(1, 'NOX'), (2, 'RM'), (3, 'CHAS'), (4, 'PTRATIO'), (5, 'DIS'),
         (6, 'LSTAT'), (7, 'RAD'), (8, 'CRIM'), (9, 'INDUS'), (10, 'ZN'),
         (11, 'TAX'), (12, 'B'), (13, 'AGE')]
```

4.4.3 数量归约

1. 参数化数据归约

（1）回归模型：回归和对数线性模型（Log-Linear Model）可以用来近似给定的数据。在（简单）线性回归中，对数据建模，使之拟合到一条直线。例如，可以用以下公式：

$$y = wx + b \qquad\qquad (4\text{-}6)$$

将随机变量 y（称作因变量）表示为另一随机变量 x（称为自变量）的线性函数，假定 y 的方差是常量。在数据挖掘中，y 和 x 是数值数据库属性，回归系数 w 和 b 分别为直线的斜率和 y 轴截距。回归系数可用最小二乘法求解，即最小化数据的实际直线与该直线的估计之间的误差。多元回归则是线性回归的扩展，允许用两个或多个自变量的线性函数对因变量 y 建模。

（2）对数线性模型：对数线性模型近似离散的多维概率分布。给定 n 维元组的集合，可把每个元组看作 n 维空间的点。对于离散属性集，可用对数线性模型，基于维组合的一个较小子集，估计多维空间中每个点的概率，这使得高维数据空间可以由较低维数据空间构造。因此，对数线性模型也可用于维归约（由于较低维空间的点通常比原来的数据点占据的空间要少）和数据平滑（因为与较高维空间的估计相比，较低维空间的聚集估计受抽样变化的影响较小）。

回归和对数线性模型都可用于稀疏数据，即通过模型来近似替代给定的数据，从而使数据量变小，对处理倾斜数据，回归更好；对高维数据，对数线性模型表现出更好的伸缩性。

2. 非参数化数据归约

（1）直方图：直方图使用分箱来近似数据分布，是一种流行的数据归约形式。属性

A 的直方图(Histogram)将 A 的数据分布划分为不相交的子集或桶。如果每个桶只代表单个"属性值-频率"对,则该桶称为单值桶。桶表示给定属性的一个连续区间。等宽直方图中,每个桶的宽度区间是相等的。等频(等深)直方图中,每个桶大致包含相同个数的邻近数据样本。对于近似稀疏和稠密数据,以及高倾斜和均匀的数据,用直方图数据的桶来替代其包含的邻近数据样本,这一方法是有效的。

(2) 聚类:聚类技术把数据元组看作对象,将对象划分为群或簇,使得在一个簇中的对象相互相似,而与其他簇中的对象相异。通常,相似性基于距离函数,用对象在空间中的接近程度定义。簇的质量用直径表示,直径是簇中两个对象的最大距离。形心距离是簇质量的另一种度量,定义为簇中每个对象到簇形中(表示平均对象,或簇空间中的平均点)的平均距离。在数据归约中,用数据的簇代表替换实际数据,其有效性依赖数据的性质。对于被污染的数据,能够组织成不同的簇的数据,比较有效。

(3) 抽样:抽样可以作为一种数据归约的技术使用,因为它允许用数据小得多的随机样本表示数据集。

① s 个样本的无放回简单随机抽样(SRSWOR):从 N 个元组中抽取 s 个样本($s<N$)其中任意元组被抽取的概率均为 $1/N$(等可能的)。

② s 个样本的有放回简单随机抽样(SRSWR):一个元组被抽取后,又被放回数据集中,以便再次被抽取。

③ 簇抽样:数据集放入 M 个互不相交的簇,可以得到 s 个簇的简单随机抽样(SRS),$s<M$。

④ 分层抽样:数据集被划分成互不相交的部分,称为"层"。当数据倾斜时,这样可以帮助确保样本的代表性(例如,按年龄分层)。

采用抽样进行数据归约的优点是,得到样本的花费正比于样本集的大小 s,而不是数据集的大小 N。抽样的复杂度可能亚线性(Sublinear)于数据的大小。其他数据归约的技术至少需要完全扫描数据。对于固定的样本大小,抽样的复杂度仅随数据的维数 n 线性地增加,而其他技术,如直方图,复杂度随 n 呈指数增长。

用于数据归约时,抽样最常用来估计聚集查询的问答。在指定的误差范围内,可以确定(使用中心极限定理)估计一个给定的函数所需的样本大小。样本的大小 s 相对于 N 可能非常小。对于归约数据的逐步求精,抽样是一种自然的选择。通过简单地增加样本大小,这样的集合可以进一步求精。

(4) 数据立方体聚集:数据立方体存储多维聚集信息。每个属性都可能存在概念分层,允许在多个抽象层进行数据分析。数据立方体提供对预计算的汇总数据进行快速访问,适合联机数据分析和数据挖掘。在最低抽象层创建的立方体称为基本方体(Base Cuboid)。最高层抽象的立方体称为顶点方体(Apex Cuboid)。数据立方体聚集帮助人们从低粒度的数据分析聚合成汇总粒度的数据分析。我们认为表中最细的粒度是一个最小的立方体,在此上每个高层次的抽象都能形成一个更大的立方体。数据立方体聚集就是将细粒度的属性聚集到粗粒度的属性。

4.5　数据变换

数据经过集成、清理与归约等步骤后,很可能要将数据进行规范化、离散化、分层化等操作。这些方法有些能够提高模型拟合的程度,有些能够使得原始属性被更抽象或更高层次的概念代替。这些方法统一可以称为数据变换(Data Transform)。在此阶段,数据被变换或统一,使数据挖掘的过程可能更有效,数据挖掘的模式可能更容易理解。

4.5.1　数据变换策略

往往需要对原始数据进行变换,以适应分析任务。常用的变换策略如下。

(1)平滑:去掉数据中的噪声,处理方法包括分箱、聚类和回归。

(2)属性构造(或特征构造):可以由给定的属性构造新的属性并添加到属性集中,以帮助挖掘过程。

(3)聚集:对数据进行汇总和聚集。例如,可以聚集日销售数据,计算月和年销售量。通常,这一步用来为多个抽象层的数据分析构造数据立方体。

(4)规范化:把属性数据按比例缩放,使之落入一个特定的小区间,如−1.0～1.0或0.0～1.0。

(5)离散化:数值属性(例如,年龄)的原始值用区间标签(例如,0～10,11～20等)或概念标签(例如,youth、adult、senior)替换。这些标签可以递归地组织成更高层概念,导致数值属性的概念分层。

(6)由标称数据产生概念分层:属性,如 street,可以泛化到较高的概念层,如 city 或 country。

4.5.2　规范化

把属性数据按比例缩放,使之落入一个小区间。

(1)最小-最大规范化:假定$\min_A$ 和$\max_A$ 分别为属性 A 的最小值和最大值。最小-最大规范化通过计算:

$$v'_i = \frac{v_i - \min_A}{\max_A - \min_A}(\text{new\_} \max_A - \text{new\_} \min_A) + \text{new\_} \min_A \tag{4-7}$$

把 A 的值v_i 映射到区间$[\min_A, \max_A]$中的 v'_i。

最小-最大规范化保持原始数据值之间的联系。如果今后的输入实例落在 A 的原数据值域之外,则该方法将面临"越界"错误。

(2)**Z-score** 规范化:基于 A 的平均值和标准差规范化。A 的值v_i 被规范化为v'_i,由下式计算:

$$v'_i = \frac{v_i - \overline{A}}{\sigma_A} \tag{4-8}$$

当属性 A 的实际最大值和最小值未知,或离群点左右了最小−最大规范化时,该方法是有用的。

（3）小数定标规范化：通过移动属性 A 的值的小数点位置进行规范化。小数点的移动位数依赖于 A 的最大绝对值。A 的值 v_i 被规范化为 v_i'，由下式计算：

$$v_i' = \frac{v_i}{10^j} \tag{4-9}$$

其中，j 是使得 $\max(|v'|) < 1$ 的最小整数。

下面使用某只股票的交易信息的数据（数据来源于 http://tushare.org/）来说明如何进行数据规范化。

【例 4-6】　数据规范化。

首先导入要用到的包。

```
In[1]:    import numpy as np
          import pandas as pd
          import sklearn.preprocessing as skp
          import matplotlib.pyplot as plt
```

接着，选取该股票最后的 100 个交易日的数据，选取每日关盘价格和成交量两个特征作为演示。很显然，这两个特征量纲不一样，数值相差很大，需要对它们进行数据预处理（见图 4-11）。

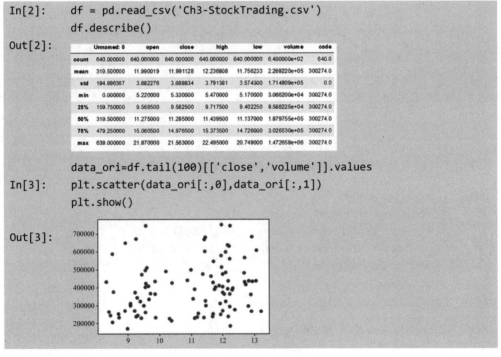

图 4-11　数据预处理

下面的代码演示如何对原始数据进行最小-最大规范化，将其规范化到某区间（见图 4-12）。

```
In[4]:    data_scale=skp.MinMaxScaler().fit_transform(data_ori)
          plt.scatter(data_scale[:,0],data_scale[:,1])
          plt.show()
Out[4]:
```

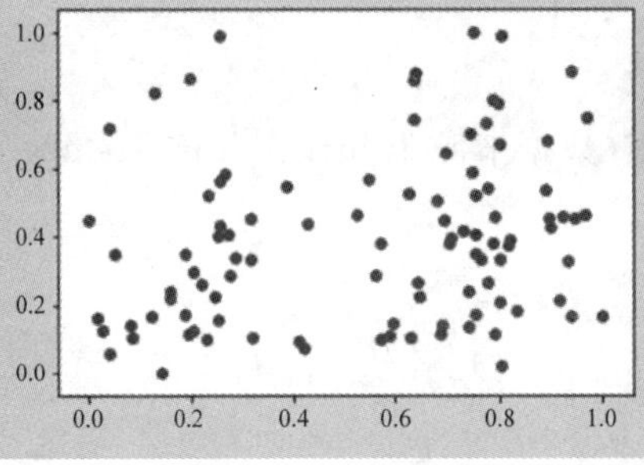

图 4-12 最小-最大规范化

下面的代码描述如何对原始数据进行 Z-score 规范化(见图 4-13)。

```
In[5]:    data_st=skp.scale(data_ori)
          plt.scatter(data_st[:,0],data_st[:,1])
          plt.show()
Out[5]:
```

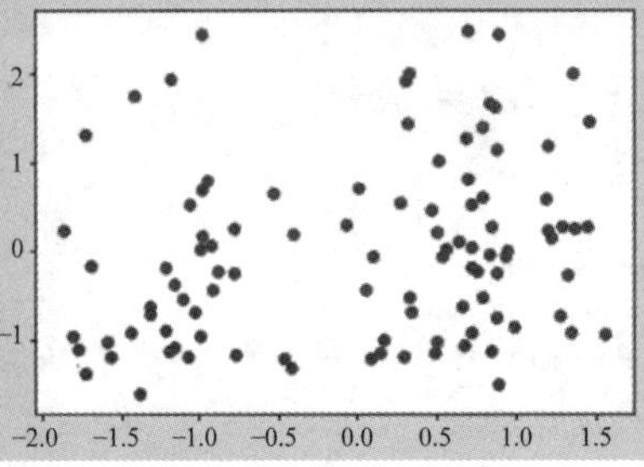

图 4-13 Z-score 规范化

下面的代码演示了对原始数据进行小数定标规范化(见图 4-14)。

```
In[6]:    data_scale=data_ori
          for index in range(len(data_scale)):
              data_scale[index,0]=data_scale[index,0]/100
              data_scale[index,1]=data_scale[index,1]/1000000
          plt.scatter(data_scale[:,0],data_scale[:,1])
          plt.show()
Out[6]:
```

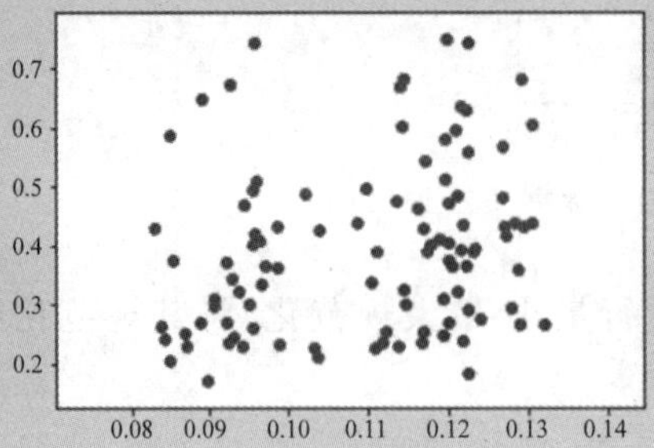

图 4-14 小数定标规范化

4.5.3　离散化

通过把数值属性的原始值用区间标签或概念标签替换,离散化可以自动地产生数据的概念分层,而概念分层允许在多个粒度层进行挖掘。

1. 无监督离散化

在离散化过程中不考虑类别属性,其输入数据集仅含有待离散化属性的值。

1) 等宽算法(分箱离散化)

根据用户指定的区间数目 K,将属性的值域 $[X_{\min}, X_{\max}]$ 划分成 K 个区间,并使每个区间的宽度相等,即都等于 $\dfrac{X_{\max} - X_{\min}}{K}$。等宽算法的缺点是容易受离群点的影响而使性能不佳。

2) 等频算法(直方图分析离散化)

等频算法也是根据用户自定义的区间数目,将属性的值域划分成 K 个小区间。该算法要求落在每个区间的对象数目相等。例如,属性的取值区间内共有 M 个点,则等频区间所划分的 K 个小区域内,每个区域含有 M/K 个点。

3) K 均值聚类算法

首先由用户指定离散化产生的区间数目 K,K 均值算法首先从数据集中随机找出 K 个数据作为 K 个初始区间的重心;然后,根据这些重心的欧氏距离,对所有的对象聚类:如果数据 x 距重心 G_i 最近,则将 x 划归 G_i 所代表的那个区间;然后重新计算各区间的重心,并利用新的重心重新聚类所有样本。逐步循环,直到所有区间的重心不再随算法循环而改变为止。

下面使用一个电商交易数据集来使用非监督方法进行数据离散化的工作。该数据集是由 Machine Learning Repository 基于一个英国电商公司从 2010 年 12 月 1 日到 2011 年 12 月 9 日的真实的交易数据集进行改造的。该电商主要销售的商品是各类旧礼品,主要客户是来自不同国家的分销商。

【例 4-7】　数据离散化。

载入数据集,选取数据集中的 UnitPrice 属性来进行数据的非监督离散化。

```
In[1]:   import pandas as pd
         import numpy as np
         df = pd.read_csv('Ch3-E-Commerce.csv',encoding='ISO-8859-1')
```

首先利用等宽算法进行离散化,将价格等宽地分为 5 个区间。可以发现,由于有个别的离群点的存在,使得大量的数据都堆积在了第 2 个区间,严重损坏了离散化之后建立的数据模型。

```
In[2]:   price = df.UnitPrice
         K=5     #将价格划分为 5 个区间
         #group_names=['low','mid','high']
```

```
            df['price_discretized_1']=price_discretized=pd.cut(price, K,
            labels=range(5))
            df.groupby('price_discretized_1').price_discretized_1.count()
                price_discretized_1
Out[2]:     0                   2
            1              541897
            2                   9
            3                   0
            4                   1
            Name: price_discretized_1, dtype: int64
```

之后使用等频法进行离散化,由离散结果看出,等频离散不会像等宽离散一样,出现某些区间极多或者极少的情况。但是根据等频离散的原理,为了保证每个区间的数据一致,很有可能将原本是相同的两个数值却被分进了不同的区间。

```
In[3]:   price = df.UnitPrice
         k = 5
         w = [1.0 * i/k for i in range(k+1)]
         w = price.describe(percentiles = w)[4:4+k+1]
         w[0] = w[0] * (1e-10)
         result=pd.cut(price, w, labels = range(k))
         df['price_discretized_2'] = pd.cut(price, w, labels = range(k))
         df.groupby('price_discretized_2').price_discretized_2.count()
Out[3]:      price_discretized2
         0             84627
         1            148468
         2             39394
         3             53648
         4            123061
         Name: price_discretized2, dtype: int64
```

接下来使用 K 均值聚类算法进行离散化,将 K 设置为 10。然而结果显示,大部分的点都聚集在了一个簇中,这说明可能还需要继续调整 K 的值,或者该方法并不适合这一数据集,读者可以自己去尝试去取得最合适的 K 值。

```
In[4]:   from sklearn.cluster import Kmeans
         data = df.UnitPrice
         data_re = data.values.reshape((data.index.size, 1))
         k = 30 #设置离散之后的数据段为 5
         kmeans = KMeans(n_clusters = k, n_jobs = 4)
         result = kmeans.fit_predict(data_re)
         df ['price_discretized3'] = result
         df.groupby('price_discretized3').price_discretized3.count()
```

```
Out[4]:      price_discretized3
        0         540882
        1         10
        2         1
        3         2
        4         45
        5         3
        6         23
        7         170
        8         6
        9         767
        Name: price_discretized3, dtype: int64
```

2. 监督离散化

输入数据包括类别信息(类标号),效果比无监督好。

1) 自上而下的卡方分裂算法

该分裂算法是把整个属性的取值区间当作一个离散的属性值,然后对该区间进行划分,一般是一分为二,即把一个区间分为两个相邻的区间,每个区间对应一个离散的属性值,该划分可以一直进行下去,直到满足某种停止条件,其关键是划分点的选取。

分裂步骤如下。

第一步:依次计算每个插入点的卡方值,当卡方值达到最大时,将该点作为分裂点,属性值域被分为两块。

第二步:计算卡方值,找到最大值将属性值域分成三块。

停止准则如下。

当卡方检验显著,即 $p<\alpha$ 时,继续分裂区间。

当卡方检验不显著,即 $p\geqslant\alpha$ 时,停止分裂区间。

2) ChiMerge 算法

ChiMerge 算法是一种基于卡方值的自下而上的离散化方法。与上一种算法正好相反。

分裂步骤如下。

第一步:根据要离散的属性对实例进行排序,每个实例属于一个区间。

第二步:合并区间,计算每一对相邻区间的卡方值,根据计算的卡方值,对其中最小的一对邻组合并为一组。

停止准则如下。

当卡方检验不显著,即 $p\geqslant\alpha$ 时,继续合并相邻区间。

当卡方检验显著,即 $p<\alpha$ 时,停止区间合并。

4.5.4　标称数据的概念分层生成

标称数据的概念分层生成方法如下。

(1) 由用户或专家在模式级显式地说明属性的部分序。通常,分类属性或维的概念分层涉及一组属性。用户或专家在模式级通过说明属性的部分序或全序,可以很容易地定义概念分层。例如,关系数据库或数据仓库的维"位置"可能包含如下一组属性:街道、城市、省份和国家。可以在模式级说明一个全序,如街道<城市<省份<国家,来定义分层结构。

(2) 通过显式数据分组说明分层结构的一部分。这基本上是人工地定义概念分层结构的一部分。在大型数据库中,通过显式的值枚举定义整个概念分层是不现实的。然而,对于一小部分中间层数据,可以很容易地显示说明分组。例如,在模式级说明了街道和城市形成一个分层后,用户可以人工地添加某些中间层。如显式地定义县的概念。

(3) 说明属性集,但不说明它们的偏序。用户可以说明一个属性集,形成概念分层,但并不显式说明它们的偏序。然后,系统可以试图自动地产生属性的序,构造有意义的概念分层。没有数据语义的知识,如何找出一个任意的分类属性集的分层序?可以考虑下面的情况:由于一个较高层的概念通常包含若干从属的较低层概念,定义在高概念层的属性与定义在较低概念层的属性相比,通常包含较少数目的不同值。根据这一事实,可以根据给定属性集中每个属性不同值的个数,自动地产生概念分层。具有最多不同值的属性放在分层结构的最低层。一个属性的不同值个数越少,它在所产生的概念分层结构中所处的层越高。在许多情况下,这种启发式规则都很有用。在考察了所产生的分层之后,如果有必要,局部层次的交换或调整可以由用户或专家来做。

注意,这种启发式规则并非万无一失。例如,在一个数据库中,时间维可能包含 20 个不同的年份,12 个不同的月份,每周 7 个不同的天数。然而,这并不意味时间分层应当是"年<月<周",周在分层结构的最顶层。

(4) 只说明部分属性集。在定义分层时,有时用户可能不小心,或者对于分层结构中应当包含什么只有很模糊的想法,结果,用户可能在分层结构说明中只包含了相关属性的一小部分。例如,用户可能没有包含"位置"维所有分层的相关属性,而只说明了"街道"和"城市"。为了处理这种部分说明的分层结构,重要的是在数据库模式中嵌入数据语义,使得语义密切相关的属性能够捆在一起。用这种办法,一个属性的说明可能触发整个语义密切相关的属性被"拖进",形成一个完整的分层结构。然而,必要时,用户应当可以忽略这一特性。

总之,模式和属性值计数信息都可以用来产生标称数据的概念分层。使用概念分层变换数据使得较高层的知识模式可以被发现。它允许在多个抽象层上进行挖掘。

4.6 数据预处理实践

下面使用一个某公司人力资源的数据集,该数据集记录了员工的各种特征属性信息,通过数据挖掘来探索员工离职率与哪些因素有较强的关联。

首先引入必要的数据预处理库和可视化工具。

```
In[1]:   import pandas as pd
         import numpy as np
         import matplotlib.pyplot as plt
         import matplotlib as matplot
         import seaborn as sns
         %matplotlib inlineprice_discretized2
```

读取数据并将其存入 DataFrame 的数据结构。

```
In[2]:   df = pd.DataFrame.from_csv('Ch3- Turnover.csv',
         index_col=None)
```

通常,清理数据需要做很多工作,而且可能是一个非常烦琐的过程。来自 kaggle 的这个数据集经过清洗,不包含丢失的值。但是,仍然需要检查数据集,以确保其他内容都是可读的,并且观察值与属性名称匹配。

首先,检查是否存在缺失值。

```
In[3]:   df.isnull().any()
Out[3]:  satisfaction_level        False
         last_evaluation           False
         number_project            False
         average_montly_hours      False
         time_spend_company        False
         Work_accident             False
         left                      False
         promotion_last_5years     False
         sales                     False
         salary                    False
         dtype: bool
```

同时,拿到数据后,还需要快速了解在数据集中要处理的内容,如下代码所示,可以展示该数据的属性信息。

```
In[4]:   df.head()
Out[4]:
```

	satisfaction_level	last_evaluation	number_project	average_montly_hours	time_spend_company	Work_accident	left	promotion_last_5years	sales	salary
0	0.38	0.53	2	157	3	0	1	0	sales	low
1	0.80	0.86	5	262	6	0	1	0	sales	medium
2	0.11	0.88	7	272	4	0	1	0	sales	medium
3	0.72	0.87	5	223	5	0	1	0	sales	low
4	0.37	0.52	2	159	3	0	1	0	sales	low

有时候,数据中的属性命名可读性较差,不易于理解,因此还可以对其进行重命名,以提高可读性。如下代码所示,将 satisfaction_level 重命名为 satisfaction,将 last_evaluation 重命名为 evaluation 等。

```
In[5]:   df = df.rename(columns={
         'satisfaction_level': 'satisfaction',
         'last_evaluation': 'evaluation',
         'number_project': 'projectCount',
         'average_montly_hours': 'averageMonthlyHours',
         'time_spend_company': 'yearsAtCompany',
         'Work_accident': 'workAccident',
         'promotion_last_5years': 'promotion',
         'sales' : 'department',
         'left' : 'turnover'
         })
```

之后,将重点要分析的变量"离职率"移到表的前面。

```
In[6]:   front = df['turnover']
         df.drop(labels=['turnover'], axis=1,inplace = True)
         df.insert(0, 'turnover', front)
         df.head()
```

Out[6]:

	turnover	satisfaction	evaluation	projectCount	averageMonthlyHours	yearsAtCompany	workAccident	promotion	department	salary
0	1	0.38	0.53	2	157	3	0	0	sales	low
1	1	0.80	0.86	5	262	6	0	0	sales	medium
2	1	0.11	0.88	7	272	4	0	0	sales	medium
3	1	0.72	0.87	5	223	5	0	0	sales	low
4	1	0.37	0.52	2	159	3	0	0	sales	low

通过下面代码,得知该数据集包含如下数据。

(1) 大约 15 000 名雇员的情况和 10 项属性。

(2) 公司的离职率大约为 24%。

(3) 雇员的平均满意度约为 0.61。

```
In[7]:   df.shape
Out[7]:  (14999, 10)
```

检查属性的类型。

```
In[8]:   df.dtypes
Out[8]:  turnover               int64
         satisfaction           float64
         evaluation             float64
         projectCount           int64
         averageMonthlyHours    int64
         yearsAtCompany         int64
         workAccident           int64
         promotion              int64
         department             object
         salary                 object
         dtype: object
```

首先,从总体上统计一下离职率,大约 76% 的员工留下了,24% 的员工离开了。

注:在进行交叉验证时,保持离职率不变是相当重要的。

```
In[9]:   turnover_rate = df.turnover.value_counts() / len(df)
         turnover_rate (14999, 10)
Out[9]:  0    0.761917
         1    0.238083
         Name: turnover, dtype: float64
```

显示员工的统计概览。通过如下代码,可以查看员工的满意度、评价分数等信息,可以看到员工的平均满意度约为 0.61,平均评价分数约为 3.8 等。

```
In[10]:  df.describe()
Out[10]
```

	turnover	satisfaction	evaluation	projectCount	averageMonthlyHours	yearsAtCompany	workAccident	promotion
count	14999.000000	14999.000000	14999.000000	14999.000000	14999.000000	14999.000000	14999.000000	14999.000000
mean	0.238083	0.612834	0.716102	3.803054	201.050337	3.498233	0.144610	0.021268
std	0.425924	0.248631	0.171169	1.232592	49.943099	1.460136	0.351719	0.144281
min	0.000000	0.090000	0.360000	2.000000	96.000000	2.000000	0.000000	0.000000
25%	0.000000	0.440000	0.560000	3.000000	156.000000	3.000000	0.000000	0.000000
50%	0.000000	0.640000	0.720000	4.000000	200.000000	3.000000	0.000000	0.000000
75%	0.000000	0.820000	0.870000	5.000000	245.000000	4.000000	0.000000	0.000000
max	1.000000	1.000000	1.000000	7.000000	310.000000	10.000000	1.000000	1.000000

总体概况(离职和不离职)。

```
In[11]:  turnover_Summary = df.groupby('turnover')
         turnover_Summary.mean()
Out[11]
```

turnover	satisfaction	evaluation	projectCount	averageMonthlyHours	yearsAtCompany	workAccident	promotion
0	0.666810	0.715473	3.786664	199.060203	3.380032	0.175009	0.026251
1	0.440098	0.718113	3.855503	207.419210	3.876505	0.047326	0.005321

之后,通过以下代码,画出相关性矩阵和热图(见图 4-15)。

中度正相关特征如下。

projectCount(工程数量) vs evaluation(评价):0.349333。

projectCount(工程数量) vs averageMonthlyHours(月均工作时长):0.417211。

averageMonthlyHours(月均工作时长) vs evaluation(评价):0.33974。

中度负相关特征如下。

satisfaction vs turnover:−0.388375。

结论如下。

从热图上看 projectCount、averageMonthlyHours 和 evaluation 之间存在正相关(+)关系,这可能意味着花更多时间和做更多项目的员工会得到高度评价。

从负相关(−)关系上看,turnover 和 satisfaction 高度相关,可以认为当人们不太满意时，他们更倾向于离开公司。

```
In[12]:    corr = df.corr()
           corr = (corr)
           sns.heatmap(corr,
                   xticklabels=corr.columns.values,
                   yticklabels=corr.columns.values)
           corr
```

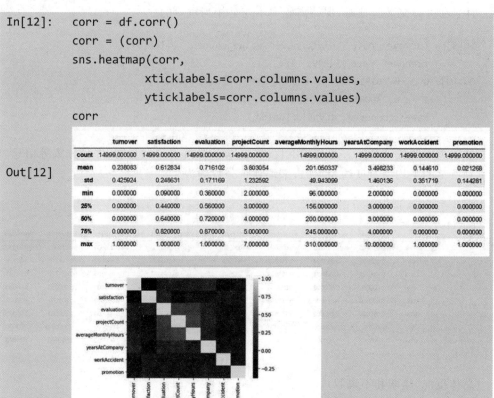

Out[12]

	turnover	satisfaction	evaluation	projectCount	averageMonthlyHours	yearsAtCompany	workAccident	promotion
count	14999.000000	14999.000000	14999.000000	14999.000000	14999.000000	14999.000000	14999.000000	14999.000000
mean	0.238083	0.612834	0.716102	3.803054	201.050337	3.498233	0.144610	0.021268
std	0.425924	0.248631	0.171169	1.232592	49.943099	1.460136	0.351719	0.144281
min	0.000000	0.090000	0.360000	2.000000	96.000000	2.000000	0.000000	0.000000
25%	0.000000	0.440000	0.560000	3.000000	156.000000	3.000000	0.000000	0.000000
50%	0.000000	0.640000	0.720000	4.000000	200.000000	3.000000	0.000000	0.000000
75%	0.000000	0.820000	0.870000	5.000000	245.000000	4.000000	0.000000	0.000000
max	1.000000	1.000000	1.000000	7.000000	310.000000	10.000000	1.000000	1.000000

图 4-15　相关性矩阵和热图

绘制分布图（satisfaction-evaluation-averageMonthlyHours）。

结论如下。

观察员工部分 **features** 的分布情况，以下是可以得出的结论。

satisfaction——低满意度和高满意度的员工数量较多。

evaluation——对于低评价（低于 0.6）和高评价（高于 0.8），员工分布呈双峰分布。

averageMonthlyHours——还存在另一种员工平均月工作时数的双峰分布（少于 150 小时，多于 250 小时）。

评价和月平均工作时数的分布较为相似。

月平均工时较低的员工评价较低，反之亦然。

如果回顾一下相关系数矩阵，评价和月平均工作时数之间的高相关性确实支持这一结论（见图 4-16）。

绘制薪水-离职率关系图（见图 4-17）。

结论如下。

离职员工中的大部分都有着低或中等的薪水。

很少有高薪水的员工离开。

```
In[14]:    #设置 matplotlib figure 格式
           f, axes = plt.subplots(ncols=3, figsize=(15, 6))

           #Employee Satisfaction 图像

           sns.distplot(df.satisfaction, kde=False, color="g",
           ax=axes[0]).set_title('Employee Satisfaction Distribution')
           axes[0].set_ylabel('Employee Count')

           #Employee Evaluation
           sns.distplot(df.evaluation, kde=False, color="r",
           ax=axes[1]).set_title('Employee Evaluation Distribution')
           axes[1].set_ylabel('Employee Count')

           # Employee Average Monthly Hours 图像
           sns.distplot(df.averageMonthlyHours, kde=False, color="b",
           ax=axes[2]).set_title('Employee Average Monthly Hours
           Distribution')
           axes[2].set_ylabel('Employee Count')
```

Out[14]

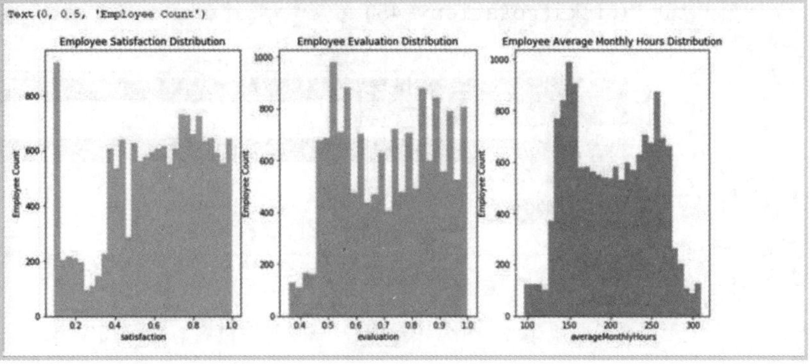

图 4-16　评价和月平均工作时数

工资低于平均水平的员工倾向于离开公司。

```
In[15]:    f, ax = plt.subplots(figsize=(15, 4))
           sns.countplot(y="salary", hue='turnover',
           data=df).set_title('Employee Salary Turnover Distribution');
```

Out[15]

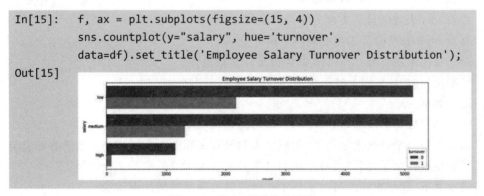

图 4-17　薪水-离职率关系图

绘制所在部门-离职率关系图(见图 4-18)。

结论如下。

sales、technical 和 support department 是离职人员数量 top 3 的部门。

management 部门的离职率最低。

```
In[16]:    #职员分布图
           #Types of colors
           color_types =
           ['#78C850','#F08030','#6890F0','#A8B820','#A8A878','#A040A0',
           '#F8D030','#E0C068','#EE99AC','#C03028','#F85888','#B8A038','
           #705898','#98D8D8','#7038F8']


           # Count Plot (a.k.a. Bar Plot)
           sns.countplot(x='department', data=df,
           palette=color_types).set_title('Employee Department
           Distribution');


           # Rotate x-labels
           plt.xticks(rotation=-45)
Out[16]
```

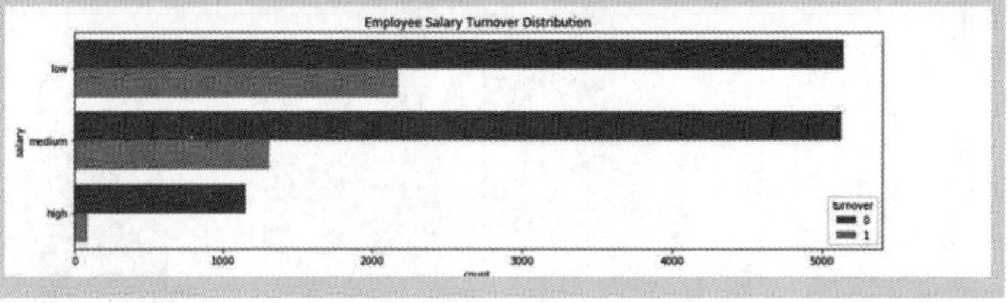

图 4-18 部门-离职率关系图

绘制所在部门-离职率核密度图(见图 4-19)。

结论如下。

离职率和评价间存在双峰分布。

有着 low 表现的员工更倾向于离开公司。

有着 high 表现的员工也更倾向于离开公司。

对于员工来讲具有 0.6～0.8 的评价是一个舒适区。

绘制项目数-月平均工时箱线图(见图 4-20)。

结论如下。

随着项目数量的增加,每月平均工作时间也在增加。

箱线图的一个奇怪之处在于,离职的人和没有离职的人在平均小时数上存在差异。

尽管项目增加了,那些没有离职的员工具有基本不变的平均工作时间。

相比之下,那些离职的员工平均工作时间随着项目的增加而增加。

In[17]:
```
# 核密度图
fig = plt.figure(figsize=(15,4),)
ax=sns.kdeplot(df.loc[(df['turnover'] == 0),'evaluation'] ,
color='b',shade=True,label='no turnover')
ax=sns.kdeplot(df.loc[(df['turnover'] == 1),'evaluation'] ,
color='r',shade=True, label='turnover')
ax.set(xlabel='Employee Evaluation',
ylabel='Frequency')plt.title('Employee Evaluation
Distribution - Turnover V.S. No Turnover')
```

Out[17]

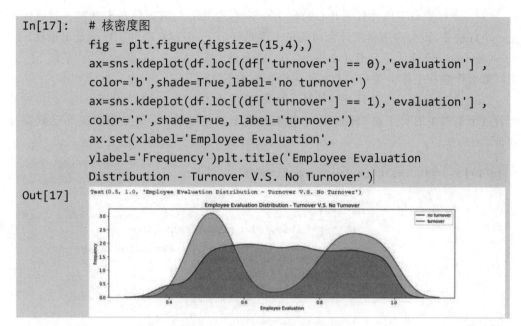

图 4-19　部门-离职率核密度图

In[18]:
#看起来平均每个月工作 200 小时的员工留在了公司。那些平均每月工作 250 小时或每月工作 150 小时的人离职了
```
import seaborn as sns
sns.boxplot(x="projectCount", y="averageMonthlyHours",
hue="turnover", data=df)
```

Out[18]

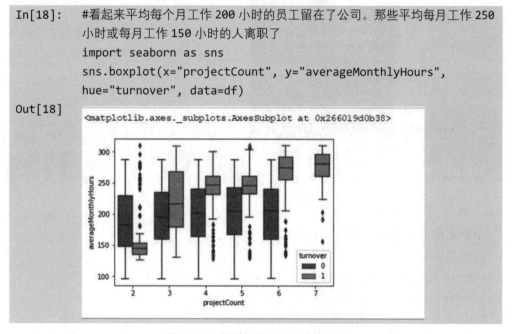

图 4-20　项目数-月平均工时箱线图

绘制满意度-评价分布图（见图 4-21）。

结论如下。

离开公司的员工有 3 个不同的集群。

Cluster 1（勤奋工作并且不开心的员工）：满意度低于 0.2，评价高于 0.75。这可能不是一个好迹象，因为这表明离开公司的员工都是好员工，但对自己的工作感觉很糟糕。

Cluster 2（评价低并且不开心的员工）：满意度为 $0.35\sim0.45$，评价在 0.58 以下。这可以被看作是在工作中受到了不好的评价和感觉不好的员工。

Cluster 3（勤奋工作并且开心的员工）：满意度为 $0.7\sim1.0$，评价大于 0.8。这可能意味着这个集群中的员工是"理想的"。他们热爱自己的工作，并因工作表现而受到高度评价。

```
In[19]:    sns.lmplot(x='satisfaction',
                      y='evaluation',
                      data=df,
                      fit_reg=False, #No regression line
                      hue='turnover')   #Color by evolution stage
```

```
Out[19]
```

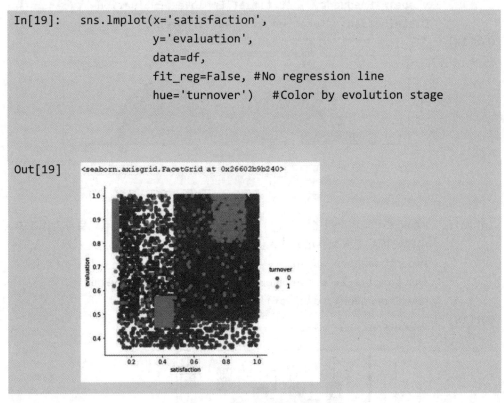

图 4-21　满意度-评价分布图

绘制离职员工的 K 均值聚类图（见图 4-22）。

结论如下。

Cluster 1 (Blue)：勤奋工作并且不开心的员工。

Cluster 2 (Red)：评价低并且不开心的员工。

Cluster 3 (Green)：勤奋工作并且开心的员工。

```
In[19]:    #Import KMeans Model
           from sklearn.cluster import KMeans

           #Graph and create 3 clusters of Employee Turnover
           kmeans = KMeans(n_clusters=3,random_state=2)
```

```
        kmeans.fit(df[df.turnover==1][["satisfaction","evaluation"]])

        kmeans_colors = ['green' if c == 0 else 'blue' if c == 2 else 'red' for c in
kmeans.labels_]

        fig = plt.figure(figsize=(10, 6))
        plt.scatter(x="satisfaction",y="evaluation", data=df[df.turnover==1],
                alpha=0.25,color = kmeans_colors)
        plt.xlabel("Satisfaction")
        plt.ylabel("Evaluation")
        plt.scatter(x=kmeans.cluster_centers_[:,0],y=kmeans.cluster_centers_[:,
1],color="black",marker="X",s=100)
        plt.title("Clusters of Employee Turnover")
        plt.show()
```
Out[19]

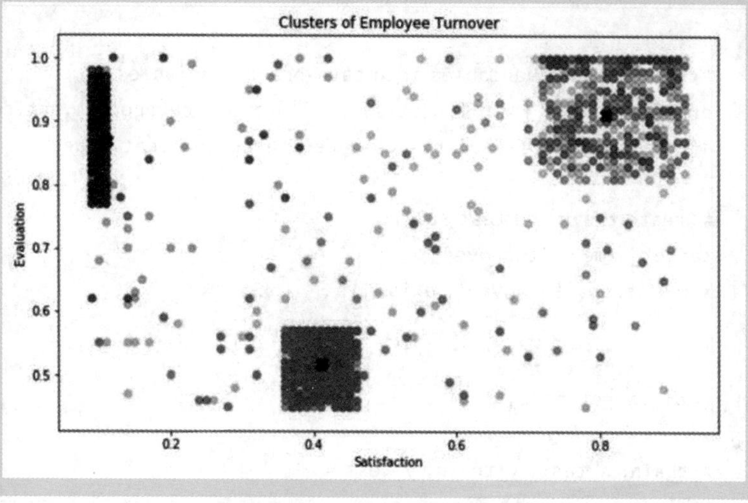

图 4-22　*K* 均值聚类图

对特征的重要性进行排序（见图 4-23）。

结论如下。

通过使用决策树分类器，它可以对用于预测的特征进行排序。前三个特征是员工满意度、工作年限和评价。这有助于创建回归模型，因为当使用较少的特征时，理解模型中的内容会更容易。

Top 3 Features 如下。

satisfaction（满意度）。

yearsAtCompany（工作年限）。

evaluation（评价）。

```
In[19]:  from sklearn import tree
         from sklearn.tree import DecisionTreeClassifier
```

```python
from sklearn.model_selection import train_test_split
plt.style.use('fivethirtyeight')
plt.rcParams['figure.figsize'] = (12,6)

#Renaming certain columns for better readability
df = df.rename(columns={'satisfaction_level': 'satisfaction',
                        'last_evaluation': 'evaluation',
                        'number_project': 'projectCount',
                        'average_montly_hours': 'averageMonthlyHours',
                        'time_spend_company': 'yearsAtCompany',
                        'Work_accident': 'workAccident',
                        'promotion_last_5years': 'promotion',
                        'sales' : 'department',
                        'left' : 'turnover'
                        })

#Convert these variables into categorical variables
df["department"] = df["department"].astype('category').cat.codes
df["salary"] = df["salary"].astype('category').cat.codes

#Create train and test splits
target_name = 'turnover'
X = df.drop('turnover', axis=1)


y=df[target_name]

X_train, X_test, y_train, y_test =
train_test_split(X,y,test_size=0.15, random_state=123, stratify=y)

dtree = tree.DecisionTreeClassifier(
    #max_depth=3,
    class_weight="balanced",
    min_weight_fraction_leaf=0.01
    )
dtree = dtree.fit(X_train,y_train)

##plot the importances ##
importances = dtree.feature_importances_
feat_names = df.drop(['turnover'],axis=1).columns


indices = np.argsort(importances)[::-1]
```

```
plt.figure(figsize=(12,6))
plt.title("Feature importances by DecisionTreeClassifier")
plt.bar(range(len(indices)), importances[indices],
color='lightblue',  align="center")
plt.step(range(len(indices)),
np.cumsum(importances[indices]), where='mid',
label='Cumulative')
plt.xticks(range(len(indices)), feat_names[indices],
rotation='vertical',fontsize=14)
plt.xlim([-1, len(indices)])
plt.show()
```

Out[19]

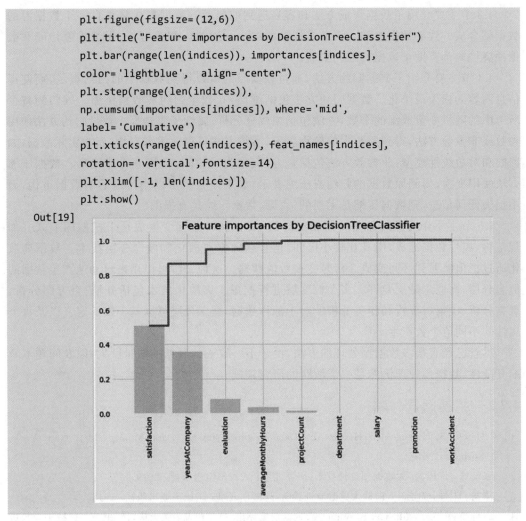

图 4-23　对特征的重要性进行排序

4.7　小结

　　数据预处理的主要作用为将未经处理的原始数据转换为在数量、结构和格式方面完全适合于对应的数据挖掘任务的干净数据。本章主要介绍了数据预处理所需要用到的常见技术,包括数据清洗、数据集成、数据归约和数据变换等。

4.7.1　本章总结

　　4.1 节概述了数据预处理的目标和意义,数据质量用准确性、完整性、一致性、时效性、可信性和可解释性定义。

　　4.2 节主要介绍了数据清洗所使用的技术,主要包括填补缺失的值、平滑噪声同时识别离群点、检测和处理异常值以及处理数据不一致等。

4.3 节主要介绍了数据集成方法和容易遇到的问题。数据集成将来自多个数据源的数据整合成一致的数据存储。语义多样性的解决、元数据、相关分析、元组重复检测和数据冲突检测都有助于数据的顺利集成。

4.4 节主要介绍了数据归约方法,通过数据归约可以得到数据集的归约表示,而使得信息内容的损失最小化。数据归约方法包括维归约、数量归约和数据压缩。维归约减少所考虑的随机变量或维的个数,方法包括主成分分析、属性子集选择。数量归约方法使用参数或非参数方法,得到原数据的较小表示,参数方法只存放模型参数,而非实际数据,如回归和对数线性模型;非参数方法包括直方图、聚类、抽样和数据立方体聚集。数据压缩方法使用变换,得到原数据的归约或压缩表示,如果原数据可以由压缩后的数据重构,而不损失任何信息,则数据压缩是无损的;否则,数据压缩是有损的。

4.5 节主要介绍了数据变换的相关方法,其方法将数据变换成适于挖掘的形式。如规范化,属性数据缩放,使其在较小区间,也包括数据离散化和概念分层技术。数据离散化通过把值映射到区间或概念标号变换数值数据。这种方法可以用来自动地产生数据的概念分层,而概念分层允许在多个粒度层进行挖掘。离散化技术包括分箱、直方图分析、聚类分析、决策树分析和相关分析。对于标称数据,概念分层可以基于模式定义以及每个属性的不同值个数产生。

尽管已经有很多数据预处理的方法,由于不一致或脏数据的数量巨大,以及问题本身的复杂性,数据预处理仍然是一个活跃的研究领域。

4.7.2 扩展阅读材料

[1] García S, Luengo J, Herrera F. Data Preprocessing in Data Mining[M]. New York: Springer, 2015.

[2] 朱晓姝, 许桂秋. 大数据预处理技术[M]. 北京: 人民邮电出版社, 2019.

[3] 高扬, 卫峥, 尹会生. 白话大数据与机器学习[M]. 北京: 机械工业出版社, 2016.

[4] Pang-Ning Tan, Michael S, Vipin K. 数据挖掘导论[M]. 段磊, 张天庆, 译. 北京: 机械工业出版社, 2019.

4.8 习题

1. 请使用例 4-6 中的数据集绘制成交价格日线图。

2. 请使用例 4-1 中的数据集对其中的缺失值进行处理。

3. 假设属性 age 包括如下值:13, 15, 16, 16, 19, 20, 20, 21, 22, 22, 25, 25, 25, 30, 33, 33, 35, 35, 36, 40, 45, 46, 52, 70。

(1) 使用个数为 3 的箱,用箱均值平滑以上数据。

(2) 如何确定数据中的离群点?

(3) 还有什么方法来进行数据平滑?

4. 以下规范化方法的值域是什么?

(1) 最小-最大规范化。

（2）Z-score 规范化。

（3）小数定标规范化。

5. 使用 4.3 节中的 age 数据，完成以下操作。

（1）最小-最大规范化。

（2）Z-score 规范化。

（3）小数定标规范化。

（4）对于给出的数据，你愿意选择哪种规范化方法？给出你的理由。

6. 假设有 12 个价格记录，如下所示：5,10,11,13,15,35,50,55,72,92,204,215。使用下面的方法将其划分为 3 个箱进行离散化。

（1）等频算法划分。

（2）等宽算法划分。

（3）聚类。

7. ChiMerge 算法是一种基于卡方值的自下而上的离散化方法。它依赖于 χ^2 的值：具有最小 χ^2 值的相邻区间合并在一起，直到满足停止标准。请使用鸢尾花数据集（可以在 Sklearn 包中获得）作为待离散化集合，使用 ChiMerge 算法，对 4 个数值属性分别进行离散化。

8. 对如下问题，使用伪代码或 Python 语言，给出一个算法。

（1）对于标称数据，基于给定模式中属性不同值的个数，自动产生概念分层。

（2）对于数值数据，基于等宽划分的原则，自动产生概念分层。

（3）对于数值数据，基于等频划分的原则，自动产生概念分层。

4.9 参考资料

［1］ 韦斯·麦金尼. 利用 Python 进行数据分析［M］. 徐敬一，译. 北京：机械工业出版社，2018.

［2］ Jiawei Han, Micheline K. 数据挖掘概念与技术［M］. 范明，孟小峰，译. 北京：机械工业出版社，2012.

［3］ 张良均，谭立云，刘名军，等. Python 数据分析与挖掘实战［M］. 北京：机械工业出版社，2019.

［4］ Scikit-Learn (Sklearn) 0.23.0. http://scikit-learn.org/.

［5］ Pang-Ning Tan, Michael S, Vipin K. 数据挖掘导论［M］. 段磊，张天庆，译. 北京：机械工业出版社，2019.

［6］ 宋天龙. Python 数据分析与数据化运营［M］. 北京：机械工业出版社，2019.

第5章 分析方法初步

5.1 机器学习基础

5.1.1 何为机器学习

1. 机器学习的定义

在日常生活中人们经常会根据经验来解决遇到的问题,例如看到朋友有黑眼圈,精神状态差,人们推测可能他没有休息好;看到天空颜色变暗,狂风骤起,燕子低飞,人们预测可能马上会下雨。为什么人们会做出这样的预测呢? 因为人们已经总结了足够多的类似情况,所以在新的问题发生时,可以根据以往的经验做出较为准确的预测,例如人们根据经验学习到了燕子低飞这个特征与快要下雨相关联。

上面对于经验的利用以及新的结果的预测是通过人来实现的,那么计算机是否也可以模仿人来完成这个工作呢? 机器学习就是一门致力于通过数据以及以往的经验,优化计算机程序性能的学科。机器学习是一门多领域交叉学科,涉及概率论、统计学、逼近论、凸分析、算法复杂度理论等多门学科,专门研究计算机怎样模拟或实现人类的学习行为,以获取新的知识或技能,重新组织已有的知识结构使之不断改善自身的性能。

机器学习有 3 个要素,分别为**任务**(Task)、**性能**(Performance)、**经验**(Experience)。假设采用 T 代表任务,P 代表任务 T 的性能,E 代表经验,机器学习研究的主要内容是利用经验 E 通过"**学习算法**"(Learning Algorithm)提高任务 T 的性能 P,最终从经验中产生"**模型**"(Model)。下面举例说明机器学习的基本要素。

1) 鸢尾花分类系统

(1) 任务 T:对给定鸢尾花进行分类,即判断鸢尾花的品种。

(2) 性能指标 P:分类的准确率。

(3) 经验来源 E:大量的鸢尾花数据以及其对应的品种。

2) 垃圾邮件分类系统

(1) 任务 T:判断给定邮件是否垃圾邮件。

(2) 性能指标 P:分类的准确度。

（3）经验来源 E：大量的邮件数据以及其对应的类别。

2. 机器学习的应用

机器学习在很多应用领域具有十分广泛的应用，被证明拥有非常大的实用价值，尤其表现在以下几个方面[4]。

（1）**数据挖掘**：数据挖掘的主要任务是从大量的数据中通过算法搜索隐藏于其中信息的研究工作。数据挖掘目前主要应用于数据统计分析、销售数据、网络数据分析、流量数据分析、风险评估等多个方面。

（2）**计算机视觉**：计算机视觉是使用计算机及相关的设备对生物视觉的一种模拟，通过对采集的图片或者视频进行处理，最终获取所需被拍摄对象的数据和信息的一门学科。计算机视觉目前主要用于医学图像处理、导弹制导以及无人机和无人驾驶车辆等应用领域。

（3）**自然语言处理**：自然语言处理主要研究实现人与计算机之间通过自然语言进行有效通信的理论与方法。自然语言即人们日常使用的语言，通过自然语言处理，主要实现文本分类与聚类、信息检索和过滤、机器翻译等多种应用。

（4）**生物特征识别**：生物特征识别主要利用人体固有的生理特征（虹膜、指纹、声纹、DNA 等固有特征）或行为特征（步态、签名等习惯）实现个人身份鉴定的技术。目前较为火热的研究方向有人脸识别、亲子鉴定、指纹识别、虹膜识别等身份鉴定技术。

5.1.2　基本术语

机器学习是一类算法的总称，这些算法企图从大量历史数据中挖掘出其中隐含的规律，并用于对新的数据进行预测或者分类。更具体地说，机器学习可以看作是寻找一个函数，输入是大量的样本数据，输出是期望结果。

要进行机器学习，必须要获取经验 E，而计算机中经验一般以数据的形式存在，通过使用学习算法对数据进行学习最终可以获取模型。假定我们获取一批鸢尾花的数据，收集每个鸢尾花的花萼长度、花萼宽度、花瓣长度以及花瓣宽度 4 个值，单位为厘米。数据的组织形式例如 $(2,1,2,2)$，$(3,1,2,2)$，…，$(1,1,2,2)$。这些数据的集合称为一个数据集（Data Set），每条数据称为一个样本（Sample）或者示例（Instance）。其中花萼长度、花萼宽度等称为鸢尾花数据的属性（Attribute）或者特征（Feature）。属性上的值例如 2cm，被称为属性值。如果按照花萼长度、花萼宽度等 4 个属性建立四维空间，那么每一个鸢尾花都可以在空间中找到自己的坐标向量，所以示例也可以被称为特征向量（Feature Vector）。

从数据中学得模型的过程被称为学习或训练，在通过使用学习算法对数据进行训练的过程中，每一个样本被称为训练样本，训练样本组成的数据集被称为训练集。训练模型的目的是预测关于数据的某种潜在的规律，通过学习过程逐渐逼近这个规律。学习过程只依靠前面的样本的数据信息是不够的，需要知道拥有这些特征的数据到底会产生什么样的结果，例如当样本属性值为 $(2,1,2,2)$ 时是山鸢尾，当样本属性值为 $(3,1,2,2)$ 时是杂色鸢尾。其中样本信息的结果"山鸢尾""杂色鸢尾"被称为标记（Label）。

获取对样本的属性值与样本的标记的组合之后，人们采用学习算法逐渐习得其内部存在的规律，实现学习任务。根据人们预测的结果不同可以将学习任务分为不同类别。如果需要预测的是离散值，例如"山鸢尾""杂色鸢尾""弗吉尼亚鸢尾"，则将此类任务称为分类（Classification）；如果预测的是连续值，例如鸢尾花的绽放程度为 0.9、0.1，则将此类任务称为回归（Regression）。学得模型后可以对未知的新样本进行预测，过程称为测试，被预测的样本称为测试样本。例如在习得 f 之后，对测试样本 x 进行测试，测试的标记为 $y = f(x)$。

除了对鸢尾花数据集进行回归与分类任务，还可以对鸢尾花数据集进行聚类（Clustering），即将数据集分成若干个组，每个组称为一个簇（Cluster）。这些生成的簇可能对应一些潜在的概念划分，使得同一个类的样本相似，不同类的样本之间尽量不同。例如基于颜色的划分，"蓝色花""紫色花"等，或者基于形状的划分，"花骨朵""绽放的花"等。而究竟按照何种策略进行聚类是没有预先定义的，是其通过聚类算法在学习过程中自己生成的区分概念。

按照训练数据有无标记信息可以将学习任务大致分为两大类：监督学习（Supervised Learning）和无监督学习（Unsupervised Learning），其中分类和回归是监督学习的代表，聚类是无监督学习的代表。

5.1.3　模型评估与性能度量

机器学习的目标是由训练集学得的模型可以适用于非训练集样本的预测。人们希望对于未出现在训练集中的数据采用预测模型也可以得到较好的预测效果。学得模型适用于新样本的能力称为泛化（Generalization）。模型设计虽然只是基于整个样本空间很少的部分进行预测，但是人们的目标是其在整个样本空间都有较好的预测能力，所以必须保证模型拥有较强的泛化能力。

机器学习的目标是使模型具有较好的泛化能力，所以采用相同的数据集进行模型的构建与评估是不合理的，这样会严重高估模型的准确率，没有办法衡量模型的泛化能力。所以可以初步把数据集划分为训练集与测试集，使用训练集进行训练，使用测试集进行模型的评估。模型评估方法是对数据集 D 如何划分为训练集 S 和测试集 T 的方法。为了得到更加准确的测试结果，测试集应该与训练集互斥，即测试样本不在训练集中出现，未在训练过程中使用过。目前常见的方法有留出法（Hold-Out）、交叉验证法（Cross Validation）以及自助法（Bootstrap）。

（1）留出法：将数据集 D 划分为两个互斥的集合，其中一个集合作为训练集 S，另一个集合作为测试集 T。在 S 上训练出模型后，用 T 来评估其测试误差，作为对泛化误差的估计。训练集和测试集的划分要尽可能保持数据分布的一致性，避免因数据划分过程引入额外的偏差而对最终结果产生影响。例如如果存在数据集 D，其中包含 600 个正样本、400 个负样本，数据集 D 划分为 70% 样本的训练集和 30% 样本的测试集。为了保证训练和测试正负样本的比例与数据 D 比例相同，采用分层抽样的方法。先从 600 个正样本随机抽取 420 次，从 400 个负样本随机抽取 280 次，然后剩下的样本集作为测试集，分层抽样保证了训练集的正负样本的比例与数据集 D 的正负样本比例相同。

（2）交叉验证法：采用留出法实现样本的不同划分方式会导致模型评估的相应结果也会有差别，会使得对模型的评估存在误差。交叉验证法先将数据集 D 划分为 k 个大小相似的互斥子集，每个子集 D_i 通过分层采样得到（如留出法所述，保证正负样本的比例与数据集 D 的比例相同）。然后用 $k-1$ 个子集的并集作为训练集，余下的子集作为测试集；这样就获得 k 组训练/测试集。从而进行 k 次训练和测试，最终返回的是这 k 个测试结果的均值。通常把交叉验证法称为 k 折交叉验证法，k 最常用的取值是 10，此时称为10 折交叉验证；如果 k 取值为 1，则交叉验证退化为留出法。如果 D 中包含 m 个样本，k 取值为 m 时，则每个子集只有一个样本数据，得到了交叉验证法的一个特例，即留一法（Leave-One-Out，LOO）。尽管这种方法可以非常接近准确评估，但是数据集较大时，训练 m 个模型计算开销太大。

（3）自助法：人们希望评估的是用原始数据集 D 训练出的模型，但是留出法和交叉验证法训练的数据集比原始的数据集 D 小，这必然会引入因训练数据集不同导致的估计偏差，所以引入了自助法进行模型评估。自助法是有放回抽样，给定包含 m 个样本的数据集 D，对它进行采样产生数据集 D'；每次有放回地随机从 D 中挑选一个样本，将该样本复制并放入 D'；重复执行 m 次，就得到了包含 m 个样本的数据集 D'，这就是自助法采样的结果。初始数据集 D 中有一部分样本会在数据集 D' 中多次出现，也有一部分样本不会在数据集 D' 中出现。通过自助法采样，初始数据集 D 中约有 36.8% 的样本未出现在采样数据集 D' 中，于是可将 D' 用作训练集，我们仍有数据总量约 1/3 的、没在训练集中出现的样本作为测试集用于测试。

留出法、交叉验证法、自助法的对比如表 5-1 所示。

表 5-1 模型评估方法对比

方法名	特　　点					
	采样方法	与原始数据分布是否相同	相比原始数据集的容量	是否适用小数据集	是否适用大数据集	是否存在估计偏差
留出法	分层抽样	否	变小	否	是	是
交叉验证法	分层抽样	否	变小	否	是	是
自助法	放回抽样	否	不变	是	否	是

对机器学习的泛化性能进行评估不仅需要有效可行的模型评估方法，还需要有权衡模型泛化性能的评价标准，这就是性能度量（Performance Measure）。性能度量反映了需求，在对比不同的模型时需要采用不同的性能度量指标。例如分类时常用的精度、查准率、查全率，回归时常用的均方误差、均方根误差等。具体性能度量指标将在 5.3 节和 5.4 节介绍。

在分类任务中，经常衡量模型的精度（Accuracy），即正确分类与全部分类数据的比值，与之对应，衡量错误分类数据在全部数据所占的比例叫作错误率（Error Rate）。错误率与精度是衡量模型性能的最常用的方式，但在特定任务中还需要额外的度量方式。例如在垃圾邮件分类任务中，如果目标分别是"将所有的垃圾邮件选取出来"以及"选取出来的都是垃圾邮件"两类任务，采用精度很难衡量，所以引入了查准率（Precision）与查全率

(Recall)两个概念。为了更好地介绍查准率与查全率,以二分类问题为例,将分类器预测结果分为以下 4 种情况。

真正(True Positive, TP):被模型预测为正的正样本。

假正(False Positive, FP):被模型预测为正的负样本。

假负(False Negative, FN):被模型预测为负的正样本。

真负(True Negative, TN):被模型预测为负的负样本。

以上 4 种情况组成表 5-2,称为混淆矩阵(Confusion Matrix),它是一种特定的矩阵,用来呈现算法性能的可视化效果,每一列代表预测值,每一行代表的是实际的类别。

表 5-2　混淆矩阵

真 实 数 据	预 测 结 果	
	正样本	负样本
正样本	TP	FN
负样本	FP	TN

由表 5-2 可得,精度表示正确分类的测试实例的个数占测试实例总数的比例,计算公式为

$$accuracy = (TP + TN)/(TP + FN + FP + TN) \tag{5-1}$$

查准率针对预测正确的正样本而不是所有预测正确的样本,表示正确分类的正例个数占分类为正例的实例个数的比例,其计算公式为

$$precision = TP/(TP + FP) \tag{5-2}$$

查全率,也称为召回率,表示正确分类的正例个数占实际正例个数的比例,其计算公式为

$$recall = TP/(TP + FN) \tag{5-3}$$

在实际应用中,例如在商品推荐系统中,为了尽可能少打扰用户,更希望推荐内容确实是用户感兴趣的,此时查准率更重要;而在逃犯信息检索系统中,更希望尽可能少漏掉逃犯,此时查全率更重要。

查准率和查全率是"鱼"与"熊掌"的关系,通常来讲,查准率高时,查全率往往偏低;而查全率高时,查准率往往偏低。以垃圾邮件分类为例,如果想将垃圾邮件都选取出来,可以将所有邮件都标记为垃圾邮件,则查全率为 1,但这样查准率就会比较低;如果希望垃圾邮件分类模型的查准率足够高,那么可以让分类器挑选最有可能是垃圾邮件的邮件,但这样往往会有大量的垃圾邮件被误识别为正常邮件,此时查全率就会比较低。所以又引入一种新的性能度量指标,称为 **F1 度量**(F1 Score),F1 度量的由来是加权调和平均,更接近于两个数较小的那个,所以查准率和查全率接近时,F1 值最大。F1 度量的定义为

$$F1 = \frac{2 \times precision \times recall}{precision + recall} \tag{5-4}$$

除以上指标外,分类性能度量还有 P-R 曲线、平衡点、ROC 曲线以及 AUC 等指标,这里不再赘述。

下面介绍回归任务的性能度量标准。回归任务的目标是,通过给定数据集 $D=\{x_1,$ $x_2,\cdots,x_m\}$ 预测对应的标签 $\hat{Y}=\{\hat{y}_1,\hat{y}_2,\cdots,\hat{y}_m\}$,使其预测结果 $\hat{Y}$ 尽可能接近数据的标签 $Y=\{y_1,y_2,\cdots,y_m\}$。下面介绍几种常用的性能度量标准。

平均绝对误差(Mean Absolute Error,MAE):MAE 又称为 $L1$ 范数损失,其衡量预测值与观察值之间的绝对误差的平均值,其公式如下:

$$\text{MAE} = \frac{\sum_{i=1}^{n} |y_i - \hat{y}_i|}{n} \tag{5-5}$$

均方误差(Mean Squared Error,MSE):MSE 又称为 $L2$ 范数损失,表示预测值与观察值之间的误差平方的平均值,其公式如下:

$$\text{MSE} = \frac{\sum_{i=1}^{n} (y_i - \hat{y}_i)^2}{n} \tag{5-6}$$

均方根误差(RMSE),其公式如下:

$$\text{RMSE} = \sqrt{\text{MSE}} \tag{5-7}$$

以上 3 种回归评价指标的取值大小与应用场景有关,很难定义统一的规则评判模型的好坏。下面引入决定系数的概念,其类似于分类中的评价指标,取值范围为 0~1,在不同的应用场景下都可以使用这一评价标准。

决定系数 $\boldsymbol{R}^2$(R-Square):决定系数中分母为标签 Y 的方差,分子为 MSE。可以根据决定系数的取值,判断模型性能的好坏。$\boldsymbol{R}^2$ 的取值范围为 $[0,1]$。如果模型的决定系数为 0,表示模型的拟合效果很差,$\boldsymbol{R}^2$ 取值越大,说明模型的拟合效果越好。如果结果为 1,说明拟合曲线无错误。其定义为

$$\boldsymbol{R}^2 = 1 - \frac{\sum_{i} (\hat{y}_i - y_i)^2}{\sum_{i} (\bar{y}_i - y_i)^2} \tag{5-8}$$

针对随着样本数量的增加 $\boldsymbol{R}^2$ 值会随之增加,无法定量地说明准确程度的问题,引入了校正决定系数(Adjusted $\boldsymbol{R}^2$)的概念,其抵消了样本数量对 $\boldsymbol{R}^2$ 的影响,可以定量地说明准确程度。公式定义为

$$\text{Adjusted } \boldsymbol{R}^2 = 1 - \frac{(1-R^2)(n-1)}{n-p-1} \tag{5-9}$$

其中,n 为样本数量,p 为特征数量。

聚类也有性能度量标准,聚类性能度量也称为聚类有效性指标,用来评估聚类结果的好坏。聚类结果的簇内相似度越高且保证簇间相似度越低,则认为聚类的性能越好。聚类性能度量分为外部指标与内部指标两类。

聚类的外部指标是将聚类结果与某个"参考模型"进行比较,例如与领域专家的划分结果进行比较(类似对数据进行标记)。默认参考模型的性能指标是对样本的最优划分,度量的目的就是使聚类结果与参考模型尽可能相近。核心思想是聚类结果中被划分在同一簇样本与参考模型样本也被同样划分到一个簇的概率越高越好。常用的外部指标有

Jaccard 系数、FM 指数、Rand 指数。

对于给定数据集 $D=\{x_1,x_2,\cdots,x_n\}$，经过聚类算法划分的簇为 $C=\{C_1,C_2,\cdots,C_k\}$，参考模型给出的簇划分为 $C^*=\{C_1^*,C_2^*,\cdots,C_s^*\}$。同时令 l 与 l^* 分别表示数据在 C 与 C^* 中的簇标记向量。将样本两两配对考虑，定义：

$$a=|\,SS\,|,SS=\{(x_i,x_j)\mid l_i=l_j,l_i^*=l_j^*,i<j\} \tag{5-10}$$

$$b=|\,SD\,|,SD=\{(x_i,x_j)\mid l_i=l_j,l_i^*\neq l_j^*,i<j\} \tag{5-11}$$

$$c=|\,DS\,|,DS=\{(x_i,x_j)\mid l_i\neq l_j,l_i^*=l_j^*,i<j\} \tag{5-12}$$

$$d=|\,DD\,|,DD=\{(x_i,x_j)\mid l_i\neq l_j,l_i^*\neq l_j^*,i<j\} \tag{5-13}$$

其中，S 表示数据隶属相同簇，D 表示数据隶属不同簇，集合 SS 表示在 C 中隶属相同簇并且在 C^* 中仍隶属相同簇的样本对，a 为集合 SS 中样本对的个数。由于每对样本只可能出现在 4 个集合的其中一个，所以 $a+b+c+d=n(n-1)/2$。

Jaccard 系数（Jaccard Coefficient，JC）定义如下：

$$JC=\frac{a}{a+b+c} \tag{5-14}$$

FM 指数（Fowlkes and Mallows Index，FMI）定义如下：

$$FMI=\sqrt{\frac{a}{a+b}\cdot\frac{a}{a+c}} \tag{5-15}$$

Rand 指数（Rand Index，RI）定义如下：

$$RI=\frac{2(a+d)}{n(n-1)} \tag{5-16}$$

以上性能度量指标的取值均在区间[0,1]内，取值越大代表聚类效果越好。

聚类的内部指标是直接考察聚类结果而不利用参考模型，通过计算簇内样本间的距离以及簇间样本的距离评估模型的性能。核心思想是用簇内样本间距离模拟簇内相似度，簇间样本距离模拟簇间相似度，通过计算距离构建性能指标。常用的内部指标有 DB 指数和 Dunn 指数。

对于给定数据集 $D=\{x_1,x_2,\cdots,x_n\}$，经过聚类算法划分的簇为 $C=\{C_1,C_2,\cdots,C_k\}$，定义：

$$avg(C)=\frac{2}{|\,C\,|(|\,C\,|-1)}\sum_{1\leqslant i<j\leqslant|C|}dist(x_i,x_j) \tag{5-17}$$

$$diam(C)=\max_{1\leqslant i<j\leqslant|C|}dist(x_i,x_j) \tag{5-18}$$

$$d_{\min}(C_i,C_j)=\min_{x_i\in C_i,x_j\in C_j}dist(x_i,x_j) \tag{5-19}$$

$$d_{cen}(C_i,C_j)=dist(u_i,u_j) \tag{5-20}$$

其中 $dist(,)$ 用于计算两个样本之间的距离；u_i 代表簇 C_i 的中心点 $u_i=\frac{1}{|\,C_i\,|}\sum_{1\leqslant i\leqslant|C_i|}x_i$；$avg(C)$ 对应簇内样本间的平均距离；$diam(C)$ 对应于该簇内样本间的最远距离；$d_{\min}(C_i,C_j)$ 对应两簇间样本的最近距离；$d_{cen}(C_i,C_j)$ 对应两簇中心点的距离。基于以上指标可得以下常用的聚类性能度量内部指标，其中 DB 指数值越小越好，Dunn 指数值越大越好。

DB 指数(Davies-Bouldin Index,DBI)定义如下:

$$DBI = \frac{1}{k}\sum_{i=1}^{k}\max_{j\neq i}\left(\frac{avg(C_i)+avg(C_j)}{d_{cen}(C_i,C_j)}\right) \tag{5-21}$$

Dunn 指数(Dunn Index,DI)定义如下:

$$DI = \min_{1\leqslant i\leqslant k}\{\min_{j\neq i}\left(\frac{d_{min}(C_i,C_j)}{\max\limits_{1\leqslant x\leqslant k}diam(C_x)}\right) \tag{5-22}$$

5.1.4 发展历程

人工智能(Artificial Intelligence),英文缩写为 AI。它是研究、开发用于模拟、延伸和扩展人的智能的理论、方法、技术及应用系统的一门新的技术科学。人工智能是计算机科学的一个分支,它企图了解智能的实质,并生产出一种新的能以人类智能相似的方式做出反应的智能机器,该领域的研究包括机器人、语言识别、图像识别、自然语言处理和专家系统等。人工智能可以对人的意识、思维的信息过程进行模拟。人工智能不是人的智能,但能像人那样思考,也可能超过人的智能。人工智能的发展历程大致如下:

第一阶段:20 世纪 50 年代中叶到 20 世纪 60 年代初,人工智能研究进入"推理期",认为只需要为机器赋予逻辑推理能力,机器就会拥有智能。

第二阶段:20 世纪 60 年代中叶到 20 世纪 70 年代初,人工智能研究进入冷静时期,人们发现仅有逻辑推理能力无法使机器具有智能。

第三阶段:20 世纪 70 年代中叶到 20 世纪 80 年代初,人工智能进入"知识期",人们提出要想使机器拥有智能,必须设法让机器拥有知识,这个阶段大量的专家系统的问世获得了较多的应用领域的成果。

第四阶段:20 世纪 80 年代中叶到现在,人工智能进入"学习期",由于专家系统面临着需要人为将知识总结出来教给计算机的困难,于是有学者想到应该让机器能够自主学习知识,机器学习正式走入人工智能舞台[1]。

机器学习是人工智能的核心,是使计算机拥有智能的根本途径,机器学习的发展是整个人工智能发展史上颇为重要的一个分支。从 1952 年 IBM 科学家亚瑟·塞缪尔研制了一个西洋跳棋程序开始,机器学习进入研究者的视野之内;1957 年,罗森·布拉特(F. Rosenblatt)[10]提出了感知机(Perceptron)模型,成功处理了线性分类问题,为现在的神经网络以及深度学习开创了基础。

1967 年,最近邻算法(The Nearest Neighbor Algorithm)[11]出现,这是一种基于模板匹配思想的算法,虽然简单,但很有效,至今仍在被使用。同年,K 均值算法[12]也被提出,此后出现了其大量的改进算法,取得了成功的应用,是所有聚类算法中变种和改进型最多的。1969 年,马文·明斯基将感知器热度推到顶峰,他提出了著名的 XOR 问题和感知器数据线性不可分的情形。

1980 年,在卡内基-梅隆大学(CMU)召开了第一届机器学习国际研讨会,标志着机器学习研究已在全世界兴起。1981 年,多层感知器(MLP)在伟博斯的神经网络反向传播(BP)算法中具体提出。BP 仍然是今天神经网络架构的关键因素。1986 年诞生了用于训练多层神经网络的真正意义上的反向传播算法,这是现在的深度学习中仍然被使用的训练算法,奠定了神经网络走向完善和应用的基础。1986 年,昆兰提出 ID3[13] 决策树算法,虽然简单,但可解释性强,这使得决策树至今在一些问题上仍被使用。1989 年,LeCun[14] 设计出了第一个真正意义上的卷积神经网络,用于手写数字的识别,这是现在被广泛使用的深度卷积神经网络的鼻祖。

1995 年,支持向量机(Support Vector Machines,SVM)[15] 由瓦普尼克和科尔特斯在大量理论和实证的条件下提出。从此将机器学习社区分为神经网络社区和支持向量机社区。2006 年,神经网络研究领域领军者 Hinton 提出了神经网络 Deep Learning 算法,使神经网络的能力大大提高,向支持向量机发出挑战,开启了深度学习在学术界和工业界的研究和应用浪潮。

5.2 Sklearn 库基本使用

5.2.1 Sklearn 库简介

自 2007 年发布以来,Scikit-learn[8] 已经成为 Python 重要的机器学习库了。Scikit-learn 简称 Sklearn,支持包括分类、回归、降维和聚类四大机器学习算法。还包含了特征提取、数据预处理和模型评估三大模块。Sklearn 是 SciPy 的扩展,建立在 NumPy 和 Matplotlib 库的基础上。利用这几大模块的优势,可以大大提高机器学习的效率。

Sklearn 拥有完善的文档,上手容易,具有丰富的 API,在学术界颇受欢迎。Sklearn 已经封装了大量的机器学习算法,包括 LIBSVM 和 LIBINEAR。同时 Sklearn 内置大量数据集,节省了获取和整理数据集的时间。

Sklearn 软件包支持主流的有监督机器学习方法(Supervised Machine Learning Algorithm)、无监督机器学习方法(Unsupervised Machine Learning Algorithm)。有监督的机器学习方法包括通用的线性模型、支持向量机、决策树、贝叶斯方法等。无监督的机器学习方法包括聚类、因子分析、主成分分析、无监督神经网络等。

目前 Sklearn 的版本为 0.21,安装需要 Python 版本在 3.5 及以上,NumPy 版本在 1.11.0 及以上,SciPy 版本在 0.17 及以上。如果采用 Python 2.7 版本,则可以使用 Sklearn 0.20 版本。Sklearn 支持 pip 安装以及 conda 安装。

(1) pip 命令安装: pip install -u scikit-learn。

(2) conda 命令安装: conda install scikit-learn。

5.2.2 基本使用介绍

传统的机器学习任务从开始到建模的一般流程就:数据获取→数据预处理→模型训练→模型预测与评估→保存。本文按照传统机器学习的流程,总结每一步流程中都有哪些常用的函数以及它们的用法是怎么样的。

1. 数据获取

Sklearn 中包含了大量的优质的数据集,在机器学习的过程中,可以使用这些数据集实现不同的模型,从而提高动手实践能力,同时这个过程也可以加深对理论知识的理解和把握。

Sklearn 的 datasets 模块中包含有许多小数据集,例如鸢尾花数据集(iris)、波士顿数据集(boston)、手写数字数据集(digits),这些数据集已经存在于 Sklearn 库中,可以直接导入;datasets 还包含有部分真实数据集,例如新闻分类数据集、人脸数据集等,此类数据集在第一次导入时会自动下载,之后就可以直接使用。Sklearn 库导入数据集如下所示。

【例 5-1】　Sklearn 库导入数据集。

要使用 Sklearn 中的数据集,必须导入 datasets 模块。使用 dir 函数给出这个模块下的函数列表。

```
In[1]: from sklearn import datasets
       dir(datasets)
```

鸢尾花(iris)数据集中包含三类鸢尾花数据,是常用的分类实验数据集。下面代码表示导入鸢尾花数据集。

```
In[2]: Iris = datasets.load_iris()      #导入数据集
       data = Iris.data                 #获取样本特征向量
       target = Iris.target             #获得样本 label
       print (data,target)
```

数据集中的样本的特征向量以及样本标签的存储格式均为矩阵。可以通过下面的代码打印查看。

```
In[3]: print (type(data),type(target))
Out[3]: < class 'numpy.ndarray'>
        < class 'numpy.ndarray'>
```

数据集中包含三种鸢尾花,分别是山鸢尾(setossa)、变色鸢尾(versicolor)和弗吉尼亚鸢尾(virginica)。可以通过以下代码获取对应名称。

```
In[4]: print(Iris.target_names)
Out[4]: ['setosa' 'versicolor' 'virginica']
```

数据集中的样本包含 4 个属性特征,分别为花萼长度、花萼宽度、花瓣长度、花瓣宽度。可通过以下代码查看对应属性。

```
In[5]: print(Iris.feature_names)
Out[5]: ['sepal length (cm)', 'sepal width (cm)',
        'petal length (cm)', 'petal width (cm)']
```

数据集三类数据每类包含 50 个样本,共 150 个样本。每个样本包含 4 个特征向量和 1 个类别向量(label)。

```
In[6]: print(Iris.data.shape,Iris.target.shape)
Out[6]: (150, 4) (150,)
```

波士顿房价数据集(Boston)是常用来做回归分析的数据集,该数据集来源于 1978 年美国某经济学杂志上。该数据集包含波士顿若干房屋的价格及其各项数据,分别是房屋均价及周边犯罪率、是否在河边等 13 个房价相关信息,以及最后一个房屋均价数据。Sklearn 自带有 Boston 数据集,它包含 506 个样本、13 个特征和 1 个实数表示的目标值,其每个变量的信息描述如表 5-3 所示。

表 5-3 波士顿房价数据集的属性解释

1	CRIM	人均犯罪率
2	ZN	超过 25 000 平方英尺的规划住宅用地面积
3	INDUS	每城镇商业占地
4	CHAS	与查尔斯河的距离
5	NOX	一氧化氮浓度
6	RM	住宅平均房间数目
7	AGE	1940 年以前建成用房的居住率
8	DIS	与波士顿五大商务中心的加权距离
9	RAD	上高速难易程度
10	TAX	全额财产税的税率
11	PTRATIO	城镇小学教师比例
12	B	黑人所占人口比例
13	LSTAT	低收入人群比例
14	MEDV	居住房屋的房价中位数(单位:千美元)

Boston 数据集的导入如下所示。

```
In[7]: Boston = datasets.load_boston()
       print(Boston.data,Boston.target)
```

手写数字数据集包含 1797 个 0~9 的手写数字数据,每个数据由 8×8 大小的矩阵构成,矩阵中取值范围是 0~16,代表颜色的深度。手写数字数据集的导入如下所示。

```
In[8]: digits = datasets.load_digits()        #导入数据集
       print(digits.data.shape)
       print(digits.target.shape)
       print(digits.images.shape)
```

使用 Matplotlib 绘制一个手写数字数据(见图 5-1)。

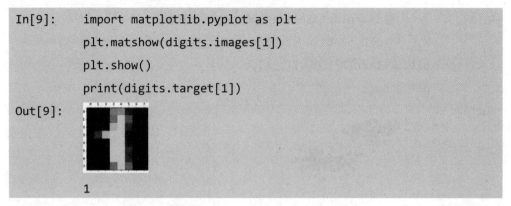

```
In[9]:      import matplotlib.pyplot as plt
            plt.matshow(digits.images[1])
            plt.show()
            print(digits.target[1])
Out[9]:
            1
```

图 5-1　使用 Matplotlib 绘制一个手写数字数据

Datasets 除了可以导入数据集,还可以创建数据集用于回归、分类、聚类等问题。Sklearn 库创建数据集如例 5-2 所示。

【例 5-2】　Sklearn 库创建数据集。

生成一个包含 300 个样本、10 个特征和 1 个实数表示的目标值的用于回归问题的数据集。Datasets 中 make_regression 函数可以用来创建回归数据集,通过传递样本量、特征值数目及属性,以及目标值属性等参数创建数据集。下面代码演示如何生成一个此类数据集。

```
In[1]: from sklearn.datasets import make_regression
       X,y=make_regression(n_samples=300,n_features=10,n_targets=1)
```

Datasets 模块中,make_classification()函数可以用来创建分类数据集,n_samples 指定样本数,n_features 指定特征向量维度,n_classes 指定几分类,数据集创建如下所示。

```
In[2]: from sklearn.datasets import make_classification
       X, y = make_classification(n_samples=300, n_features=5,
       n_classes=2)
```

Datasets 中 make_blobs()函数可以用来创建聚类数据集,centers 表示数据点中心,可以输入 int 数字,代表有多少个中心,也可以输入几个坐标(Fixed Center Locations)。下面的代码演示如何生成一个包含 300 个样本、2 个特征的聚类数据集,并使用 Matplotlib 对其进行可视化(见图 5-2)。

2. 数据预处理

数据预处理阶段是机器学习中不可缺少的一环,它会使得数据更加有效地被模型或者评估器识别。数据预处理阶段在第 4 章已经详细讲解,这里不再赘述。Sklearn 的数据预处理在 preprocessing 模块,其中主要包括标准化、非线性变换、归一化、二值化等预处理策略。

```
In[3]:    from sklearn.datasets import make_blobs
          X,y = make_blobs(n_samples=300,n_features=2,centers=3)
          plt.scatter(X[:,0],X[:,1],c = y)
          plt.show()
Out[3]:
```

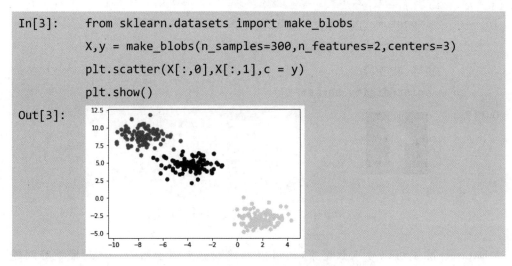

图 5-2　使用 Matplotlib 可视化聚类数据集

3. 数据集拆分

得到数据集后,通常会把数据进一步拆分成训练集和测试集,这样有助于模型参数的选取。train_test_split()是交叉验证中常用的函数,功能是从样本中随机地按比例选取训练集(Train Data)和测试集(Test Data)。下面介绍如何使用 Sklearn 库对数据集进行拆分,具体操作如例 5-3 所示。

【例 5-3】　Sklearn 库拆分数据集。

sklearn.model_selection 中有 train_test_split()函数,可以用来将数据集拆分为训练集与测试集。其中参数 test_size 既可以传递 float 类型数据也可以传递 int 类型数据,float 表示多大比重的测试样本,int 表示多少个测试样本。参数 random_state 也称为随机数种子,表示该组随机数的编号。在需要重复试验时,保证得到一组一样的随机数。例如你每次都填 1,其他参数一样的情况下得到的随机数组是一样的。但填 0 或不填,每次产生的划分都会不一样。下面代码显示如何对数据集进行拆分。

```
In[1]: from sklearn.model_selection import train_test_split
       X_train,X_test,y_train,y_test=train_test_split(data,
       target,test_size=0.4, random_state=0)
       print(X_train.shape,X_test.shape)
```

4. 定义模型

Sklearn 库中包含有目前所有主流的机器学习算法,例如回归问题中的线性回归与逻辑回归算法,分类问题中的朴素贝叶斯、支持向量机、决策树、K 近邻等算法,聚类问题中的 K 均值、DBSCAN、AGNES 等算法,以及集成学习中的 boosting 算法族、bagging 以及随机森林等。Sklearn 常用模型的导入如例 5-4 所示。

【例 5-4】 Sklearn 常用模型的导入。

```
In[1]: from sklearn.linear_model import LinearRegression      #线性回归
       from sklearn.linear_model import LogisticRegression    #逻辑回归
       from sklearn import naive_bayes                        #朴素贝叶斯算法 NB
       from sklearn import tree                               #决策树算法
       from sklearn.svm import SVC                            #支持向量机算法
       from sklearn import neighbors                          #K 近邻算法
       from sklearn import neural_network                     #神经网络
```

5. 模型预测与评估

Sklearn 为所有模型提供了非常相似的接口,这样使得开发者可以更加快速地熟悉所有模型的用法,例 5-5 以支持向量机为例介绍模型的常用属性和功能。

【例 5-5】 基于支持向量机的 iris 分类。

Sklearn 的机器学习算法都使用相同的函数来进行模型预测与评估。模型的 fit()函数用于模型的训练,fit()函数传递两个参数分别为训练集的数据以及训练集的标签。模型的 predict()函数用于模型的预测,传入测试集数据,输出预测的结果。模型的 get_params()函数用于获得模型参数,模型的 score()函数用于对训练好的模型进行评分。下面的代码演示如何对 iris 数据集进行训练、测试并输出预测结果。

```
In[1]: from sklearn.svm import SVC
       model = SVC()
       model.fit(X_train, y_train)          #拟合模型
       y_pre = model.predict(X_test)        #预测模型
       print(model.get_params())            #获得模型参数
       print(model.score(X_test,y_test))    #模型得分
       print(y_pre)                         #模型预测结果
```

6. 模型保存

在真实开发环境中需要将训练好的模型保存起来,下次直接加载保存好的模型进行使用,而不用重复的训练。例 5-6 介绍几种模型保存与恢复的方法。

【例 5-6】 模型保存。

Sklearn 支持两种模型保存的方法:一种是采用 Python 的第三方库 pickle 进行模型的保存以及模型的加载。

```
In[1]: import pickle
       with open('model.pickle', 'wb') as f:        #模型保存
           pickle.dump(model, f)
       with open('model.pickle', 'rb') as f:        #模型加载
           model = pickle.load(f)
       model.predict(X_test)
```

另一种是使用 Sklearn 库中自带的 joblib 方法保存模型，但是这个方法将在新的版本中被移除，想要使用该方法，只能先安装 joblib 库。

```
In[2]: import joblib
       joblib.dump(model, 'model.pickle')        #模型保存
       model = joblib.load('model.pickle')       #模型加载
```

5.3 回归

回归分析的目的是解释一组变量对另一个变量的结果的影响。人们将这一组变量称为输入变量或自变量，将结果变量称为因变量，其结果依赖于自变量存在。回归分析按照涉及变量的多少分为一元回归与多元回归，按照自变量的多少分为简单回归分析与多元回归分析，按照自变量与因变量之间的关系又可分为线性回归分析与非线性回归分析。本节主要讲解如何运用最为广泛的用于数值预测的线性回归（Linear Regression）以及用于分类分析的 Logistic 回归[9]。

5.3.1 线性回归

1. 算法原理

线性回归是预测分析中历史最为悠久的分析方法，是人们学习预测模型首选技术之一。线性回归是一种用来对若干输入变量与一个连续的结果变量之间关系建模的分析技术，其假设输入变量与结果变量之间的关系是一种线性的关系。

线性回归模型的任务就是通过基于自变量的数值，解释并预测因变量。如果只考虑一个自变量的情况，则线性回归的目标就是寻找一条直线，使得给定一个自变量值可以计算出因变量的值。图 5-3 为波士顿数据集中住宅房间数（RM）与房价中位数（Price）之间的散点图，线性回归的目标就可以理解为假设自变量 RM 与因变量满足线性关系，通过对给定数据拟合出一条直线来表达房价随房间数目的增加而增加。

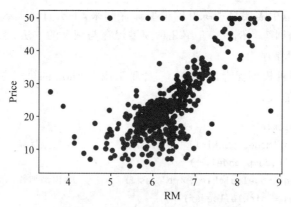

图 5-3 RM 与房价中位数之间的散点图

所以对于只有一个自变量的问题,目的就是寻找一条直线拟合数据;而对于拥有两个自变量的问题,其目的就是在三维的空间中找到一个平面。但是对于多于两个的自变量在直观上就很难对其进行描述了。给定自变量 $\boldsymbol{x}(x_1, x_2, \cdots, x_d)$(输入的 d 维特征向量)与因变量 y(输出值),通过将现有的数据作为训练数据,就可以学习一个线性回归模型,通过属性的线性组合得到 $f(\boldsymbol{x})$ 预测输出值 y(见图 5-4),即

$$f(\boldsymbol{x}) = b_0 + b_1 x_1 + b_2 x_2 + \cdots + b_d x_d \tag{5-23}$$

线性模型训练的目标是通过给定的 $\boldsymbol{x}$ 值,计算出最优的 b 参数,使得拟合得到的模型将线性模型与实际观察值之间的总体误差降到最低。其中普通最小二乘法(Ordinary Least Squares, OLS)是一种常用的 b 参数估值方法。

为了说明 OLS 如何工作,先考虑最简单的一种情形:输入属性的数目只有一个,即

$$f(x_i) = b_1 x_i + b_0 \tag{5-24}$$

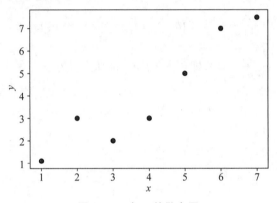

图 5-4　y 与 x 的散点图

线性回归的目的是使 $f(x_i) \cong y_i$(假设数据集为 D,数据集内元素个数为 n,x_i 表示第 i 个样本)。我们的目标是找到最接近因变量与自变量之间关系的一条直线。借助 OLS 的拟合策略是寻找到一条直线其每个点与这条直线在垂直方向的差值的平方和最小,即求得参数值 b_0、b_1 的值,使式(5-24)中的总和最小。

$$\text{MSE} = \sum_{i=1}^{n} \left[y_i - (b_0 + b_1 x_i) \right]^2 \tag{5-25}$$

图 5-5 显示了需要进行平方后相加的 n 个个体距离,其中图中的垂直线段代表每个观测到的 y 值与直线 $y = b_0 + b_1 x_1$ 之间的距离。

求参数值 b_0、b_1 的过程就是最小化 MSE 的过程,即最小化:

$$E(b_0, b_1) = \sum_{i=1}^{n} (y_i - \hat{y}_i)^2 \tag{5-26}$$

通过对 E 求参数 b_0、b_1 的偏导,当两偏导值为零时即可得到 b_0、b_1 的最优解,b_0、b_1 的偏导数分别为

$$\frac{\partial \boldsymbol{E}_{(b_1, b_0)}}{\partial b_0} = 2\left(n b_0 - \sum_{i=1}^{n} (y_i - b_1 x_i) \right) \tag{5-27}$$

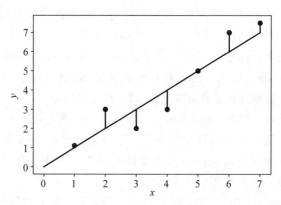

图 5-5 y 与 x 的散点图(包含拟合线到观测点的距离)

$$\frac{\partial \boldsymbol{E}_{(b_1,b_0)}}{\partial b_1} = 2\left(b_1 \sum_{i=1}^{n} x_i^2 - \sum_{i=1}^{n}(y_i - b_0)x_i\right) \tag{5-28}$$

令 $\dfrac{\partial E_{(b_1,b_0)}}{\partial b_1}=0$，$\dfrac{\partial E_{(b_1,b_0)}}{\partial b_0}=0$，即可得 b_0、b_1 的值分别为

$$b_0 = \frac{1}{n}\sum_{i=1}^{n}(y_i - b_1 x_i) \tag{5-29}$$

$$b_1 = \frac{\displaystyle\sum_{i=1}^{n}(x_i - \bar{x})y_i}{\displaystyle\sum_{i=1}^{n} x_i^2 - \frac{1}{n}\left(\sum_{i=1}^{n} x_i\right)^2} \tag{5-30}$$

其中 $\bar{x}=\dfrac{1}{n}\displaystyle\sum_{i=1}^{n} x_i$ 为 x 的均值。通过采用这种策略最终可以寻找到只有一个变量的最佳拟合曲线,对于还有其他自变量的多元线性回归(Multiple Linear Regression,MLR),也可以采用这种策略,例如波士顿房价预测,通过对 13 个特征即 13 个自变量建立表达式,最终获取房价与房屋各个特征之间的关系。

首先将式(5-23)中的 $f(x_i)$ 用向量表示,且考虑 b_0 为 $b_0 x_0$,其中 x_0 恒为 1,即

$$f(X_i) = \boldsymbol{b}^{\mathrm{T}}\boldsymbol{X}_i \tag{5-31}$$

其中 $\boldsymbol{b}=(b_0,b_1,\cdots,b_d)$,$\boldsymbol{X}_i=(x_{i0},x_{i1},\cdots,x_{id})$,对应地可以将数据集 D 表示为一个 $n \times (d+1)$ 大小的矩阵 $\boldsymbol{X}$,每一行代表一个示例,前 d 个元素对应示例的 d 个特征值,最后一个恒置为 1,代表 x_0。令 $\hat{\boldsymbol{w}}=\boldsymbol{b}^{\mathrm{T}}$,则求 MSE 为

$$\boldsymbol{E}(\hat{\boldsymbol{w}}) = (\boldsymbol{y} - \hat{\boldsymbol{w}}X)^{\mathrm{T}}(\boldsymbol{y} - \hat{\boldsymbol{w}}X) \tag{5-32}$$

对 $\hat{\boldsymbol{w}}$ 进行求导可以得到最小化 $\boldsymbol{E}(\hat{\boldsymbol{w}})$,从而得到参数向量 $\boldsymbol{b}$：

$$\frac{\partial \boldsymbol{E}_{(\hat{\boldsymbol{w}})}}{\partial \hat{\boldsymbol{w}}} = 2\boldsymbol{X}^{\mathrm{T}}(\boldsymbol{X}\hat{\boldsymbol{w}} - \boldsymbol{y}) \tag{5-33}$$

$$\hat{\boldsymbol{w}} = (\boldsymbol{X}^{\mathrm{T}}\boldsymbol{X})^{-1}\boldsymbol{X}^{\mathrm{T}}\boldsymbol{y} \tag{5-34}$$

通过这种方法最终可以获得多变量函数的最佳拟合曲线。

2. 算法实现

下面讲解如何采用 Python＋Sklearn 为波士顿住房数据，即集构建多元线性回归模型，Sklearn 库的 linear_model 模块中拥有可以直接使用的线性回归模型，即 LinearRegression，只需要将数据集导入然后放入该模型进行训练。所以采用 Sklearn 进行多元线性回归模型的构建只需要以下步骤。

（1）获取数据集：Sklearn 库的 datasets 包含有 Boston 数据集，直接导入即可。

（2）构建多元线性回归模型：导入 LinearRegression，采用 cross_cal_predict 返回预测结果。

（3）预测结果与结果可视化：采用 Matplotlib 绘制预测值与真实值的散点图，并使用 matplotlib.pyplot.show() 演示。

采用多元线性回归模型进行波士顿房价的模型构建以及对模型进行测试的代码如下所示。

【例 5-7】

程序 5-1　多元线性回归模型

```
from sklearn import datasets
from sklearn.model_selection import cross_val_predict
from sklearn import linear_model
import matplotlib.pyplot as plt
lr = linear_model.LinearRegression()        #导入线性回归
boston = datasets.load_boston()             #导入 Boston 数据集
y = boston.target                           #导入 Boston 的回归值
predicted = cross_val_predict(lr, boston.data, y, cv=10)
                                            #predicted 返回预测结果
fig, ax = plt.subplots()
ax.scatter(y, predicted, edgecolors=(0, 0, 0))
ax.plot([y.min(), y.max()], [y.min(), y.max()], 'k-', lw=4)
ax.set_xlabel('Measured')
ax.set_ylabel('Predicted')
plt.show()
```

运行及结果

运行结果如图 5-6 所示。

运行结果为预测值与准确值的散点图，横轴为准确值，纵轴为预测值。其中，横轴与纵轴相等代表预测值准确，即点位于直线之上，预测值在直线之上或之下代表预测过高或过低。

5.3.2　Logistic 回归

1. 算法原理

首先回顾一下线性回归模型的过程：找出一个函数能够拟合自变量 x 与因变量 y 之

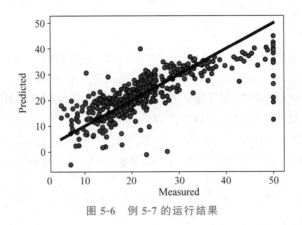

图 5-6　例 5-7 的运行结果

间的线性关系,而且能够为新数据预测其 y 值。线性回归模型的先决条件是所有的变量都是连续变量,随着自变量 x 的增加,因变量 y 也会增加。前面采用线性回归可以对房间个数与价格之间的关系进行建模。假设我们不关注价格具体为多少,而只关注普通的中产阶级是否买得起房,这种情况下因变量是离散型的,即因变量只有买得起/买不起两个值。那么采用 Logistic 回归就可以用来基于自变量预测因变量的可能性,逻辑回归本身并非为回归算法,而是分类算法。

例如住宅房间个数与是否能够购买的问题,虽然随着住宅内房间的增多,因变量(是否能够购买)减少,但是这种趋势不是渐变的。例如当房间个数达到 6 个以上会出现从买得起到买不起的突变,数据点的趋势不再符合一条直线,而 S 形曲线就可以很好地拟合。Logistic 回归模型就是为了满足这种需求而生,即使用一条曲线拟合离散型数据。

逻辑回归基于逻辑函数 $f(y)$,如式(5-35)所示。

$$f(y) = \frac{e^y}{1 + e^y} \quad -\infty < y < +\infty \tag{5-35}$$

逻辑函数如图 5-7 所示,当 $y \to \infty$ 时,$f(y) \to 1$;当 $y \to -\infty$ 时,$f(y) \to 0$,逻辑函数 $f(y)$ 的值随着 y 值增大而增大,且在 $0 \sim 1$ 变化。

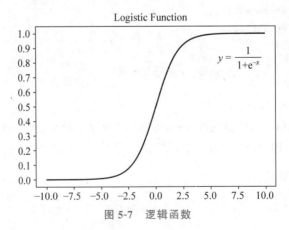

图 5-7　逻辑函数

因为逻辑函数 $f(y)$ 的取值范围是 $(0,1)$，所以可以用来作为某一特定结果的概率值，随着 y 值的增加，$f(y)$ 值代表的概率也会增加。在逻辑回归中，令 y 表示因变量的一个线性函数，如式(5-36)所示。

$$y = b_0 + b_1 x_1 + b_2 x_2 + \cdots + b_n x_n \qquad (5\text{-}36)$$

而基于自变量 $x_1, x_2, \cdots, x_n$，事件发生的概率 p 如式(5-37)所示。

$$p(x_1, x_2, \cdots, x_n) = f(y) = \frac{\mathrm{e}^y}{1 + \mathrm{e}^y} \qquad (5\text{-}37)$$

其中式(5-36)相当于线性回归建模中的式(5-23)，然而线性回归中 y 代表因变量，而在逻辑回归中 $f(y)$ 代表因变量(通常只取 0 或 1)，而 y 只是作为一个中间结果，不能被直接观察到。若用 p 表示 $f(y)$，则式(5-36)可重写为式(5-38)。

$$\ln\left(\frac{p}{1-p}\right) = y = b_0 + b_1 x_1 + b_2 x_2 + \cdots + b_n x_n \qquad (5\text{-}38)$$

通过这种方式将其由非线性转换为线性，然后计算出最优的 $b_0, b_1, \cdots, b_n$，得到逻辑回归模型。类比线性回归将 $(x_{i1}, x_{i2}, \cdots, x_{id})$ 转为向量 $\boldsymbol{x}_i$，则 $\boldsymbol{y} = \boldsymbol{\theta} x_i$，$\boldsymbol{\theta} = \hat{\boldsymbol{w}}$。将模型写成矩阵形式，矩阵 $\boldsymbol{X}$ 的大小为 $n \times (d+1)$，其 p 值为

$$p_{\boldsymbol{\theta}}(X) = \frac{1}{1 + \mathrm{e}^{-X\boldsymbol{\theta}}} \qquad (5\text{-}39)$$

假设样本输出是 0 或者 1 两类。那么有 $P(y=1 \mid x, \boldsymbol{\theta}) = p_{\boldsymbol{\theta}}(x)$，$P(y=0 \mid x, \boldsymbol{\theta}) = 1 - p_{\boldsymbol{\theta}}(x)$，得到了 y 的概率分布函数表达式 $P(y \mid x, \boldsymbol{\theta}) = p_{\boldsymbol{\theta}}(x)^y (1 - p_{\boldsymbol{\theta}}(x))^{1-y}$，$y = 0$，1，可以用似然函数 $L(\boldsymbol{\theta})$ 最大化来求解模型系数 $\boldsymbol{\theta}$，n 为样本个数。

$$L(\boldsymbol{\theta}) = \prod_{i=1}^{n} P(y_i \mid x_i, \boldsymbol{\theta}) \qquad (5\text{-}40)$$

对似然函数对数化取反：

$$J(\boldsymbol{\theta}) = -\ln L(\boldsymbol{\theta}) = -\sum_{i=1}^{n} (y_i \log(p_{\boldsymbol{\theta}}(x_i)) + (1 - y_i) \log(1 - p_{\boldsymbol{\theta}}(x_i))) \quad (5\text{-}41)$$

则矩阵 $\boldsymbol{X}$ 表示的 $J(\boldsymbol{\theta})$ 为

$$J(\boldsymbol{\theta}) = -Y^{\mathrm{T}} \log p_{\boldsymbol{\theta}}(\boldsymbol{X}) - (\boldsymbol{E} - \boldsymbol{Y})^{\mathrm{T}} \log(E - p_{\boldsymbol{\theta}}(\boldsymbol{X})) \qquad (5\text{-}42)$$

对 $\boldsymbol{\theta}$ 求导数：

$$\frac{\partial J(\boldsymbol{\theta})}{\partial \boldsymbol{\theta}} = \boldsymbol{X}^{\mathrm{T}} (p_{\boldsymbol{\theta}}(\boldsymbol{X}) - \boldsymbol{Y}) \qquad (5\text{-}43)$$

梯度下降法中每一步向量 $\boldsymbol{\theta}$ 的迭代公式为 $\boldsymbol{\theta} = \boldsymbol{\theta} - \alpha \boldsymbol{X}^{\mathrm{T}} (p_{\boldsymbol{\theta}}(\boldsymbol{X}) - \boldsymbol{Y})$，其中 α 为梯度下降法的步长，对上式迭代多次即可得到训练后的参数 θ。

2. 算法实现

下面讲解如何采用 Sklearn 为鸢尾花数据集构建逻辑回归模型，Sklearn 库的 linear_model 模块中拥有逻辑回归模型，即 LogisticRegression，只需要将数据集导入然后放入该模型进行训练。所以采用 Sklearn 进行逻辑回归模型的构建只需以下步骤。

(1) 获取鸢尾花数据集：Sklearn 库的 datasets 包含 iris 数据集，直接导入即可。

(2) 构建逻辑回归模型：导入 LogisticRegression，采用 train_test_split 方法划分数

据集为训练集与测试集,fit 方法对训练集进行训练,predict 方法返回预测结果。

（3）计算模型的预测准确率：计算模型在训练集和测试集的识别准确率。

采用鸢尾花数据集进行逻辑回归模型训练以及对训练模型进行预测的代码如下所示。

【例 5-8】

程序 5-2　Logistic 回归模型

```python
from sklearn.datasets import load_iris
import matplotlib.pyplot as plt
from sklearn.metrics import classification_report
from sklearn.model_selection import train_test_split
from sklearn.linear_model import LogisticRegression
iris = load_iris()
X = iris.data
Y = iris.target
x_train, x_test, y_train, y_test = train_test_split(X, Y, test_size = 0.3, random_
state = 0)
lr = LogisticRegression()
lr.fit(x_train, y_train)
print("模型训练集的准确率:%.3f" %lr.score(x_train, y_train))
print("模型测试集的准确率:%.3f" %lr.score(x_test, y_test))
target_names = ['setosa', 'versicolor', 'virginica']
y_hat = lr.predict(x_test)
print(classification_report(y_test, y_hat, target_names = target_names))
```

运行及结果

模型训练集的准确率:0.829
模型测试集的准确率:0.822

	precision	recall	f1- score	support
setosa	1.00	1.00	1.00	16
versicolor	0.81	0.72	0.76	18
virginica	0.62	0.73	0.67	11
accuracy			0.82	45
macro avg	0.81	0.82	0.81	45
weighted avg	0.83	0.82	0.82	45

5.3.3　其他回归模型

1. 岭回归

如果特征点比样本点还多,则无法使用线性回归进行模型构建。为了解决这一问题,统计学家引入了岭回归的概念。岭回归的主要思路是通过引入一个惩罚项,可以减少一些不重要的参数。因此,可以更好地理解数据,与简单的线性回归相比可以取得更好的预测效果。

2. Lasso 回归

Lasso 回归与岭回归类似,都是为了处理特征点比样本点多的问题,通过对回归系数做出限定,达到缩减系数,减少一些不重要的参数,帮助人们更好地理解数据。但是其计算复杂度较岭回归大大增加。

3. 树回归

简单的线性回归方法创建的模型需要拟合所有的样本点,当数据拥有众多特征且特征之间关系十分复杂时,构建全局模型的想法太难以实现。而且现实生活中的很多问题都是非线性的,不可能使用全局线性模型拟合所有数据。树回归采用树结构与回归相结合的方式,将数据集切分为多个易建模的数据,每部分利用线性回归技术进行建模,首次切分后仍然难以拟合线性模型就继续切分。代表性的算法就是回归分类树(Classification And Regression Trees,CART),这种树构建算法既可以用于分类也可以用于回归,是一种非常实用的算法。

5.4　分类

分类(Classification)是一种在数据挖掘相关应用中经常出现的基础学习方法。在分类学习中,分类器从一组已经分好类的样本即训练集中学习如何对未见过的例子分类,为新的样本数据分配类别标签。5.3 节介绍的 Logistic 回归就是一种常用的分类方法,分类器所用的标签是预先定义好的。

分类广泛应用于预测,在现实中应用非常广泛,例如垃圾邮件识别、手写数字识别、人脸识别、语音识别等。本节主要讲解 4 种基本的分类方法:决策树(Decision Tree),K 近邻算法(K-Nearest Neighbor,KNN)、朴素贝叶斯(Naive Bayes)以及支持向量机(Support Vector Machine,SVM)。

5.4.1　决策树

决策树是从一组无次序、无规则的元组中推理出决策树表示形式的分类规则。它采用自顶向下的递归方式,在决策树的内部节点进行属性值的比较,并根据不同的属性值从该节点向下分支,叶节点是要学习划分的类。1986 年,Quinlan 提出了著名的 ID3 算法。在 ID3 算法的基础上,1993 年 Quinlan 又提出了 C4.5 算法。为了适应处理大规模数据集的需要,后来又提出了若干改进的算法,其中 SLIQ(Super-vised Learning In Quest)和 SPRINT(Scalable Parallelizable Induction of Decision Trees)是比较有代表性的两个算法。

1. 算法原理

决策树又称为分类树,决策树模型的形状像是带有决策的流程图,具体结构如图 5-8 所示。决策树的内部节点记录着待检测的属性,各条路径的终端,即叶节点,记录满足该路径所有条件时所做出的决策,每一个内部节点都把数据分为若干个子集。

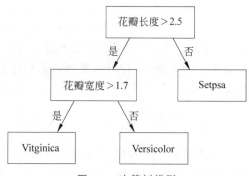

图 5-8　决策树模型

决策树的工作原理是在数据集划分时寻找起决定性作用的特征,然后按照这一特征将原始数据集划分为多个子集。决策树的建模是一个迭代递归的过程,从根节点开始第一次分枝成若干子节点,之后对每一个子节点进行分枝,算法何时停止由数据决定。通常做法是先生成一颗最大树,然后通过剪枝处理得到最终的决策树模型。所以决策树的构造可以分为 3 个部分,分别是特征选择、决策树的生成和决策树的剪枝。

(1) 特征选择:划分数据分类时要选择数据集中有决定性作用的特征进行分类,而如何确定最有决定性的特征需要采用一定的准则。这里引入了信息增益的概念。信息增益(Information Gain)是指划分数据集前后信息发生的变化。知道如何计算信息增益,然后根据计算方法计算按照各个特征值进行划分数据集获得的信息增益,其中信息增益最高的特征就是最有决定性的特征,即最好的选择。

要计算信息增益,首先需要了解熵(Entropy)的概念。克劳德·香农定义了熵的概念:对于任意一个随机变量 X,其概率分布为 $P(X=x_i)=p_k, i=1,2,\cdots,m$,那么随机变量 X 的熵值 H 的表达式为

$$H(X) = -\sum p_i \log_2(p_i) \tag{5-44}$$

将熵的概念应用到特征选择中时,假设数据集 X 的分类划分是 $(x_1,x_2,\cdots,x_m)$,其中表示数据集有 m 个类别,x_i 表示第 i 类样本,p_i 代表第 i 类样本所占的比例。

为了计算信息增益,还需了解条件熵(Conditional Entropy)的定义。设有随机变量 (X,Y),其联合概率分布为 $p(X=x_i,Y=y_j), i=1,2,\cdots,n; j=1,2,\cdots,m$。条件熵 $H(Y|X)$ 表示在已知随机变量 X 的条件下随机变量 Y 的不确定性。条件熵 $H(Y|X)$ 的定义为 X 给定条件下,Y 的条件概率分布的熵对 X 的数学期望:

$$H(Y \mid X) = \sum p_i H(Y \mid X=x_i) \tag{5-45}$$

信息增益表示的是:得知特征 A 的信息而使得分类 X 的信息的不确定性减少的程度,即通过计算原数据集 X 的熵与已知某特征 A 时所得的条件熵的差值,即可得该特征下的信息增益。如果某个特征的信息增益比较大,就表示该特征对结果的影响较大,特征 A 对数据集 X 的信息增益表示为

$$\text{Gain}(A) = H(X) - H(X \mid A) \tag{5-46}$$

　　ID3 树采用信息增益作为特征选择的方法,但是除了信息增益这一划分属性的决策外还有其他的划分方法,例如,C4.5[16]就是一种采用信息增益率(Gain Ratio)作为属性划分准则的一种决策树算法,有效减少了信息增益准则对取值数目较多的属性有所偏好的问题;CART[17]采用基尼指数(Gini Index)作为属性划分准则,选择基尼指数最小的属性进行划分。信息增益率以及基尼指数的定义如下:

$$\text{Gain}_{\text{ratio}}(A) = \frac{\text{Gain}(A)}{H(A)} \tag{5-47}$$

$$\text{Gini}(X) = 1 - \sum_{k=1}^{m} p_k^2 \tag{5-48}$$

$$\text{Gini}_{\text{index}}(A) = \sum_{v=1}^{n} \frac{|X_v|}{|X|} \text{Gini}(X_v) \tag{5-49}$$

　　Gini(X)反映了从数据集 X 中随机抽取两个样本,其类别标记不一致的概率。因此,Gini(D)越小,则数据集 X 的纯度越高。在候选属性集合中,选择那个使得划分后基尼指数最小的属性作为最优划分属性。Gini$_{\text{index}}(A)$就是对于特征 A 下集合的基尼指数,其中 X_v 表示对数据集 X 按照特征 A 划分的数据子集,该特征 A 的取值总共有 n 种可能。

　　(2) **决策树生成**:对生成树,ID3 算法的方法是从根节点开始,对节点计算所有可能的信息增益,选择信息增益最大的特征作为节点的特征。由该特征的不同取值建立子节点,再递归地计算信息增益建立节点,直到信息增益均很小或者没有特征可以选择为止。其构造决策树的伪代码函数 CreateTree()如下所示。

```
If  数据集中的每个子项是同一个分类:
    Return 类标签
Else:
    计算信息增益,确定最好特征
    划分数据集
    创建分支节点
    For 每个节点:
        调用 CreateTree()并将返回结果添加到分支节点
    Return 分支节点
```

　　(3) **决策树的剪枝**:当使用训练数据进行生成决策树而不进行处理时,会出现训练集精度为 100%,但测试集上表现不是很好的情况。这是由于对训练集进行生成决策树时过于细分,不进行剪枝,很有可能产生过拟合。因此,需要通过剪枝策略避免决策树生成得过于复杂。剪枝分为两种:预剪枝,在构造树的同时,停止信息量较少,也就是信息增益或信息增益比较小的分支;后剪枝,先生成树,再进行剪枝。

　　决策树是常用的分类方法,下面总结决策树算法较为突出的优点以及常见的不足[2]。

　　优点:决策树模型非常直观,便于非专业人士解读;决策树算法所需要的数据准备工作相对较少,训练集中的缺失值完全不会阻碍决策树算法划分数据的进程,同时其对离群点也并不敏感,离群点的存在不会影响分支的划分;同时决策树算法还拥有数据属性之间的非线性关系不会影响决策树的特点,区别于构建线性回归模型算法,即便属性之间存在复杂的非线性关系,仍然可以使用决策树算法。

不足:一旦缺少了合适的剪枝策略或其他终止分枝的处理,会导致递归结束过晚,决策树过拟合训练集,导致在测试集上很难达到较高预测准确率,变成了失败的预测模型。

2. 算法实现

前面已经讲解 Logistic 回归对鸢尾花数据集进行分类,下面讲解如何为鸢尾花数据集构建决策树模型。Sklearn 库直接包含有决策树模块(tree),只需要将 iris 数据集导入然后放入模型进行训练。所以采用 Sklearn 进行决策树模型的构建只需要以下步骤。

(1) 获取鸢尾花数据集。

(2) 构建决策树模型:导入 tree 模块,采用 train_test_split 方法划分数据集为训练集与测试集,fit 方法对训练集进行训练,predict 方法返回预测结果。

(3) 计算模型的预测准确率:计算模型在训练集和测试集的识别准确率。

采用鸢尾花数据集进行决策树模型训练以及对训练模型进行预测的代码如下所示。

【例 5-9】

程序 5-3 决策树分类模型

```python
from sklearn import datasets
from sklearn import tree
from sklearn.metrics import classification_report
from sklearn.model_selection import train_test_split
tree = tree.DecisionTreeClassifier(criterion= 'entropy')
iris = datasets.load_iris()
X = iris.data
Y = iris.target
x_train, x_test, y_train, y_test = train_test_split(X,Y, test_size = 0.3, random_state = 0)
print ("The iris target names: %s"%(iris.target_names))
tree.fit(x_train,y_train)
print("决策树模型训练集的准确率:%.3f" %tree.score(x_train, y_train))
print("决策树模型测试集的准确率:%.3f" %tree.score(x_test, y_test))
target_names = ['setosa', 'versicolor', 'virginica']
y_hat = tree.predict(x_test)
print(classification_report(y_test, y_hat, target_names = target_names))
```

运行及结果

```
The iris target names: ['setosa' 'versicolor' 'virginica']
决策树模型训练集的准确率:1.000
决策树模型测试集的准确率:0.978
```

	precision	recall	f1-score	support
setosa	1.00	1.00	1.00	16
versicolor	1.00	0.94	0.97	18
virginica	0.92	1.00	0.96	11
accuracy			0.98	45
macro avg	0.97	0.98	0.98	45
weighted avg	0.98	0.98	0.98	45

5.4.2　K 近邻算法

1. 算法原理

K 近邻算法的核心逻辑思想与成语"物以类聚"有异曲同工之处,首先任何含有 n 个属性的数据都可以在 n 维的向量空间实现可视化。K 近邻算法认为相似的数据在 n 维空间里彼此在相邻的位置,携带着相邻的类标签。K 近邻分类算法会将整个训练集的数据都保留下来,当对无标签数据进行分类预测时,它的所有属性值都会与训练集的已知信息进行对比,找出相似的已知数据,将其类标签作为新数据的标签值。

这里使用鸢尾花数据集作为讲解案例,为了在二维直角坐标系上绘制散点图,只提取花瓣长度与花瓣宽度两个属性,并以这两种属性在二维直角坐标系上绘制散点图。

在图 5-9(见彩插)中不难发现,如果设置的测试点的坐标为(1.5,0.4),那么其很大可能属于 setosa 品种的鸢尾花,因为它紧挨着所有的 setosa 数据点。类似地如果我们拥有一个花瓣长为 7cm、宽为 2.5cm 的鸢尾花,很容易判断其可能属于 vitginica 类鸢尾花,然而对于(2.5,0.8)或者(5,1.8)等处于两个品种边界的鸢尾花数据,就需要采用某种算法应对这种靠近边缘的分类点。

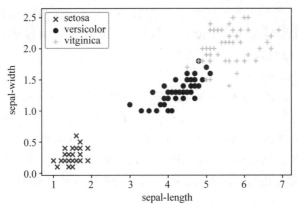

图 5-9　花瓣长度与花瓣宽度散点图

K 近邻算法的参数主要是合理设置 k 值,k 值表示距离某个未知数据最近的最相似的 k 个数据点。如果 k 为 1 则表示只搜索最相近的数据点,其标签就是未知数据的标签。如果 k 值不为 1,则寻找最相近的 k 个数据中出现次数最多的标签值,将其作为未知数据的标签值。对于二分类问题，k 一般设置为奇数，防止出现两种类型出现次数相同的情况。

关于算法寻找相似样本的策略，本书采用距离作为衡量标准，认为距离近的为数据最相似的。这里选取欧氏距离公式进行计算，例如如果数据样本存在 3 个特征值，则点 (x_1, y_1, z_1) 与点 (x_2, y_2, z_2) 之间的距离计算为

$$\rho = \sqrt{(x_2 - x_1)^2 + (y_2 - y_1)^2 + (z_2 - z_1)^2} \tag{5-50}$$

遍历数据集，采用上面的距离公式计算距离，获取前 k 个与目标数据距离最小的样本值（k 一般小于 30），统计样本中出现次数最多的标签值作为目标样本的预测值。

计算相似度的方法除了距离外还有相关性相似度、匹配系数、Jaccard 等计算方法，这些方法本节不再详细介绍。

K 近邻算法要求所有属性必须经过标准化处理，以避免某些属性过大或者过小的计量单位导致的偏差。同时 K 近邻算法对于有缺失值的处理方案为：如果测试集的某个属性在某个样本中没有数据，那么这个属性将会在建模时直接忽略。例如，如果鸢尾花数据集的某个样本的花瓣长度缺失，那么在进行构建模型时，K 近邻算法只考虑其他 3 种属性，模型从原本的四维变为三维。所以即使测试集中存在缺失值，K 近邻模型仍然拥有很高的健壮性。同时 K 近邻算法不适用于数据量过大、属性较多的数据集分类。因为 K 近邻算法需要计算该样本与全部训练集样本的距离，这个过程的成本会由于数据集的复杂程度变大而变得非常高。

K 近邻算法虽然简单易于实现，但是也存在一些缺点。当样本不平衡时，样本容量较小的类域采用这种算法比较容易产生误分；该方法的另一个不足之处是计算量较大，因为对每一个待分类的文本都要计算它到全体已知样本的距离；同时可理解性差，无法给出像决策树那样的规则。

2. 算法实现

下面讲解如何为鸢尾花数据集构建 K 近邻（KNN）模型，Sklearn 库直接包含有 K 近邻模块，将 iris 数据集导入 KNN 模型进行训练，最终获取测试集准确率。所以采用 Sklearn 进行 KNN 模型的构建只需以下步骤。

（1）获取鸢尾花数据集。

（2）构建 KNN 模型：导入 neighbors 模块，模型选用 neighbors.KNeighborsClassifier() 方法进行定义，且设置 k 值为 3，即查找距离最近的 3 个数据。采用 train_test_split 方法划分数据集为训练集与测试集，对训练集进行训练，predict 方法返回测试集预测结果。

（3）计算模型的预测准确率：计算模型在训练集和测试集的识别准确率。

采用鸢尾花数据集进行 KNN 模型训练以及对训练模型进行预测的代码如下所示。

【例 5-10】

程序 5-4　KNN 分类模型

```
from sklearn import datasets
from sklearn import neighbors
```

```
from sklearn.metrics import classification_report
from sklearn.model_selection import train_test_split
KNN = neighbors.KNeighborsClassifier(n_neighbors = 3)
iris = datasets.load_iris()
X = iris.data
Y = iris.target
x_train, x_test, y_train, y_test = train_test_split(X,Y, test_size = 0.3, random_
state = 0)
KNN.fit(x_train,y_train)
print("KNN 模型训练集的准确率:%.3f" %KNN.score(x_train, y_train))
print("KNN 模型测试集的准确率:%.3f" %KNN.score(x_test, y_test))
target_names = ['setosa', 'versicolor', 'virginica']
y_hat = KNN.predict(x_test)
print(classification_report(y_test, y_hat, target_names = target_names))
```

运行及结果

KNN 模型训练集的准确率:0.962
KNN 模型测试集的准确率:0.978

	precision	recall	f1-score	support
setosa	1.00	1.00	1.00	16
versicolor	1.00	0.94	0.97	18
virginica	0.92	1.00	0.96	11
accuracy			0.98	45
macro avg	0.97	0.98	0.98	45
weighted avg	0.98	0.98	0.98	45

5.4.3　朴素贝叶斯

1. 算法原理

朴素贝叶斯算法是一种常见的概率二分类和多分类的分类器,对于给定的特征向量,它是用贝叶斯规则预测每类的概率。当数据非常大、特征很多且具有一致的先验概率(各个类别的发生概率)时,该方法非常有效,适用于文本分类、垃圾邮件过滤、病人分类等方面。

因为朴素贝叶斯是贝叶斯决策理论的一部分,所以先快速了解一下贝叶斯决策理论。首先依然以鸢尾花数据为例,绘制花瓣长度与宽度的散点图,保留 setosa 类鸢尾花与 versicolor 类鸢尾花的数据,如图 5-10 所示,蓝色点(见彩插)表示 versicolor,红色点表示 setosa。假设存在一个新的数据点(x,y),$p1(x,y)$表示数据点(x,y)属于 setosa 一类的概率,$p2(x,y)$表示数据点(x,y)属于 versicolor 一类的概率。如果 $p1(x,y) > p2(x,y)$,则(x,y)为 setosa 一类;如果 $p1(x,y) < p2(x,y)$,则(x,y)为 versicolor 一类。

如何计算出新数据点属于各个类别的概率可以使用条件概率的方式进行求解。例如,对图 5-10 的鸢尾花数据进行分类的方式为:如果 $p(setosa|(x,y)) > p(versicolor|$

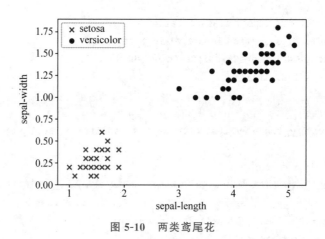

图 5-10   两类鸢尾花

(x,y)）；则鸢尾花属于 setosa 一类，反之属于 versicolor 一类。

上述对鸢尾花的分类主要是通过计算条件概率按照鸢尾花的花瓣长度和宽度最终分为两类。通过将上述的实际问题转化为一般性的分类算法，首先假设拥有一个待分类的数据 $x=\{a_1,a_2,\cdots,a_m\}$，其中每个 a_i 代表数据的一个属性，且拥有类别集合 $C=\{y_1,y_2,\cdots,y_n\}$，每个 y_i 代表一种类别。分类的过程就是计算 $P(y_1|x),P(y_2|x),P(y_3|x)$ $\cdots P(y_n|x)$ 的值然后令 $P(y_k|x)=\max\{P(y_1|x),P(y_2|x),\cdots,P(y_n|x)\}$，则 y_k 是为数据点预测的分类。

所以分类的关键是计算 $P(y_1|x),P(y_2|x),P(y_3|x),\cdots,P(y_n|x)$ 的值，贝叶斯定理的公式如下：

$$P(y_i \mid x)=\frac{P(x \mid y_i)P(y_i)}{P(x)} \tag{5-51}$$

其中，$P(y_i)$ 是 y_i 的先验概率或边缘概率，之所以称为"先验"是因为它不考虑任何方面的因素；$P(x|y_i)$ 是已知 y_i 发生后 x 的条件概率，也由于得自 y_i 的取值而被称作 x 的后验概率；$P(y_i|x)$ 为 y_i 的后验概率；$P(x)$ 为 x 的先验概率，也称为标准化常量。当各个属性是条件独立时，$P(x|y_i)P(y_i)$ 可以按照属性分解为以下形式：

$$P(x \mid y_i)=P(y_i)\prod_{j=1}^{m}P(a_j \mid y_i) \tag{5-52}$$

通过式(5-51)与式(5-52)实现各个条件概率的计算，然后对各个条件概率进行比较，选择数值最大的条件概率，其 y_k 就为使用朴素贝叶斯进行分类的预测结果。

朴素贝叶斯算法逻辑非常简单，易于实现，同时其分类过程中时空开销非常小，因为其假设特征相互独立，只会涉及二维存储。但是其也存在缺点，如果数据属性个数比较多或者属性之间相关性比较大的情况下，朴素贝叶斯模型的分类效果会较差，因为朴素贝叶斯模型假设属性之间是相互独立的。

2. 算法实现

下面讲解如何为鸢尾花数据集构建朴素贝叶斯分类模型，数据导入以及最终结果可

视化等与 KNN 算法代码相同，与 KNN 算法的区别是朴素贝叶斯算法采用的是 Sklearn
中的 naive_bayes 模块中的 GaussianNB 方法搭建贝叶斯模型。

采用鸢尾花数据集进行朴素贝叶斯模型训练以及对训练模型进行预测的代码如下
所示。

【例 5-11】

<table>
<tr><td colspan="5" align="center">程序 5-5 朴素贝叶斯分类模型</td></tr>
<tr><td colspan="5">

```python
from sklearn import datasets
from sklearn import naive_bayes
from sklearn.metrics import classification_report
from sklearn.model_selection import train_test_split
bayes = naive_bayes.GaussianNB()
iris = datasets.load_iris()
X = iris.data
Y = iris.target
x_train, x_test, y_train, y_test = train_test_split(X,Y, test_size = 0.3)
bayes.fit(x_train,y_train)
print("贝叶斯模型训练集的准确率:%.3f" %bayes.score(x_train, y_train))
print("贝叶斯模型测试集的准确率:%.3f" %bayes.score(x_test, y_test))
target_names = ['setosa', 'versicolor', 'virginica']
y_hat = bayes.predict(x_test)
print(classification_report(y_test, y_hat, target_names = target_names))
```

</td></tr>
<tr><td colspan="5" align="center">运行及结果</td></tr>
<tr><td colspan="5">贝叶斯模型训练集的准确率:0.943
贝叶斯模型测试集的准确率:1.000</td></tr>
<tr><td></td><td>precision</td><td>recall</td><td>f1-score</td><td>support</td></tr>
<tr><td>setosa</td><td>1.00</td><td>1.00</td><td>1.00</td><td>16</td></tr>
<tr><td>versicolor</td><td>1.00</td><td>1.00</td><td>1.00</td><td>18</td></tr>
<tr><td>virginica</td><td>1.00</td><td>1.00</td><td>1.00</td><td>11</td></tr>
<tr><td>accuracy</td><td></td><td></td><td>1.00</td><td>45</td></tr>
<tr><td>macro avg</td><td>1.00</td><td>1.00</td><td>1.00</td><td>45</td></tr>
<tr><td>weighted avg</td><td>1.00</td><td>1.00</td><td>1.00</td><td>45</td></tr>
</table>

5.4.4 支持向量机

支持向量机方法是 V.N.Vapnik 等于 20 世纪 60 年代提出的基于统计学习理论的新
型学习方法，20 世纪到 90 年代中期这一理论才开始受到越来越广泛的重视。这一新的
理论方法在解决模式识别中小样本、非线性及高维识别问题时表现出独特的优势和良好
的应用前景。SVM 在若干个方面，体现出了比其他分类方法更大的优势，例如无须调整
参数、训练和执行效率高、可以获得全局最优解。SVM 在 20 世纪 90 年代到 21 世纪初，
成为最流行的机器学习算法之一。

1. 算法原理

支持向量机算法最初是二分类问题引起的。它的运作流程是通过不断地拟合出一条合适的边界,使相似的点即同属于一类的点划分在一块[3]。如果在训练集中找到这样合适的边界,那么对于没有标签的新数据点,只需要检测该点位于边界的哪一侧。这个边界通常称为超平面(Hyperplane),当数据只有两个属性时,超平面在二维空间表示为一条直线或者曲线,如图 5-11 所示;而当属性有 3 个时,超平面则表示为一个平面或者一个不规则曲面。对于属性超过 3 个的情况下,其数据空间很难在视觉上描述,所以统称为超平面。SVM 算法确定超平面只需要一系列关键的数据点来支持超平面选取,而不是所有的数据点都要使用。如图 5-11 中虚线穿过的边缘点支持了超平面的建立。将这些关键的数据点称为支持向量(Support Vector)。因为数据本质就是多个属性数值组成的向量,且它们"支持"了边界的建立。

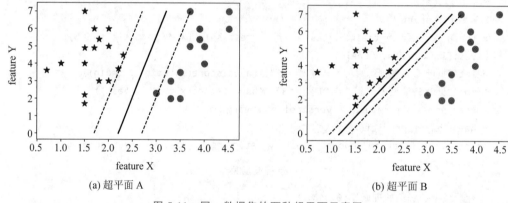

(a) 超平面 A　　　　　　　　　　　(b) 超平面 B

图 5-11　同一数据集的两种超平面示意图

由图 5-11 可知,在同一个数据集可以建立多种不同的超平面,那么究竟哪个是最佳的超平面呢? SVM 算法认为超平面 A 较超平面 B 更好,因为超平面 A 的分类间隔好于超平面 B 的分类间隔。这里引入了新的概念间隔,间隔表示支持向量在 n 维空间中距离超平面的距离。本质上 SVM 的分类就是不断地进行优化操作,最大化分类间隔,从而获得最佳的超平面。

然而完美分开所有的数据点是行不通的,超平面的间隔内经常会出现大量的数据点,所以最优的超平面应该满足其间隔内存在最少的数据点。同时超平面很难做到将所有数据点正确分类,所以引入罚分值(Penalty)的概念。对每个误分类的数据点,结合其与超平面的距离计算其罚分 ξ,对罚分进行求和。通过不断地最小化罚分总和找出最优超平面。

类似于图 5-11 中可以通过采用线性方程获取超平面的数据集,我们称之为线性可分数据集,可以通过构造线性方程计算参数来获取最佳超平面,而对于线性不可分的数据集,很难采用这种方式。这时应该如何使用 SVM 算法来进行分类呢? 举一个简单的线性不可分的例子,假设存在两类分别满足 $x^2 + y^2 = 1$ 和 $x^2 + y^2 = 9$,其图像如图 5-12

所示。

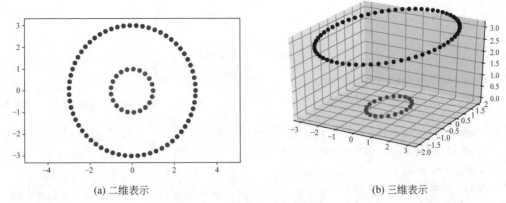

(a) 二维表示　　　　　　　　　　　　　　　(b) 三维表示

图 5-12　非线性数据高纬度处理

由图 5-12(a)明显可知不存在一个线性方程可以对数据集进行分类,而当引入 $z=\sqrt{x^2+y^2}$ 时,其结果如图 5-12(b)所示,明显可以得到一个平面对两类数据进行分割。例如以 $z=2$ 平面作为超平面,成功将非线性问题转化为线性问题,然后按照线性 SVM 模型进行运算即可实现非线性可分数据的 SVM 分类问题。由此可知,可以将在低维空间中线性不可分的数据转换到高维空间中,使其在高维空间中变得线性可分。这种将非线性可分的数据转换为线性可分的数据所需的特征转换函数称为核函数(Kernel Function)。核函数可以将原始特征映射到另一个高维特征空间中,解决原始空间的线性不可分问题。理论上任意的数据样本都能够找到一个合适的映射,使得这些在低维空间不能划分的样本到高维空间中之后能够线性可分。将线性不可分问题转化为线性可分问题,然后再采用线性可分 SVM 进行分类预测。在 SVM 算法中,不需要手动转换数据,SVM 中核函数可以用来实现非线性可分数据到线性可分数据的转换,只需选取合适的核函数即可,这里不再具体介绍各种核函数。

因为已知非线性可分的数据也可以采用核函数转换为线性可分的数据,所以下面主要讲解线性可分 SVM 的算法实现。其可以分为三个步骤。第一步,确定分类边界:因为线性可分,所以不同类别边界不存在交叉。第二步,找出最佳超平面:最佳超平面应使间隔最大化的同时使罚分值最小。第三步,分类:判断测试集位于超平面的哪一边,实现最终的分类任务。

支持向量机计算的复杂性取决于支持向量的数目,避免了"维数灾难";其具有较好的"鲁棒"性,增、删非支持向量样本对模型没有影响。但是 SVM 算法对大规模训练样本难以实施。

2. 算法实现

下面讲解如何为鸢尾花数据集构建 SVM 分类模型,数据导入以及最终结果可视化都与前面讲述的分类方法相同,SVM 算法采用的是 Sklearn 中的 svm 模块中的 SVC 方法搭建分类模型。

采用鸢尾花数据集进行 SVM 分类模型训练以及对训练模型进行预测的代码如下所示。

【例 5-12】

<table>
<tr><td colspan="2" align="center">程序 5-6　SVM 分类模型</td></tr>
</table>

```
from sklearn import datasets
from sklearn import neighbors
from sklearn import svm
from sklearn.metrics import classification_report
from sklearn.model_selection import train_test_split
svm = svm.SVC()
iris = datasets.load_iris()
X = iris.data
Y = iris.target
x_train, x_test, y_train, y_test = train_test_split(X,Y, test_size = 0.3, random_
state = 0)
svm.fit(x_train,y_train)
print("SVM 模型训练集的准确率:%.3f" % svm.score(x_train, y_train))
print("SVM 模型测试集的准确率:%.3f" % svm.score(x_test, y_test))
target_names = ['setosa', 'versicolor', 'virginica']
y_hat = svm.predict(x_test)
print(classification_report(y_test, y_hat, target_names = target_names))
```

运行及结果

SVM 模型训练集的准确率:0.981
SVM 模型测试集的准确率:0.978

	precision	recall	f1-score	support
setosa	1.00	1.00	1.00	16
versicolor	1.00	0.94	0.97	18
virginica	0.92	1.00	0.96	11
accuracy			0.98	45
macro avg	0.97	0.98	0.98	45
weighted avg	0.98	0.98	0.98	45

5.5　聚类

5.5.1　概述

"物以类聚,人以群分",在自然科学和社会科学中,存在着大量的分类问题。聚类分析指将物理或抽象对象的集合分组为由类似的对象组成的多个类的分析过程,它是一种重要的人类行为。

聚类分析的目的就是把某些方面相似的东西进行归类,以便从中发现规律性,达到认识事物客观规律的目的。聚类源于很多领域,包括数学、计算机科学、统计学、生物学和经济学。在不同的应用领域,很多聚类技术都得到了发展,这些技术方法被用作描述数据,衡量不同数据源间的相似性,以及把数据源分类到不同的簇中。由聚类所生成的簇是一组数据对象的集合,这些对象与同一个簇中的对象彼此相似,与其他簇中的对象相异。

聚类拥有着很高的实用价值。聚类分析可以用于市场营销,基于客户的购物记录、消费习惯、消费水平等信息实现对不同客户分类,刻画不同客户群的特征,从而针对不同类客户群投放不同的营销策略;聚类分析还经常用来文本聚类,自动将相似的文档划分在相同目录,通过聚类可以让我们快速理解并概括全文内容;同时聚类也广泛应用于网页浏览,基于不同人群的点击,聚类可以识别出不同人群的浏览习惯,从而帮助电商针对不同人群制定不同网站功能。

聚类方法本身具有很多种,因为它们衡量数据点远近的标准不同,具体可以分为以下3 类。

(1) 基于原型的聚类:每一个簇都由某个中心数据点代表,这个中心数据点称为原型。例如对鸢尾花分型时,每一种鸢尾花都可以找到一个代表,以它为中心,同属一类的鸢尾花中其余所有的鸢尾花均与这个代表有相似的特征。

(2) 基于密度的聚类:其认为簇是数据点的密集地,被零散的数据点或者空白区域包围,将高密度的数据点标记为簇,而零散的数据点则被认为是噪声。基于密度的聚类最终簇的个数由算法确定,不能人为规定簇的个数。

(3) 基于层次的聚类:根据数据点之间的距离构建簇的等级,其输出是一种树状结构。层次聚类的构建方法分为自下而上与自上而下。自下而上将单个数据点看作一个簇,然后按照距离将其组合,直到簇的个数到达目标值;自上而下则是将整个数据集看作一个簇,然后逐渐分割一个个子簇,最终簇的个数达到目标值则停止分割。

5.5.2 原型聚类

原型聚类亦称为基于原型的聚类(Prototype-Based Clustering),此类算法假设聚类结构能通过一组原型刻画,在现实聚类任务中极为常见。通常情况下,先对原型进行初始化,然后对原型进行迭代更新求解。采用不同的原型表示、不同的求解方法,将产生不同的算法。下面介绍几种著名的原型聚类算法。

1. K 均值聚类

K 均值聚类算法是基于原型的聚类算法,数据集会聚出 k 个簇,它也是最简单最常用的聚类算法之一。K 均值的目标是通过寻找各个簇的质心作为原型,将与各个质心相邻的点聚成各簇,从而实现聚类,其中 K 均值算法的质心的求解为该簇类所有点的均值。

下面通过对鸢尾花聚类来详细介绍 K 均值聚类。首先此案例聚类数据属性只选用花瓣长度与花瓣宽度。因为由图 5-13(见彩插)可得花瓣长度与花瓣宽度形成的散点图刚好按照鸢尾花的种类分为了 3 个簇,所以选用的特征维度 n 为 2,簇的个数 k 为 3。下面详细介绍采用 K 均值进行鸢尾花聚类的原理。

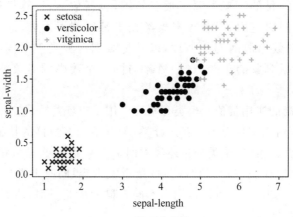

图 5-13 鸢尾花散点图

第一步：初始质心。

从数据集中随机选取 k 个分散的鸢尾花作为聚类分析的初始质心。其中选取的 k 个初始质心如图 5-14(a)所示，形状为圆形。

第二步：划分数据点。

质心确立之后，计算每个点与各个质心的距离，将数据点划分到距离最近的质心所在的簇内。这一步最为重要的操作是计算距离，距离计算方式有多种，例如欧氏距离、曼哈顿距离或者 Jaccard 相似度，这里采用欧氏距离进行计算。具体地，含有 2 个属性的鸢尾花数据点 $A(a_1, a_2)$ 和 $B(b_1, b_2)$ 的欧氏距离的计算公式为

$$d = \sqrt{(a_1 - b_1)^2 + (a_2 - b_2)^2} \tag{5-53}$$

对各个点都分别与 3 个质心进行计算，寻找最近质心，归入该簇，这样将数据空间划分为 k 个子区域，各区域的边界以虚线划分。具体情况如图 5-14(b)所示。

第三步：寻找新的质心。

因为由图 5-14(c)可得，原质心不在新簇的质心位置，所以按照上一步划分好的簇，计算每一个簇的新质心。从数学角度讲，新质心的确定就是所有点到质心距离的均方误差平方和(Sum of Squared Error, SSE)最小化问题。其中 SSE 的计算公式为

$$\text{SSE} = \sum_{i=1}^{k} \sum_{x_j \in C_i} || x_j - u_i ||^2 \tag{5-54}$$

其中，C_i 是第 i 个簇，含有 j 个数据点，x_j 是该簇内第 j 个数据点，u_i 是质心。不难推导出能使 SSE 最小的中心点是均值。K 均值聚类确定的新质心如图 5-11(c)所示。其中均值的计算公式为

$$u_i = \frac{1}{j} \sum_{i} \sum_{x_j \in C_i} X \tag{5-55}$$

第四步：反复计算并更新质心。

确定好新的质心后重新开始第二步，对数据点进行划分，反复操作直到各个数据点不再变更所属的簇。此时各个簇的质心就是数据内部各个簇的原型。

K 均值聚类是解决聚类问题的一种经典算法，它拥有着简单快速的优点。同时对处理

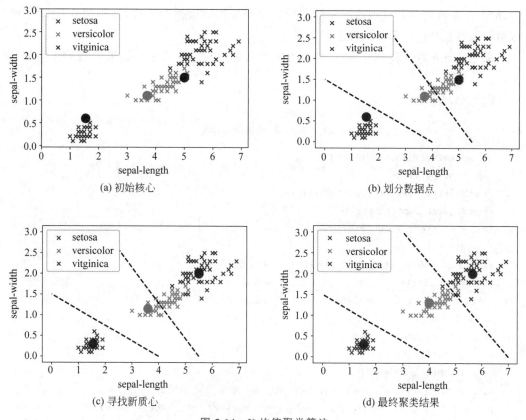

图 5-14　K 均值聚类算法

大数据集,该算法保持可伸缩性和高效性。当簇接近高斯分布时,它的效果较好。但是 K 均值聚类算法中 k 是事先给定的,这个 k 值的选定是非常难以估计的。初始聚类中心的选择对聚类结果有较大的影响,一旦初始值选择得不好,可能无法得到有效的聚类结果。当数据量非常大时,算法的时间开销是非常大的,且这一聚类算法对噪声和孤立点数据敏感。

2. 其他原型聚类算法

与 K 均值聚类算法类似,学习向量量化(Learning Vector Quantization,LVQ)也是试图找到一组原型向量来刻画聚类结构,但与一般的聚类算法不同的是,LVQ 假设数据样本带有类别标记,学习过程利用样本的这些监督信息来辅助聚类。可看作通过聚类来形成类别"子类"结构,每个子类对应一个聚类簇。

高斯混合聚类也是一种聚类方法,其采用概率模型来表达聚类原型,是将高斯分布、贝叶斯公式、极大似然法和聚类等的原理及思想相结合的一种原型聚类算法,基本原理本文不再详细叙述。

3. K 均值聚类实现

我们选用 iris 数据库进行 K 均值聚类算法的研究,提取 iris 中的 4 个属性值,采用 sklearn.cluster 中的 K 均值构造聚类器,设置 k 为 3。然后将最终的聚类结果绘制散点图,散点图的行列分别选用鸢尾花的花瓣长度与花瓣宽度两个属性,并与图 5-13 所示的按照鸢尾花品种进行分类的散点图做对比。

采用鸢尾花数据集进行 K 均值聚类模型训练以及对最终聚类结果的展示代码如下所示。

【例 5-13】

程序 5-7　K 均值聚类模型

```python
import matplotlib.pyplot as plt
import numpy as np
from sklearn.cluster import KMeans
from sklearn import datasets
iris = datasets.load_iris()
X = iris.data
estimator = KMeans(n_clusters=3)        #构造聚类器
estimator.fit(X)                        #聚类
label_pred = estimator.labels_          #获取聚类标签
#绘制 K 均值结果
x0 = X[label_pred == 0]
x1 = X[label_pred == 1]
x2 = X[label_pred == 2]
plt.scatter(x0[:, 2], x0[:, 3], c="red", marker='o', label='label0')
plt.scatter(x1[:, 2], x1[:, 3], c="green", marker='*', label='label1')
plt.scatter(x2[:, 2], x2[:, 3], c="blue", marker='+', label='label2')
plt.legend(loc=2)
plt.show()
```

运行及结果

例 5-13 的运行结果如图 5-15 所示。

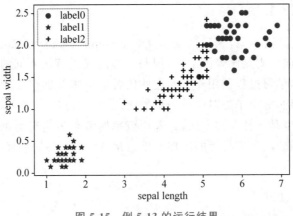

图 5-15　例 5-13 的运行结果

5.5.3　密度聚类

密度聚类又称为基于密度聚类(Density-Based Clustering),此类算法假设聚类结构由样本分布的紧密程度确定,以数据集在空间分布上的稠密程度为依据进行聚类,即只要一个区域中的样本密度大于某个阈值,就把它划入与之相近的簇中。不同于基于质心的原型聚类算法,基于密度聚类算法不需要事先设置 k 值。常用的密度聚类算法有**DBSCAN**、**MDCA**、**OPTICS**、**DENCLUE** 等,下面主要讲解 DBSCAN 算法。

1. 算法原理

DBSCAN[18] 是一种著名的密度聚类算法,它基于一组邻域参数$(\varepsilon,\text{Minpts})$刻画样本分布的紧密程度,寻找数据集中的高密度以及低密度区域来完成聚类。可以将该算法归纳为 3 个步骤:设定邻域参数,数据点分类,聚类。

第一步:设定邻域参数$(\varepsilon,\text{Minpts})$

以各个数据点为中心,以 ε 为半径,计算其 ε-邻域内的数据点密度。其中 Minpts 代表一个簇中最少的数据点个数,高于这个值则为高密度区域,否则为低密度区域。用户可以根据数据集的实际密度的不同设置这两个参数。

第二步:数据点分类。

基于邻域参数,在 DBSCAN 算法中,所有的数据点可以分为以下 3 个类别。

(1)核心点:如果某个点的邻域内的数据点数目高于阈值 Minpts,则将这个点视为核心点。

(2)边界点:边界点是位于核心点邻域之内的,但是其自身的邻域内数据点数小于Minpts 的点,起到将高密度区域与低密度区域分开的作用。

(3)噪声点:既不是核心点也不是边界点的其他数据点,它们组成低密度区域。

核心点、边界点和噪声点具体情如图 5-16 所示。

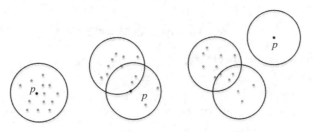

图 5-16　核心点、边界点和噪声点

进行密度聚类之前还需要了解下面 3 个概念。

(1)密度直达:如果样本点 o 在 p 的邻域内,且 p 为核心点,则 p 到 o 密度直达。

(2)密度可达:给定一串样本点 $p_1,p_2,\cdots,p_n$,其中 $p=p_1,q=p_n$,假如从 p_{i-1} 到 p_i 密度直达,则从 p 到 q 密度可达。如图 5-16 所示,p、o 为核心点,p 到 o 密度直达且 o 到 q 密度直达,则 p 到 q 密度可达。

(3)密度相连:若 p 到 q 密度可达,p 到 t 也是密度可达的,则 q 和 t 是密度相连的。

具体情况如图 5-17 所示。

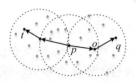

图 5-17　密度可达　　　　　图 5-18　密度相连

第三步：聚类。

DBSCAN 的目标为找到密度相连数据点的最大集合，此集合作为最终的一簇。首先核心点各自成簇，采用密度相连的概念逐步对簇进行合并，打上标记。最终核心点密集的区域会被低密度噪声点包围，噪声点不单独成簇。所以采用 DBSCAN 进行聚类，最终的结果有一些数据点是没有标记的，这些就是噪声点。

DBSCAN 聚类算法的优点有：不用事先设定簇的个数，算法根据数据自身找出各簇；适于稠密的非凸数据集，可以发现任意形状的簇；可以在聚类时发现噪声点、对数据集中的异常点不敏感；对样本输入顺序不敏感等。但因为其是基于密度分析，如果客观存在的两个簇没有明显的可分间隔，则很有可能被合并为同一个簇；同时 DBSCAN 聚类的参数调节较为复杂，参数设置对结果影响较大；且 DBSCAN 对高维的数据处理效果不好。

2. 算法实现

仍然选用 iris 数据库进行 DBSCAN 聚类算法的研究，提取 iris 中的 4 个属性值，采用 sklearn.cluster 中的 DBSCAN 方法构造聚类器，邻域参数设置为(0.4,9)。然后将最终的聚类结果绘制散点图，散点图的绘制与例 5-13 一致。

采用鸢尾花数据集进行 DBSCAN 聚类模型训练以及对最终聚类结果的展示代码如下所示。

【例 5-14】

程序 5-8　DBSCAN 聚类模型

```python
import matplotlib.pyplot as plt
import numpy as np
from sklearn import datasets
from  sklearn.cluster import DBSCAN
iris = datasets.load_iris()
X = iris.data
dbscan = DBSCAN(eps=0.4, min_samples=9)
dbscan.fit(X)
label_pred = dbscan.labels_
x0 = X[label_pred == 0]
x1 = X[label_pred == 1]
x2 = X[label_pred == 2]
plt.scatter(x0[:, 2], x0[:, 3], c="red", marker='o', label= 'label0')
```

```
plt.scatter(x1[:, 2], x1[:, 3], c="green", marker=' * ', label='label1')
plt.scatter(x2[:, 2], x2[:, 3], c="blue", marker='+', label='label2')
plt.legend(loc=2)
plt.show()
```

运行及结果

例 5-14 的运行结果如图 5-19 所示。

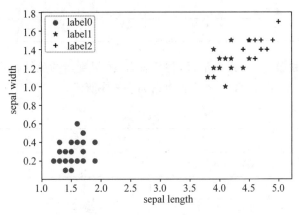

图 5-19　例 5-14 的运行结果

5.5.4　层次聚类

层次聚类(Hierarchical Clustering)试图在不同的层次对数据集进行划分,从而形成树状的聚类结构。层次聚类可以分为凝聚(Agglomerative)层次聚类和分裂(Divsive)层次聚类。凝聚层次聚类采用的是"自底向上"的思想,先将每一个样本都看成是一个不同的簇,通过重复将最近的一对簇进行合并,直到达到预设的聚类簇个数。分裂层次聚类采用的就是"自顶而下"的思想,先将所有的样本都看作是同一个簇,然后通过迭代将簇划分为更小的簇,直到达到预设的聚类簇个数。

在凝聚层次聚类中,需要对距离相近的簇进行合并,判定簇间距离的两个标准方法就是单连接和全连接。单连接计算每一对簇中最相似两个样本的距离,并合并距离最近的两个样本所属簇。全连接通过比较找到分布于两个簇中最不相似的样本(距离最远),从而来完成簇的合并。目前使用较多的是自底向上的聚类方法,AGNES 是一种单连接凝聚层次聚类方法,采用自底向上的方法,先将每个样本看成一个簇,然后每次对距离最短的两个簇进行合并,不断重复,直到达到预设的聚类簇个数。其类似哈夫曼树结构,只是将节点值改为距离最小值。下面通过一个简单的例子讲解 AGENS 算法。

1. 算法原理

使用 AGNES 算法对下面的数据集进行聚类,以单连接计算簇间的距离。刚开始共有 5 个簇:$C_1 = \{A\}$、$C_2 = \{B\}$、$C_3 = \{C\}$、$C_4 = \{D\}$ 和 $C_5 = \{E\}$。初始簇间的距离如表 5-4 所示。

表 5-4　初始簇间的距离

样本点	样 本 点				
	A	B	C	D	E
A	0	0.4	2	2.5	3
B	0.4	0	1.6	2.1	1.9
C	2	1.6	0	0.6	0.8
D	2.5	2.1	0.6	0	1
E	3	1.9	0.8	1	0

Step1：簇 C_1 和簇 C_2 的距离最近，将两者合并，得到新的簇结构：$C_1=\{A,B\}$、$C_2=\{C\}$、$C_3=\{D\}$ 和 $C_4=\{E\}$。合并之后的距离如表 5-5 所示。

表 5-5　Setp1 后簇间距离

样本点	样 本 点			
	AB	C	D	E
AB	0	1.6	2.1	1.9
C	1.6	0	0.6	0.8
D	2.1	0.6	0	1
E	1.9	0.8	1	0

Step2：接下来簇 C_2 和簇 C_3 的距离最近，将两者合并，得到新的簇结构：$C_1=\{A,B\}$、$C_2=\{C,D\}$ 和 $C_3=\{E\}$。合并之后的距离如表 5-6 所示。

表 5-6　Setp2 后簇间距离

样本点	样 本 点		
	AB	CD	E
AB	0	1.6	1.9
CD	1.6	0	0.8
E	1.9	0.8	0

Step3：接下来簇 C_2 和簇 C_3 的距离最近，将两者合并，得到新的簇结构：$C_1=\{A,B\}$ 和 $C_2=\{C,D,E\}$。合并之后的距离如表 5-7 所示。

表 5-7　Setp3 后簇间距离

样本点	样 本 点	
	AB	CDE
AB	0	1.6
CDE	1.6	0

Step4：最后只剩下簇 C_1 和簇 C_2，两者的最近距离为 1.6，将两者合并，得到新的簇结构：$C_1 = \{A,B,C,D,E\}$。AGNES 的聚类过程如图 5-20 所示。

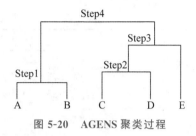

图 5-20　AGENS 聚类过程

与密度聚类相比，AGNES 可以选择聚类簇数且不会丢失样本。但是采用不同的距离进行连接，可能结果差别较大。

2. 算法实现

仍然选用 iris 数据库进行 AGENS 聚类算法的研究，采用 sklearn.cluster 中的 AgglomerativeClustering 方法构造聚类器，参数 n_clusters 设置为 3，代表聚类为 3 个簇。然后将最终的聚类结果绘制散点图，散点图的绘制与例 5－10 一致。

采用鸢尾花数据集进行 AGENS 聚类模型训练以及对最终聚类结果的展示代码如下所示。

【例 5-15】

程序 5-9　AGENS 聚类模型

```python
import matplotlib.pyplot as plt
import numpy as np
from sklearn import datasets
from  sklearn.cluster import AgglomerativeClustering
iris = datasets.load_iris()
X = iris.data
agnes = AgglomerativeClustering(linkage= 'ward', n_clusters=3)
agnes.fit(X)
label_pred = agnes.labels_
x0 = X[label_pred == 0]
x1 = X[label_pred == 1]
x2 = X[label_pred == 2]
plt.scatter(x0[:, 0], x0[:, 1], c="red", marker='o', label= 'label0')
plt.scatter(x1[:, 0], x1[:, 1], c="green", marker=' * ', label='label1')
plt.scatter(x2[:, 2], x2[:, 3], c="blue", marker='+ ', label='label2')
plt.legend(loc=2)
plt.show()
```

例 5-15 的运行结果如图 5-21 所示。

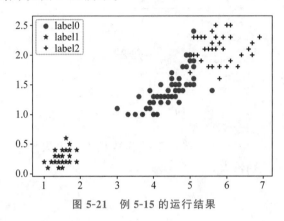

图 5-21　例 5-15 的运行结果

5.6　神经网络

5.6.1　神经元模型

神经网络是通过对人脑的基本单元——神经元的建模和连接,探索模拟人脑神经系统功能的模型,并研制一种具有学习、联想、记忆和模式识别等智能信息处理功能的人工系统。神经网络的一个重要特性是它能够从环境中学习,并把学习的结果分布存储于网络的突触连接中。神经网络中最基本的组成单位是神经元(Neuron)模型,在生物神经网络中神经元的信息处理方式包括输入、处理、输出 3 个阶段,分别对应神经元细胞的树突、细胞体、轴突。神经元细胞(见图 5-22)从树突接收来自很多其他神经元的信号,通过细胞体计算这些信号是否到达传递的阈值,从而决定是否由轴突将信号传递给其他神经元。

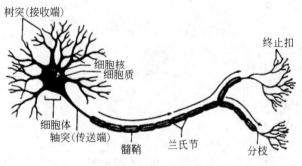

图 5-22　神经元细胞

人工神经网络就是对神经元进行建模,构造神经元模型。在这个模型中神经元接收到其他 n 个神经元传递过来的输入信号,这些输入信号通过带权重的连接进行传递,神经元接收到的总的输入值与神经元的阈值进行比较,然后通过"激活函数"f 决定是否对外发送信号。

如图 5-23 所示的神经元模型，$I_1, I_2, \cdots, I_n$ 代表输入信号，$W_1, W_2, \cdots, W_n$ 代表其权重，通过式(5-56)求总输入值 SUM

$$\text{SUM} = I_1W_1 + I_2W_2 + \cdots + I_nW_n \tag{5-56}$$

则输出值 y 的计算公式应为

$$y = f(\text{SUM} - T) \tag{5-57}$$

其中，f 为激活函数，T 为阈值。因为神经元细胞只有神经元兴奋与神经元抑制两种情况存在，所以理想中的激活函数的输出值只需要 0 和 1，即图 5-24(a)中所表示的阶跃函数，然而阶跃函数由于其不连续、不光滑的性质，所以人们通常采用 Sigmoid 作为激活函数。Sigmoid 函数如图 5-24(b)所示，把输入范围较大的输入值压缩在(0,1)的范围内进行输出。

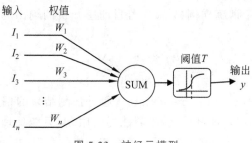

图 5-23 神经元模型

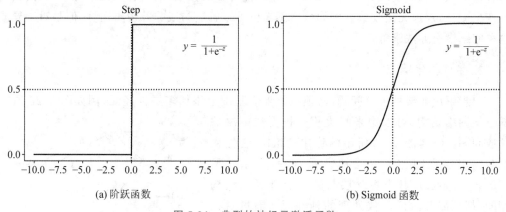

(a) 阶跃函数   (b) Sigmoid 函数

图 5-24 典型的神经元激活函数

这就是人工设计的神经元模型，通过将这些神经元按照一定的层次结构连接起来就可以得到人工神经网络。可以将人工神经网络看作包含有很多参数的数学模型，它是通过若干个函数(例如函数 f)相互嵌套而成。目前常用的激活函数除 Sigmoid 函数外还有很多其他函数，例如 Tanh 函数、ReLU 函数、Softmax 函数等。

5.6.2 感知机与多层神经网络

1. 感知机

感知机(Perceptron)由两层神经元组成，分别称为输入层与输出层，输入层接收输入信号传递给输出层,输出层则为图 5-23 所表示的功能神经元。感知机是人工神经网络中最简化的形式,图 5-25 给出了一个简单的感知机模型。

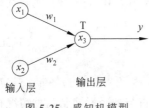

图 5-25　感知机模型

通过使用图 5-25 所示的感知机模型可以轻松地实现逻辑与、或、非的操作。以与操作为例,假设感知机使用阶跃函数作为激活函数,则当 $w_1 = w_2 = 1$, $T = 1.5$ 时,当且仅当 $x_1 = x_2 = 1$, $y = f(\text{sum} - T)$ 结果为 1。同理对于或运算与非运算也可以通过修改 w_1、w_2、T 等参数值实现。

那么计算机如何确定权重 w_i 以及阈值 T 呢?一般来说,感知机可以通过对给定的数据集进行训练,学习获得权重以及阈值。其中,可以将阈值看作一个输入一直为 -1 的节点的权重 w_{n+1},这样就转化为对权重的学习。感知机的学习规则如下所示,对于训练样例 (x, y),若目前感知机的输出为 $\hat{y}$,则感知机的权重调整规则为

$$w_i \leftarrow w_i + \Delta w_i \tag{5-58}$$

$$\Delta w_i = \eta(y - \hat{y})x_i \tag{5-59}$$

其中,$\eta \in (0, 1)$,表示学习率(Learning Rate),通过预测结果的偏差,按照学习率调整权重。因为感知机只有一层功能神经元,学习能力有限,其只能处理线性可分问题,即可以处理存在超平面将数据分为两类的问题。通过感知机的学习,权重会逐渐地收敛,最终获得合适的权重从而实现分类。但是对于非线性可分的数据,使用感知机进行学习,其权重会产生振荡,永远无法收敛。例如虽然感知机可以解决与或非等逻辑运算,但是对于异或这种问题没有办法求解。

2. 多层神经网络

要想解决非线性可分问题,必须在原来的基础上添加多层神经元,例如图 5-26 所示的三层网络结构,可以用来解决感知机无法解决的异或问题。它与图 5-25 所示的感知机相比,在输入层与输出层之间加了一层神经元,被称为隐含层(Hidden Layer),其中隐含层与输出层神经元结构相同,都是需要激活函数处理的神经元。通过对权重 $w_1, w_2, \cdots, w_6$ 以及阈值 T_1、T_2、T_3 进行学习,使模型可以完成异或问题的求解。例如假设激活函数为阶跃函数,当 $w_1 = w_4 = w_5 = w_6 = 1$, $w_2 = w_3 = -1$, $T_1 = T_2 = T_3 = 0.5$ 时,网络模型可以解决异或问题,当输入 $(0,0)$ 或 $(1,1)$ 时 y 为 0,输入 $(0,1)$ 或 $(1,0)$ 时 y 为 1。

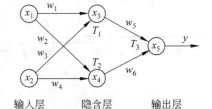

图 5-26　解决异或问题的
神经网络结构

将图 5-26 所示的多层神经网络进行一般化,扩充每层的神经元数量,每层神经元与下层神经元全互连,本层之间的神经元不存在互连,也不存在跨层连接。人们将这种网络称为多层前馈神经网络。这类网络的学习过程类似感知机,都是通过训练数据集,逐渐调整各个神经元的权重(也称为连接权)以及阈值,最终收敛到正确结果。图 5-27 是采用这种网络结构对鸢尾花数据集进行类别预测的网络模型,输入变量包含有花萼长度、花萼宽

度、花瓣长度、花瓣宽度 4 个属性，经过隐层最终到达输出层，输出层是鸢尾花的 3 个品种。网络经过学习算法的学习，放入一个新的鸢尾花数据，经过网络运算，从输出层提取 3 个节点的值进行比较，最大的作为预测结果。

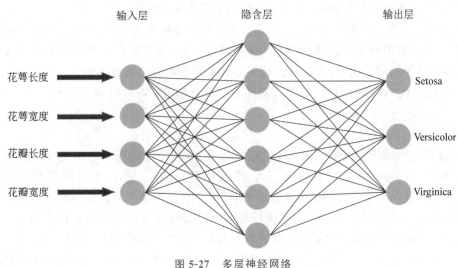

图 5-27　多层神经网络

5.6.3　误差逆传播算法

1. BP 算法原理

多层神经网络较单层的感知机拥有更强的性能，随着网络层数的变多，感知机的权重调整规则已经不能满足，所以提出了新的算法，而误差逆传播（Error Back Propagation，BP）[19]算法就是其中的杰出代表。BP 算法最早由 Werbos 于 1974 年提出，1985 年 Rumelhart 等人发展了该理论。由于多层前馈网络的训练一般采用 BP 算法，所以也经常将多层前馈神经网路称为 BP 神经网络。当然，BP 算法不但适用于多层前馈神经网络，而且也可以用于其他类型的网络。

BP 算法由信号的正向传播和误差的反向传播两个过程组成。

（1）正向传播时，输入样本从输入层进入网络，经隐含层逐层传递至输出层，如果输出层的实际输出与期望输出（样本标签）不同，则转至误差反向传播；如果输出层的实际输出与期望输出（样本标签）相同，结束学习算法。

（2）反向传播时，将输出误差（期望输出与实际输出差值）按原通路反向传递，通过隐含层反向传递，直至输入层。在反向传递过程中将误差分摊给各层的各个神经元，获得各层各神经元的误差信号，并将其作为修正各神经元权值的根据。这一计算过程使用梯度下降法完成，在不停地调整各层神经元的权值和阈值后，使误差信号减小到最低限度。这里不再详细介绍梯度下降算法。

权值和阈值不断调整的过程，就是网络的学习与训练过程，经过信号正向传播与误差反向传播，权值和阈值的调整反复进行，一直进行到预先设定的学习训练次数，或输出误差减小到允许的程度。

虽然 BP 算法是训练神经网络的基础算法,但是其存在以下缺点。

(1) 训练时间较长:对于某些特殊的问题,运行时间可能需要几小时甚至更长,这主要是因为学习率太小所致,可以采用自适应的学习率加以改进。

(2) 易陷入局部极小值:因为 BP 算法所采用的是梯度下降法,训练是从某一起始点开始沿误差函数的斜面逐渐达到误差的最小值,故不同的起始点可能导致不同的极小值产生,即得到不同的最优解,不能保证所求为误差超平面的全局最优解。

(3) 喜新厌旧:训练过程中,学习新样本时有遗忘旧样本的趋势。

2. 算法实现

下面讲述采用神经网络实现 iris 数据集的分类,神经网络模型的构建可以采用多种方法,例如 TensorFlow 框架就是一个目前使用非常广泛的神经网络框架,使用 TensorFlow 可以自己设计网络的层级结构,需要对神经网络有较深的理解。本书模型构建选用 Sklearn,因为 Sklearn 相对来说操作简单,Sklearn 中的神经网络构建与 5.3 节的分类模型构建非常类似,只需调用库函数直接使用,神经网络函数 MLPClassifier 位于 sklearn.neural_network 模块之下,直接调用即可。其中,MLPClassifier 可以选择修改各个可选参数优化网络模型,例如激活函数、每层神经元个数、优化算法、学习率、最大迭代次数等。虽然由于鸢尾花数据集较小,但是使用神经网络构造的鸢尾花分类模型仍然可以取得较高的预测准确率。

采用鸢尾花数据集进行神经网络分类模型训练以及预测的代码如下所示。

【例 5-16】

程序 5-10　神经网络分类模型

```
import numpy as np
from sklearn import datasets
from sklearn.model_selection import train_test_split
from sklearn.metrics import classification_report
from sklearn.neural_network import MLPClassifier
iris = datasets.load_iris()
X = iris.data
Y = iris.target
model = MLPClassifier()
x_train, x_test, y_train, y_test = train_test_split(X,Y, test_size = 0.3)
model.fit(x_train,y_train)
print("神经网络模型训练集的准确率:%.3f" %model.score(x_train, y_train))
print("神经网络模型测试集的准确率:%.3f" %model.score(x_test, y_test))
target_names = ['setosa', 'versicolor', 'virginica']
y_hat = model.predict(x_test)
print(classification_report(y_test, y_hat, target_names = target_names))
```

运行及结果			
神经网络模型训练集的准确率:0.981			
神经网络模型测试集的准确率:0.933			
	precision	recall	f1-score	support
setosa	1.00	1.00	1.00	16
versicolor	1.00	0.83	0.91	18
virginica	0.79	1.00	0.88	11
accuracy			0.93	45
macro avg	0.93	0.94	0.93	45
weighted avg	0.95	0.93	0.93	45

5.6.4　深度学习

深度学习是 21 世纪初流行起来的机器学习方法,它依赖于更深层次的神经网络。深度学习在图像识别、语音识别、自然语言处理、机器人等领域,获得了超过传统机器学习方法的性能。在人脸识别(Face Recognition)比赛 LFW 和自然图像分类比赛 ImageNet 中,获得了超过人类的识别能力。2016 年,Google 的 AlphaGO 围棋程序,击败了人类棋手李世石九段,再次显示了深度学习技术的强大威力。深度学习流行起来的一个因素是人们找到了提高深度神经网络模型训练效率的方法。主要的贡献者是 Toronto 大学的 Hinton 教授,他于 2006 年在 *Science* 杂志上发表了深度学习的里程碑式的论文,将深度学习的性能提升了一大截。

理论上来说,神经网络的参数越多,模型越复杂,那么它就可以完成更加复杂的学习任务。但是因为如果模型过于复杂会出现训练效率低、陷入过拟合概率大等问题,所以复杂的网络结构很难达到人们要求的性能。但是随着硬件的逐渐发展,计算能力的大幅提高,训练效率低的问题可以得到有效的解决;同时随着大数据时代的到来,训练数据的增加可以减少过拟合发生。所以以深度学习为代表的复杂模型开始受到关注。

典型的深度学习模型就是很深层的神经网络,通过增加隐含层的数量,网络模型对数据的表达能力进一步增强,拥有更强的学习能力。下面使用多隐含层网络代表深层的神经网络。随着网络深度的增加,随之而来的还有新问题。由于层数过多,传统的 BP 算法在进行误差逆传播的过程中很难收敛到稳定状态。所以需要采用新的方案进行多隐层网络的训练。

采用无监督逐层训练是训练多隐含层网络的有效手段,先进行预训练,即按照网络的层级结构先对网络内部的参数进行分组,对每组参数训练产生在局部表现较好的参数值,然后再根据这些局部较优的结果联合起来使用 BP 算法进行整个网络参数的微调,通过利用模型大量参数所提供的自由度的同时,有效减少了训练开销。

采用权值共享的策略也是一种常用的节省训练开销的手段,即让一组神经元使用相同的权重。卷积神经网络(Convolutional Neural Network,CNN)就使用权值共享的策略训练神经网络。卷积神经网络的特征提取策略是通过小的卷积滤波器(卷积核)在整个图片滑动以寻找某个特征,所以每一层级中每个特征提取都使用相同的卷积核,即这一组神经元的权值都相同,通过这种策略减少需要训练的参数量,有效地缩减了训练难度。

下面介绍几种典型的深度学习方法,首先介绍采用权值共享策略训练网络的卷积神经网络。卷积神经网络是一种特殊类型的前向反馈神经网络,特别适合于图像识别、语音分析等应用领域。卷积神经网络由于处于一个层级上的神经元共享权值,因而减少了网络自由参数的个数,降低了网络参数选择的复杂度。该优点在网络的输入是图像时表现得更为明显,可以使用图像直接作为网络的输入,避免了传统识别算法中复杂的特征提取过程。卷积神经网络运用了局部感受野的概念。CNN认为在图像中的空间联系中局部范围内的像素之间联系较为紧密,而距离较远的像素则相关性较弱。因此,每个神经元其实没有必要对全局图像进行感知,只需要对局部进行感知,然后在更高层将局部的信息综合起来就得到了全局的信息。

循环神经网络(Recurrent Neural Network,RNN)也是目前较为常用的网络模型。在样本出现的时间先后顺序非常重要、使用卷积神经网络进行分析不适合的应用场合,循环神经网络是可行的方案,通过使用循环神经网络来对时间关系进行建模。在自然语言处理、语音识别等方面有较多应用。RNN希望让网络下一时刻的状态与当前时刻相关,即需要创建一个有记忆的神经网络。上次隐藏层的输出,作为这一次隐藏层的输入,也就是一个神经元在时间戳 t 的输出,在下一时间戳 $t+1$ 作为输入作用于自身。

生成式对抗网络(Generative Adversarial Network,GAN)是一种无监督学习最具前景的深度学习模型之一,广泛应用于图像生成与数据增强领域。模型通过框架中两个模块:生成模型(Generative Model)和判别模型(Discriminative Model)的互相博弈学习产生相当好的输出。以生成图片为例,为了使GAN生成"以假乱真"的图片,生成模型接收一个随机噪声,通过噪声生成一个图片,判别模型则需要输入变量,此处为一张图片,通过判别模型预测这张照片是否是真实的。在训练过程中,生成模型的目标就是尽量生成真实的图片去欺骗判别模型。而判别模型的目标就是尽量把生成的图片和真实的图片分别开来。这样,生成模型和判别模型构成了一个动态的"博弈过程",使得生成模型生成质量较好的模型。

自编码器(AutoEncoder,AE)是一类在半监督学习和无监督学习中使用的人工神经网络,其功能是将输入信息作为学习目标,对输入信息进行表征学习。其结构分为编码器和解码器两部分,首先通过编码器对输入信息进行降维,获取输入信息的表征,然后解码器的作用是将降维的特征重新恢复到输入信息。按编码特征,自编码器可以被分为稀疏自编码器(Sparse AutoEncoders,SAE)、去噪自编码器(De－noising AutoEncoders,DAE)、收缩自编码器(Contractive AutoEncoders,CAE)与变分自编码器(Variational AutoEncoders,VAE)。按构筑类型,自编码器可以是前馈结构或递归结构的神经网络。自编码器具有一般意义上表征学习算法的功能,被应用于降维和异常值检测,同时自编码器可作为强大的特征检测器,应用于深度神经网络的无监督的预训练。

深度置信网络(Deep Belief Nets,DBN)是一种生成模型,通过训练其神经元间的权重,可以让整个神经网络按照最大概率来生成训练数据。人们不仅可以使用DBN识别特征、分类数据,还可以用它来生成数据。DBN的组成元件是受限玻尔兹曼机(Restricted Boltzmann Machines,RBM),RBM是一种神经感知器,由一个显层和一个隐含层构成,显层用于输入训练数据,隐含层用作特征检测器,显层与隐含层的神经元之间为双向全连接。同时,显层与隐含层内部神经元没有互连,每层之间神经元具有条件独立性,可并行计算整层神经元。DBN 是由多层 RBM 串联组成的一个神经网络,上一个 RBM 的隐层即为下一个 RBM 的显层,上一个 RBM 的输出即为下一个 RBM 的输入。其训练过程中采用无监督贪婪逐层方法去预训练获得权值,充分训练上一层的 RBM 后才能训练当前层的 RBM,直至最后一层。

图卷积网络(Graph Convolutional Network,GCN)是一类非常强大的用于图数据的神经网络架构。GCN 是对卷积神经网络在图数据上的自然推广,它能同时对节点特征信息与结构信息进行端对端学习,是目前对图数据学习任务的最佳选择。面对拓扑图中每个顶点的相邻顶点数目都可能不同、没有办法用一个同样尺寸的卷积核来进行卷积操作的问题,研究人员分别从空间域与谱域两种方法实现对拓扑图数据的卷积操作。基于空域卷积的方法直接将卷积操作定义在每个节点的连接关系上,它跟传统的卷积神经网络中的卷积更相似一些,而谱域是希望借助图谱的理论来实现拓扑图上的卷积操作,通过对图进行傅里叶变换后,再进行卷积。

5.7　集成学习

5.7.1　概述

1. 个体学习器与集成学习器

集成学习(Ensemble Learning)本身不是一种单独的机器学习算法,它通过构建并结合多个学习器来完成学习任务。集成学习的结构如图 5-28 所示,通过对于给定数据集,训练若干个个体学习器,通过一定的结合策略,最终形成集成的学习器,结合各个学习器的优点,获得较单一学习器更优越的泛化性能。

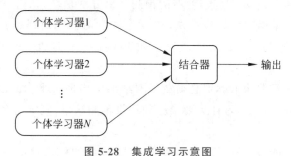

图 5-28　集成学习示意图

其中个体学习器通常由已有的学习算法从训练数据中产生,例如 KNN、BP 网络、决策树等。如果一个集成学习中所有的个体学习器都是同类型的,例如都是神经网络个体学习器,那么这样的集成是同质的。同质集成的个体学习器称为基学习器,对应的学习算法称为基学习算法。如果个体学习器不是同类型的,那么这样的集成是异质的,异质集成的个体学习器称为组件学习器。

弱学习器常指泛化性能略优于随机猜测的学习器,例如在二分类任务上,其预测精度略高于50%的分类器就可以称为弱学习器。集成学习的目的就是将一组弱学习器经过某种结合策略变为强学习器,实现性能的提高。

2. 结合策略

集成学习的结合策略对最终集成学习的性能有着较大的影响,如果结合策略选取较好,则集成学习的性能可以较个体学习器有大幅领先。假设集成包含n个个体学习器$\langle h_1, h_2, \cdots, h_n \rangle$,其中$h_i$在样本$x$上的输出为$h_i(x)$。下面主要介绍几种常见的结合策略。

1) 平均法

对于数值类的回归预测问题,通常使用的结合策略是平均法,也就是说,对于若干个弱学习器的输出进行平均得到最终的预测输出。

最简单的平均方法是**算术平均**,也就是说最终的预测结果为

$$H(x) = \frac{1}{n} \sum_{i=1}^{n} h_i(x) \tag{5-60}$$

如果每个个体学习器h_i有一个权重w_i,则采用加权平均法得到最终预测

$$H(x) = \sum_{i=1}^{n} w_i h_i(x) \tag{5-61}$$

其中,对于权重w_i通常要求$w_i \geqslant 0$,$\sum_{i=1}^{n} w_i = 1$,其权重通常由训练数据的学习得出,因此不完全可靠,所以加权平均法的性能不一定比算术平均好。一般情况下,在个体学习器性能差异较大时采用加权平均法,而在个体学习器差异较小时采用算术平均法。

2) 投票法

对于分类问题的预测,我们通常使用的是投票法。假设预测类别是$\langle C_1, C_2, \cdots, C_k \rangle$,对于任意一个预测样本$x$,$n$个弱学习器的预测结果分别是$\langle h_1, h_2, \cdots, h_n \rangle$。

最简单的投票法是相对**多数投票法**,在n个弱学习器的对样本x的预测结果中,预测次数最多的类别C_1为最终的分类类别。如果不止一个类别获得最高票,则随机选择一个作为最终类别。

绝对多数投票法要求输出类别必须在预测结果中出现过半,如果没有预测过半的标记,则拒绝预测。但是如果学习任务要求必须提供预测结果,则绝对多数投票法退化为相对多数投票法。

投票法中拥有一种与加权平均法相似的方法,称为**加权投票法**,和加权平均法一样,每个弱学习器的分类票数要乘以一个权重,最终将各个类别的加权票数求和,最大的值对应的类别为最终类别。

3) 学习法

前两类方法都是对弱学习器的结果做平均或者投票,相对比较简单,所以可能出现学习误差较大的情况,于是就有了学习法这种方法。

学习法就是通过另一个学习器来结合预测结果。代表方法是stacking,当使用

stacking 的结合策略时,不是对弱学习器的结果做简单的逻辑处理,而是再加上一层学习器。也就是说,将训练集的弱学习器的学习结果作为输入,将训练集的输出作为输出,重新训练一个学习器来得到最终结果。这里将弱学习器称为初级学习器,将用于结合的学习器称为次级学习器或元学习器。对于测试集,首先用初级学习器预测一次,得到次级学习器的输入样本,再用次级学习器预测一次,得到最终的预测结果。

3. 集成学习分类

介绍完学习器的结合策略,根据个体学习器的生成方式将目前的集成学习方法分为两大类:个体学习器之间具有强依赖关系,必须串行生成的序列化方法(例如 Boosting);个体学习器之间不存在强依赖关系,可同时并行生成的并行化方法(例如 Random Forest 和 Bagging)。

5.7.2　序列化方法

Boosting 是序列化方法的代表算法,是一族可将弱学习器转化为强学习器的算法。其算法的工作机制为先从初始训练集中训练一个基学习器,然后通过对基学习器的表现对训练样本分布进行调整,使得错误的训练样本得到更多的关注。然后基于调整后的样本分布训练下一个基学习器,重复进行,最后对所有基学习器进行加权结合。

Boosting 系列算法的思想,来自于 PAC 可学习型(Probably Approximately Correct Learnability)理论。Valiant 和 Kearns 首次提出了 PAC 学习模型中弱学习算法和强学习算法的等价性问题,即任意给定仅比随机猜测稍微好一点的弱学习算法,是否可以将其提升为强学习算法? 如果两者等价,那么只需找到一个比随机猜测略好的弱学习算法,就可以将其提升为强学习算法,而不必寻找很难获得的强学习算法。1990 年,Schapire 构造出一种多项式级算法,对该问题做了肯定的证明,这就是最初的 Boosting 算法。随后众多学者对 Boosting 算法进行改进,取得丰硕的研究成果,在机器学习领域受到极大关注。

Boosting 建模过程是迭代的、线性的。Boosting 为所有样本集样本附上权重,通过多次迭代建立模型,使难以分类的样本获得更高的权重。模型训练需要数据从训练集中采样,权重越高,样本被采样的概率越高。其具体过程如下:最初训练集所有样本具有相同的权重,采用训练好的模型对整个训练集进行预测,没有分类成功的赋予更大的权重值,分类成功的降低权重值。这样下一轮训练中权重较大的数据被采样作为训练数据的概率更大,这样下一轮的训练集总是包含上一轮分类错误的样本,新一轮基学习器更加注重易出错样本的分类方法。

1. AdaBoost 算法原理

AdaBoost[20] 是 Boosting 中最受欢迎的实现方法,具有很强的适应能力。下面是 AdaBoost 算法的实现步骤,其中 w 代表样本权重值,α 代表模型权重值,$b_k(x)$ 代表第 k 个基础模型,初始值为 1。

（1）对于给定 n 个样本的数据集，给每一个训练集样本附上权重值 $w_i = \dfrac{1}{n}$。

（2）训练集的抽样子集，训练出第 k 个基础模型 $b_k(x)$。

（3）计算该基础模型误差率：

$$e_k = \sum_{i=1}^{n} w_i \cdot I(b_k(x_i \neq y_i)) \tag{5-62}$$

其中，y_i 为第 i 个样本的标记值，$b_k(x_i)$ 为样本的预测值。如果预测正确，$I(x)=0$，否则 $I(x)=1$。

（4）该模型的权重值计算为：$\alpha_k = \ln(1-e_k)/e_k$。如果该模型误差率比较低，则其权重值会更大。

（5）根据新模型的预测值更新训练集的权重：

$$w_{k+1}(i) = w_k(i) \cdot e^{a_k \cdot F(b_k(x_i) \neq y_i)} \tag{5-63}$$

其中，如果预测正确，$F(x)=-1$；如果预测错误，$F(x)=1$。

（6）跳转回第（2）步，直到 k 到达指定值退出循环。

AdaBoost 算法可以使用各种方法构建子分类器，AdaBoost 算法提供对其进行组合以及提升的框架；弱分类器构造极其简单，无须做特征筛选；AdaBoost 算法简单，不用调整分类器，不会导致过拟合。AdaBoost 算法适用于二值分类或多分类的应用场景，也可以用于特征选择，其算法实现无须变动原有分类器，而是通过增加新的分类器，提升分类器的性能。

2. AdaBoost 算法实现

下面讲解如何使用 Sklearn 库实现 AdaBoost 算法，这里仍然选用 iris 数据集进行分析。具体实现如例 5-17 所示。

【例 5-17】 AdaBoost 分类算法。

```
In[1]: from sklearn.model_selection import cross_val_score
       from sklearn import datasets
       from sklearn.ensemble import AdaBoostClassifier
```

采用 sklearn.ensemble 中 AdaBoostClassifier 方法训练 AdaBoost 模型，其中弱学习器的数量由参数 n_estimators 来控制，这里设置 100 个，然后训练计算其预测准确率。

```
In[2]: iris = datasets.load_iris()
       X, y = iris.data, iris.target
```

获取鸢尾花数据集。

```
In[3]: clf = AdaBoostClassifier(n_estimators=100)
       scores = cross_val_score(clf, X, y)
       print('AdaBoost 准确率：',scores.mean())
Out[3]: AdaBoost 准确率： 0.9599673202614379
```

将 iris 数据导入 AdaBoost 模型训练,计算最终预测准确率。

5.7.3　并行化方法

并行化方法需要个体学习器之间应该无较强的依赖关系,即各个个体学习器应该尽可能相互独立。可以通过对一个给定的训练数据集采样出若干个不同的子集,且子集间相互有重叠,在各个子集有差异的同时保证子集数据量。从每个子集中训练出一个基学习器,这样由于训练数据有较大差异,所以可以保证基学习器之间没有较强的依赖关系。

1. Bagging

Bagging 是并行化集成学习最著名的代表。它基于自助采样法获取数据集,原理是在原始数据集选择 T 次后得到 T 个新数据集,通过放回取样得到(例如要得到一个大小为 n 的新数据集,该数据集中的每个样本都是在原始数据集中随机取样,即抽样之后又放回)得到。基于每个采样集训练出一个基学习器,再将这些基学习器结合,在对预测输出进行结合时,Bagging 通常对分类任务使用简单投票法,对回归任务采用简单平均法。

采用自助采样法还有一个优点,因为 Bagging 的每轮随机采样中,训练集中大约有 36.8% 的数据没有被采样,可以作为被采样的样本用作验证集,对模型的泛化性能进行估计。

下面介绍如何采用 Bagging 进行 iris 数据的分类。

【例 5-18】　Bagging 分类算法。

```
In[1]: from sklearn.model_selection import cross_val_score
       from sklearn import datasets
       from sklearn.neighbors import KNeighborsClassifier
       from sklearn.ensemble import BaggingClassifier
```

使用 sklearn.ensemble 模块中的 BaggingClassifier 方法定义一个 Bagging 模型,其中基学习器选择 KNN 算法 KNeighborsClassifier()。

```
In[2]: iris = datasets.load_iris()
       X, y = iris.data, iris.target
```

从 datasets 中获取鸢尾花数据集。

```
In[3]: bagging =
       BaggingClassifier(KNeighborsClassifier(),max_samples=0.5,
       max_features=0.5)
       scores = cross_val_score(bagging, X, y)
       print('bagging 准确率:',scores.mean())
Out[3]: bagging 准确率: 0.9464869281045751
```

将 iris 数据导入 Bagging 模型训练,计算最终预测准确率。

2. 随机森林

随机森林(Randow Forest, RF)[21]在实际应用中使用非常频繁,其本质上和 Bagging 并无不同,只是 RF 更具体一些。一般而言可以将 RF 理解为 Bagging 和决策树的结合。RF 中基学习器使用的决策树一般为 CART 树。抽样方法使用 bootstrap,除此之外,RF 认为随机程度越高,算法的效果越好。所以 RF 中还经常随机选取样本的特征属性,甚至于将样本的特征属性通过映射矩阵映射到随机的子空间来增大子模型的随机性、多样性。RF 预测的结果为子树结果的平均值。RF 具有很好的降噪性,相比单棵的 CART 树,RF 模型边界更加平滑,置信区间也比较大。一般而言,RF 中,树越多模型越稳定。

RF 可用于回归任务和分类任务,并且很容易观察它分配给输入特征的相对重要性。RF 易于使用,超参数数量少,不易过拟合。但是随着树的增多,算法运算会较慢。

下面介绍如何采用 RF 进行 iris 数据的分类。

【例 5-19】 RF 分类算法。

```
In[1]: from sklearn.model_selection import cross_val_score
       from sklearn import datasets
       from sklearn.ensemble import RandomForestClassifier
```

使用 sklearn.ensemble 模块中的 RandomForestClassifier 方法定义一个 RF 模型。

```
In[2]: iris = datasets.load_iris()
       X, y = iris.data, iris.target
```

从 datasets 中获取鸢尾花数据集。

```
In[3]: clf = RandomForestClassifier(n_estimators=10,max_features=2)
       scores = cross_val_score(clf, X, y)
       print('RF 准确率:',scores.mean())
Out[3]: RF 准确率: 0.9599673202614379
```

RandomForestClassifier 中参数 n_estimators 是森林里树的数量,参数 max_features 是分割节点时考虑的特征的随机子集的大小。对训练后的模型计算预测准确率,值为 0.96。

5.8 小结

本章主要介绍了机器学习方面的基础知识以及常用的数据分析方法,首先介绍了机器学习的基本定义以及机器学习在不同领域的广泛应用,通过简单举例介绍机器学习的基本术语以及机器学习主流的分析方法,同时给出各类分析方法常用的模型评估方法与性能指标,让读者对机器学习的相关理论有一个简单直观的了解;然后介绍了一个覆盖全面、操作简便的机器学习库,有助于读者理论与实际结合,更加深刻理解机器学习的相关理论与任务;最后分节讲述回归、分类、聚类、神经网络以及集成等机器学习方法,每节都介绍了在相对应领域的主要模型。

5.8.1　本章总结

回归分析主要探讨了线性回归以及 Logistic 回归,线性回归模型非常适合于数值型自变量与因变量,是数值预测任务的首选方法之一;Logistic 回归模型特别适合于因变量为类别型、自变量类型不限的情况,是一种常用的分类方法。同时通过对两种模型进行 Python 实现,进一步加深对两种算法的理解。最后简要介绍几种其他的回归模型。

分类分析介绍了 4 种常用的分类算法,包含有决策树 K 近邻、朴素贝叶斯以及支持向量机。其中决策树算法优点有:模型非常直观,所需要的数据准备工作相对较少,数据缺失不影响模型训练,对离群点不敏感等,但是其需要合适的剪枝操作,否则其模型将会过拟合;K 近邻算法具有精度高、异常值不敏感、算法简单等优点,但是其计算复杂度与空间复杂度较高,不适用于较大数据集;朴素贝叶斯算法在数据较少的情况下仍然有效,可以处理多类别问题,但是如果数据属性个数比较多或者属性之间相关性比较大的情况下,朴素贝叶斯模型的分类效果会较差,因为其假设属性之间相互独立;支持向量机具有较好的"鲁棒"性,增、删非支持向量样本对模型没有影响,泛化错误率较低,但是 SVM 算法对大规模训练样本难以实施,用 SVM 解决多分类问题存在困难。

聚类分析通过按照不同的策略分为基于原型的聚类算法、基于密度的聚类算法、基于层次的聚类算法等。对每种聚类策略分别介绍一种广泛使用的算法。其中 K 均值算法与 AGENS 算法需要自定义簇的个数 k,而 DBSCAN 算法不需要自定义簇的个数,算法自己会分成若干个簇,但是需要定义两个邻域参数。通过使用鸢尾花数据集对 3 种模型进行训练,对比最终结果发现 AGENS 与 K 均值算法的聚类结果相似,与 DBSCAN 有部分差距。

神经网络从基本组成部分——神经元模型展开讲解,然后分析通过采用两层神经元的感知机解决问题的不足进一步引入多层神经网络,然后讲解多层神经网络的学习算法。例如 BP 算法以及深度学习中常用的无监督逐层训练以及权值共享等策略。使用 Sklearn 中的神经网络方法实现 iris 的分类问题。此外,还介绍了最近出现的深度神经网络方法。

集成学习从集成学习器与个体学习器的关系讲起,介绍集成学习常用的几种结合策略,主要包含平均法、投票法与学习法三大类,然后按照个体学习器的依赖关系将集成学习分为个体学习器间具有强依赖关系的序列化方法以及不存在强依赖关系的并行化方法,简要介绍 Bagging、AdaBoost 与 RF 算法,并采用 Sklearn 库编写相应的代码。

5.8.2　扩展阅读材料

[1]　周志华. 机器学习[M]. 北京:清华大学出版社,2016.

[2]　EMC 教育服务团队. 数据科学与大数据分析:数据的发现分析可视化与表示[M]. 曹逾,刘文苗,李枫林,译. 北京:人民邮电出版社,2016.

[3]　李航. 统计学习方法[M]. 北京:清华大学出版社,2019.

[4]　Peter H. 机器学习实战[M]. 李锐,李鹏,曲亚东,译. 北京:人民邮电出版社,2013.

[5]　Ian G. 深度学习[M]. 赵申剑，译. 北京：人民邮电出版社，2017.

[6]　Christopher M B. Pattern Recognition and Machine Learning[M]. New York：Springer，2016.

5.9　习题

1. 说出下面任务的 T、P 和 E。T 代表任务(Task)，P 代表任务 T 的性能(Performance)，E 代表经验(Experience)。

（1）预测学生是否能够考上研究生。

（2）预测下节课有多少学生旷课。

（3）学生根据兴趣聚成几个社团。

2. 列举身边采用机器学习方法解决实际问题的例子。

3. 对糖尿病数据集进行线性回归分析，其中糖尿病数据集取自 Sklearn 中的 datasets，数据集包含 442 个患者的 10 个生理特征(年龄、性别、体重、血压)和一年以后疾病级数指标。通过线性回归，预测糖尿病病情。

4. 实现线性回归算法(不使用已有的机器学习工具包)，并使用线性回归实现波士顿房价数据集的分析。

5. 实现朴素贝叶斯算法，并对鸢尾花数据集进行分类检验分类结果。

6. 实现 KNN 算法，并对鸢尾花数据集进行分类检验分类结果。

7. 采用决策树、KNN、朴素贝叶斯、SVM、Logistic 回归等分类算法预测病人是否患有乳腺癌，乳腺癌数据集取自 Sklearn 的标准数据集。

8. 使用 KNN 算法对手写数字数据集进行分类，对测试集进行预测并计算其各个分类性能指标。

9. 使用真实的新闻分类数据集，采用支持向量机分类算法对其进行分类，最终使用 Sklearn 的自动调参工具对模型进行调优。

10. 编写 K 均值聚类算法，实现对鸢尾花数据集的聚类，然后计算 Jaccard 系数作为聚类性能评价指标。

11. 采用乳腺癌数据集进行聚类分析，不使用数据集中的标记数据只使用属性值，K 均值聚类与 AGENS 聚类设置簇的个数为 2，对 3 种聚类结果都进行可视化，对比乳腺癌数据集中的真实标记值，比较几种聚类方法的性能。

12. 采用 Sklearn 中自带的手写数字数据集构建神经网络模型，并计算其预测准确率。

13. 采用 Bagging 集成方法对乳腺癌数据集进行分类，其中基学习器分别选取决策树、KNN、SVM 等，对比例 5-18 中的准确率，总结集成学习优点。

5.10　参考资料

[1]　周志华. 机器学习[M]. 北京：清华大学出版社，2016.

[2]　Peter H. 机器学习实战[M]. 李锐，李鹏，曲亚东，译. 北京：人民邮电出版社，2013.

[3]　严云. 预测分析与数据挖掘：RapidMiner 实现[M]. 北京：人民邮电出版社，2018.

[4]　朝乐门. 数据科学[M]. 北京：清华大学出版社，2016.

[5]　阿尔贝托·博斯凯蒂. 数据科学导论：Python 语言实现[M]. 北京：机械工业出版社，2016.

[6]　格鲁斯. 数据科学入门[M]. 北京：人民邮电出版社，2016.

[7]　EMC 教育服务团队. 数据科学与大数据分析：数据的发现分析可视化与表示[M]. 曹逾，刘文苗，李枫林，译. 北京：人民邮电出版社，2016.

[8]　scikit-learn 官网[EB/OL]. https://scikit-learn.org/.

[9]　Cox, DR. The regression analysis of binary sequences（with discussion）[J]. J Roy Stat SocB，1958，20（2）：215-242.

[10]　Rosenblatt F. The Perceptron：A Probalistic Model For Information Storage And Organization In The Brain[J]. Psychological Review，1958，65（6）：386-408.

[11]　Thomas M C，Peter E H. Nearest Neighbor Pattern Classification[J]. IEEE Transactions on Information Theory，1967.

[12]　MacQueen J B. Some Methods for Classification and Analysis of Multivariate Observations[C]. Proceedings of 5th Berkeley Symposium on Mathematical Statistics and Probability. University of California Press，2009，281-297.

[13]　Quinlan J R. Induction of Decision Trees[M]. Machine Learning，1986，1：81-106.

[14]　LeCun Y，Boser B，Denker J S，et al. Backpropagation Applied to Handwritten Zip Code Recognition[M]. Neural Computation，1989,1(4)：541-551.

[15]　Cortes C，Vapnik V. Support Vector Networks[J]. Machine Learning，1995，20，273-297.

[16]　Quinlan J R. C4.5：Programs for Machine Learning[M]. Morgan Kaufmann Publishers，1993.

[17]　Breiman L，Friedman J. Olshen R，et al. Classification and Regression Trees[M]. Wadsworth，1984.

[18]　Ester M，Kriegel H，Sander J，et al. A Density-Based Algorithm for Discovering Clusters in Large Spatial Databases with Noise[J]. Proceedings of the Second International Conference on Knowledge Discovery and Data Mining（KDD-96）. AAAI Press，1996，226-231.

[19]　David E R，Geoffrey E H，Ronald J W. Learning Internal Representations by Back-Propagating Errors[J]. Nature，1986，323(99)：533-536.

[20]　Freund Y. Boosting a Weak Learning Algorithm by Majority[M]. Information and Computation，1995.

[21]　Breiman L. Random Forests[J]. Machine Learning，2001，45（1），5-32.

数据科学实践

6.1 数据分析流程

数据挖掘的基本任务是利用分类预测、聚类分析、时序模式和智能推荐等方法,帮助发现海量数据的意义,充分地发挥数据的价值。

实际生活中,不同需求对应着不同数据挖掘目标,获得不一样的效果。以电商网站为例,数据挖掘的一个基本任务是帮助网站用户发现感兴趣的物品,节省用户的寻找时间,提升用户体验。同时,将合适的资源推荐给用户能够有效地提高用户对于网站的依赖程度,从而建立起稳定的网站消费群体。

面对多样的数据挖掘任务,虽然需要构建不同模型来发现数据内部的潜在规律,但是数据分析的基本流程大体上是相同的。本章将简要介绍数据分析的基本流程,并在后面各节中通过几个实例来具体介绍相关内容。

6.1.1 数据挖掘目标

为了充分发挥数据的价值,对目标必须有一个清晰直观的定义,知道数据中蕴含的信息;对于需求明确的任务,对目标要有一个清晰明确的定义,针对相应指标进行优化;对于需求不明确的任务,首先根据对应的业务来分析现有的数据,了解相关领域情况,熟悉业务的背景知识,发掘数据本身潜在价值,通过数据提升业务价值。

例如,对于电商系统来说,潜在的挖掘目标如下。

(1) 考虑不同用户群体的消费水平不一致,针对用户购买行为和购买能力,从海量的数据中找出对不同用户群体最有价值的商品并采用差异化的营销策略,帮助电商系统将有限的资源进行最大化整合,实现精准化营销。

(2) 分析商家的销售行为以及产品评分,从海量数据中可以分析出是否有刷单行为和商品是否符合标准,提高平台良品率和信誉度。

(3) 基于系统的历史销售情况,综合时节、节假日和爆款商品等信息,对未来短期和长期时间内进行趋势预测,对全体用户推荐当前时间段有吸引力的商品。

6.1.2 数据采样

确定数据挖掘目标后,在尝试使用不同模型进行数据分析之前,还需要做一些准备工作,这将让最终的分析结果更加有效。数据挖掘能够探索数据的内在规律性,如果原始数据有误,就很难从数据中探索出规律性,所以数据分析前的准备工作至关重要。人们需要了解数据特征的含义、背景信息并对数据做出初步清洗,同时也应该清楚哪些因素可能会给分析带来偏差。有保证质量的数据,才有可能获得准确可信的结果,原始数据有误或者有偏差会导致模型很难发现数据中的规律或模式,甚至误导分析工作。从高质量的数据中采样和挖掘目标相关的数据子集,能够减少数据的处理量并且节省系统资源的使用。

数据质量通常包含完整性、准确性、一致性和及时性 4 个方面。数据完整性的一个典型问题是数据存在缺失值,例如电商网站获得了一个显示每日数据的季度报表,可以通过观察日期特征是否有 NULL 或者空值来确认每天的数据是否完备,查找数据中的缺失情况。同理,对于数据表中的其他特征也可以使用相同的方式来验证是否有缺失值存在。数据的准确性问题大概分为两种:一种出现在数值型数据中,假设报表中有一个特征是表示网站转化率,取值应在 100% 以下,如果超越了最大阈值,那么就需要判断报表数据的准确性;另一种出现在字符型数据中,字符数据由于格式问题引起乱码,以及字符串长度对最终数据表结果的影响等,都会引发数据准确性问题。数据一致性问题更多地出现在协同工作阶段:不同的分析人员使用相同的数据,但是数据的特征描述可能不一致,同时可能会因为数据的重复录入导致记录重复的问题,因此必要时需要对数据进行去重处理。数据的及时性问题往往是因为实时系统中新数据没有实时更新而引起的。

考虑到具体的场景,后续章节将重点针对数据的完整性问题和数据的准确性问题进行分析,并且会通过实例来展示一些基本处理方法。如果前面章节讲述的内容都已熟知,那么可以跳过该节内容,直接阅读后续章节。

6.1.3 数据预处理

6.1.2 节提到原始数据中可能会存在大量不完整、异常的数据,这会影响建模效率甚至引起结果上的偏差。因此,对数据进行预处理是数据分析中很重要的一环。首先细化数据中常见的几个问题:数据的不同特征具有不同的量纲形式,标称变量不能够直接使用,数据存在缺失值并且含有异常值。常用的解决方案大体如下。

(1) 数据的不同特征具有不同的量纲,即特征的规格不一样,不能放在一起比较,例如,100 欧元和 10kg。通常可以采用无量纲化来解决这个问题,其中使用比较多的是标准化法、区间放缩法等方法进行处理。

(2) 对于不能直接使用标称变量,通过哑编码来解决。假设有 N 类定性值,则可以将原始特征扩展为 N 种特征,属于第 i 项赋值为 1。以性别特征为例,有男性和女性两种特征取值,可将男性用 01 来表示,女性用 10 来表示。

(3) 对于缺失值,为了之后的统计和分析需要,可以通过某些方法进行填充。常用方法有均值、中位数和众数,或者根据数据变化趋势使用回归分析来近似拟合算出预测值。

(4) 对于异常值,不同场景下的处理方法不一样。一种是异常值反映出数据中特定的信息,例如"双十一"的网站流量会剧增,因此这是蕴含有意义的信息;另一种是无用的异常数据,可以将该数据当成一个缺失值或者直接剔除该条数据。

6.1.4 数据探索

经过数据预处理后,人们已经对数据的挖掘目标和数据表的特征有了初步的认识。获得相对干净的数据之后,需要观察样本数据是否有明显的规律和趋势,判断数据各特征之间是否存在相关性,数据特征是否能够分类,哪些数据有分析的价值和意义,这些都是值得探索的内容。常用的探索方案如下。

(1)分布分析:对于定量数据的分析,主要从数据的分布情况来进行分析,可以通过绘制频率分布直方图或者茎叶图来观察分布的形式是对称还是非对称,并且能够发现某些可疑的数据分布。

(2)统计指标分析:使用统计指标对定量数据进行统计分析,经常从集中趋势和离中趋势两个方面来进行分析。集中趋势可以使用均值和中位数等指标来表示,离中趋势可以使用方差和四分位间距来表示。

(3)周期性分析:对于时序性数据,可以观察某个变量是否呈现出周期性变化,例如季度周期性趋势和年度变化周期趋势这类长周期,天周期性趋势和小时周期性趋势这类短周期。对于周期性问题,能够使用 ARIMA 等时序算法捕捉时序特征,或者使用时序作为数据的一个重要特征进行分析。

(4)关联分析:不同数据之间往往是有联系的,不会独立存在。例如,一个房子的房价往往和房子的面积呈正相关关系。但是,仅仅凭借人们的常识,在面对海量数据的多种组合时,特征工程既费时又有可能忽略某些特殊关联的存在。因此,可以使用皮尔逊系数和判断系数等方法绘制变量之间的散点图来分析变量之间的相关性。

对数据的特征规律进行分析,以了解数据的规律和趋势,能够为数据挖掘的建模过程提供支持。需要特别指出的是,通过 Python 的 Pandas 和 Matplotlib 库可以提高分析过程的效率。

6.1.5 数据建模

通过前面的流程,能够得到直接用于建模的数据和数据特征。如何进一步地发掘数据中的潜在信息,可以使用关联规则、监督学习、无监督学习等第 5 章节提到的算法对数据做出一些规律性的预测。与数据探索对数据进行浅要地分析和理解不同,数据建模往往是针对具体问题进行分析,通过构建模型借助计算机强大的计算能力从海量的数据中寻找有意义的规律和模式。

6.1.6 数据分析工具

数据分析是一个对数据反复探索的过程,只有将实际任务的具体需求和数据探索相结合,并且在实施过程中结合数据分析工具,才能取得更好的效果。合理地使用数据分析工具,能够提高开发效率。下面简要介绍几款数据分析的工具。

(1)WEKA[1]是一款开源的机器学习和数据挖掘的软件,使用 Java 编程和命令行来调用该软件,可以实现预处理、分类、聚类和可视化等功能。

(2)KNIME[2]是基于 Java 开发的软件,通过其模块化数据流水线概念集成了用于机器学习和数据挖掘的各种组件。图形用户界面和 JDBC 的使用允许组合节点混合不同的数据源,包括预处理,用于建模、数据分析和可视化,无须或仅使用最少的编程。

（3）Python 是一种面向对象的解释型计算机程序设计语言,拥有高效的高级数据结构,并且能够用简单高效的方式来进行编程。Python 提供了众多优秀的扩展库来进行数据提取和处理,并对经典的数据处理方法和机器学习方法进行了封装以方便调用和进一步扩展。

Python 包含众多扩展库,例如,NumPy 为 Python 提供了快速数组计算,包含多种类型的数组操作;SciPy 提供了数值计算,包含了最优化、线性代数、插值和快速傅里叶变换等数学操作;Sklearn 是一个机器学习相关的扩展库,其提供了分类、回归和聚类算法。在扩展库的支撑下,使用 Python 语言进行数据分析变得更加简单并且灵活。因此,Python 语言成为一门比较适合数据挖掘的语言。下面的实际数据分析案例都将基于 Python 来编写分析。

6.2　案例 1——Kaggle Titanic 生存预测

6.2.1　数据挖掘目标

【例 6-1】　Kaggle[3] 是一个数据建模和数据分析竞赛平台,企业和研究者可在其上发布数据,供统计学者和数据挖掘专家进行分析并构建模型。本案例是 Kaggle 的入门基础题,通过这个例子并结合之前的分析流程,详细介绍每个流程的具体步骤,描述如下：泰坦尼克号在与冰山相撞后沉没,2224 名机组人员和乘客中有 1502 人死亡。造成海难的原因之一是机组人员和乘客没有足够的救生艇。尽管在这样的灾难面前存活有运气因素,但是有些人比其他人更容易生存,例如妇女、儿童和上流社会的人。在这个案例中,需要探索哪些因素会提高生存概率,并使用这些因素构建模型来预测一个人是否能够存活。可以将问题建模成一个二分类问题来解决。

6.2.2　数据导入和预处理

导入数据处理阶段使用的库函数,NumPy 和 Pandas 用于数据处理;Matplotlib 和 Seaborn 用于可视化操作。

```
In[1]: import numpy as np
       import pandas as pd
       import matplotlib.pyplot as plt
       import seaborn as sns
```

1. 数据导入

使用 Pandas 库的 read_csv()函数导入训练数据和测试数据,示例代码中的 csv 路径和本地 csv 路径保持一致。

```
In[2]  train_data = pd.read_csv(r'../data/1/train.csv')
       test_data = pd.read_csv(r'../data/1/test.csv')
       labels=pd.read_csv(r'../data/1/label.csv')['Survived'].tolist()
```

成功导入了训练数据和测试数据之后，由于 train_data 和 test_data 都是 DataFrame 类型的数据，使用 DataFrame 内置函数 head() 来观察数据的信息。

In[3]: train_data.head()

Out[3]:

	PassengerId	Survived	Pclass	Name	Sex	Age	SibSp	Parch	Ticket	Fare	Cabin	Embarked
0	1	0	3	Braund, Mr. Owen Harris	male	22.0	1	0	A/5 21171	7.2500	NaN	S
1	2	1	1	Cumings, Mrs. John Bradley (Florence Briggs Th...	female	38.0	1	0	PC 17599	71.2833	C85	C
2	3	1	3	Heikkinen, Miss. Laina	female	26.0	0	0	STON/O2. 3101282	7.9250	NaN	S
3	4	1	1	Futrelle, Mrs. Jacques Heath (Lily May Peel)	female	35.0	1	0	113803	53.1000	C123	S
4	5	0	3	Allen, Mr. William Henry	male	35.0	0	0	373450	8.0500	NaN	S

观察可知数据由 12 个特征构成，其中 Survived 表示乘客是否获救，其余是乘客的乘船信息，包括乘客 ID（PassengerId），船舱等级（Pclass），乘客姓名（Name），乘客性别（Sex），年龄（Age），在船上的兄弟、姐妹或配偶个数（Sibsp），在船上的父母/小孩个数（Parch），船票信息（Ticket），票价（Fare），客舱号（Cabin）和登船地点（Embarked）。

2. 数据预处理

这一步主要观察数据中是否有缺失值，对缺失数据进行处理，使用 DataFrame 的 info() 函数来观察数据的具体信息。

```
In[4]: train_data.info()
Out[4]: RangeIndex: 891 entries, 0 to 890
        Data columns (total 12 columns):
        PassengerId    891 non- null int64
        Survived       891 non- null int64
        Pclass         891 non- null int64
        Name           891 non- null object
        Sex            891 non- null object
        Age            714 non- null float64
        SibSp          891 non- null int64
        Parch          891 non- null int64
        Ticket         891 non- null object
        Fare           891 non- null float64
        Cabin          204 non- null object
        Embarked       889 non- null object
```

观察数据发现 Age、Cabin 和 Embarked 几个特征存在缺失值，需要对缺失值进行处理。同理，测试集也存在缺失值问题，需要拼接训练集和测试集对数据进行数据预处理。

```
In[5]: test_data['Survived'] = 0
       concat_data = train_data.append(test_data)
```

对于 Cabin 数据特征，有无船舱可能会影响最后的逃生的效率。考虑两种处理方式：第一种是将缺失值赋予特定标签来表示没有船舱；第二种是使用二值变量来表示有无船舱。

```
In[6]: #1) replace the missing value with 'U0'
       train_data['Cabin'] = train_data.Cabin.fillna('U0')
       #2) replace the missing value with '0' and the existing value with '1'
       train_data.loc[train_data.Cabin.notnull(), 'Cabin'] = '1'
       train_data.loc[train_data.Cabin.isnull(), 'Cabin'] = '0'
```

上述代码展示处理 Cabin 特征的两种方式，本案例使用第二种方式，即用 1 表示船舱属性无缺失，用 0 表示该属性缺失。因为 Cabin 特征的类别多，各个类别分得的权重太低并且 Cabin 特征的缺失值太多，所以根据有无 Cabin 对其进行二值处理会更加有效。

对于 Embarked 特征，假设上岸地点不会影响最后的生还概率，因此数据中该特征缺失值可以直接使用众数或者使用平均值来代替。

```
In[7]: train_data.loc[train_data.Embarked.isnull(),'Embarked']=
       train_data.Embarked.dropna().mode().values
```

对于 Age 特征，由于泰坦尼克号逃生过程中"妇女、儿童和老人"优先撤离，因此可能会影响最后的生存结果。使用直方图（见图 6-1）来描述 Age 和 Survived 两个特征间的关系。

```
In[8]:    grid=sns.FacetGrid(train_data[['Age','Survived']],'Survived')
          grid.map(plt.hist, 'Age', bins=20)
          plt.show()
```

Out[8]:

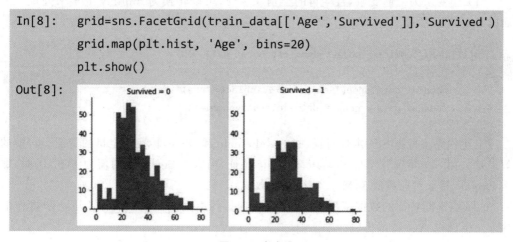

图 6-1　直方图

输出图反映生还率和年龄之间的关系，观察可知儿童和老人的生还率相对较高，证明泰坦尼克号上的乘客遵循了老幼优先撤离的原则。由于 Age 特征会影响生还率的预测，使用众数或平均数直接填充不合适，考虑使用数据中完整数据特征来预测 Age 特征中的缺失值，以期预测出相对准确的乘客年龄。

```
In[9]: from sklearn.ensemble import RandomForestRegressor

       concat_data['Fare'] = concat_data.Fare.fillna(50)
       concat_df = concat_data[['Age', 'Fare', 'Pclass', 'Survived']]
       train_df_age = concat_df.loc[concat_data['Age'].notnull()]
       predict_df_age = concat_df.loc[concat_data['Age'].isnull()]
       X = train_df_age.values[:, 1:]
       Y = train_df_age.values[:, 0]
       RFR = RandomForestRegressor(n_estimators=1000, n_jobs=-1)
       RFR.fit(X, Y)
       predict_ages = RFR.predict(predict_df_age.values[:,1:])
       concat_data.loc[concat_data.Age.isnull(),'Age'] = predict_ages
```

在这里利用 Fare、Parch、SibSp、Pclass 和 Survived 这 5 个特征来预测 Age 特征,并使用随机森林算法预测并将预测值替换缺失值。关于使用哪些特征来预测 Age,大家可以尝试多种组合,并且可以尝试 LR、SVM 等方法进行训练,这里提供的方法只是其中的一种方案,不一定是最优解。再次使用 info()函数观察数据表各特征的数据缺失情况,可知缺失值已补充。

除了数据中缺失值的问题,数据还存在着其他问题:①Sex 特征是二值变量,字符串 Male 和 Female 不能直接被使用;②不同特征的数据范围不一致,例如 Age 特征的数据范围为 0~80;③某些数据是连续特征,存在异常值,例如 Fare 特征;④某些特征是无用特征,没有实际意义,例如 PassengerId。下面举例说明这些情况下应如何处理。

(1) 当变量为二值变量,且变量的类别较少时,可以转换为 dummy 变量来处理。下面以 Sex 特征为例。

```
In[11]: sex_dummies = pd.get_dummies(concat_data.Sex)

        concat_data.drop('Sex',axis=1,inplace=True)
        concat_data = concat_data.join(sex_dummies)
```

上述代码将根据 Sex 定性特征(指的是 Female 和 Male)转换为定量的特征。转换的效果是去掉 Sex 特征并增加 Female 和 Male 特征,当原始 Sex 特征的值为 Female 时,那么 Female 特征对应数值 1,Male 特征对应数值 0。

(2) 当不同特征的数据范围不一致时,将变量约束到同一范围内作为下一步操作的输入。下面以 Age 特征为例。

```
In[12]: from sklearn.preprocessing import StandardScaler

        concat_data['Age']=StandardScaler().fit_transform(concat_dat
        a.Age.values.reshape(-1,1))
```

上述代码通过 sklearn.preprocessing 中的 StandardScaler 将 Age 特征中的数据都聚

集在 0 附近,方差为 1。同理,其他特征也可以做相似的处理并且可以采用 MinMaxScaler、Normalizer 等处理方法。

(3) 当面对连续特征时,可以使用分箱方法将连续特征离散化,这样可以减少由于某一类异常值出现导致模型不稳定(在已经判定该异常值意义不大的情况下)。

```
In[13]: concat_data['Fare'] = pd.qcut(concat_data.Fare, 5)
        concat_data['Fare'] = pd.factorize(concat_data.Fare)[0]
```

上述代码将 Fare 连续值划分为 5 个离散值,并赋值给原来的 Fare 特征。

(4) 对于数据中无用的特征,丢弃这些特征,这样就能够减少分析过程的工作量,下面以 PassengerId 特征为例。

```
In[14]: concat_data.drop(['PassengerId'],axis=1,inplace=True)
```

6.2.3　数据探索

通过对 train_data 可视化分析来分析各数据特征间的关联关系和数据分布。分析数据之间的关联关系旨在分别判断 Sex、Pclass、Age、Parch 和 SibSp 等因素与 Survived 之间的关系。在这里,以 Sex 和 Survived 间的关联关系为例进行可视化。对 train_data 的 Sex 特征进行统计,可以发现男性乘客的数量大于女性乘客的数量,并通过柱状图(见图 6-2)可以明显发现存活的乘客大多是女性乘客,可以分析出性别是判断乘客是否存活的一个重要特征。同理,可以对其他数据特征之间的关联关系进行分析。

```
In[15]:   train_data.loc[:, 'Sex'].value_counts()
          sex_survived_cor = train_data[['Sex','Survived']]
          sex_survived_cor.groupby('Sex').mean().plot.bar(width=0.1)
Out[15]:  male      577
          female    314
          Name: Sex, dtype: int64
```

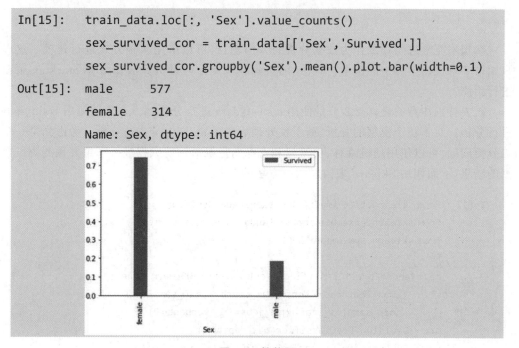

图 6-2　柱状图

　　同样地，对于数据分布，也可以观察 Fare 特征的数据分布，并且对 Fare 和 Survived 的分布关系使用箱形图进行分析。通过箱型图（见图 6-3）可以看出，对于 Fare 特征，存活的人收入水平高于死亡的人，可以通过观察箱型图的中位线得到。

```
In[16]:    sex_survived_cor = train_data[['Sex','Survived']]
           sex_survived_cor.groupby('Sex').mean().plot.bar(width=0.1)

           fare_df = train_data[['Fare','Survived']]
           fare_df.boxplot(column='Fare', by='Survived',
                           showfliers=False)
```

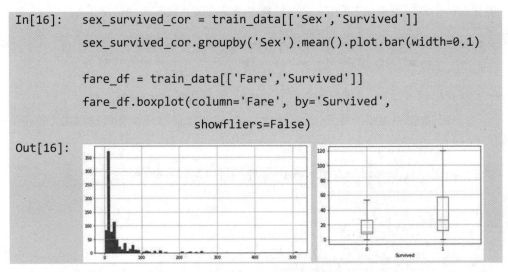

图 6-3　箱型图

　　本节从各个变量特征的角度出发，从数据特征分析方面对数据进行探索分析，通过对各变量之间的关联分析、频率分布关系等方法，对采集的数据特征进行分析，以了解数据的规律和趋势，为后续的数据分析环节提供支持。

6.2.4　模型构建

　　泰坦尼克号逃生预测作为数据分析的入门题目，可以采用多种方式进行建模。这里采用第 5 章机器学习中的决策树算法、随机森林和支撑向量机算法并结合 Stacking 策略进行预测。

　　需要特别注意的是，6.2.2 节是使用 concat_data 进行分析，6.2.3 节是使用 train_data 进行分析。对于整个模型的分析，基于预处理后的 concat_data 进行分析。考虑到是一个二分类问题，可以使用随机森林、决策树和支撑向量机对训练数据进行训练并预测测试数据的结果，下面调用 Sklearn 来构建相应方法的对象。

```
In[17]: from sklearn.tree import DecisionTreeClassifier
        from sklearn.ensemble import RandomForestClassifier
        from sklearn.svm import SVC

        rfc=RandomForestClassifier(n_estimators=500,warm_start=True,
                max_features= 'sqrt',max_depth=6,min_samples_split=3,
                min_samples_leaf=2, n_jobs=-1, verbose=0)
        dtc = DecisionTreeClassifier(max_depth=6)
        svm = SVC(kernel='linear', C=0.025)
```

将数据预处理得到的数据划分成训练数据和测试数据两个部分,训练数据用于模型训练,测试数据来评估训练模型的效果。

```
In[18]: X = concat_data[:len(train_data)].drop(['Survived'],axis=1)
        Y = concat_data[:len(train_data)]['Survived']
        test_X = concat_data[len(train_data):].drop(['Survived'],axis=1)
```

将数据分为 K 份,选择其中 $K-1$ 份数据作为训练集,另外 1 份数据作为验证集。实现的代码如下所示。

```
In[19]: n_train, n_test = X.shape[0], test_X.shape[0]
        kf = KFold(n_splits=10,random_state=0,shuffle=False)

        def k_fold_train(clf, x_train, y_train, x_test):
            pro_train = np.zeros((n_train,))
            pro_test = np.zeros((n_test,))
            pro_test_skf = np.empty((10, n_test))

            for i, (train_idx, test_idx) in enumerate(kf.split(x_train)):
                x_train_sample, y_train_sample =
                x_train[train_idx],y_train[train_idx]
                x_test_sample = x_train[test_idx]

                clf.fit(x_train_sample, y_train_sample)
                pro_train[test_idx] = clf.predict(x_test_sample)
                pro_test_skf[i,:] = clf.predict(x_test)
            pro_test[:] = pro_test_skf.mean(axis=0)
        return pro_train.reshape(-1, 1), pro_test.reshape(-1,1)
```

上述代码给出了 10 折交叉验证的函数,减少重复代码的编写。接下来是使用 3 个分类器进行 K 折的交叉训练。

```
In[20]: X, Y, test_X = X.values, Y.values, test_X.values
        rfc_train, rfc_test = k_fold_train(rfc, X, Y, test_X)
        dtc_train, dtc_test = k_fold_train(dtc, X, Y, test_X)
        svm_train, svm_test = k_fold_train(svm, X, Y, test_X)
```

通过将 3 个分类器集成来提高训练整个模型的效果,观察与单一模型的效果差别。

```
In[21]: from sklearn.ensemble import VotingClassifier

        vclf = VotingClassifier(
                        estimators=[('rfc', rfc), ('dtc', dtc),
                            ('svm', SVC(kernel='linear', C=0.025,
```

```
                                probability=True))], voting='soft',
                              weights=[1,1,3])
        vclf.fit(X, Y)
        predictions = vclf.predict(test_X)
```

随机森林、决策树和支撑向量机的预测结果如下.

```
In[22]: def score(predictions, labels):
            return np.sum([1 if p == a else 0 for p, a in
                    zip(predictions, labels)]) / len(labels)
        methods = ["random forest", "decision tree", "support vector machine"]
        reses = [rfc_test, dtc_test, svm_test]
        for method, res in zip(methods, reses):
            print("Accuracy: %0.4f [%s]" %(score(np.squeeze(res), labels), method))
        Accuracy: 0.8445 [random forest]
        Accuracy: 0.7153 [decision tree]
        Accuracy: 0.9952 [support vector machine]
```

集成 3 个模型的结果如下所示,可以看出集成模型能够提高模型的效果。

```
In[23]: print("Accuracy: %0.4f [%s]" %(score(predictions, labels),
                                      "Ensemble model"))
        Accuracy: 0.9976 [Ensemble model]
```

6.3 案例2——客户价值分析

6.3.1 数据挖掘目标

【例 6-2】 随着信息时代的到来,信息过载导致企业难以捕捉用户喜好。因此,如何根据用户行为数据对用户进行分类并针对性服务是很重要的。在海量数据中,最重要的是如何有效地合理分类不同用户,区分不同的客户群体并针对不同客户制定个性化服务方案以实现利润最大化。本案例将提供 15 000 份航空乘客的航班记录数据,分析目标是根据数据进行人员分类并探索数据的潜在价值,并且对不同用户提供个性化服务。因为需要从数据中找到相似的用户群体,所以运用聚类算法能够有效建模该类问题。相比于例 6-1,本案例不提供具体优化的目标,需要分析数据来发掘数据的潜藏价值。

6.3.2 数据导入和预处理

首先导入数据处理阶段使用的库函数,NumPy 和 Pandas 用于数据处理;Matplotlib 和 Seaborn 用于可视化操作。

```
In[1]: import numpy as np
       import pandas as pd
       import matplotlib.pyplot as plt
       import seaborn as sns
```

1. 数据导入

使用 Pandas 库的 read_csv()函数导入训练数据和测试数据,示例代码中的 csv 路径和本地 csv 路径保持一致。

```
In[2]: data = pd.read_csv(r'../data/2/air_data.csv')
```

成功导入了训练数据和测试数据之后,由于 train_data 和 test_data 都是 DataFrame 类型的数据,使用 DataFrame 内置函数 head()来观察数据的信息。

```
In[3]: data.head()
```

Out[3]:		Start_time	End_time	Fare	City	Age	Flight_count	Avg_discount	Flight_mileage
	0	2011/08/18	2014/03/31	5860.0	.	35.0	10	0.973129	12560
	1	2011/01/13	2014/03/31	5561.0	佛山	35.0	12	0.575906	21223
	2	2012/08/15	2014/03/31	1089.0	北京	33.0	9	0.635025	19246
	3	2012/10/17	2014/03/31	9626.0	绍兴县	53.0	7	0.868571	14070
	4	2011/09/04	2014/03/31	4473.0	上海	34.0	13	0.703419	17373

观察可知数据由 8 个特征构成,其中包括了乘客的航班飞行信息,包括初次飞行时间(Start_time)、最近飞行时间(End_time)、飞行费用(Fare)、生活城市(City)、年龄(Age)、飞行次数(Flight_count)、平均折扣率(Avg_discount)和飞行里程数(Flight_mileage),熟悉数据表中每个特征的含义。

2. 数据预处理

该步骤处理数据中的缺失值和异常值,使用 DataFrame 的 info()函数能够反映出数据的具体信息。

```
In[3]: data.info()
Out[3]: RangeIndex: 15000 entries, 0 to 14999
        Data columns (total 8 columns):
        Start_time      15000 non-null object
        End_time        15000 non-null object
        Fare            14989 non-null float64
        City            14490 non-null object
        Age             14907 non-null float64
        Flight_count    15000 non-null int64
```

```
Avg_discount        15000 non-null float64
Flight_mileage      15000 non-null int64
```

观察数据信息可以发现，Fare、City 和 Age 这 3 个特征不满 15 000，即存在缺失值，需要对缺失值进行处理。同时，可以观察数据中每个特征中最大值、最小值等数据分布的情况，这里使用 DataFrame 的 describe() 函数来观察数据的相应信息。

```
In[4]: data. describe ()
Out[4]:
```

	Fare	Age	Flight_count	Avg_discount	Flight_mileage
count	14989.000000	14907.000000	15000.000000	15000.000000	15000.000000
mean	3761.743812	42.569531	9.057600	0.728391	12395.706800
std	2720.206579	9.807385	3.946338	0.163550	3588.357291
min	0.000000	16.000000	2.000000	0.136017	4040.000000
25%	1709.000000	35.000000	6.000000	0.625525	9747.000000
50%	3580.000000	41.000000	8.000000	0.713322	11986.500000
75%	5452.000000	48.000000	11.000000	0.803840	14654.000000
max	36602.000000	110.000000	47.000000	1.500000	50758.000000

观察 DataFrame 的 describe() 函数输出结果，其中 count 能够反映数值类型数据缺失情况，在一定程度上类似于 info() 函数的功能。同时，也能够观察到各个特征数据的最大值、最小值和均值等数值情况，能够发现一些异常值，例如，Fare 特征的最小值为 0。费用为空值的数据可以理解为该客户不存在乘机记录造成。

对于 Fare、City 和 Age 3 个缺失值特征，与例 6-1 相比，该案例中缺失值特征缺失个数少。在本案例处理缺失值过程中，可以直接考虑丢弃含有缺失值的用户数据条目，极少量的样本丢失不会影响整体的运行过程。对于缺失值的处理方法也可以仿照上一个案例的处理方式，下面以 Fare 特征为例。

```
In[5]: data = data[data.Fare.notnull()]
```

对于 City 和 Age 两个特征，可以使用相同方法处理缺失值。同时，对于 Fare 特征的异常值 0，去除该异常值的数据条目。

```
In[6]: data = data[data.Fare !=0]
```

通过上面的处理，能够将满足清洗条件的数据全部丢弃，这样就减少了 Fare 等特征的数据噪声，能够保证分析结果的可靠性。以 Fare 特征为例，缺失值和异常值 0 可能是因为在采集数据时的问题或者客户本身不存在飞行记录，这种数据对分析航空客户群体没有意义。

除了数据中缺失值和异常值的问题，处理过后的数据还存在其他的问题：①Start_time、End_time 特征是字符串类型，没有办法直接使用；②不同特征的数据范围不一致，例如 Fare 特征数据范围为 150～37000，但 Flight_count 特征数据范围为 2～50。

（1）对于 Start_time 和 End_time 中的字符串问题，将字符串转换成时间间隔，间隔单位为月。时间转换代码如下。

```
In[7]: for index, item in data.iterrows():
           s_year, s_month = item['Start_time'].split('/')[:2]
           e_year, e_month = item['End_time'].split('/')[:2]
           data.loc[index,'Months']=(int(e_year)-int(s_year)) * 12+
                              (int(e_month)-int(s_month))
       data = data.drop(['Start_time', 'End_time'], axis=1)
```

上述代码通过起始时间得到起始时间的年份和月份，同时对终止时间也做相同操作，并计算出间隔的月份数作为新的特征，然后删除数据中的起始时间和终止时间特征。通过 DataFrame 的 info() 函数查看修改后的数据。

```
In[8]: data.info()
Out[8]: Int64Index: 13279 entries, 0 to 14998
        Data columns (total 7 columns):
        Fare              13279 non-null float64
        City              12809 non-null object
        Age               13199 non-null float64
        Flight_count      13279 non-null int64
        Avg_discount      13279 non-null float64
        Flight_mileage    13279 non-null int64
        Months            13279 non-null int64
```

（2）针对不同特征的数据范围不一致问题，使用标准差标准化对数值变量进行数值变换。因为 City 特征是非数值类型，不能进行标准差标准化处理。在这里，丢弃 City 特征，也可以考虑使用多值变量代表该特征。

```
In[9]: data = data.drop(['City'],axis=1)
       data = (data - data.mean(axis=0))/ data.std(axis=0)
```

标准差标准化处理后的数据可以使用下列代码进行观察。

```
In[10]: data.head()
```

Out[10]:

	Fare	Age	Flight_count	Avg_discount	Flight_mileage	Months
0	0.643204	-0.781959	0.191752	1.539425	0.019051	-0.616333
1	0.524036	-0.781959	0.700041	-0.935625	2.427818	-0.357005
2	-1.258303	-0.985351	-0.062393	-0.567261	1.878109	-1.060895
3	2.144162	1.048561	-0.570681	0.887939	0.438910	-1.134989
4	0.090408	-0.883655	0.954185	-0.141105	1.357317	-0.653379

6.3.3 数据探索

为了了解更多数据处理的方式,这里使用皮尔逊系数来表示各变量之间的关系(见图 6-4),与上个案例中使用柱状图分析两个变量不同,这次使用热力图来表示变量之间的关系。在这里,使用前面的方法分析变量之间关系也是可行的。

```
In[11]:    plt.figure(figsize=(10,10))
           plt.title("Pearson Correlation of Features", y=1.05, size=15)
           sns.heatmap(data.astype(float).corr(),linewidths=0.1,vmax=1,
                    square=True,cmap=plt.cm.viridis,
                    linecolor='white', annot=True)
Out[11]:
```

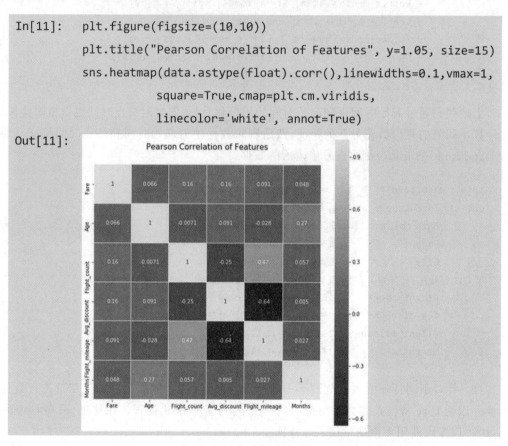

图 6-4　使用皮尔逊系数来表示各变量之间的关系

输出结果是使用皮尔逊系数来表示两个变量之间的关系。从输出结果中可以看出飞行次数(Flight_count)、飞行里程数(Flight_mileage)和平均折扣率(Avg_discount)具有强相关,例如飞行次数和飞行里程数成正相关。直观理解是飞行次数越多,飞行的里程数也就越多。其他特征之间也有相似的特性,这里不一一列举了。

6.3.4 模型构建

本案例的目标是对客户进行聚类,即通过飞行记录数据来识别不同的客户。目前常用的方法是使用消费时间间隔(Months)、消费频率(Flight_count)和消费金额(Fare)进行客户的细分,来识别不同价值的用户。在传统模型中,消费金额表示在一段时间内,客户乘坐飞机出行消费的总和。由于航空公司的票价会受到像运输距离、航班时间等多种因素的影响,同样的消费金额的乘客可能的价值是完全不一样的。例如,坐短航线航班头等舱和坐长航线航班商务舱的乘客价值是不一样的。同时,可以观察在6.3.3节中的费用和其他特征之间没有呈现很强的关联关系。例如,较高的飞行次数不能保证高额的飞行费用,这也从另一个角度间接说明使用费用来评价乘客的价格不一定适用。为了考虑各种因素导致的票价的变化,引入平均折扣率(Avg_discount)作为分析乘客价值的指标。

本案例使用飞行里程数(Flight_mileage)、平均折扣率(Avg_discount)、飞行频率(Fight_count)和乘机月份(Months)4 个指标进行分析。本模型根据这 4 个指标的数据,对客户进行聚类分群,筛选出最有价值的用户群体。

采用 K 均值聚类算法对乘客进行分群。简单起见,将用户分成 3 类,对应高、中、低价值三类乘客。示例代码采用 scikit-Learn 库下的 sklearn.cluster 库。

```
In[12]: data = data.drop(['Fare','Age'], axis=1)
        kmeans = KMeans(n_clusters=3).fit(data)
```

通过 K 均值聚类将数据分为 3 个类别,并访问 kmeans 属性 cluster_centers 和 labels 能够得到数据的聚类中心和每条数据类别。客户聚类的结果如表 6-1 所示。

表 6-1　客户聚类结果

客户类别	聚类个数	聚 类 中 心			
		Flight_count	Avg_discount	Filght_mileage	Months
客户群体 1	5304	−0.0934	0.0048	−0.1481	1.2378
客户群体 2	4287	−0.5537	0.5205	−0.6870	−0.5909
客户群体 3	3688	0.7654	−0.6482	0.9774	−0.3325

得到聚类结果后,对聚类结果的 4 个特征进行分析。其中,客户群体 3 在飞行次数和飞行里程数特征上数值最大,在平均折扣率特征上数值最小;客户群体 2 呈现出和客户群体 3 相反的现象。客户群体 3 凭借较高的飞行次数和飞行里程数,折扣率低成为有潜力的用户群体。这类用户群体贡献最大,但是所占的比例是最小的,应该优先考虑该类客户,对他们提出针对性服务,提高该类客户的满意度,尽可能增加该类客户使用服务时间。相反地,客户群体 2 乘坐次数少并且对应折扣率最高,这种客户大概率是打折促销进行消费。客户群体 1 在前 3 个特征的表现都是位于中间,但是消费时间是最长的,这类用户需要捕捉相应的喜好并制定营销策略。客户群体 3 代表高价值用户群体,客户群体 1 代表中间价值用户群体,客户群体 2 代表低价值用户群体。根据各个客户群体的特征分析结果,针对性提出多样的营销策略。

6.4 案例 3——时间序列预测

6.4.1 数据挖掘目标

【例 6-3】 时间序列预测问题是一类常见的数据分析问题。数据中往往包含时间标签,这类问题往往根据过去一段时间的数据,建立能够比较精确地反映序列中所包含的动态依存关系的数学模型,并对未来的数据进行预测。本案例给出第二次世界大战时期的某气象站温度记录值,通过分析之前的天气状况来预测将来天气情况。与回归分析模型进行预测不同,时间序列模型依赖于事件发生的先后顺序预测接下来的输出模型的结果,改变输入值的先后顺序对模型产生不同的结果。相较于前两个案例,该案例探索时间序列数据的分析方式。

6.4.2 数据导入

导入数据处理阶段使用的库函数,NumPy 和 Pandas 用于数据处理;Matplotlib 和 Seaborn 用于可视化操作。

```
In[1]: import numpy as np
       import pandas as pd
       import matplotlib.pyplot as plt
       import seaborn as sns
```

使用 Pandas 库的 read_csv()函数导入数据,示例代码中的 csv 路径和本地 csv 路径保持一致。

```
In[2]: weather_data = pd.read_csv("../data/2/Summary of Weather.csv")
```

由于数据集已经经过数据清洗,数据预处理过程简单。可以直接观察数据的信息。

```
In[3]: Weather_data.head()
Out[3]:
```

	STA	Date	MeanTemp
0	10001	1942-7-1	23.888889
1	10001	1942-7-2	25.555556
2	10001	1942-7-3	24.444444
3	10001	1942-7-4	24.444444
4	10001	1942-7-5	24.444444

观察可知,数据由 3 个特征构成,其中 STA 表示气象台站号,Date 表示气象台测量温度的日期,MeanTemp 表示测量的平均温度值。因为 STA 表示不同地区气象站,所以随机挑选 Maison Blanche 地区进行时序分析来观察当地温度随时间的变化,其中横轴表

示时间,纵轴表示温度(见图 6-5)。

```
In[4]:    weather_palmyra = weather_data[weather_data.STA == 33023]
          weather_palmyra['Date']                                    =
          pd.to_datetime(weather_palmyra['Date'])
          plt.figure(figsize=(16,10))
          plt.plot(weather_palmyra.Date,weather_palmyra.MeanTemp)
          plt.title("Mean Temperature of MAISON BLANCHE")
          plt.xlabel("Date")
          plt.ylabel("Mean Temperature")
          plt.show()
```

Out[4]:

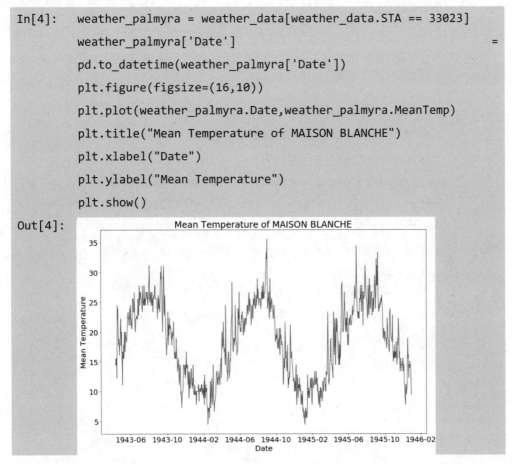

图 6-5　温度随时间的变化图

　　观察图像,该时间序列可能是一个平稳序列,平稳序列是存在某种周期性、季节性和趋势的方差和均值不随着时间变化的序列。与基于线性回归模型的假设不同,时序序列的观察结果不是相互独立的。

6.4.3　数据探索

　　数据可视化效果表明 MAISON BLANCHE 地区的时间序列具有季节性,每年的夏季平均气温高,冬季平均气温低。现在检测该时间序列是否为平稳序列,可以采用以下两种方法来检查稳定性:①绘制滚动平均数和滚动方差,观察数据是否随着时间变化;②使用迪基-福勒检验来检查数据稳定性,测试结果由测试统计量和置信区间的临界统计值组成,如果"测试统计量"小于"临界值",该时间序列是稳定的。下面会依次介绍这两种方法。首先,从原始数据中创建时间序列类型数据。

```
In[5]: timeSeries = weather_palmyra.loc[:, ["Date","MeanTemp"]]
       timeSeries.index = timeSeries.Date
       timeSeries = timeSeries.drop("Date",axis=1)
```

随着时间的变化,对数据的滚动平均数和滚动方差进行可视化表示(见图6-6),观察数据的变化趋势。

```
In[6]:   rolmean = timeSeries.rolling(6).mean()
         rolstd = timeSeries.rolling(6).std()
         plt.figure(figsize=(22,10))
         orig = plt.plot(timeSeries, 'r-',label='Original')
         mean = plt.plot(rolmean, 'b', label='Rolling Mean',marker='+',
         markersize=12)
         std = plt.plot(rolstd, 'g--', label = 'Rolling Std')
         plt.xlabel("Date")
         plt.ylabel("Mean Temperature")
         plt.title('Rolling Mean & Standard Deviation')
         plt.legend()
         plt.show()
```

Out[6]:

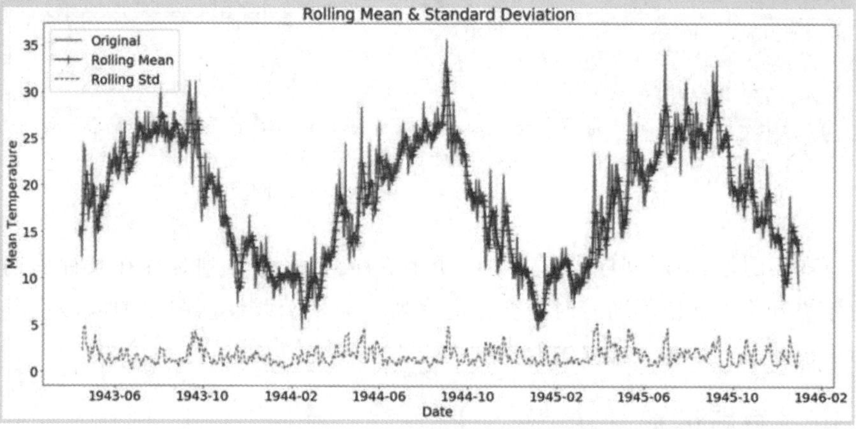

图 6-6　对数据的滚动平均数和滚动方差进行可视化表示

上述代码计算滚动平均数和滚动方差时,使用 6 个时间点的数据进行计算。时序序列稳定性的第一个标准是稳定的均值,如图滚动平均值的曲线所示,均值不是恒定的数值;第二个标准是恒定的方差,如图滚动方差的曲线所示,方差是恒定的数值。上述信息可以判定该时间序列数据不稳定,为了验证完整性,仍然加上迪基-福勒检验来检测时间序列的完整性,迪基-福勒检验即测试一个自回归模型是否存在单位根,从而帮助判断序列是否平稳[10]。判断代码如下面所示。

```
In[7]:   from statsmodels.tsa.stattools import adfuller
         res = adfuller(timeSeries.MeanTemp, autolag='AIC')
         print('Test statistic: %.4f; p-value: %.4f'%(res[0], res[1]))
         print("Critical Values: ",res[4])
Out[7]:  Test statistic: -1.9031; p-value: 0.3306
         Critical Values: {'1%': -3.4369994990319355, '5%':
         -2.8644757356011743, '10%': -2.5683331327427803}
```

由于检验统计量大于临界值的 5%,时间序列数据不是稳定序列数据。综上所述,可以确定时间序列数据是不稳定的。通过上述分析可知,该时间序列数据为非平稳序列数据,将该时间序列数据转换成平稳时间序列,常用的方法是差分法和滚动平均法。差分法是采用一个特定时间差内数据的差值来表示原始时间数据,能够处理序列数据中的趋势和季节性。滚动平均法是用一组最近的实际数据来预测未来数据的方法,该方法能够保证时间序列数据随时间变化产生稳定的均值。在这里,check_DF()函数表示迪基-福勒检验,check_mean_std()函数表示检测数据的滚动均值和滚动方差平稳性。

```
In[8]: def check_DF(timeSeries):
           res = adfuller(timeSeries.MeanTemp, autolag='AIC')
           print('Test statistic:%.4f;p-value: %.4f'%(res[0],res[1]))
           print("Critical Values: ",res[4])
       def check_mean_std(timeSeries):
           rolmean = timeSeries.rolling(6).mean()
           rolstd = timeSeries.rolling(6).std()
           plt.figure(figsize=(22,10))
           orig = plt.plot(timeSeries, 'r-',label='Original')
           mean=plt.plot(rolmean,'b',label='Rolling Mean',marker='+',
               markersize=10)
           std=plt.plot(rolstd,'g',label = 'Rolling Std',marker='o',
               markersize=3)
           plt.xlabel("Date")
           plt.ylabel("Mean Temperature")
           plt.title('Rolling Mean & Standard Deviation')
           plt.legend()
           plt.show()
```

(1) 采用一阶差分处理时间序列数据,时序间隔为 1。

```
In[9]: timeSeries_diff = timeSeries -timeSeries.shift(periods=1)
```

上述代码对时间序列数据做一阶差分处理,得到数据增量,消除数据波动。因此,可视化该时间序列数据的增量(见图 6-7)。

在滚动差值的计算过程中,会产生 NaN 值,需要丢弃该部分数据进行进一步分析。

```
In[10]:    plt.figure(figsize=(16,12))
           plt.plot(timeSeries_diff)
           plt.title("Differencing method")
           plt.xlabel("Date")
           plt.ylabel("Differencing Mean Temperature")
           plt.show()
Out[10]:
```

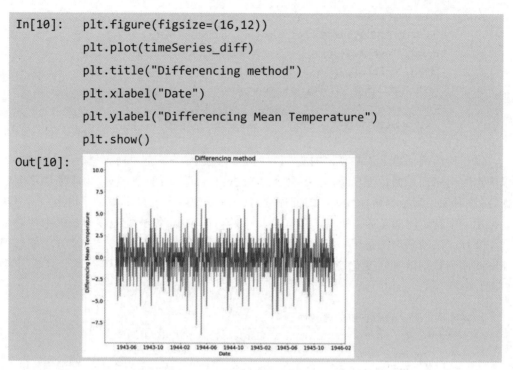

图 6-7　可视化时间序列数据的增量

```
In[11]: timeSeries_diff = timeSeries -timeSeries.shift(periods=1)
```

对时间序列数据进行一阶差分后,观察数据的滚动均值和滚动方差是否平稳,并对数据进行迪基-福勒检验,观察整个数据是否时序平稳。

```
In[12]: check_DF(timeSeries_diff)
Out[12]: Test statistic:-15.4648; p-value: 0.0000
        Critical Values: {'1%': -3.4369994990319355, '5%':
        -2.8644757356011743, '10%': -2.5683331327427803}
```

检测统计量小于 1% 的临界值,因此有 99% 把握认为时间序列为平稳序列。

观察滚动平均值和滚动方差(见图 6-8),可以发现平均值和方差是稳定的。下述检验过程证明了做了差分操作之后,原始时间序列数据变成平稳时间序列数据。

(2)采用移动平均法处理时间序列数据,滚动平均的窗口为 5。移动平均是一种平滑技术,通过消除时间序列中的周期变动和不规则波动的影响,以便看出时间序列中的总体发展趋势(即趋势线),然后结合趋势线分析序列的长期趋势。移动平均的计算公式为 $\hat{y}_t = (x_{t-1} + x_{t-2} + \cdots + x_{t-N})/N$,即前 N 个窗口内的数据平均值。该样例中采用的窗口数为 5(见图 6-9),对于不同窗口数 N,预测效果不一样。

输出图像的实线表示的是滚动平均值数量,时间间隔为 5 个月。因此,计算第 5 个月数值时才计算出一个滚动平均值,前 4 个月没有滚动平均值。和前面差分法处理过程类

In[13]:　check_mean_std(timeSeries_diff)

Out[13]:

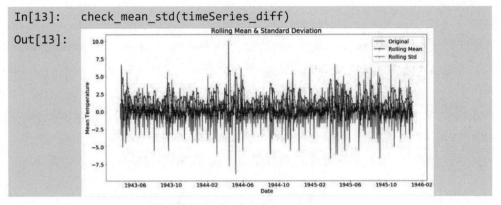

图 6-8　滚动平均值和滚动方差

In[14]:

```
timeSeries_moving_diff = timeSeries.rolling(5).mean()
plt.figure(figsize=(16,12))
plt.plot(timeSeries, color = "r",label = "Original")
plt.plot(timeSeries_moving_avg,color='b',label=
         "moving_avg_mean")
plt.title("Mean Temperature of Maison Blanche")
plt.xlabel("Date")
plt.ylabel("Mean Temperature")
plt.legend()
plt.show()
```

Out[14]:

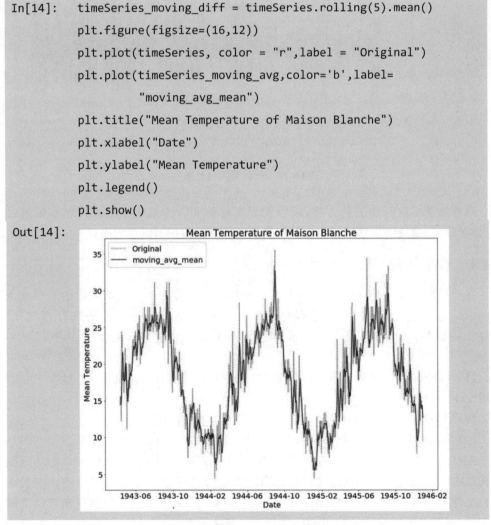

图 6-9　采用移动平均法处理时间序列数据

似,代码如下所示(见图 6-10)。

```
In[15]:   timeSeries_moving_avg_diff=timeSeries-timeSeries_moving_avg
          timeSeries_moving_avg_diff.dropna(inplace=True)
          check_DF(timeSeries_moving_avg_diff)
          check_mean_std(timeSeries_moving_avg_diff)
Out[15]:  Test statistic:-15.6940;p-value: 0.0000
          Critical  Values:  {'1%':  -3.4370062675076807,  '5%':  -
          2.8644787205542492, '10%': -2.568334722615888}
```

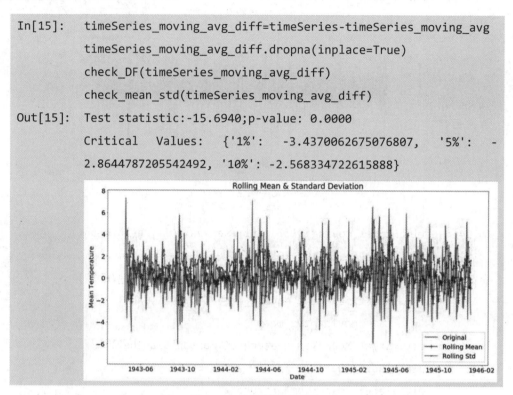

图 6-10　代码和输出结果

观察滚动平均值和滚动方差,可以发现平均值和方差是稳定的。同时数据通过迪基-福勒检验,发现经过移动平均法后的数据能够保证数据的时序稳定性。

6.4.4　模型构建

在数据探索部分,使用了差分法和移动平均法来消除时间序列数据中的趋势和季节性问题。运用前面学到的消除数据趋势性的方法,使用 ARIMA 算法进行时间预测,ARIMA 模型的基本思想是将非平稳时间序列转化为平稳时间序列。其中包含 3 个部分。

(1) 自回归函数(AR)条件(p):自回归条件表示因变量的滞后值,例如当 $p=2$ 时,使用 $x(t)=x(t-1)+x(t-2)$。

(2) 差分值(d): 非时序性的差值,对其取一阶差分,对应值 $d=0$。

(3) 移动平均数(MA)条件(q): MA 项表示预测方程的滞后预测误差。

ARIMA 模型选择 p、d 和 q 参数,使用自相关函数(ACF)分析相距 k 个时间间隔的序列值之间的相关性,使用偏自相关函数(PACF)分析相距 k 个时间间隔的序列值之间的相关性的同时,考虑间隔之间的值。自相关和偏自相关用于测量时间序列数值之间的相关性,并指示预测将来最有用的序列值。自相关函数决定 q 值,偏自相关函数决定 p值。接下来进行 ACF 和 PACF 分析(见图 6-11)。

```
In[16]:    from statsmodels.tsa.stattools import acf, pacf, ARIMA
           _acf = acf(timeSeries_diff, nlags=20)
           _pacf = pacf(timeSeries_diff, nlags=20, method='ols')
           plt.figure(figsize=(22,10))


           len_ts = len(timeSeries_diff)


           plt.subplot(121)
           plt.plot(_acf)
           plt.axhline(y=0,ls='--',color='gray')
           plt.axhline(y=-1.96/np.sqrt(len_ts),ls='--',color='gray')
           plt.axhline(y=1.96/np.sqrt(len_ts),ls='--',color='gray')
           plt.title('ACF')


           plt.subplot(122)
           plt.plot(_pacf)
           plt.axhline(y=0,ls='--',color='gray')
           plt.axhline(y=-1.96/np.sqrt(len_ts),ls='--',color='gray')
           plt.axhline(y=1.96/np.sqrt(len_ts),ls='--',color='gray')
           plt.title('PACF')
           plt.tight_layout()
```

Out[16]:

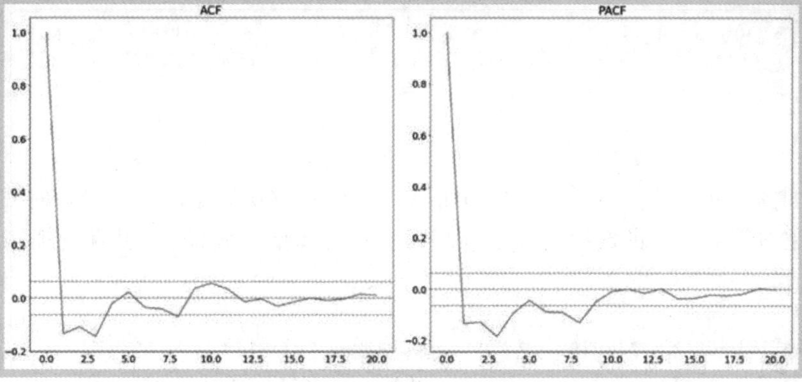

图 6-11　ACF 和 PACF 分析

　　ACF 和 PACF 中的两条相邻虚线之间为置信区间,当 PACF 第一次越过上置信区间滞后值确定 p 的大小,如图所示 $p=1$;当 ACF 第一次越过上置信区间滞后值确定 q 的大小,如图所示 $q=1$,因此该 ARIMA 模型采用 $p=1$、$d=0$ 和 $q=1$ 作为参数进行预测,如图 6-12 所示。

```
In[17]:    model = ARIMA(timeSeries, order=(1,0,1)) # (ARMA) = (1,0,1)
           model_fit = model.fit(disp=0)


           forecast = model_fit.predict()
           plt.figure(figsize=(22,10))
           plt.plot(weather_palmyra.Date,weather_palmyra.MeanTemp,label
                   = "original")
           plt.plot(forecast,label = "predicted")
           plt.title("Time Series Forecast")
           plt.xlabel("Date")
           plt.ylabel("Mean Temperature")
           plt.legend()
           plt.show()
```

Out[17]:

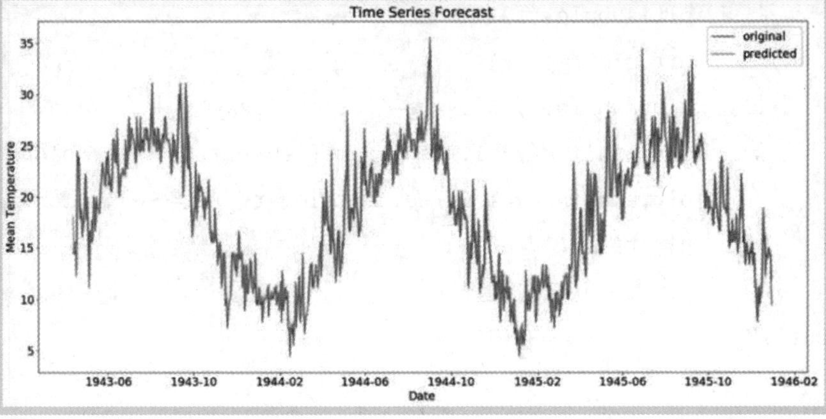

图 6-12　代码和预测图

　　如图中两条曲线所示,通过 ARIMA 模型,能够从原始的非平稳的时间序列数据预测出未来时间序列中的数据。为了直观地表现出模型的效果,可以直接预测一段时间的天气值。

```
In[18]: data = timeSeries.MeanTemp.values.tolist()
        train_data, test_data = data[:-5], data[-5:]
        for t in range(len(test_data)):
            model = ARIMA(train_data, order=(1,0,1))
            model_fit = model.fit(disp=0)
            output = model_fit.forecast()
            yhat = output[0]
```

```
        obs = test_data[t]
        train_data.append(obs)
        print('predicted=%f, expected=%f' %(yhat, obs))
Out[18]:
    predicted=14.961205, expected=14.444444
    predicted=14.665928, expected=14.444444
    predicted=14.616089, expected=13.888889
    predicted=14.164753, expected=11.111111
    predicted=11.872587, expected=9.444444
```

观察可知,预测结果和真实值的差值不大,使用 ARIMA 时间预测算法能够拟合时间序列模型的数据。

6.5　案例 4——价格预测挑战

6.5.1　数据挖掘目标

【例 6-4】　文本分析是指对文本信息的表示及特征项的选取,商品文本的描述能够反映特定立场、观点、价值和利益。考虑到网上海量的商品数量,对产品的定价难度很大,因此可以使用商品描述帮助商户定价。例如,服装具有较强的季节性价格趋势,受品牌影响很大,而电子产品则根据产品规格波动。因此,根据商品提供的文本信息进行合理地定价,能够有效地帮助商家进行商品的销售。本案例给出物品的商品描述、商品类别和品牌等信息,并结合之前的商品价格来给新商品定价格。

6.5.2　数据导入和预处理

导入数据处理阶段使用的库函数,NumPy 和 Pandas 用于数据处理。

```
In[1]: import numpy as np
       import pandas as pd
```

使用 Pandas 库的 read_csv()函数导入数据,示例代码中的 csv 路径和本地 csv 路径保持一致。

1. 数据导入

```
In[2]: train_data=pd.read_csv('../data/4/train.csv', sep='\t')
       test_data = pd.read_csv('../data/4/test.csv', sep='\t')
```

可以观察数据的信息,得到当前数据的字段含义。

```
In[3]: train_data.head()
```

Out[3]:

	train_id	name	item_condition_id	category_name	brand_name	price	shipping	item_description
0	0	MLB Cincinnati Reds T Shirt Size XL	3	Men/Tops/T-shirts	NaN	10.0	1	No description yet
1	1	Razer BlackWidow Chroma Keyboard	3	Electronics/Computers & Tablets/Components & P...	Razer	52.0	0	This keyboard is in great condition and works ...
2	2	AVA-VIV Blouse	1	Women/Tops & Blouses/Blouse	Target	10.0	1	Adorable top with a hint of lace and a key hol...
3	3	Leather Horse Statues	1	Home/Home Décor/Home Décor Accents	NaN	35.0	1	New with tags. Leather horses. Retail for [rm]...
4	4	24K GOLD plated rose	1	Women/Jewelry/Necklaces	NaN	44.0	0	Complete with certificate of authenticity

观察可知,数据由 8 个字段构成,其中 train_id 表示训练序号,name 表示商品名称,item_condition_id 表示当前的物品状态,category_name 表示商品类别,brand_name 表示品牌名称,price 表示商品价格,shipping 表示是否需要邮费,item_description 表示商品描述。

2. 数据预处理

首先观察数据中的缺失值和异常值,然后针对不同字段数据进行预处理操作。

```
In[4]: train_data.info()
Out[4]: RangeIndex: 200000 entries, 0 to 199999
        Data columns (total 8 columns):
        train_id            200000 non-null int64
        name                200000 non-null object
        item_condition_id   200000 non-null int64
        category_name       199148 non-null object
        brand_name          114600 non-null object
        price               200000 non-null float64
        shipping            200000 non-null int64
        item_description    200000 non-null object
```

观察数据发现,category_name 和 brand_name 两个特征不足 200 000,即存在缺失值,因此需要对缺失值进行处理。同理,测试集合也存在类似缺失值问题,需要拼接训练集合和测试集合对数据进行数据预处理。拼接代码如下所示。

```
In[5]: df = pd.concat([train_data, pre_data], axis=0)
```

两个缺失值字段都为字符串类型的字段,给缺失值填充标识符的代码如下所示。

```
In[6]: df=df.drop(['price', 'test_id', 'train_id'], axis=1)
       df['category_name']=df['category_name'].fillna('MISS').astype(str)
       df['brand_name']=df['brand_name'].fillna('MISS').astype(str)
       df['shipping']=df['shipping'].astype(str)
       df['item_condition_id']=df['item_condition_id'].astype(str)
```

对 category_name 和 brand_name 两个特征填充缺失值标志，同时将整数的字符数据变成相应的字符串数据表示并提取训练过程中需要的预测值。

```
In[7]: y_train = np.log1p(train_data['price'])
```

6.5.3　数据探索和模型构建

通过前面的数据预处理过程，数据都变成了字符串数据类型。因此，可以采用自然语言处理的相关方法处理。首先构建方法让文本信息向量化，为进一步分析提供依据，代码如下所示。

```
In[8]: from sklearn.feature_extraction.text import CountVectorizer,
       TfidfVectorizer

       default_preprocessor = CountVectorizer().build_preprocessor()
       def build_preprocessor_1(field):
           field_idx = list(df.columns).index(field)
           return lambda x: default_preprocessor(x[field_idx])
```

上面的方法可以对相应特征字段的文字内容向量化，同时需要使用各个字段的向量信息变成产品的表示。因此，直观地将所有的特征信息表示拼接成最后的商品表示。调用 Sklearn 中的 FeatureUnion() 函数来拼接商品的特征，代码如下所示。

```
In[9]: from sklearn.pipeline import FeatureUnion

       vectorizer=FeatureUnion([
       ('name',CountVectorizer(ngram_range=(1,2),max_features=50000,
       preprocessor=build_preprocessor_1('name'))),
       ('category_name',CountVectorizer(token_pattern='.+',
       preprocessor=build_preprocessor_1('category_name'))),
       ('brand_name',CountVectorizer(token_pattern='.+',
       preprocessor=build_preprocessor_1('brand_name'))),
       ('shipping',CountVectorizer(token_pattern='\d+',
       preprocessor=build_preprocessor_1('shipping'))),
       ('item_condition_id',CountVectorizer(token_pattern='\d+',
       preprocessor=build_preprocessor_1('item_condition_id'))),
       ('item_description',TfidfVectorizer(ngram_range=(1,3),
       max_features=100000,preprocessor=build_preprocessor_1
       ('item_description'))),
       ])
```

上述操作将每个对应字段的文字信息变成向量表示，考虑到产品的描述信息往往会很多，因此在处理的过程中为了过滤掉部分无用信息，使用 tfidf 对文本进行向量化处理，保证了文本表示的质量。

得到商品的向量表示后,通过岭回归线性模型来对商品特征进行分析拟合,下面引入岭回归算法。

```
In[10]: from sklearn.linear_model import Ridge

        ridgeClf = Ridge(solver= 'auto', fit_intercept=True, alpha=0.5,
                         max_iter=100, normalize=False, tol=0.05)
```

alpha 对应岭回归正则化项的大小,alpha 值越大,对向量表示的正则化越强。使用 FeatureUnion()函数得到对象 vectorizer,再将商品信息转换为向量表示。同时,按照数据原始划分将数据变成训练数据和测试数据。

```
In[11]: X = vectorizer.fit_transform(df.values)
        nrow_train = train_data.shape[0]
        X_train = X[:nrow_train]
        X_test = X[nrow_train:]
```

使用岭回归算法对数据进行拟合,学习模型中相应的参数。

```
In[11]: ridgeClf.fit(X_train, y_train)
```

同时,使用训练好的模型分析测试数据,预测商品的价格大小。

```
In[12]: test_price = ridgeClf.predict(x_test)
```

预测结果评价,通过 MSLE 进行评估,使用 sklearn.metrics 中的 mean_squared_log_error 来实现。

```
In[13]: from sklearn.metrics import mean_squared_log_error
        true_price=pd.read_csv("../data/4/label_test.csv",
                               sep="\t").price.tolist()
        mean_squared_log_error(true_price, test_price)
Out[13]: 3.006566863415081
```

数据输出得到的 test_price 是模型对测试商品的预测价格,得到的预测价格越精确,对于商家定价的帮助就越大。该模型是相对简单的模型,对于文本信息没有考虑文本本身的性质,只是简单考虑特征的统计信息。并且将每个特征信息进行拼接,取得的效果不会很好。更进一步的方法,可以使用神经网络对文本进行建模。商品定价回归不同于文本分类,并不是截取单个关键字就可以对价格进行分析,并且关键词之间有较强的关联:例如苹果+手机产生的价格远远高于它们各自价格相加。同时对于拥有大量信息的冗长文本,使用神经网络在输入端提取特征是一个很好的选择。同时,商品信息中有普通的数值特征、商品分类特征、商品名称+商标的短文本以及商品详细长文本的信息。相较于将所有特征都转换为文字类特征,普通数字特征可以使用多层全连接网络形成数字特征表示,并且结合注意力机制得到有意义的文本内容表示。同时,对商品名称和商品品牌的文本内容拼接起来,能够防止商品名称和商品品牌内容过短的问题,并能够有效抑制特征缺失的问题,形成统一的文本表示特征。

6.6　小结

本章主要介绍了数据分析的流程方法,即定义数据挖掘目标、数据采样、数据预处理、数据探索和模型构建,并结合 4 个例子展开讲解数据分析的各个流程。如何对不同类型的数据来进行探索分析,通过观察数据的分布、周期性和相关性等特性,进而构建多样的模型完成特定任务。

6.6.1　本章总结

案例 1 通过对数据分析每一步做了详细分析,运用几个数据处理方式介绍了不同数据场景下数据处理的方式。对不同缺失值、异常值等场景简要介绍了相应的处理方式,能够优化最后的结果,并帮助建立数据分析的基本思路。读者可以通过查看 Kaggle 等数据科学社区,掌握更加丰富的数据处理手段。

案例 2 在没有具体优化目标情况下,从数据本身出发,发现数据中不同字段之间的关联性,挖掘数据的潜在价值,并结合无监督学习对数据建模来刻画不同的用户群体,并对不同用户群体进行分析。相较于前两个分析案例,后两个案例针对不同类型的数据进行分析。

案例 3 和案例 4 使用不同类型的数据进行分析。案例 3 对时序类型数据进行预测分析,并介绍在时序建模过程中常用的时间平稳性等概念,分析差分、滚动和 ARIMA 等算法对时间序列数据的效果。案例 4 考虑文本结构数据,讨论了文本数据的预处理方式,并分析不同特征组合对整个模型的结果。通过简单的案例分析,由浅入深地介绍了常用的数据分析技术。

6.6.2　扩展阅读材料

[1]　Kuhn M, Johnson K. Applied Predictive Modeling[M]. New York: Springer, 2013.

[2]　Raschka S. Python Machine Learning[M]. Packt Publishing Ltd, 2015.

[3]　范淼,李超. Python 机器学习及实践——从零开始通往 Kaggle 竞赛之路[M]. 北京:清华大学出版社,2019.

[4]　https://www.kaggle.com/getting-started/78118[EB/OL].

6.7　习题

1. 对案例 1 尝试使用数据特征中最有意义的前 k 个特征进行后续的训练,并观察和使用全量特征之间的差别。

2.案例 3 中使用数据的统计特征进行分析,请尝试使用循环神经网络这类方法来处理时间序列数据。

3.案例 4 中使用岭回归模型预测价格,但是由于模型表达能力的欠缺,会造成效果不佳,尝试使用更加复杂模型进行分析。

4.案例 4 提供一个简单的特征拼接来使用特征,分析如何对特征进行组合才能够取得更好的效果,分析不同特征组合之间为什么会造成效果差异。

6.8　参考资料

[1]　https://www.cs.waikato.ac.nz/ml/weka/.

[2]　https://www.knime.com/.

[3]　Kaggle Competition https://www.kaggle.com/.

[4]　韦斯·麦金. 利用 Python 进行数据分析[M]. 北京:机械工业出版社,2013.

[5]　Aurélien G. Hands on Machine Learning with Scikit-Learn & Tensorflow[M]. O'Reilly Media,2017.

[6]　Rachel S. 数据科学实战[M]. 北京:人民邮电出版社,2015.

[7]　Witten I H,Frank E. 数据挖掘实用机器学习技术[M]. 北京:机械工业出版社,2006.

[8]　韩家炜,坎伯. 数据挖掘:概念与技术[M]. 北京:机械工业出版社,2012.

[9]　Swain S. Development of An ARIMA Model for Monthly Rainfall Forecasting over Khordha District,Odisha,India. Advances in Intelligent Systems and Computing,2018,325-331.

[10]　Dickey D A,Fuller W A. Distribution of the Estimators for Autoregressive Time Series with a Unit Root[J]. Journal of the American Statistical Association,1979,74:427-431.

数据科学的重要研究领域

数据可以分为结构化数据、半结构化数据以及非结构化数据。前面章节中所使用的绝大部分是结构化数据。但在日常生活中,人们所接触到的数据,例如,文件、照片、视频等,都属于非结构化数据或半结构化数据。人们生活中的大部分沟通数据也都属于非结构化数据。据估计,当今世界 80% 的数据为非结构化数据,而且这个数字还在继续增长。国际数据公司 IDC 估计,到 2020 年这些数据会由 2015 年的 9.3 ZB① 增长到 44.1 ZB。由此可见,非结构化数据的体量非常大。对非结构化数据的分析是一门较新的学科,人们希望从海量的非结构化数据中便利、快捷地提取其所蕴含的信息。非结构化数据的规模和复杂性,使其并不适用结构化数据的统一处理模式。如何有效地处理非结构化数据已经成为工业界和学术界的一个重要研究领域。近些年,研究者们大多利用机器学习算法来处理非结构化数据。接下来,将为大家简要介绍各种非结构化数据、半结构化数据的分析方法,以及这些方法在实际生活中的应用。

本章组织如下:7.1 节介绍基于文本数据的文本分析方法的背景、具体方法与应用;7.2 节介绍图像视频分析方法和其应用;7.3 节对网络数据分析方法的背景与应用进行简要介绍;7.4 节对数据的可视化分析进行介绍;7.5 节是对本章内容小结。

7.1 文本分析

文本分析也称为文本挖掘,是一个从文本中提取信息的过程。重点关注于对文本的表示及其特征项的选取。文本分析通常是对从文本中抽取出的特征词进行量化来表示文本信息。

7.1.1 文本分析简介

1. 文本分析背景

数据分析师 Seth Grimes 曾指出"80%的商业信息来自非结构化数据,主要

---

① 泽字节(Zetta Byte),简称 ZB,计算机存储容量单位,为 1024EB。

是文本数据"。生活中文本无处不在,包括用户的评论数据、网页上的新闻、合同文件、政府工作报告等。如何从文本中挖掘价值是文本分析的主要目标。

文本分析的主要任务包括文本预处理、文本分类、文本聚类、主题抽取、文本索引与检索、命名实体识别、情感分析等。同时,文本分析也涉及很多学科的知识,例如,统计学、语言学、数据挖掘、机器学习、自然语言处理等。文本分析的框架图如图 7-1 所示。

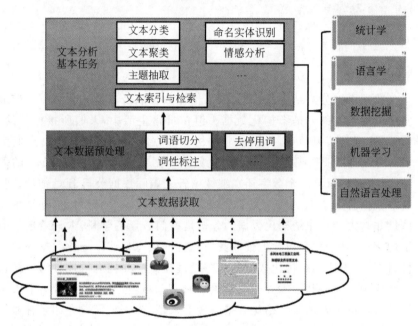

图 7-1 文本分析的框架图

很多人可能会对文本分析与自然语言处理(Natural Language Processing)相关概念产生混淆,下面对文本分析(文本挖掘)与自然语言处理的关系进行简要梳理。其实,这两个概念并没有明确的界限(就像"数据挖掘"和"数据科学"一样),在不同程度上两者相互包含,相互联系,相互影响。

(1)文本分析指的是从文本数据中获取有价值的信息和知识,是数据挖掘中的一种方法。其最重要、最基本的任务是实现文本的分类和聚类,前者属于有监督学习,后者属于无监督学习。

(2)自然语言处理是计算机科学与人工智能领域中的一个重要分支,旨在研究实现人与计算机之间用自然语言进行有效通信的各种理论和方法。

文本分析与自然语言处理都融合了很多学科。但是,这两者仍有不同。自然语言处理关注的是人类的自然语言与计算机设备之间的相互关系,而文本分析关注的是识别文本数据中有趣并且重要的模式。

2. 文本分析的意义

海量的文本数据中隐藏着巨大的价值。只有通过恰当的分析方法,才能从中提取出有价值的信息。因此,文本分析具有十分重要的研究意义。

在销售行业,各个企业都想让自己的产品占领相关市场,受到大众喜欢。获取用户心中所想就十分重要。文本分析可以帮助企业从用户评论数据中挖掘消费者对产品的主要关注点,例如,外观、性能、价格、售后意见等,进而帮助企业更好地改善产品的设计和功能,使得自己的产品受到大众喜爱。

在新闻行业,每时每刻都在产生新闻信息,这些新闻包含了大量有用的信息。但是,用户可能没时间去一一阅读这些信息。文本分析可以从新闻中确定每个事件的边界,发现新的事件,还能够将同一事件的发展历程梳理汇总在一起,完成事件发现与追踪、预测。

在金融行业,文本分析可以帮助金融企业实现客户分类与价值的判断。例如,通过分析客户购买金融产品的频率、时长等,来判别客户的忠诚度,鉴别客户是否属于企业希望保持的客户,还可以分析流失客户的共同特征,找到存在流失风险的潜在用户,及早对此类用户做出相关挽回措施,降低企业的客户流失率等。

在文学领域,文本分析可以用来对一些文本作品进行分析[1-2],发现作品的写作风格与写作规律。最典型的一个例子,就是对《红楼梦》的文本分析。通过对《红楼梦》这一著作的各个章节进行文本分析,可以帮助研究者解答关于《红楼梦》的前八十回和后四十回的作者是否同一人问题。

7.1.2 文本分析的任务与方法

1. 词语分词

通常情况下,我们拿到的文本数据是由若干篇文章或若干条句子组成。在对文本分析之前,需要进行"文本—句子—单词"的转变,即句子切分与分词。句子切分可以看作是分词的一个预处理阶段。一般情况下,句子和段之间是有明显分界符的,例如,"省略号""单引号""多引号""逗号""冒号""感叹号""问号""换行"等。句子切分就是依靠这些标点符号来进行简单划分。但是由"句子—单词"就没有那么容易了。

在英文文本中,单词和单词之间是以空格作为分界符。但中文是以汉字作为基本单位,而由汉字组成的"词"却没有明显的分界符。因此,分词主要是针对中文文本而言。

目前,在句子切分与分词这部分,已经有大量成熟的算法,可以实现上述需求。例如,基于规则的分词方法:最大匹配法、逆向最大匹配法、逐词遍历法等。基于统计的分词算法:隐马尔可夫模型(Hidden Markov Model)、最大熵模型(Maximum Entropy Model)、条件随机场模型(Conditional Random Fields Model)等。基于语义分词算法:特征词库法、综合匹配法、邻接约束法、扩充转移网络法等。基于理解的分词算法:神经网络分词法、专家系统分词法等。

Python 中也提供了支持分词的第三方库或工具包,下面对几种常用的库或工具包进行简单介绍。

(1) jieba①:支持三种分词模式。精确模式旨在将句子进行最精准的分割;全模式旨在将句子中所有的可能成词的词语都提取出来;搜索引擎模式旨在基于精确模式,对长词再次

---

① jieba 工具包:https://pypi.org/project/jieba/。

分割。jieba 支持自定义词典、词性标注,同时也支持繁体分词,是分词中最常使用的库。

(2) NLTK①(Natural Language Toolkit):NLTK 是为自然语言处理研发的工具包,提供了多种 NLP 处理相关功能。但是 NLTK 不支持中文分词。

(3) SnowNLP②(Simplified Chinese Text Processing):SnowNLP 是国人受 TextBlob 的启发而开发的 Python 类库,专门针对中文文本挖掘。与 TextBlob 不同,SnowNLP 没有用 NLTK,所有的算法都是自己实现的。SnowNLP 自带了一些训练好的字典,可以进行分词、词性标注、情绪判断等。

(4) THULAC③(THU Lexical Analyzer for Chinese):THULAC 是由清华大学自然语言处理与社会人文计算实验室开发的 Python 工具包,专门针对中文文本挖掘。THULAC 可以实现分词和词性标注的功能。

2.词性标注

词性是词语基本的语法属性,是句子或词语的一种重要特征。词性标注(Part-of-Speech Tagging)是指将语料库中的单词词性按其含义和上下文内容进行标记,是一种基本的文本数据处理技术。词性标注主要用于文本挖掘和自然语言处理领域。

在英文中,一个单词的词性可以通过词形来进行判断,例如,drive、driving、drove、driven。但是在中文中,词没有形态的变化,一个词可具备多种词性,不可以简单通过词形来判断词的词性,例如,"研究"既可以是动词,也可以作为名词。

常见的词性标注算法可以分为两类:基于词匹配的字典查找算法和基于统计的算法。

(1) 基于词匹配的字典查找算法:算法原理很简单,通过从字典中查找每个词语的词性,对其进行标注即可。虽然该方法简单、易于理解,但并不能够解决一词多词性的问题。因此,存在一定误差。

(2) 基于统计的算法:在基于统计的算法中,隐马尔可夫模型(HMM)使用较为广泛。如图 7-2 所示,在该模型中,分词后的语句作为观测序列,经标注的词性序列作为隐藏序列。通过对语料库进行统计,可以得到起始概率、输出概率和状态转移概率。这样,在已知观测序列后,可以利用 Viterbi 算法求隐藏序列,完成词性标注。

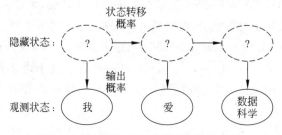

图 7-2 基于隐马尔可夫模型的词性标注

---

① NLTK 工具包:https://pypi.org/project/nltk/。
② SnowNLP 工具包:https://pypi.org/project/snownlp/。
③ THULAC 工具包:https://pypi.org/project/thulac/。

目前,大多数提供分词功能的工具包或者是第三方库,同样也提供词性标注功能。例如,利用 jieba 对"我爱数据科学"进行的分词与词性标注后,会显示"我 r 爱 v 数据 n 科学 n"。

3. 文本分类

文本分类是文本分析中一项非常重要的工作。给定文档集合和预先定义的类别集合,文本分类是将文档划分到一个或多个类别中。文本分类中最常见的应用就是垃圾邮件识别以及情感分析。

文本分类的基本流程如图 7-3 所示,包括文本预处理、特征提取、训练分类器 3 个阶段。

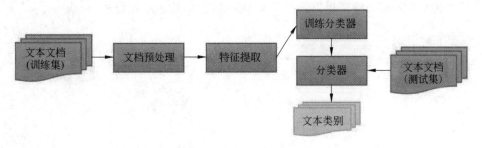

图 7-3　文本分类的基本流程

(1) 文本预处理:文本预处理是指从文本中提取关键词来表示文本,除了前面所提到的句子切分与分词以外,还包括去停用词等相关操作。

(2) 特征提取:特征提取是指从预处理好的文档中提取出体现文档主题的特征。在文本预处理后,文本由句子变成了词语,但是计算机还是无法处理这些词语。因此,需要将这些词语表示为计算机能够处理的形式。常见的特征表示方法如下。

① 词袋(Bag of Words)模型,该模型将所有文档中出现的词作为特征,一篇文档出现该词记为 1,反之记为 0。这样,文档就可以被表示成一个高维且非常稀疏的空间向量。如何降低该向量的维度?那就要进行特征融合与特征选择,这对于分类器的分类效果起到了十分重要的作用。常见的降维方法有矩阵分解法、主成分分析法、线性判别式法、拉普拉斯映射法等。

② 词嵌入(Word Embedding)模型,该模型将一个维数为所有词的数量的高维空间嵌入到一个维数低得多的连续向量空间中,每个单词或词组被映射为实数域上的向量。例如,Bert、Elmo、GPT 等。

(3) 训练分类器:在这一阶段,利用带类别标记的文本数据,使用某种分类算法进行分类器的训练。在数据挖掘中有很多分类算法供人们使用,例如,最常用的贝叶斯模型(Bayesian Model)、随机森林模型(Random Forest Model)、支持向量机模型(Support Vector Machine Model)、最近邻模型(k-Nearest Neighbor Model)、神经网络模型(Neural Network Model)等。

当分类器训练好以后,可以利用测试数据集进行分类器分类效果的测试与验证。分类器会为每个文档标记其所属的类别。

4. 文本聚类

文本聚类也是文本分析的一个重要任务。但不同于文本分类,文本聚类属于无监督学习,用户事先并不知道这些文档都有哪些类别,每个文档分别属于哪个类别。它旨在将相似的文档划分在一起(记为簇),使得同一簇中的文档相似度较大,簇与簇之间的文档相似性较小。

由于聚类不需要训练和类别标记,所以具有一定的灵活性和较高的自动化处理能力,被学术界和工业界越来越多的研究人员所关注。

与文本分类类似,文本聚类的基本流程也可以分为 3 个阶段,基本流程如图 7-4 所示。其中文本预处理与特征提取阶段与文本分类类似,这里不再赘述。

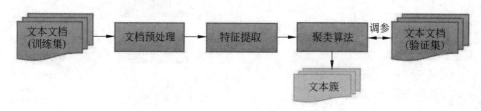

图 7-4　文本聚类基本流程

聚类算法:在数据挖掘中,聚类算法一般可分为:基于划分的聚类算法(K 均值算法、k-中心点算法)、基于层次的聚类算法(BIRCH 算法、CURE 算法)、基于密度的聚类算法(DBSCAN 算法、OPTICS 算法)以及基于模型的聚类算法(CORWEB 算法、SOMS 算法)。在文本聚类中常用的是基于划分的聚类方法中的 K 均值算法和基于密度聚类算法中的 DBSCAN 算法。

在聚类算法中,最重要的就是距离的计算,对于表示成向量的文本数据来说,余弦相似度与相关系数是两种常用的文本距离度量方法。通常情况下,聚类算法中会存在一些参数需要调整,可以使用验证数据集进行调参。

5. 信息抽取

作为文本分析的一个重要任务,信息抽取指的是从一段文本中抽取实体、事件、关系等类型的信息,形成结构化数据存入数据库中以供用户查询和使用的过程。它是自然语言处理中的重要组成部分,为知识图谱的构建与补全、信息检索、人机交互等诸多领域提供帮助。文本数据包含了丰富的信息,从海量非结构化的文本中抽取出有用的信息,并表示成可用的格式,是信息抽取存在的意义。那么,如何提取到这些信息呢?通常,信息抽取包括实体抽取、关系抽取、事件抽取等。

实体抽取也称为命名实体识别,一般包括实体的检测和分类,例如,"苏格拉底是柏拉图的导师"这句话中"苏格拉底"和"柏拉图"就是两个实体。关系抽取,刻画两个或多个命名实体的关系,可以理解为三元组(Triple)抽取。以上句话为例,"导师"表示两个实体之间存在师生关系,表示成三元组,即<苏格拉底,导师,柏拉图>。事件抽取不仅需要抽取文本中的实例并识别其类型,还需要为每个实例抽取所涉及的论元(即事件相关的实体实例)并赋予相应的角色,例如,"在 Baghdad,当一个美国坦克对着 Palestine 酒店开火时一个摄影师死去了",从这句话中,可以抽取事件信息如表 7-1 所示。

表 7-1　事件抽取实例

事 件 类 型	触 发 词	论　元	角　色
死亡	死去	摄影师	受害者
		美国坦克	工具
		Baghdad	地点
攻击	开火	摄影师	目标
		Palestine 酒店	目标
		美国坦克	工具
		Baghdad	地点

目前,大多的研究是基于实体抽取与关系抽取两个方向展开的。基于实体抽取的方法主要分为:基于统计的方法,例如 N-gram 模型、隐马尔可夫模型、最大熵模型、决策树、条件马尔可夫模型等;基于深度学习的方法,例如 LSTM 模型、双向 LSTM 模型、CNN+LSTM 等。也涌现了一批实用工具,例如,NER 工具、哈工大 LTP 工具等。关系抽取根据对标注数据的依赖程度,可分为基于人工定义方法、有监督学习方法、半监督学习方法、远程监督学习方法,汇总如表 7-2 所示。

表 7-2　常用的关系抽取方法

方 法 分 类	具 体 方 法
人工定义方法	人工定义一些规则,例如 is-a
有监督学习方法	基于核函数的方法、基于逻辑回归的方法、基于句法解析增强的方法、基于条件随机场的方法等
半监督学习方法	BootStrapping 方法、Snowball 方法、基于图的半监督方法
远程监督学习方法	基于无向图模型的关系抽取方法

由于事件本身具有离散性、跨篇章性、多样性,这为事件及事件关系的抽取带来了挑战。目前,针对事件抽取常见的方法有:基于模式匹配的元事件抽取、基于机器学习的元事件抽取、基于神经网络的抽取方法等。由于 ACE 语料库数据的标注质量不高、规模较小等问题,在很大程度上影响了事件抽取任务的发展。针对这一局限,有一些工作尝试借助外部资源辅助事件抽取任务,这些工作依据是否利用外部资源可分为基于同源数据(即 ACE 数据)的事件抽取方法、融合外部资源的事件抽取方法。

除了单纯的事件抽取以外,对事件关系抽取的研究也逐渐得到研究者的关注。事件与事件之间通常存在千丝万缕的联系,如图 7-5 所示,显示的是智利地震事件因果关系图。事件关系抽取,就是发现事件与其相关事件相互依存和关联的逻辑关系,通常包括相关事件识别、事件关系类型判定两大类。事件关系可以将若干个分散的文本中的事件相连接。根据事件与事件间的连接能够形成事件关系网络和事件发展的拓扑脉络,这对于大规模的舆情信息分析与处理具有重要的应用价值。例如,关联事件聚类、面向新闻事件的关系网络构建以及突发事件的推理和预测等。

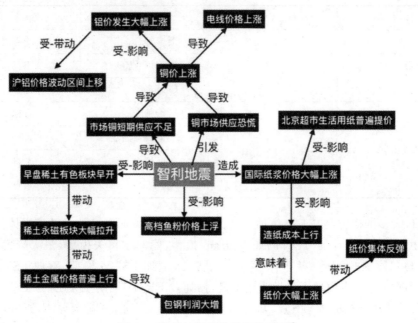

图 7-5　智利地震事件因果关系图[①]

7.1.3　知识图谱

1. 知识图谱简介

知识图谱(Knowledge Graph,KG)最早起源于 2012 年 Google 正式对外发布的 Google Knowledge Graph,其本身是从语义网发展而来。尽管近些年人工智能得到了迅猛发展,在某些领域已取得超越人类的成绩,但计算机一直面临着这样的困境——缺少知识,例如,人在看到"陈道明"会联想到他的许多作品,这些联想会为文本分析提供一种背景知识,但是计算机却不能。前面 7.1.2 节中所介绍的文本分析基本任务所面临的挑战主要包括三个方面。

(1) 缺乏常识:丰富的知识体系对文字背后的含义理解和推导具有十分重要的作用,为了让机器能够理解文本背后的含义,对实体建模、填充属性、拓展实体与其他事物的联系十分必要。

(2) 缺乏领域知识:领域知识是指特定领域的专业知识,例如,法律知识、金融知识、医疗知识等。

---

① https://github.com/liuhuanyong/CausalityEventExtraction。

（3）文本具有模糊、歧义等特性：语言中模糊不清的现象比比皆是，需结合语境去理解，例如，"敦煌市长孙玉龙说"（命名实体＋歧义）这句话具有两种划分方法："敦煌市长/孙玉龙/说"和"敦煌市/长孙/玉龙/说"。

知识图谱将客观的经验沉淀在巨大的网络中，常见的知识图谱具有两种表示形式：一种以图网络的形式表示，其中节点代表实体，边代表实体之间的语义关系，图 7-6 所示的是美团所制作的部分菜品知识图谱；另一种采用 RDF（Resource Description Framework），即资源描述框架，形式化地表示这种三元关系，例如，＜Jorge Amado，Nationality，Brazil＞表示 Jorge Amado 的国籍是 Brazil。

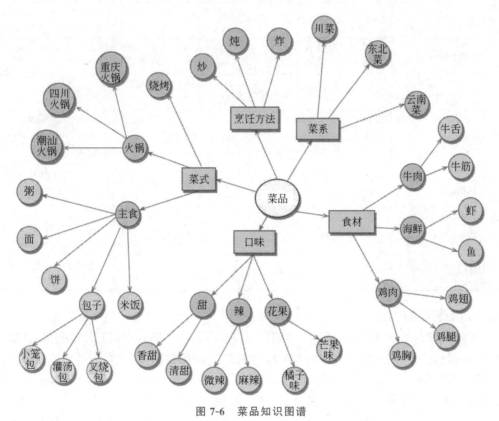

图 7-6　菜品知识图谱

2. 知识图谱类型

通常情况下，知识可以划分为领域知识和通用知识等。因此，知识图谱根据知识类型可以划分为领域知识图谱 DKG（医疗卫生领域 SIDER、影视领域 IMDB、语言学领域 WordNet、人物关系领域 Kinships）和通用知识图谱 GKG（Cyc、ConceptNet、YAGO、DBpedia、Wikidata）等。表 7-3 是对常见公开知识库的总结。

3. 知识图谱的应用

人类正逐步从解放体力向解放脑力进行转变，越来越多的工作将会被机器所替代。

知识图谱最早应用于搜索领域以提高搜索引擎的搜索能力。随着技术的不断发展,知识图谱也被不断应用于智能搜索、智能推荐、人机交互、数据分析与决策等很多领域。

表 7-3　常用公开知识库的总结

分类		开发时间,所有者	数据来源	备　　注
通用知识库	Cyc①	1984 年,Cyc 公司	常识知识	700 万条事实与规则,3.8 万条关系
	ConceptNet②	1999 年,MIT 媒体实验室	常识知识	800 万个实体,2100 万条关系
	YAGO③	2007 年,德国马普研究所	Wikipedia、WordNet 和 GeoNames	100 万个实体以及超过 500 万条关系事实数据
	DBpedia④	2007 年,柏林自由大学、莱比锡大学、OpenLink	Wikipedia ＋ 专家知识	660 多万个实体,130 亿个三元组
	Wikidata⑤	2012 年,维基媒体基金会	Wikipedia ＋ 群体智能	540 万个实体
领域知识库	SIDER⑥	2015 年,马克斯·普朗克分子细胞生物学与遗传学研究所	药物、副作用	1430 种药物,5880 个 ADR 和 140 064 个药物-ADR 对数据
	IMDB⑦	1990 年,亚马逊公司	电影、电视节目、演员	130 735 536 部作品资料以及 10 378 806 位人物资料
	WordNet⑧	1985 年,普林斯顿大学	英文电子词典	155 287 个单词,117 659 个同义词集
	Kinships⑨	—	人物	104 个实体,26 种关系,10 800 个三元组

1) 智能搜索

传统的搜索是针对网页的搜索,搜索对象以文本为主。随着数据时代的到来,互联网逐步从仅包含网页间超链接的文档万维网向包含大量描述实体间丰富关系的数据万维网转变。智能搜索除了提供传统搜索以外,还能提供兴趣自动识别、语义理解、信息过滤和推送等功能。其搜索对象也更加复杂化、多元化,可以支持图片、音频、视频等。借助于知识图谱、自然语言处理、图片视频分析等技术,事物的分类、属性、事物间的关系也更加清

---

① 参考自扩展阅读材料[3]。

② 参考自扩展阅读材料[3]。

③ 参考自 https://yago-knowledge.org/downloads/yago-4。

④ 参考 https://wiki.dbpedia.org/develop/datasets/dbpedia-version-2016-10。

⑤ 参考自扩展阅读材料[3]。

⑥ 参考自 https://www.ncbi.nlm.nih.gov/pmc/articles/PMC4702794/。

⑦ 参考自 https://www.imdb.com/pressroom/stats/。

⑧ 参考自扩展阅读材料[3]

⑨ 参考自中国中文信息学会前沿技术讲习—深度学习与知识图谱,http://104.131.70.235/static/CCL2016/tutorialpdf/T2A_%E7%9F%A5%E8%AF%86%E5%9B%BE%E8%B0%B1_part1%E3%80%812.pdf。

楚,人们可以轻松地由一张图片或一段音频检索出其背后关联的更深层次的信息。搜索＋知识图谱将成为搜索引擎未来发展的方向。

2) 智能推荐

面对信息超载问题,推荐是一种有效的信息过滤方式。知识图谱又包含了大量事物间的关系描述。借助于知识图谱技术,可以实现智能化场景化推荐。例如,用户在某平台搜"口罩",可以推断出用户可能需要一些防疫物资,平台就可以推荐"防护服""护目镜""75%酒精""消毒液"等,通过用户输入的关键字,推测出用户的消费意图,这对电商平台十分重要。此外,推荐系统常常面临的另一个问题就是冷启动问题,利用知识图谱所提供的外部知识,可以增强用户与商品的描述,减轻或避免由冷启动造成的推荐结果准确度低等问题。

3) 人机交互

人机交互并不陌生,Apple Siri、Amazon Echo Show、小米小爱、天猫精灵已经遍布于人们的生活中,人机对话将成为 IoT 时代主要的人机交互方式。通常,交互的形式有问答、对话等,通过知识把它们关联起来,就形成了一段流畅的对话。那么知识从何而来,当然源于知识图谱。通过知识图谱中的实体发现与连接,将多源数据融合,实现跨领域、跨交互形式的对话交互。

4) 数据分析与决策

知识图谱还可以辅助行业中大数据分析与决策,可以说知识图谱为数据的精准和精细分析提供了强大的背景知识支撑。美国 Netflix 公司根据其订阅用户的注册信息和观看行为构建知识图谱,掌握到用户喜欢 Fincher、Spacey 主演的影片、英版《纸牌屋》很受欢迎等,依据所掌握的信息决策拍摄美版《纸牌屋》,使其一度成为最热门的影视作品。在公安领域,根据企业以及个人银行资金交易明细、通话、出行、住宿、工商、税务等信息可以构建知识图谱,进而辅助公安刑侦、经侦、银行进行案件线索侦察工作。例如,异常资金流动检测、欺诈行为判别等。

7.1.4　文本分析的应用

1. 情感分析

情感分析可以定义为对带有情感色彩的主观性文本进行分析、处理、归纳和推理的过程。它利用多样化、海量的社会媒体资源,借助数量庞大的社交网络语料和新闻语料,利用机器学习模型,对所获取文本中的情感倾向和评价对象进行提取。情感分析是文本分析中的一个重要应用,适用于很多领域,如互联网、新闻媒体、商业销售、政府调查等。

网络(例如,博客、论坛、大众点评等)上积累了大量的用户对于人物、事件、产品等有价值的评论信息。这些评论信息可以非常明确地表达人们的情感色彩和情感倾向(例如,喜欢、讨厌、支持、反对等)。政府部门或销售行业可以通过浏览这些主观评论了解大众舆论对于某事件或产品的看法。情感分析可以为完善相关制度政策或改善相关产品提供借鉴与参考。

情感分析的任务主要包括情感信息抽取、情感信息分类、情感信息检索与归纳 3 个基本任务。

（1）情感信息抽取：它是情感分析中最底层的任务，目的在于抽取文本中有意义的信息单元，即从文本中提炼出对情感分析有贡献的词或短语元素。它主要包含 3 个方面：评价词语、评价对象、观点持有者。例如，"我认为《流浪地球》这部电影非常好"，在这里，评价词语为"非常好"；评价对象为"电影《流浪地球》"；观点持有者为"我"。

（2）情感信息分类：依据不同的分类依据，可以对情感进行不同的分类方式。例如，按照文本的粒度不同，大致可分为词语级、句子级、篇章级 3 个研究层次。按照分类目的，大致可以分为主观、客观以及正面、负面等。

（3）情感信息检索与归纳：情感信息检索是根据用户的需求，返回包含用户指定情感的文本数据。情感信息归纳指的是针对某个主题，根据大量文本数据，汇总情感分析结果，了解情感变化趋势。

2. 事件发现与追踪

事件发现与追踪是文本分析的另一个重要应用，具有十分重要的应用价值，例如，在新闻媒体领域，对事件的追踪和敏感度，是反映各媒体的媒体属性是否强烈的标准之一。新闻媒体希望能够有足够的灵敏度，及时地发现新事件，并对事件内容做出有价值的深度跟踪报道。数据时代下，如何在海量的数据中找到该事件并及时推送给用户也是一项很大的挑战。

事件的收集是事件发现与追踪的前提，人们要对事件进行分析必须掌握充分的数据资料。针对事件的收集，可以采取爬虫技术对相关的网页新闻进行获取。事件发现与追踪的基本任务主要包括：信息内容切分、事件检测、事件追踪 3 个部分。

（1）信息内容切分：信息内容切分是指将海量的新闻流数据依据主题不同进行分割。

（2）事件检测：事件检测指检测新产生的事件。常用的方法是利用聚类技术对事件进行聚集，聚类时相似度不高的文本创建新事件，归入事件库中，从而完成对事件的检测。

（3）事件追踪：事件追踪指的是对已检测出来的事件进行后续报道的追踪，对事件发展脉络完成总结和梳理。图 7-7 展示的是对"波音 737"事件的追踪结果[①]。

科技的日新月异与社交媒体的飞速发展，促使网络中的热点事件发酵与传播速度越来越快。事件发现与追踪技术为加强网络媒体的事件信息监控、掌握热点事件的发展趋势、给大众以正确的趋势导向提供了非常大的帮助。

3. 知识问答

知识问答是文本分析也是知识图谱的另一个重要应用。知识图谱中存储了大量的知识，但是对于普通用户而言却很难利用，因为需要专业的查询语句。自然语言是人机交互最简单、最直接的一种方式，人们希望知识问答系统可以直接处理自然语言信息，方便用户的查询。知识问答应需而生，根据问答形式，知识问答可以划分为一问一答、交互式问

---

① https://blog.csdn.net/lhy2014/article/details/89422339。

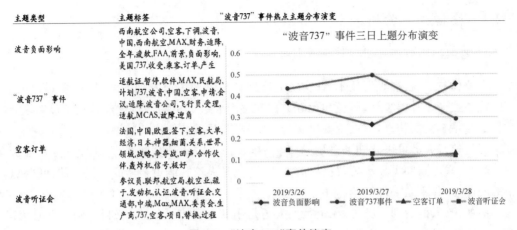

图 7-7　"波音 737"事件演变

答、阅读理解等。知识库是回答事实性问题的必要资源,知识问答一般是将用户的问题与知识库中对应知识匹配,然后将知识返回给用户。

依据问答涉及的方法划分,知识问答可以分为传统的问答方法、基于深度学习的问答方法。其中,传统的问答方法可以进一步划分为基于关键词的检索、基于文本蕴含推理、基于逻辑表达式等方法。基于深度学习的问答,常用的方法有 LSTM、Attention Model、Memory Network 等。依据知识问答的处理流程,知识问答可以分为基于语义解析的方法和基于搜索排序的方法。

(1)基于语义解析的方法:语义解析指的是将自然语言句子映射成某种形式化的语义表示。基于语义解析的方法主要思想是将问句自动转换为结构化的查询语句。例如,"数据科学导论涉及哪些学科?"可以将其转化为<数据科学导论,涉及,学科>这样的表示。该方法看似简单,但实际上是一个富有挑战性的任务,会涉及文本分析中命名实体识别、消歧、语义组合等任务。

(2)基于搜索排序的方法:该方法通过搜索与相关实体有路径联系的实体作为候选集,然后将从问题和候选集提取出来的特征进行比较,以此作为依据对候选答案进行排序,进而得到最优结果。

知识问答已逐渐成为人机交互的新趋势,知识图谱作为答案的主要来源,可以使数据更好地以接近人类认知的形式被人类所理解,有助于提高问答系统的精准性。

7.2　图像视频分析

图像与视频数据中蕴含着大量、丰富的信息,充分利用图像与视频数据对各个领域都发挥着重要的作用。图像视频分析,可以被理解为利用数学、计算机等领域的相关技术,从图片或视频中智能地抽取有价值信息。提及图像,人们会很容易联想到视频。视频的本质是由一帧一帧的图像组成。所以,图像视频分析的根源或本质还是对图像的分析。

7.2.1 图像视频分析简介

1. 图像视频分析背景

在通信技术、社交媒体技术、社会监控等硬件与软件快速发展的背景下,多媒体大数据时代悄然而至。据统计,图像和视频数据在整个大数据中的比例已经接近 90%。这些数据蕴含了丰富的信息,怎么挖掘出有价值的规律,是亟待解决的问题。

视觉使得人类可以感知和理解这个世界,人们也希望计算机可以和人一样具备听、说、读、写、看等感知世界和理解世界的能力,这也是人工智能想要做的。但是使计算机具备看的能力,并不是一件简单的任务。

例如,当人们看到"狗"时,无论是大人还是小孩都很容易地感知到是"狗",并且大脑会很快联想到以往对于"狗"的认知,但计算机则不能。图片与视频分析就是在使计算机得到图片或视频数据后,能够从图片或视频中抽取出一定的特征,便于计算机理解与计算,进而能够完成其他任务,例如,比对、聚类等。

此外,面对海量的图片与视频数据,人类是无法快速浏览、识别全部图像或视频的。图像与视频分析技术可以使人们从繁重的人工分析的工作中解脱出来,并且提高识别与追踪的准确度,具有十分重要的研究价值。

2. 图像视频分析的意义

图像视频分析的应用非常广泛,涉及公安、医疗、商业等领域。

目前,为了保障社会安全,视频监控无处不在,例如,交通卡口监控、城镇天眼系统、个体商家监控等。视频分析技术需要过滤掉视频中的无用、干扰的信息,抽取视频源中关键的有用信息,通过对图像、视频画面检测分析,为刑侦工作提供有价值的参考信息。近年来,公安部陆续开展了一系列的专项研究,希望可以借助整合社会视频监控,更好地维护社会治安。图像与视频分析技术已成为破案不可或缺的一部分。据统计,公安机关利用图像视频分析等信息化手段破案已占总数的 30%~40%。图像视频侦查技术与刑事技术、行动技术、网侦技术并称为侦查破案的四大支撑技术。

在医学领域,过去病人的医学检查结果仅仅只能靠医生的知识和经验来解读并判断。但是,人工判断极易受到外界因素的干扰,准确度与效率都不会很高。随着计算机技术、医学成像技术、深度学习等的快速发展,现如今可以将医学模拟图像转化为数字图像,利用计算机辅助诊断。这种方式不但可以排除人为主观因素,还能够提高诊断准确性和效率。目前,医学图像分析已成为医学研究、临床疾病诊断中一个不可或缺的工具,被广泛应用于良恶性肿瘤、心脑血管疾病等重大疾病的临床辅助筛查、诊断、治疗等方面。

在商业领域,图像与视频分析技术更是无处不在。例如,停车管理就使用到了车牌识别技术,实现对车辆的管理以及计费管理。在许多短视频与各大美颜相机 App 中,用户所使用的美颜、抠图以及视频风格化等都属于图像视频分析技术的应用。此外,在新闻媒体领域,还可以利用图像分析与视频分析技术,提取图像视频特征,对图像视频进行标注,便于用户的查找与推荐。在日常生活中,人们肯定会遇到突然看到某个想买的东西,但不知道是什么,然后就利用"淘立拍"拍了一张照片,电子商务网站可以扫描数百万商品数据库,向用户推荐一类似的商品,提高用户电商体验。

7.2.2　图像分析的任务与方法

通常情况下,图像分析的基本任务可以分为三类:图像分割、图像识别、图像理解。下面对这三类任务进行逐一介绍。

1. 图像分割

图像分割是图像分析中最重要的一步,它的目标在于从图像中分解出物体和它的组成部分,即恰当地把一幅图像分成不重叠的子区域。

图像分割一般可以分为三种类型:语义分割、实例分割、全景分割。图 7-8 展示的是这三者的区别①。图像解析得越精细,就越有助于后续的图像识别与图像解释。

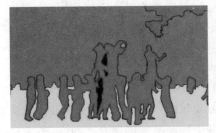
(a) 语义分割

(b) 实例分割

(c) 全景分割

图 7-8　图像分割

（1）语义分割（Semantic Segmentation）：可以理解成一个基于像素的分类任务,使得不同种类的东西在图像上被区分开来。语义分割方法可分为基于区域分类的图像语义分割方法和基于像素分类的图像语义分割方法[3-7]。其中,基于区域分类的图像语义分割方法包括基于候选区域的方法和基于分割掩膜的方法。在基于像素分类的图像语义分割方法中常见的主要有 U-Net[3]、SegNet[4]、DeepLab 系列[5-6]和 FCN[7]等方法。

（2）实例分割（Instance Segmentation）：实例分割是在像素级识别对象轮廓的任务,能够区分同一类可数物体的不同实例。常见的方法主要有 FCIS[8]、DeepMask[9]、Mask

---

① http://www.sohu.com/a/278182572_100007727。

R-CNN[10] 和 PANet[11] 等。

（3）全景分割（Panoptic Segmentation）：语义分割和实例分割的结合。能够区分不同种类的物体、同一种类物体个数和不同实例等。

图像分割问题最早从 20 世纪 70 年代起就吸引了越来越多的人的关注。虽然目前仍未找到一个通用的分割的方法，但是已经产生了相当多的研究成果和方法。

在深度学习兴起之前，传统的图像分割算法包括：基于阈值的图像分割算法、基于区域的图像分割算法和基于边缘检测的图像分割算法等。随着深度学习的不断发展，基于深度学习的分割方法比传统的图像分割方法，在效果上占据明显优势。

基于框架理论的深度网络模型和卷积稀疏编码模型的研究得到了国内外学者的广泛关注。研究学者就散射网络与卷积神经网络的尺度联系、完美重构和广义平移不变性等性质，进行了深入研究。散射网络是由法国巴黎高师的 S. Mallat 和美国纽约大学的 J. Bruna 提出的，是一种最早的基于框架理论的深度网络模型，作为一种无监督高效特征提取模型的散射网络被广泛应用到特征提取、图像识别和分割等应用中。

常见的基于深度学习的图像分割算法大致可以分为 6 类：基于特征编码（例如，VGGnet[12] 和 ResNet[13] 方法）、基于区域选择（例如，R-CNN[14]、Fast R-CNN[15] 和 Mask R-CNN[10] 等）、基于 RNN（例如，ReSeg[16]）、基于上采样/反卷积（例如，FCN[7]、SetNet[17]）、基于提高特征分辨率的 DeepLab[5-6]、基于特征增强的 PSPNet[18] 方法等。

此外，随着图卷积神经网络成为深度学习领域的研究热点，也涌现出一些基于图卷积神经网络的设计和应用。例如，清华大学的基于控制变量的图卷积网络，基于对抗训练的图卷积网络、腾讯 AI Lab 的自适应图卷积神经网络、中国科学院大学的图小波网络、香港中文大学的时空图卷积网络等。图像处理和图网络结合的研究成为了一个十分具有前景的研究方向。

2. 图像识别

图像识别是图像分析的一个基本任务，也是人工智能的一个重要领域。图像识别由最初的文字识别到数字图像处理与识别，最终发展到物体识别。图像识别是指利用计算机对图像分析和理解，识别出各种不同模式的目标和对象，即对图像中分割出来的物体予以区分。

人的图像识别能力非常强，可以迅速捕捉到图像细微的改变。但对于高速发展的社会，人自身的识别能力已经无法满足社会的需求，例如，生物学领域，存在一些肉眼观察不到的生物细胞。图像识别应运而生，可以解决人类无法识别或者识别率较低的问题。

图像识别的原理是依靠图像所具有的特征对图像分类（例如，在看到一张图片时，人们首先会从记忆中提取，是否见过这个或类似的图片），通过各类所具有的特征与该图像的特征进行匹配，从而将图像识别出来。特征有时会非常明显，有时又很隐蔽，特征的提取在很大的程度上影响了图像识别的速率和准确性。

传统的图像识别可以根据形状和灰度信息进行分类，也可以通过模型匹配，即把要识别的对象与已构建的各个图像模型进行匹配和比较进行识别。图像识别技术的基本流程可以分为：图像获取与预处理、特征抽取和选择、分类与决策 3 个阶段。

（1）图像获取与预处理：为了便于计算机对图像进行处理，必须将图像用合适的数据结构进行表示，即图像数字化。最常使用的图像数据结构有矩阵、链、图、物体属性表、关系数据库等。图像预处理通常是指对最低抽象层次的图像（例如，亮度图像）进行的相关操作，包括像素亮度变换、几何变换、局部预处理、图像复原等四大类。图 7-9 展示的是像素亮度变换的图像对比效果（见彩插）。

图 7-9　像素亮度变换对比图

（2）特征抽取和选择：特征是下一阶段分类的输入，对模型的影响是毋庸置疑的。特征表示的粒度不同，所起到的作用也不相同。以一张小狗的图片为例，像素级的特征没有价值，因为人们无法从中提取到任何信息，无法进行狗和非狗的区分。若特征具有结构性，例如，颜色、体积、是否有眼镜、是否有毛等，就很容易进行区分。只有提取能够反映对象的特征，分类算法才能发挥其作用。通常情况下，特征越多，所带给人们的参考信息就越多。但在机器学习中，特征越多，数据稀疏性就越大，因此还要依据特征的区分度进行选择。

图像分析中，SIFT[19] 和 HOG[20] 是两种传统的特征提取方法。SIFT 即尺度不变特征转换（Scale-Invariant Feature Transform），是用于图像处理领域的一种描述子。HOG 即方向梯度直方图（Histogram of Oriented Gradient），是一种在计算机视觉和图像处理中用来进行物体检测的特征描述子。这两种方法能够将图像包含的对象正确地标记，确定其在图像中的位置，检测可以指示对象存在的兴趣点，提取关于兴趣点的特征，并确定对象的姿态。近些年随着深度学习的快速发展，也涌现出一批基于深度学习的特征提取方法，例如，利用卷积神经网络提取图像特征的方法。此外，由于卷积神经网络强大的建模能力以及数据处理能力，使得基于图卷积神经网络的图像分析技术也成为当今研究热点。

（3）分类与决策：基于上一阶段得到的图像特征，可以采用机器学习中的各种分类算法，例如，支持向量机、Boosting、最近邻等进行图像分类。也可以利用深度学习模型，例如神经网络模型来进行分类。

3. 图像理解

人类的推理能力和积累的经验知识，可以帮助人类在不经意间对图像进行解释，例如,看图说话,但这一任务却是计算机图像分析的一个重要且亟待解决的问题。

图像理解是图像分析的另一个重要且基础的任务。图像理解(Image Understanding)就是对图像的语义理解,即以图像为对象,以知识为核心,研究图像中存在的物体以及物体之间的相互关系,对图像进行描述和解释。

图像理解具有非常广泛的应用,例如,Facebook 通过利用图像识别和图像理解技术,可以对每张照片想要传递的内容生成描述,并为用户朗读出来,使得盲人能够"看"图像。图像理解还可以帮助残疾人士以他们能够感知的形式获得所需的信息。

图像描述这一概念起源于 2015 年,引起了越来越多的研究者的研究兴趣,也有一些开源的关于图像描述的工具,例如 Neuraltalk 系列[21]、Neural Baby Talk[22] 等。这些方法通过 CNN 和 RNN 组成一个端到端的网络模型。通过向该模型输入图像,模型会为用户返回用来描述图像所生成的句子。图 7-10 显示的是利用 Neural Baby Talk① 对一个图片的描述实例。

A young boy with blond-hair and a blue shirt is eating a chocolate

图 7-10　Neural Baby Talk
图像描述实例

图像理解技术可以将图像转变为文字或语音,帮助更多需要帮助的人群。目前,图像理解被称为人工智能领域最具挑战的研究之一。近些年,在图像理解领域已经取得了很多重要的研究成果,但是对于图像理解的过程仍有待进一步研究。

7.2.3　视频分析的任务与方法

视频分析与图像分析类似,但又存在一些不同。视频是图像、声音、文字的综合载体,并具有时间上的连续性。因此,视频更符合人类对于世界的认知。随着信息技术的快速发展,各种基于视频的 App 纷至沓来,例如,抖音、快手、火山短视频、多闪等。视频已经成为信息传播的主要方式,广泛应用于生产、生活的各个方面。面对海量的视频内容,人工处理显然是不可能的。这也促进了视频分析技术的快速发展。

与图像分析的三个基本任务类似,视频分析也包括 3 个基本任务:目标检测和跟踪、目标识别、行为理解。简单来讲,就是从视频里,首先将人从周围环境中分离出来,即目标检测;然后分析出这个人是谁,即目标识别;最后通过对其肢体动作分析,分析其正在干什么,并推理出他将要干什么,即行为理解。

1. 目标检测与跟踪

受环境中光照、目标运动复杂性、遮挡、目标与背景颜色相似、杂乱背景等因素的影响,目标检测与跟踪是一项有挑战性的任务。下面介绍几种常见的动态视频目标检测方法。

(1)背景减除:背景的建模是背景减除方法的技术关键,可以提供比较全面的运动

---

① https://github.com/jiasenlu/NeuralBabyTalk。

目标的特征数据。一个视频是一序列的帧（图像），对背景建模最简单的一种方法是认为第一帧是背景，在后续序列中逐帧地减去其亮度，非零差值表示运动，从而得到运动场景的目标。但背景建模对于动态场景的变化，如光照变化和外来无关事件的干扰等也特别敏感。光照变化可能会引起目标颜色与背景颜色的变化，进而造成虚假检测与错误跟踪。

（2）时间差分：利用相邻帧图像的差值提取移动目标的信息，对于动态环境具有较强的自适应性。但时间差分方法不能提取所有相关的特征像素点，易产生空洞现象。时间差分主要用于检测运动的物体，检测物体边缘，当物体停止运动时，并不适用。

（3）光流：基于光流的运动检测利用了运动目标随时间变化的光流特性。该方法可以检测出独立的运动目标。但光流计算相当复杂，并且抗噪性能较差，不完全适用于全帧视频流的实时处理。

2. 目标识别——视频特征描述

目标识别的关键在于特征，在视频分析中，视频特征描述是一个基本且非常重要的问题。视频特征描述是所有视频处理和分析的基础。

到目前为止，在视频分析的目标识别相关研究大多是基于图像的卷积神经网络，例如，谷歌的 RestNet，来学习视频特征。但是该方法仅仅是对单帧图像的特征进行融合，忽略了视频帧与帧之间的联系，一些动作仅从看单帧的图像是无法判断的，只能通过时序上的变化来判断，因此，需要将时序上的特征进行编码或者融合，获得对于视频整体的描述。

描述视频的静态图像特征可以借鉴图像分析中的特征表示方法，但视频分析的难点在于如何描述目标的动态特征。在针对视频分析的最新研究中，利用深度编码器（Deep AutoEncoder）以非线性的方式提取动态纹理，或利用长短时记忆网络（Long Short-Term Memory，LSTM）进行动态特征表示，受到广泛关注。

深度学习方法已经在视频分析中广泛应用，例如，基于视频流的目标检测、行为识别等。

3. 行为理解

视频行为理解，旨在使得计算机能够理解视频中的动态行为，如图 7-11 所示。视频行为理解就是使计算机具备人类眼睛——"看"和大脑——"理解"的功能，这也是人工智能未来发展的关键方向。视频行为理解包括视频行为分类、时序行为检测和视频摘要生成等。目前，以深度学习为基础的计算机视觉技术在视频分析中应用非常广泛。

（1）视频行为分类：目的在于给一段分割好的短视频，通常只包含一段人类动作，进行动作种类的分类。例如，是买东西还是卖东西、是跑还是跳等。

（2）时序行为检测：是指针对较长未分割视频，分类人类行为种类以及定位动作的时序边界。常见的行为分类算法有 Two-Stream、IDT、LSTM、ActionVLAD、TFields 算法等。

在分类任务上，目前现有的方法能较好地处理时间较长的动作。对于较短的动作，由于其包含的时序信息较少，所以较为困难。

（3）视频摘要生成：视频摘要可以分为两类，即静态视频摘要和动态视频摘要。

① 静态视频摘要：指从视频中抽取的文本信息，例如，标题、时间、人物、发生了什么事等，这些信息会以文本形式展现。

② 动态视频摘要：指从视频中截取的片段的整合，例如，各大视频平台中推出的精彩看点等，或者是预告（视频缩略）。其本质是对视频片段的拼接，表现形式还是视频。

A person "walks to the kitchen," "opens the fridge," "grabs some milk," "opens the bottle," "drinks from the bottle," "puts it back," and "closes the fridge."

一个人"走到厨房"，"打开冰箱"，"拿些牛奶"，"打开瓶子"，"从瓶子中喝"，"放回瓶子"，然后"关闭冰箱"。

图 7-11　视频行为理解实例

近几年，"无障碍电影"一词出现在很多媒体平台上。"无障碍电影"指为电影配置解说词，使得电影画面能够活灵活现出现在人的脑海中，使得盲人朋友体验"看"电影的乐趣。目前，所有的"无障碍电影"的电影解说词配置工作都是由人工进行的，这也使得"无障碍电影"的成本过高，不能全面推广。希望在不久的将来，利用视频分析技术，计算机能够智能地为每部影片生成电影解说词，使得更多的盲人朋友享受"无障碍电影"所带来的乐趣。

7.2.4　图像视频分析的应用

1. 人脸识别

人脸识别的研究始于 20 世纪 60 年代，随着计算机技术和光学成像技术的发展，人脸识别正在由弱人工智能向强人工智能转化。人脸识别，也称为人像识别，是一种基于人面部特征进行身份识别和鉴定的一种技术。

人脸同其他生物特征，例如指纹、虹膜等一样，具有唯一性和不易被复制的良好特性。人脸识别具有非接触性、操作简单、结果直观、隐蔽性好等特点。因此，已被广泛应用于金融、司法、军队、公安、政府、教育、医疗及众多企事业单位等领域。

对人脸识别的研究正在如火如荼地展开，那人脸识别究竟能解决生活中的哪些问题呢？人们将其大致分为两类：人脸搜索与识别、人脸聚类。

（1）人脸搜索与识别：给定 k 张待检索人物图片与人脸数据库（大小为 N），人脸搜索与识别可以用来判断人脸数据库中是否有待检索人物。

（2）人脸聚类：在未给定个人信息情况下，即使拥有一堆用户图片，但不清楚谁是谁。例如，某监控拍下的大量行人图片，人脸聚类根据这些人脸的图像特征，结合行人出现的时间、空间等先验信息进行聚类，挖掘用户的轨迹和行为习惯。

如何进行人脸识别呢？人脸识别主要包含 4 个基本任务：人脸图像采集、人脸图像预处理、人脸图像特征提取、人脸识别。

(1) 人脸图像采集：人脸图像采集就是利用摄像镜头等设备将图片数据采集下来。

(2) 人脸图像预处理：对于人脸图像，其预处理过程主要包括人脸图像的光线补偿、灰度变换、直方图均衡化、归一化、几何校正、滤波及锐化，以及人脸检测与对齐。人脸检测是图像预处理的关键，它旨在根据人脸特征在图像中准确确定人脸的位置和大小。主流的人脸检测方法有 AdaBoost 算法、DPM 算法、DenseBox 算法、Faceness-Net 算法、MTCNN 算法等。由于原始图像中的人的姿态、位置可能存在差异，为了便于后续阶段的使用，需要对人脸进行对齐操作，即把人脸"摆正"。通过人脸中的关键点，例如，眼睛、鼻子、嘴巴等，进行变换将人脸统一校准。

(3) 人脸图像特征提取：即利用人脸的某些特征进行建模。常用的方法有 LBP 算法、DeepID 算法、DeepID2 算法、Center Loss、Triplet Loss 等。

(4) 人脸识别：利用从图像提取的特征数据与人脸数据库中存储的人脸特征模板进行匹配，若相似度超过某阈值，则认为是同一人。根据相似程度对人脸信息进行判断，人脸识别如图 7-12 所示。

图 7-12 人脸识别[①]

2. 车辆检测与追踪

图像视频分析的一个重要应用就是车辆检测与追踪。近年来，城市监控设备越来越多，随处可见，例如，交通卡口的交通违法监测抓拍设备即电子警察、街道的保障人民安全的公安监控等，这些设备为交通、治安等各类案件的侦破提供技术支持。

车辆检测与追踪包含两个基本任务：车辆检测与识别、车辆追踪。

(1) 车辆检测与识别：能够从复杂的背景中找到车辆，识别车辆的颜色、款式，并将运动的车辆的车牌号提取出来，如图 7-13 所示。此外，车辆检测还能够记录车辆经过的时间、地点以及行驶方向等。

---

① https://github.com/deepinsight/insightface。

（2）车辆追踪：为追踪画面设定目标，实现特定对象的追踪监控。目前，Python 工具库 dlib 中已经具有追踪功能，例如，Correlation_tracker，该追踪方法属于单目标追踪。除此之外，还有很多算法，例如，HOG＋SVM 算法、基于卷积神经网络的 YOLO 算法等。

图 7-13　车牌识别

车辆检测与识别的应用非常普及，例如，车辆管理系统、停车场诱导、反向寻车、收费站卡口系统等。通过利用车牌识别技术，可以辅助刷卡定位、取票定位技术马上就能够找到自己车辆停放的位置。车辆追踪技术也已经广泛应用于生活的各个角落，在交通管理中优势更为突出。通过卡口布控，可以实时检测可疑车辆，一旦发现这些非法车辆，可以将该信息推送到报警平台，实现对可疑车辆的管理。

目前，越来越多的研究团队围绕智能视频分析技术开展了许多研究，并取得了比较好的效果。智能视频监控系统的研发也正成为学术界、工业界新的研究热点和开发方向。Intel、Microsoft、IBM、商汤科技等研究团队开展了目标跟踪、异常行为监测与报警等相关研究，国内很多高校也开展了视频智能分析的研究。相信不久的将来，视频智能分析系统将取得更大的进展。

3. 遥感图像解译

遥感本质是通过接收探测目标物电磁辐射信息的强弱来表征物体，将其转化为图像的形式展现。随着遥感图像资料处理与分析技术的不断进步，人们可以迅速获取大量的地理遥感数据，这些数据为地理研究提供了充分的数据资源。遥感技术被广泛应用在国土资源调查、城市发展规划研究、气象环境研究等领域。

解译就是获取有用信息的过程。遥感图像解译基本过程包括：利用各种解译标志，根据相关理论和知识经验，在遥感图像上识别、分析地物或现象，揭示其性质、运动状态及成因联系，并编制有关图件等。依据解译工具不同，遥感图像解译可以划分为目视解译、计算机解译两大类。

（1）目视解译：由专业人员，借助一些简单的工具，通过直接观察获取信息。缺点是需要耗费大量的人力，效率较低。

（2）计算机解译：利用模式识别、人工智能，根据遥感图像中的影像特征，结合专家知识库给出的目标物成像规律和经验，进行推理分析。

目前,面对愈加强烈的遥感影像数据信息提取和自动分类的要求,仅仅依靠人工目视判读的遥感影像信息显然已经不够。计算机解译已经成为遥感图像解译的主要途径。针对解译,学术界、工业界已经有大量研究,例如,商汤科技研发的 SenseEarth[①],该平台将深度学习技术应用于遥感影像解译及分析,结合图像识别、人工智能等技术对地表卫星影像进行识别和分析,解析其变化,使人们可以直观了解地形地貌的信息。此外,SenseEarth 还拥有影像变化检测功能,可以使用户快速感知城市的变迁与发展。

遥感图像解译具有非常高的应用价值。海洋是遥感技术能够发挥其最大特长的领域之一,遥感技术可以帮助人类阐明海洋对整个地球的影响以及由海洋引起的种种现象,并且遥感技术还可以实时掌握海洋变化;在大气领域,遥感技术可以帮助人们了解气象变化,生活中的天气预报就离不开遥感技术的支持。此外,遥感技术还可以实时观测着全球的臭氧量的变化,在发现臭氧洞上做出了很大贡献。

7.3　网络分析

7.1 节和 7.2 节介绍了文本数据、图像视频数据的分析方法,这两种数据都属于非结构化数据。网络数据介于结构化数据与非结构化数据之间,属于一种半结构化数据。自然界中存在的大量复杂系统都可以通过网络来表示,例如,生物界中的蛋白质网络、电力领域的电力网络、通信领域的通信网络以及交通网络、调度网络、社交网络等。

7.3.1　网络结构分析

网络结构分析最早源于 1736 年欧拉的七桥问题。一个典型的网络是由许多节点以及连接节点之间的边所组成,节点表示真实系统中的个体,边表示个体与个体间的关系,如果两个节点之间具有某种特定的关系,则为这两个节点之间连接一条边,反之则不连。这个定义与图的定义几乎一致,通常情况下,网络与图这两个概念之间并没有严格的界限。通常,网络依据不同划分原则可以有不同的分类。根据节点的类型可以分为同质网络、异质网络;根据网络的复杂程度可以分为简单网络、复杂网络。

图论是研究网络结构的基础,网络结构分析中的基本概念和方法大部分来自于图的一些基本算法。下面对图论中的一些基本概念进行简要介绍。

(1) 度(Degree):在无向图中,节点的度是与该节点相连接的边的数目。在有向图中,度可分为"入度"和"出度"。节点的入度是指以该节点为终点的边的数目;节点的出度是指以该节点为起点的边的数目。节点的度即为入度与出度之和。

(2) 路径(Path):路径指从一个节点到另一节点所经过的边。通常,两个节点中可能存在多条路径,最短路径记为 $d_P(v,t)$,是指从节点 v 到节点 t 所经过的最少边的数目。最短路径问题是图论研究中的一个经典算法问题。

(3) 平均路径长度(Average Length of Path):图的平均路径长度是指任意两节点间的最短路径长度的平均值。平均路径长度可以反映图的"紧密度"。

---

① https://rs.sensetime.com/。

（4）节点中心性（Centrality）：中心性是网络分析中最重要的一个概念。其目的在于寻找网络中最重要的节点。例如，社交关系网络中的"领导者"。对"重要"的理解不同，中心性也有许多度量标准。常用的标准如下。

① 度中心性（Degree Centrality）：度中心性计算公式为$C_D = \text{Degree}(v)/(n-1)$，其中$n$为网络中节点总数目。度中心性侧重于关注节点的邻居的数目，节点的度越高，则度中心性越高，此类节点有助于网络信息的传播。

② 紧密中心性（Closeness Centrality）：紧密中心性计算公式为$C_C = \sum\limits_{t \in V \backslash v} (v,t)/(n-1)$。紧密中心性侧重于关注节点到其他节点的平均最短距离，即在网络上所处的位置。节点距其他节点的最短路径越小，紧密中心性越小，此类节点往往比较接近网络中心。

③ 中介中心性（Betweenness Centrality）：中介中心性计算公式为$C_B = \sum\limits_{j \neq k \neq v = V} |d_P^v(j,k)| / |d_P(j,k)|$，其中，$d_P^v(j,k)$表示经过$v$点的从节点$j$到节点$k$的最短路径。中介中心性计算经过一个点的最短路径的数量，如果某节点经常出现在其他节点的最短路径上，则中心中介性越高，此类节点有助于促进其他节点的信息交流和传递。

（5）网络密度：网络密度可以通过网络中所有可能的连接除以网络中真实存在的连接计算得到。例如，对一个无向图G，包含节点个数为n，则所有可能的连接为$n(n-1)/2$。

（6）聚集系数：聚集系数用于描述网络中节点的聚集程度，可以分为全局聚集系数和局部聚集系数。

① 全局聚集系数：假设网络图中有一部分节点两两相连，则可以找出很多个"三角形"，其对应的三点两两相连，称为闭三元组。除此以外，也存在三点之间连有两条边，即缺一条边，称为开三元组，全局聚集系数计算如下：

$$全局聚集系数＝|闭三元组|/(|闭三元组|＋|开三元组|)$$

② 局部聚集系数：图中节点的局部集聚系数表示它的相邻节点形成一个完全图的紧密程度。局部聚集系数计算公式如下：

$$局部聚集系数＝\begin{cases} C_i = \dfrac{|e_{jk}:v_j,v_k \in N_i,e_{jk} \in E|}{k_i(k_i-1)}, & 有向图 \\[4mm] C_i = \dfrac{2|e_{jk}:v_j,v_k \in N_i,e_{jk} \in E|}{k_i(k_i-1)}, & 无向图 \end{cases}$$

其中，e_{jk}为连接节点v_j、v_k的边；N_i表示节点v_i的邻居节点的集合；k_i表示节点v_i的邻居节点的个数，即$k_i = |N_i|$。

图 7-14 为一个无向图$G=(V,E)$，其中，$|V|=11$，$|E|=13$，以节点v_7为例，节点的度记为Degree_{v_i}，则$\text{Degree}_{v_7}=3$，从节点v_7到节点v_{10}的最短路径$d_P(v_7,v_{10})=3$，该图的平均路径长度为$(d_P(v_1,v_2)+\cdots+d_P(v_{10},v_{11}))/C_{11}^2 \approx 2.85$，节点$v_7$的度中心性$C_{D_{v_7}}=\text{Degree}(v_7)/10=0.3$，紧密中心性为：

$$C_{C_{v_7}} = \frac{\sum\limits_{t \in V \backslash v_7} d_P(v_7,t)}{(n-1)} = 1.9$$

中介中心性为：

$$C_{\mathrm{B}v_7} = \frac{\sum\limits_{j \neq k \neq v \in V} |d_{\mathrm{P}}^{v_7}(j,k)|}{|d_{\mathrm{P}}(j,k)|} = 33/C_{10}^2 \approx 0.73$$

图 G 的网络密度为 13/55，全局聚集系数为 0.5，局部聚集系数为 1。

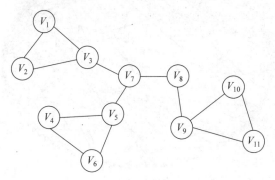

图 7-14　网络图实例

7.3.2　复杂网络

1. 基本概念

复杂网络是一门非常具有广泛应用和发展前景的学科，它是将复杂系统抽象成由节点和连边构成的网络，在此基础上研究复杂系统的性质。对于复杂网络的研究源于两篇经典的文章：一篇是美国康奈尔大学 Watts 和 Strogatz 于 1998 年 6 月在 *Nature* 上发表的 *Collective Dynamics of Small-World Networks*[23]；另一篇是美国圣母大学 Barabāsi 和 Albert 于 1999 年 10 月在 *Science* 上发表的 *Emergence of Scaling in Random Networks*[24]。随后，人们逐渐展开了对复杂网络的研究。

著名科学家钱学森给出了复杂网络的一种严格定义，即具有自组织、自相似、吸引子、小世界、无标度中部分或全部性质的网络称为复杂网络。

顾名思义，复杂网络具有高度复杂性，具体体现在以下 4 个方面。

（1）结构复杂，连接多样：具体表现在节点数目巨大，网络结构具有多种不同特征（特征路径长度、聚合系数），节点之间的连接权重存在差异，且有可能存在方向性。

（2）小世界特性：也被称为六度空间理论或者六度分割理论（Six Degrees of Separation），简单来说，即在网络中，任何两个人之间建立一种联系，最多需要 6 个人（包括这两个人在内）。

（3）集群特性：复杂网络中的节点通常会呈现集群特性。例如，社交网络中朋友圈、熟人圈、同事圈、家长圈等。集群程度代表网络集团化的程度，连通集团表示一个大网络中集群小网络分布和相互联系的状况。

（4）无标度特性：现实世界中的网络大部分都存在节点之间的连接状况（度数）分布严重不均，即少数的节点拥有大量连接，大部分节点的连接非常少，如图 7-15 所示，大部分节点拥有一条边,少数节点拥有大量边。也就是说,节点的度分布符合幂率分布。这就是网络无标度特性。人们将度分布符合幂律分布的复杂网络称为无标度网络。

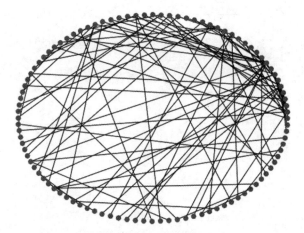

图 7-15 无标度网络

一般情况下,无标度网络一定是小世界网络,但小世界网络不一定是无标度网络。

复杂网络具有多种网络模型,例如,规则网络、随机网络、小世界网络、无标度网络、自相似网络等。

(1)规则网络:规则网络是复杂网络模型中最简单的网络模型,即网络中任意两个节点之间的关系遵循某种已定的规则。一般情况下,各节点的近邻数目都相同。通常,规则网络可以进一步划分为全局耦合网络、最近邻耦合网络和星状耦合网络。全局耦合网络也可称为完全图,是指任意两节点间都存在连接的边,如图 7-16(a)所示。对于拥有 N 个节点的网络来说,通常每个节点只与它最近的 K 个邻居节点连接,这样的网络称为最近邻耦合网络,图 7-16(b)显示的是当 $K=2$ 时的最近邻耦合网络。星状耦合网络指具有一个中心节点,其余 $N-1$ 个节点都只与该中心节点相连,而彼此之间不连接的网络,如图 7-16(c)所示。

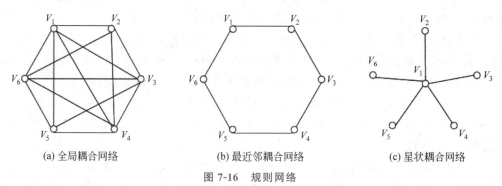

(a) 全局耦合网络　　　　(b) 最近邻耦合网络　　　　(c) 星状耦合网络

图 7-16 规则网络

(2)随机网络:在随机网络中,节点并没有按照某种确定的规则连接,而是以随机的方式连接,这样的网络称为随机网络。若节点按照某种自组织原则方式连接,则将演化成各种不同网络。

（3）小世界网络：现实生活中的真实网络往往既不是完全规则的，也不是完全随机的，小世界模型是从完全规则网络向完全随机网络的过渡网络模型。小世界网络可以进一步划分为：WS 小世界网络、NW 小世界网络。图 7-17（a）和图 7-17（b）显示的是当 $N=20$、$K=6$、$p=0.2$（重连或加边概率）时的 WS 小世界网络和 NW 小世界网络。NW 小世界模型是通过用"随机化加边"取代 WS 小世界模型构造中的"随机化重连"而得到的。与 WS 小世界网络相比，NW 小世界模型要更加简单一些。当 p 足够小且 N 足够大时，NW 小世界网络等价于 WS 小世界网络。

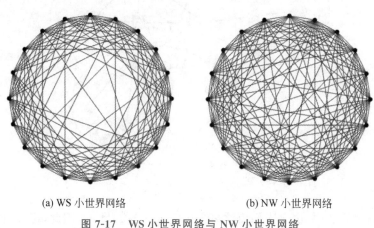

(a) WS 小世界网络　　　　　　(b) NW 小世界网络

图 7-17　WS 小世界网络与 NW 小世界网络

通常情况下，使用路径长度和聚合系数来衡量网络。对于规则网络，任意节点间的路径长度长，但聚合系数高。对于随机网络，任意节点间的路径长度短，但聚合系数低。因此，这两类网络模型都不能再现真实网络的一些重要特征。小世界网络，节点间的路径长度短（近似随机网络），但聚合系数仍旧高（近似规则网络）。

（4）无标度网络：正如前面介绍的无标度特性一样，很多真实的网络都不同程度具有度分布符合幂律分布的形式。人们将度分布符合幂律分布的复杂网络称为无标度网络，如图 7-15 所示。

（5）自相似网络：自相似性是指系统的部分和整体之间具有某种相似性。复杂系统的自相似性指的是某种结构或过程的特征从不同的空间角度或时间尺度来看都是相似的，或者某系统或结构的局域性质或局域结构与整体类似。

在这里仅对复杂网络模型的一些概念进行了简要介绍，各种网络模型的具体构建方法和过程，详见扩展阅读资料《复杂网络基础理论》。

2. 社区发现

社区发现（Community Detection）是复杂网络分析中的一个基本任务，具有十分重要的意义，例如，食物链分析、人类基因库分析、职业推荐、好友推荐等。社区结构是复杂网络中的一个普遍特征。社区，定义为网络图中一些密集的群体，整个网络则是由若干个社区组成。社区内部节点间的联系较为紧密。社区与社区之间连接较为稀疏。

设存在网络图 G，$G=<V, E>$，那么社区发现可以被定义为从 G 中确定 cd（>1）个

社区 $C=\{C_1,C_2,\cdots,C_{cd}\}$，使得各社区的节点集合构成 V 的一个覆盖。若任意两个社区的节点集合交集为空，则称为非重叠社区（Disjoint Communities），如图 7-18 中的"社区1"与"社区2"；反之，称为重叠社区（Overlapping Communities），如图 7-18 中的"社区1"与"社区3""社区2"与"社区3"。

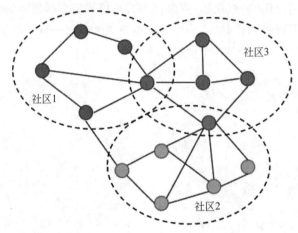

图 7-18　非重叠社区与重叠社区

在社区发现算法中，由于人们无法事先确定社区的数目 cd，因此，需要有一种度量方法，使得在社区发现过程中能够衡量每一个结果是否为相对最优结果。最常用的度量方法是模块度，计算公式如下：

$$Q=\frac{1}{2m}\sum_{ij}\left[A_{ij}-\frac{k_i\cdot k_j}{2m}\right]\delta(C_i,C_j)$$

其中，A 为网络图的邻接矩阵，若节点 v_i、v_j 相邻，则 A_{ij} 为 1，反之为 0。模块度的大小取决于社区划分，因此可以用来衡量网络社区划分质量。模块度越接近 1，表示社区结构的强度越高，即划分质量越好。在社区发现中可以通过最大化模块度 Q 来获得最优的网络社区划分结果。

除此之外，还可以利用标准化互信息（Normalized Mutual Information，NMI）、Rand 系数、Jaccard 系数等方法来进行衡量。

常见的社区发现算法有 KL 算法、谱二分算法、GN 算法、Newman 算法、Louvain 算法等。图 7-19 为对经典社区发现算法的一个归纳总结。

（1）KL 算法：该算法是一种二分方法，可以将网络划分为已知大小的两个社区。它定义了一个函数增益 Q（社区内部的边数与社区之间的边数之差），目标是使函数增益 Q 的值最大。虽然 KL 算法原理简单，但 KL 算法需要事先指定两个子图的大小，具有一定的局限性。

（2）谱二分算法：该算法同样也是一种二分算法，利用 Laplace 矩阵的特征值和特征向量的性质进行社区划分。算法思想是根据非零特征值所对应的特征向量中的元素值进行节点划分，将所有正元素对应的节点划分到同一个社区，所有负元素对应的节点划分为另一个社区。目标是 Laplace 矩阵的第二小特征值 λ_2 的值越小，划分的效果就越好。

上述两种方法的共同缺点在于算法一次只能划分两个社区。若存在多个社区,虽然可以多次划分,但效率和准确性都会降低。

(3) GN 算法[25]:该算法基于聚类中的分裂方法,基本思想是删除社区之间的连接边,剩余的每个连通部分就是一个社区,整个过程属于自顶向下的过程。这样社区发现问题就转化为寻找最有可能的社区连接边问题。首先,定义一条边的介数(Betweeness)为网络中所有节点之间的最短路径中通过这条边的数量。边的介数越高,社区之间的连接边的可能性越大。GN 算法每次都删除网络中介数最大的边,直至网络中所有边均被删除。GN 算法的准确性很好,但时间复杂度为 $O(m^2 n)$,其中 m 是边数量,n 是节点数量。因此,只适用于中小型规模的网络。

(4) Newman 算法[26]:该算法基于聚类中的凝聚方法,整个过程是自底向上的过程。基本思想是将每个节点均作为一个单独社区。然后,选出使得模块度的增值 ΔQ 最大的社区进行合并;若节点属于同一社区,则停止合并。从所有层次划分中选择模块度值最大的作为最终的划分结果。

(5) Louvain 算法[27]:该算法是基于模块度最优化的社区发现算法,包括两层迭代,外层的迭代是自底向上的凝聚法,内层的迭代是凝聚法加上交换策略,可以有效避免凝聚方法中两个节点一旦合并就没法再分开的缺陷。该算法简单、易实现、速度快、准确度较高,是目前使用最广泛的方法之一。

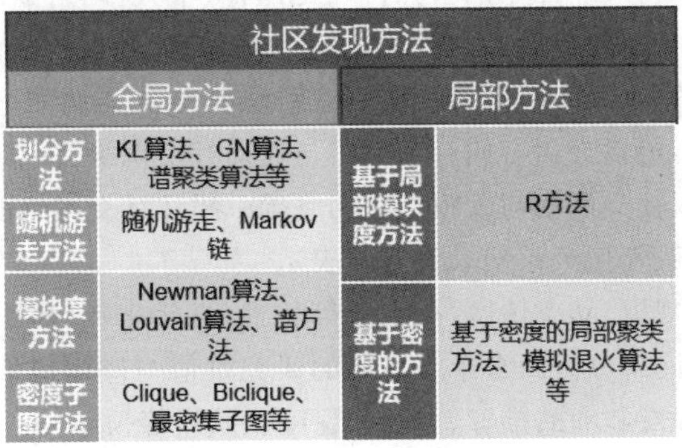

社区发现方法			
全局方法		局部方法	
划分方法	KL算法、GN算法、谱聚类算法等	基于局部模块度方法	R方法
随机游走方法	随机游走、Markov链		
模块度方法	Newman算法、Louvain算法、谱方法	基于密度的方法	基于密度的局部聚类方法、模拟退火算法等
密度子图方法	Clique、Biclique、最密集子图等		

图 7-19　社区发现算法总结

7.3.3　社交网络分析

1. 社交网络分析简介

社交网络是由许多节点构成的一种社会结构。节点通常是指个人、组织或其他实体,网络代表着实体间的各种关系。社交网络分析(Social Network Analysis)是指基于信息学、数学、社会学等多学科的融合理论和方法,为理解实体之间的关系、特点以及传递规律提供的一种可计算的分析方法。

社交网络分析最早由英国人类学家 Radcliffe-Brown 提出。在互联网诞生前,社交网络分析是社会学和人类学重要的研究分支。早期的社交网络主要指通过合作关系建立起来的职业网络,如科研合作网络、演员合作网络等。图 7-20 展示的是一个科研合作网络。

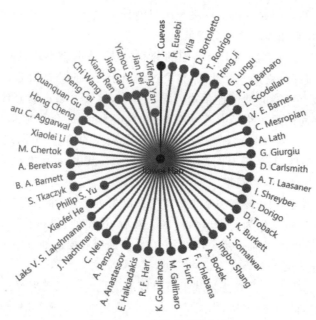

图 7-20　一个科研合作网络

可以把社交网络看作图,图中的节点可以是团体、个人、网络 ID 等不同含义的实体,节点与节点之间的边表示个体间的相互关系,例如,好友、动作行为、归属、合作等多种关系。通常,依据不同的分类标准,社交网络有多种分类方式。例如,依据节点与节点之间的边是否具有方向性,可以分为有向社交网络与无向社交网络;依据节点之间的边是否带有权重,可以分为带权社交网络与无权社交网络等。描述社交网络的方法也有很多,可以使用邻接矩阵、边列表、邻接关系列表等方式表示。

由于社交网络的规模、动态性、数据丰富等特性,近年来针对社交网络的分析研究得到了蓬勃发展。社交网络分析具有十分重要的研究价值与应用价值,已经广泛应用于社交人物影响力计算、好友和商品推荐、金融和保险反欺诈等领域。

2. 社交网络分析的意义

网络无处不在,只要对象间存在关系,就可以构建网络结构,例如,道路网络、论文引用关系网、演员合作关系网等。随着科技的进步,人与互联网的联系更加密切。用户喜欢在网络中去分享信息(例如,感慨、评论等数据),拓展自己的人脉(例如,各种社交平台)。企业喜欢利用网络去扩大品牌影响,减少并消除负面影响,扩展市场,吸引更多消费者。网络对现实社会中的个人、企业等对象的各个方面都产生了深远的影响。

在社交网络中,社会影响力对信息传递与网络结构演变起到了至关重要的作用。意见领袖即影响力较大的用户可以在短时间内对众多用户产生影响。一个企业如果想要利用口碑宣传占据市场,那么它需要找出潜在顾客的社交网络中的那些意见领袖,通过利用意见领袖的影响力达到宣传的作用,从而吸纳更多顾客。

在推荐领域,社交信息对推荐系统非常有帮助。基于社交网络的推荐,利用用户与用户的信任关系以及影响(人们对其朋友购买过的产品或看过的电影表现出更多的兴趣),在一定程度上可以应对新用户产生的冷启动问题,提高预测精度。

通常社交网络分析的基本任务包括链路预测、影响力传播等。

1) 链路预测

链路预测是社交网络分析中的一个重要的基本问题。链路预测定义为通过已知的网络结构等信息,预测网络中尚未产生连接的两个节点之间产生连接的可能性,即预测现在不存在但应该或以后会存在的边。例如,在社交网络中,如图 7-21 所示,存在哪些实际生活中认识,但没加好友,或两人不认识但具有成为好友的可能性的关系。在社交网络中的链路预测正是对用户未来关系的一种分析。

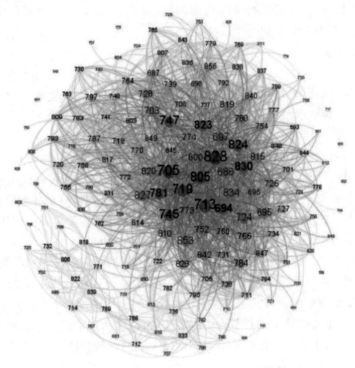

图 7-21　利用 Gephi 所生成的社交网络图

目前,社交网络链路预测模型主要可分为三大类。

(1) 基于节点相似性:该方法原理很简单,即节点之间相似性越大,则节点间存在链接的可能性就越大。这样就把链路预测问题转换为计算节点相似性的问题。计算节点相似性的方法如下。

① 共同邻居数量:使用节点共同邻居的数量来代表节点相似性,即节点间共同邻居数量越多,节点越相似。常用的方法有 Jaccard 系数、加权公共邻居(Frequency-Weighted Common Neighbors)、Preferential Attachment 方法等。

② 节点距离:使用节点间的距离来代表节点相似性。节点距离越近,节点越相似。常用的方法有:Katz 系数(通过计算节点之间存在的路径数量来代表距离)、首次到达时间(Hitting Time)等方法。

(2) 基于概率模型：该模型包含若干个参数，目标在于使用优化策略寻找最优的参数值 Θ，使模型能够达到最优。节点 v_i、v_j 产生边的概率即 $P(A_{ij}=1|\Theta)$。常见的概率模型有贝叶斯网络模型、马尔可夫模型等。

(3) 基于似然函数：假设网络结构是依据一些原则（若干参数）而形成的。这些参数可以通过似然估计得到。基于似然函数的模型，就是根据这些参数计算未存在的连接的可能性。常用的方法有层次结构模型 HSM、随机分块模型、闭路模型等。

链路预测的研究具有十分重要的意义。链路预测与网络的结构与演化息息相关，它可以从理论上帮助人们认识复杂网络演化的机制。此外，在生物领域，有很多物质之间的相互作用还没被人类发现，链路预测就可以帮助判断物质之间是否存在相互作用关系。例如，在蛋白质相互作用网络和新陈代谢网络，使用链路预测发现酵母菌蛋白质之间 80% 的相互作用不为人们所知等。

2）影响力传播

生活中存在这样一些人，例如，微博大 V、带货王、流量明星等，这类人通常具有很高的关注度以及很大的影响力。同样是转发一条信息，经这些人转发就会得到很高的关注度，而普通人很容易被埋没。社交网络中，亦是如此。这些极具传播影响力的重要节点对网络的结构和功能有很大的影响，

社交网络影响力分析和信息传播模型是社交网络分析中重要的研究内容，通过分析社交网络中用户的影响力可以掌握信息传播中的关键因素，信息传播模型可以探究社交网络中的信息传播规律，巧妙地利用这些规律来引导信息传播，寻求导致影响力最大化的节点集。在推荐系统、商品营销、舆情管理、广告投放等领域有着重要的应用。

影响力传播中有两个基本任务：影响力度量、影响力传播。

信息通过有影响力的节点进行传播，产生更为广泛的级联效应，例如，病毒式营销、口碑效应等。如何判断网络中节点的影响力大小，将信息投放在有影响力的节点上进行传播？影响力度量常用的度量方法主要是 7.3.1 节中所介绍的度中心性、紧密中心性、中介中心性。其中，度中心性评价的是节点的局部中心性；紧密中心性和中介中心性评价的是节点的全局中心性，中介中心性反映节点对网络中的消息转发能力，紧密中心性则反映节点对网络中的消息扩散能力。

影响力传播模型中，每个节点都会有激活和未激活两种状态。当一个节点被激活后，它将试图激活它的未激活的邻居节点，邻居节点被激活后，会尝试激活它自己的邻居节点。不断反复，直到网络中没有新的节点被激活。常见的影响力传播模型有独立级联模型（ICM）[28]、线性阈值模型（LTM）[29]、经典传染病模型[30-31]。

(1) 独立级联模型：给定种子集合 S，任意节点 $u \in S$ 都是激活状态（激活概率为1）。节点 $u \in S$ 以一定的概率 $p_{u,v}$ 去激活未激活邻居节点 $v \in N_u$，此时会随机产生一个随机数，当随机数小于 $p_{u,v}$ 时，节点 v 被激活，相反则未被激活。当节点 v 被激活后，它会进一步去激活它邻居中未被激活的节点，重复该过程直到没有节点可被激活。在每一步中每个节点只能被激活一次，模型传播过程如图 7-22 所示。

(2) 线性阈值模型：与 ICM 过程类似，不同的是在 LTM 模型中，每个节点都有一个阈值 ϑ_j。当节点的所有已激活的入度邻居对其的影响超过了该阈值时，节点被激活，相

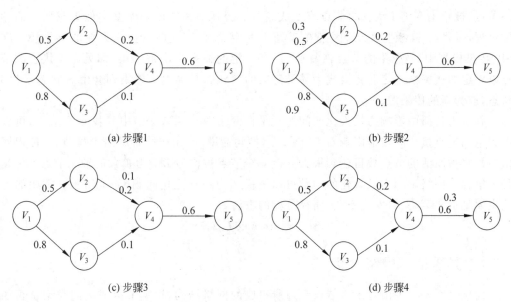

图 7-22　独立级联模型传播图

反则未被激活,模型传播过程如图 7-23 所示。

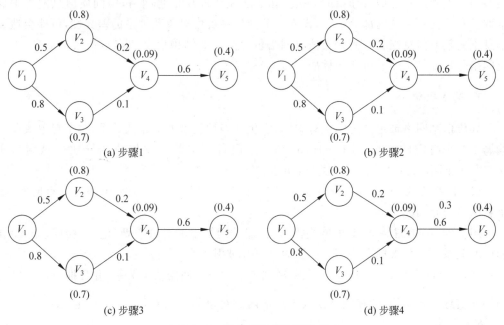

图 7-23　线性阈值模型传播图

(3) 经典传染病模型:影响力的传播过程与传染病的传播过程很相似,常见的经典传染病模型主要有三种:SI 传播模型、SIR 传播模型、SIS 传播模型。假设人的状态可以分为三类,即易感状态(S)、感染状态(I)、免疫状态(R)。SI 传播模型是一种最简单的疾病传播模型,该模型中节点有两种状态:S、I,处于 I 状态的节点将以一定的概率感染 S 状态节点,被感染变为 I 状态的节点将变成新的感染源。SIR 传染模型类似天花病毒的感染过程,过程与 SI 模型类似,区别在于处于 R 状态的节点将不会成为新的感染源。在SIS 传染模型中,被感染的节点恢复后,仍有一定的概率再次被感染,即处于 I 状态的节点以一定的概率恢复之后将会成为易被感染的 S 状态。再次被感染则会由 S 状态变为 I 状态,成为新的传染源。

影响力传播中影响力最大化的问题就是在网络图 $G = (V, E)$ 中寻找 k 个节点,可以最大范围地直接或间接地影响 G 中的节点,换句话说,即在初始时激活少量节点,使得网络中最终被激活的节点数目达到最大。该 k 个节点被称为影响力扩散的种子节点。S 是种子集合。网络影响力最大化的问题可以被描述为一种优化问题,如下所示。常用的算法主要是贪心策略、启发式方法、路径分析的方法。

$$S* = \underset{S \subset V, |S| = k}{\arg\max} I_M(S)$$

7.3.4 异质信息网络分析

信息网络是一种由若干个节点和边所组成的网络结构,根据节点或边的类型是否相同可分为同质信息网络(Homogeneous Information Network,简称同质网络)和异质信息网络(Heterogeneous Information Network,简称异质网络)两类。同质网络包含单一类型的节点和边。前面所介绍的分析方法大多基于同质信息网络,但同质信息网络中仅抽取了实际交互系统的部分信息,没有区分交互系统中对象及关系的差异性,可能会造成信息不完整或信息损失。而异质信息网络包含全面的结构信息和丰富的语义信息,为社交网络分析提供了新的机遇与挑战。

1. 基本概念

异质信息网络被定义为一个有向图,它包含多种类型的对象或关系,每个对象或关系均属于一个特定的类型。图 7-24(a)是一个由科技文献数据构成的异质信息网络实例[32]。该网络共包含三种对象类型:论文、会议和作者。

(1) 网络模式(Network Schema):定义在对象类型和关系类型上的一个有向图,是信息网络的元描述。

图 7-24(b)是图 7-24(a)的网络模式,描述了网络中的对象类型(论文、会议、作者)和相应的关系(撰写/被撰写、发表/被发表、引用/被引用)。

(2) 元路径[33](Meta-Path):元路径刻画了对象之间的语义关系,并且抽取对象之间的特征信息。元路径,即在网络模式上连接两类对象的一条路径,形式化定义为 $A_1 \xrightarrow{R_1} A_2 \xrightarrow{R_2} \cdots \xrightarrow{R_l} A_{l+1}$,表示对象类型之间的一种复合关系 $R = R_1 \circ R_2 \circ \cdots \circ R_l$,其中 $\circ$ 代表关系之间的复合算子,A_i 表示对象类型,R_i 表示关系类型。

图 7-24(c)显示了图 7-24(a)中两个元路径的例子。基于不同的元路径,对象之间的语义关系也不相同。元路径"作者-论文-作者"表示两个作者合作撰写了同一篇论文;元路径"作者-论文-会议-论文-作者"表示两个作者在同一会议上发表了论文。

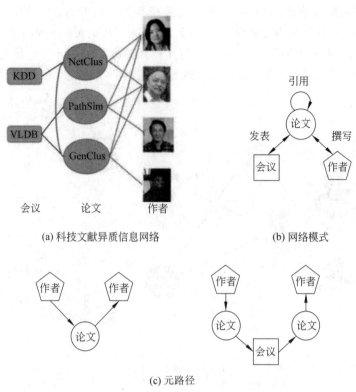

(a) 科技文献异质信息网络　　　　　(b) 网络模式

(c) 元路径

图 7-24　科技文献异质信息网络及网络模式和元路径

在实际生活中,绝大多数系统都存在多种类型对象的相互交互。例如,在社交媒体网站存在用户、帖子和标签等对象类型,朋友、跟帖、发布、通信等关系类型。在医疗系统中存在医生、病人、疾病和设备等对象类型以及其之间的交互等。异质网络能够融合更多类型的对象及对象之间复杂交互关系,也可以融合多个社交网络平台的信息,使人们能够发现更加细微的知识。

2. 应用实例

同质信息网络往往是现实中的信息网络的一种简化,而包含不同类型节点和边的异质信息网络可以更加完整自然地对现实世界的网络数据建模。作为一种新的研究模式,异质信息网络给许多数据挖掘任务带来了新的机遇与挑战,被广泛应用于电商、金融等很多领域。在异质信息网络中,元路径表示连接两个对象之间的关系的组合,它刻画了网络中包含的丰富的语义信息。下面主要介绍异质信息网络在语义推荐和套现用户检测方面的研究现状。

1)语义推荐

作为一种解决信息过载的有效方法,推荐已被广泛应用于诸多领域。面对数据稀疏性问题,融合更多信息进行推荐是一种有效的解决方法。异质信息网络作为有效的信息融合方法,可以用于整合推荐系统中多种类型的对象和关系。例如,在电影推荐系统中,利用用户、电影以及属性等信息可以构建如图 7-25(a)所示的异质信息网络。在图 7-25

（b）中，有多条元路径连接用户，可以利用元路径找到不同特性的相似用户。假设图中U、M、T分别表示用户、电影、电影类型。通过元路径UU，可以找到用户的朋友——社会化推荐；通过元路径UMU，可以找到具有相同观影记录的用户——传统的协同过滤。不同的相似用户有不同的推荐结果，有效整合这些推荐结果，可以产生综合的最终推荐[34]。

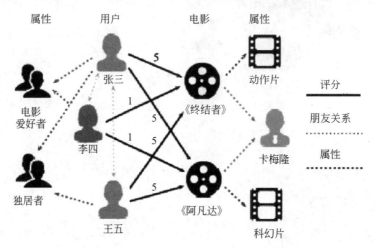

(a) 豆瓣异质信息网络

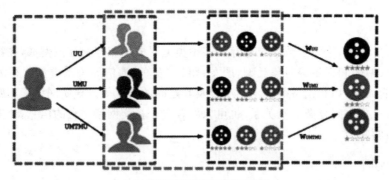

(b) 基于元路径的语义推荐方法

图 7-25　基于异质信息网络的电影推荐

2）套现用户检测

套现是指用违法或虚假的手段交换取得现金利益。传统的套现用户检测方法是将该问题看成一个分类问题，通过抽取出用户特征，利用分类器进行分类。然而，在互联网金融领域，用户特征往往蕴含在交互行为中，如何从交互行为中抽取出用户特征？如图7-26所示，通过将用户、商家、设备等信息的交互关系构建为一个异质网络，基于元路径和层次注意力机制，考虑到用户的自然属性信息，以及用户基于不同元路径的邻居特征，最终，学习得到用户表示[35]。

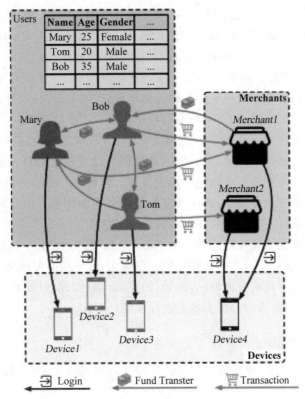

图 7-26　套现用户检测模型

7.4　可视化分析

可视化分析最早诞生于 17 世纪,如今已发展成为数据分析的一个重要的分支。中国科技创新 2030"新一代人工智能"和"大数据"专项均将可视化和可视化分析列为大数据智能急需突破的关键共性技术,足见其重要性。

7.4.1　可视化分析简介

可视化是人类理解数据的一种重要方式,为人类与数据之间架起一座桥梁。通常,可视化可以被定义为,利用人眼的感知能力对数据进行交互的可视表达以增强认知的技术,它通过将难以理解的数据转化为图形、符号、颜色、纹理等人类易感知的形式来传递信息。

随着计算机硬件设备、计算机图形学的快速发展,可视化的方法也从最早的 17 世纪测量——地图上展现几何信息,发展到 18 世纪和 19 世纪上半叶的统计图形(折线图、柱形图、散点图、饼图等),图 7-27

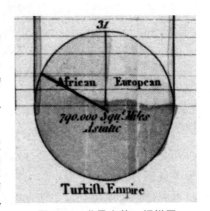

图 7-27　世界上第一幅饼图

显示的是世界上第一幅饼图,描述了1789年土耳其帝国在亚洲、欧洲及非洲的疆土比例。

19世纪下半叶,可视化被应用于工程和统计。例如,法国人Charles Joseph Minard在1869年绘制的1812—1813年拿破仑进军莫斯科的历史事件的流图。

20世纪以来,可视化分析又经历了多维信息可视编码、多维统计图形、交互可视化、可视化分析学等阶段。数据可视化中数据越来越复杂、体量庞大,对可视化的表现形式要求也更强。海量、高维、多源、动态给数据可视化带来了不小的挑战。

数据可视化可以理解为利用图形、图像处理、计算机视觉以及用户界面,通过表达、建模以及对立体、表面、属性以及动画的显示,对数据加以可视化解释。通过提供对数据的视觉表达形式来帮助人们更有效地完成特定任务。它利用人眼的感知能力对数据进行交互,以增强认知,起到有效传达、沟通以及辅助数据分析的作用。用户可以利用可视化分析工具对数据进行分析,获取知识,并将其转化为智慧。

数据可视化的基本任务可以分为3个:表示数据、分析数据、交流数据。依据数据类型,数据可视化可以分为文本及社交媒体数据可视化、时空数据可视化、图数据可视化等。

可视化分析的应用领域涉及很广,例如,医疗、金融、交通、社交媒体数据等。后续我们从可视化应用场景、常用的分析工具来进行详细介绍。

7.4.2　可视化分析应用场景

本节将依据数据类型,分别对文本及社交媒体数据可视化、时空数据可视化、图数据可视化进行简要介绍。

1. 文本及社交媒体数据可视化

随着科技的发展以及社交媒体的普及和流行,文本数据和社交媒体数据的数量与日剧增,数据过剩与信息过载等问题日益凸显。面对大量的数据信息,用户希望可以通过转变信息的呈现方式,使其快速获取数据中所蕴含的关键信息。

1) 简单文本可视化

文本可视化技术将文本中的内容以及想要表达的信息通过图像以视觉符号的方式呈现给用户,使人们能够快速获取文本中的关键信息,使得信息更加形象直观,能够从整体上把握全局。可视化除了常见的图、表格等表现形式外,还可以通过很多种方式表现,例如,基于内容的可视化——词云(Word Cloud)、分布图和文档信息卡(Document Cards),基于关系的可视化——树状图、节点连接的网络图、力导向图、叠式图等。

图7-28展示的是利用词云形式对一篇文档进行表示。在Python中生成词云需要使用Wordcloud——一个词云生成器,只要进行相关的配置就能生成相应的词云,然后利用Matplotlib——一个绘图库,完成最终词云的绘制。

2) 社交媒体数据可视化

社交媒体数据兼具信息属性和社会属性,作为信息载体,它具有模态多样、动态实时、规模海量、语义丰富等特点;作为网络载体,它具有关系异构、结构复杂、交叉演化等特点。用户生成信息速度快且这些信息能在平台上大规模传播,因此,对这类数据进行可视化具有一定的挑战性,但也具有十分重要的应用价值。

图 7-28　利用 Wordcloud 生成的词云

一般对于社交媒体数据可视化,主要从两个方面进行分析:分析用户社交行为(包含群体行为和个体行为)、探索社交信息(包括事件信息传播、演变、单条信息传播等)。

用户社交行为分析主要是分析单个用户或用户群体在社交媒体上的行为,例如,用户登录信息、用户微博内容演变等。目前,学术界和工业界针对这两部分内容已经有很多成熟的系统或产品可以实现可视化。例如,知微大数据公司设计开发的"知微传播分析"、北京大学可视化与可视分析团队研发的 WeiboFootprint[①],Visearch 等。用户社交行为分析是从用户角度分析用户微博以及用户行为,而探索社交信息指的是从公共事件角度分析时间的传播和演变。目前,在学术界主要以北京大学可视化与可视分析团队研发的 Map 系列(D-Map[36]、E-Nap[37]、R-Map[38])为代表。

图 7-29 显示的是 2019 年 12 月 6 日对互联网全平台当前热点事件的传播进行可视化分析,其中,横轴代表时间,纵轴代表事件热度,不同颜色代表不同事件(见彩插)。从图中可以看到不同时间、不同事件的热度变化。图 7-30 显示的是 2015 年《人民日报》发布的一条关于中国科幻小说《三体》的微博传播分析。该图展示了从传播趋势、关键用户、关键用户传播路径等多个维度去探索信息在平台中的来龙去脉。

图 7-31 显示的是利用 R-Map 可视化方法对"基因编辑婴儿"事件的传播分析可视化结果,图中颜色的深浅代表转发层级,不同的颜色代表不同的情感态度,以地图的方式将信息在社交媒体上的转发过程可视化。地图中,城市代表参与转发的用户,相似语义的转发城市构成地区,相同转发源头的城市构成国家;不同的转发行为通过河流、桥梁、航线表示。通过数据可视化,用户可以探索不同的转发行为,分析原始信息的传播过程及其语义变化。

① http://vis.pku.edu.cn/weibova/weibo_footprint_vis/en/index.html。

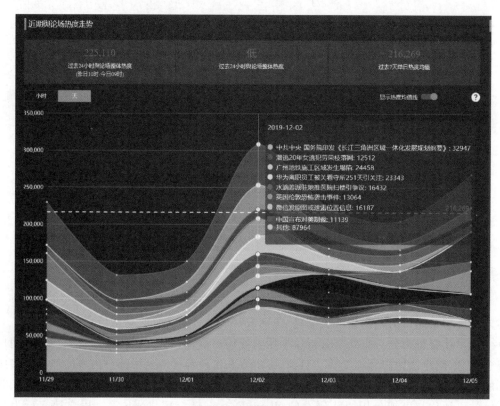

图 7-29　热点事件传播分析

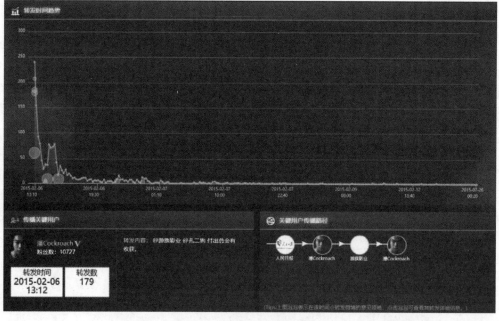

图 7-30　单条微博传播分析

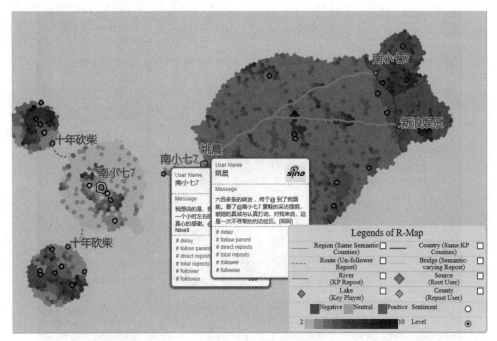

图 7-31　事件传播分析^①

2. 时空数据可视化

地理信息数据和时变数据的可视化至关重要,交通数据就是一种典型的时空数据。随着城市道路监控设备的完善、无线通信技术和定位技术的快速发展,以及智能移动终端设备的使用,积累了大量包含时间、位置等信息的交通轨迹数据。这些数据记录了车辆移动信息、居民出行信息等内容。利用这些信息可以探索城市道路交通运行状况、分析对象移动(出行)的特点,以及城市区域变化情况等,帮助人们更好地理解城市交通,发现存在的问题并加以解决,对交通数据的可视化可以帮助人们把握整个交通态势。

图 7-32 展现的是利用北京 1.6 万出租车轨迹数据,依据时间所绘制的北京交通密度图[39],图中颜色的明暗程度表示交通负载的高低。透过密度图,可以发现城市的热点区域,例如,在午夜,朝阳区的三里屯附近是北京的热点区域。与此同时,也可以利用这种变化研究市民的出行模式等。

图 7-33(见彩插)显示的是一个用于探索、监视和预测道路交通拥堵的可视化分析系统[40]。其中,用户可以选择对历史数据分析、实时监控以及对未来的预测、估计的旅行时间、平均速度和流量的路段列表,展现不同时间的速度和流量。此外,使用流量速度河流视图(VSRivers)展现了路段的拥堵状况。河流的厚度表示流量大小,颜色表示速度信息。我们可以发现某条路段在未来变得拥堵。这样广播员可以通过传播箭头视图核实该状况,并向司机预报该路段即将拥堵的情况。

---

① http://vis.pku.edu.cn/weibova/rmap/。

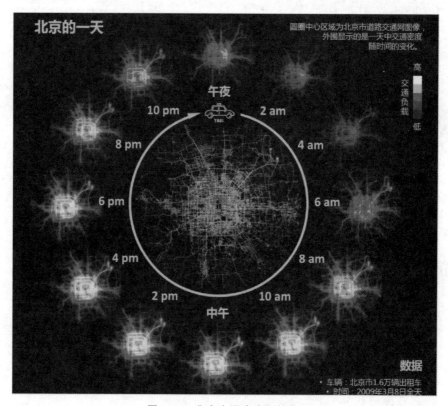

图 7-32　北京交通密度可视化

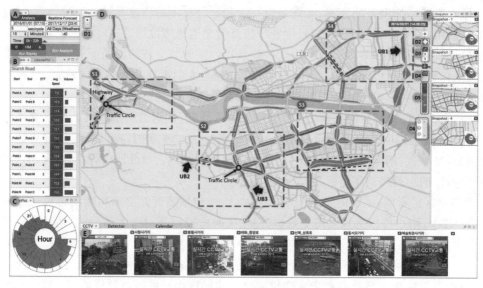

图 7-33　监控及预测交通拥堵可视化分析系统

3. 图数据可视化

图数据是现实世界中最常见的一种数据,例如,社交网络、科研合作网络、用户推荐网络等。图可视化是一种将信息表示为抽象图和网络图的方式。在生物信息学、网络分析学等很多领域具有重要的作用。

通常,图数据由节点和边构成。面对具有海量节点和边的大规模网络,如何在有限的屏幕空间中进行可视化是大数据时代下可视化面临的挑战。

在大规模网络中,海量节点和边的数目不断增多必然导致节点和边聚集、重叠等问题。图简化方法应需而生。通常,图简化主要有两类方法:一是边绑定,即对边进行聚集处理,如图 7-34 所示,其基本思想是在不丢失点和边数目的前提下,展示图的基本结构和边的大致走向;二是拓扑简化,即通过层次聚类与多尺度交互,将大规模图转化为层次化树结构,其基本思想是在数据处理阶段,减少图的复杂程度,在绘制阶段,从图像层面合并像素点。例如,图 7-35 所示的 ASK-Graphview[41] 能够对具有 1600 万条边的图进行分层可视化。

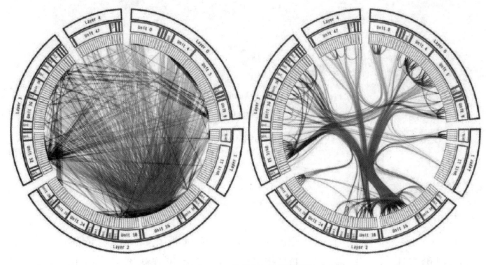

图 7-34　边绑定效果图①

7.4.3　可视化分析工具

目前,常用的数据分析可视化工具可以分为两类:通用型可视化分析工具、专业型可视化分析工具。其中,通用型可视化分析工具包括 ECharts、PyeCharts、Matplotlib、Bokeh。专业型可视化分析工具包括:针对文本和社交媒体数据的 Text Visualization Browser,针对层次结构数据的 Treevis,针对图数据的 Gephi、Pajek、UCINET。

---

① https://wenku.baidu.com/view/5c8d9616aa00b52acec7ca16.html.

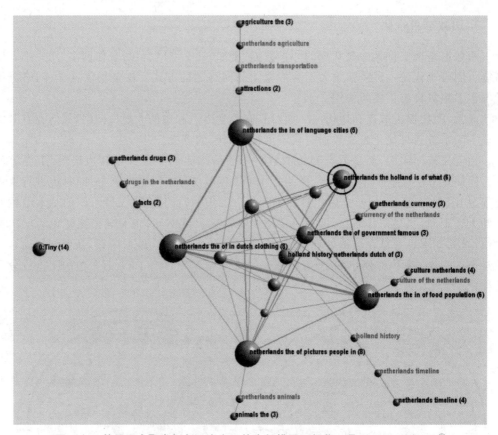

图 7-35　基于层次聚类与多尺度交互的大规模图可视化工具 ASK-Graphview①

1. 通用型工具

1）ECharts

ECharts② 是一个使用 JavaScript 实现的开源可视化库，底层依赖矢量图形库 ZRender，提供直观、交互丰富、可高度个性化定制的数据可视化图表。ECharts 支持丰富的可视化类型，提供了常规的折线图、柱状图、散点图、饼图、K 线图、盒形图、地图、热力图、线图、关系图、treemap、旭日图等，并且支持图与图之间的混搭。图 7-36 显示的是利用 ECharts 制作的高度与气温关系图。

2）PyeCharts

PyeCharts③ 是一款将 Python 与 ECharts 结合的强大的数据可视化工具，用于生成 ECharts 图表的类库。ECharts 是一个开源的数据可视化 JS 库。PyeCharts 是为了与 Python 进行对接，方便在 Python 中直接使用数据生成图而开发的。

---

① https://wenku.baidu.com/view/5c8d9616aa00b52acec7ca16.html。

② https://www.echartsjs.com/zh/index.html。

③ http://pyecharts.herokuapp.com/。

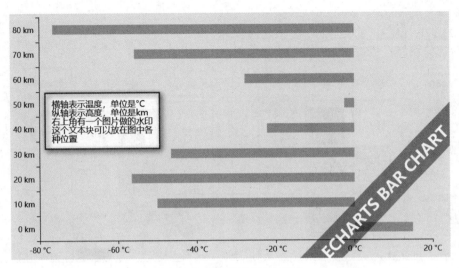

图 7-36　高度与气温关系图

3）Matplotlib

Matplotlib[①] 是基于 Python 语言的开源项目，旨在为 Python 提供一个数据绘图包。受 MATLAB 的启发而构建。

4）Bokeh

Bokeh[②] 是一个专门针对 Web 浏览器的呈现功能的交互式可视化 Python 库，它可以做出简洁漂亮的交互可视化效果，具有独立的 HTML 文档或服务端程序，并在大型或流数据集上提供了高性能的交互性，不需要使用 JavaScript。

2. 专业型工具

1）Text Visualization Browser

Text Visualization Browser[③] 由瑞典的 Kostiantyn Kucher 和 Andreas Kerren 等人开发，主要基于文本数据进行可视化分析，数据来源包括社交媒体平台、通信数据、专利、报告/病例、文学、科技文献等。可视化表现形式包括折线图/河流图、像素/矩阵图/节点链接图、词云、地图等。该网站涵盖了 400 种文本数据相关的可视化论文。图 7-37 是 Text Visualization Browser 的界面图。

2）Treevis

Treevis 是德国的 Hans-Jörg Schulz 博士创建的，主要基于层次结构数据或者称为树状结构数据的可视化工具，例如，IP 地址、局域网内主机拓扑结构、公司人员组织结构等。从支持的数据维度上可分为 2D、3D、2D＋3D；按层次结构的表现形式可分为显性的、隐性的、复合的；从对齐方式可以分为直角坐标系、径向坐标系、树状。图 7-38 展示的是涵盖

---

① https://matplotlib.org/。

② https://docs.bokeh.org/en/latest/。

③ https://textvis.lnu.se/。

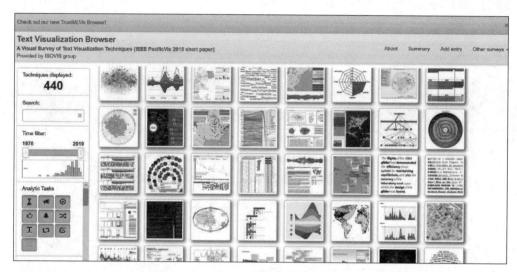

图 7-37　Text Visualization Browser 界面图

307 种数据可视化展现形式的 Treevis 网站①的部分效果图。

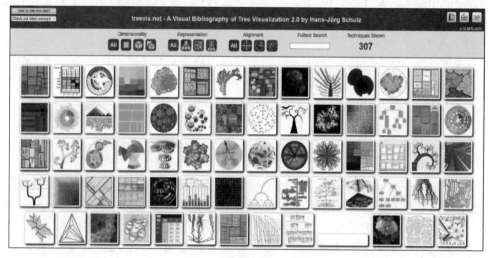

图 7-38　数据可视化效果图

3）Gephi

Gephi 是一款开源、免费、跨平台的基于 JVM 的复杂网络分析软件，主要用于各种网络和复杂系统的可视化分析，其界面如图 7-39 所示。Gephi 可视化网络多达 100 万个元素，所有操作，例如，布局、过滤器、拖动等都会实时运行。Gephi 提供 12 种布局方式，例如，力导向算法（Force Atlas、Force Atlas2）、圆形布局和胡一凡布局（Yifan Hu、Yifan Hu 比例、Yifan Hu 多水平）等。

---

① https://treevis.net/。

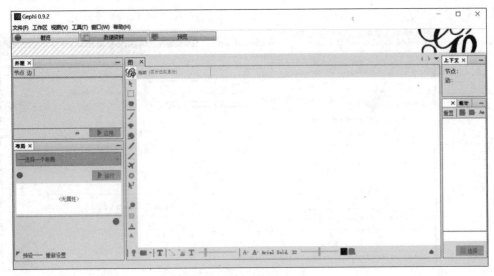

图 7-39　Gephi 软件界面

4）Pajek

Pajek 是一种常用的大型复杂网络分析工具，在 Windows 环境下运行，可用于上千乃至数百万个节点的大型网络分析和可视化操作。Pajek 还针对特殊网络提供分析和可视化操作工具，例如，合著网、化学有机分子、蛋白质受体交互网、家谱、因特网、引文网、传播网、数据挖掘（2-mode 网）等。其界面如图 7-40 所示。

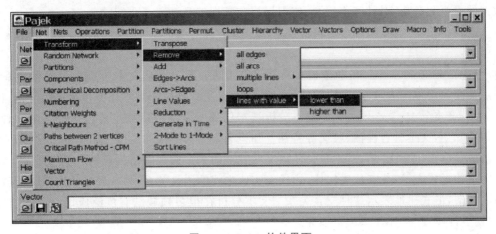

图 7-40　Pajek 软件界面

5）UCINET

UCINET 是由加州大学欧文分校的一群网络分析者所编写的一款网络分析集成软件，它集成了针对一维与二维数据分析的 NetDraw、三维分析软件 Mage 以及用于大型网络分析的 Pajek 等。UCINET 可以读取多种格式的文件，例如，文本文件、KrackPlot、Pajek、Negopy、VNA 等，其界面如图 7-41 所示。

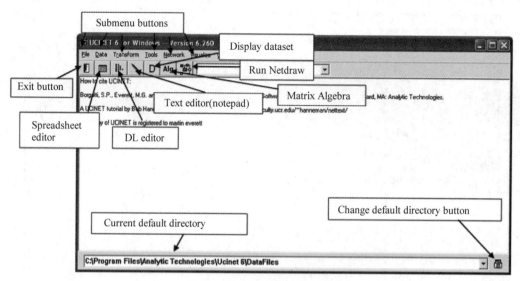

图 7-41　UCINET 软件界面

7.5　小结

本章节针对非结构化数据，依据不同数据类型，从文本、图像视频、网络（图）三个角度，介绍了分析任务与基本方法，以及在数据科学在各领域的重要应用。最后，针对这些数据的可视化分析，对其基本概念、应用场景和常用工具进行了介绍。

7.5.1　本章总结

7.1 节是文本分析。文本分析也称为文本挖掘，是一个从文本中提取信息的过程。重点关注对文本的表示及其特征项的选取。通常，文本分析的基本任务包括词语分词、词性标注、文本分类、文本聚类等。文本分析基本任务所面临的挑战主要包括缺乏常识，缺乏领域知识，文本具有模糊、歧义等特性。知识图谱是为解决问题所提出来的方法。知识图谱最早起源于 2012 年，其本身是从语义网发展而来。知识图谱具有两种表示形式：以图网络的形式表示，节点代表实体，边代表实体之间的语义关系；另一种是采用 RDF 资源描述框架，形式化地表示这种三元关系。文本分析在很多领域已有广泛应用，例如，情感分析、事件发现与追踪、知识问答等。

7.2 节是图像视频分析。图像视频分析可以被理解为利用数学、计算机等领域的相关技术，从图片或视频中智能地抽取一定的有价值信息。图像分析与视频分析的方法大体类似，但也存在一定的差异。图片分析的基本任务包括图像分割、图像识别、图像理解等。视频分析的基本任务包括目标检测和跟踪、目标识别、行为理解。

7.3 节是网络分析。一个典型的网络是由许多节点以及连接节点的边组成，节点表示真实系统中的个体或实体，边表示个体（实体）与个体（实体）间的联系。复杂网络是指具有自组织、自相似、吸引子、小世界、无标度中部分或全部性质的网络。常见的复杂网络有生态网、万维网、社交网、交通网等。复杂网络具有多种网络模型,包括规则网络、随机网络、小世界网络、无标度网络、自相似网络等。社交网络是一种典型的复杂网络,由许多节点和连接的边构成的一种图数据。节点通常是指个人、组织或其他实体,网络代表实体间的各种关系。社交网络分析是指基于信息学、数学、社会学等多学科的融合理论和方法,为理解实体之间的关系、特点以及传递规律提供的一种可计算的分析方法。社交网络分析的主要任务包括链路预测、影响力传播等。通常,信息网络根据节点或边的类型是否相同可分为同质信息网络和异质信息网络两类。异质信息网络是一个有向图,包含多种类型的对象或关系,每个对象或关系均属于一个特定的类型。由于异质信息网络包含全面的结构信息和丰富的语义信息,为社交网络分析提供了新的机遇与挑战。

7.4 节是可视化分析。可视化分析诞生于 17 世纪,是数据分析的一个重要的分支。可视化是人类理解数据的一种重要方式,为人类与数据之间架起一座桥梁。数据可视化的基本任务可以分为 3 个:表示数据、分析数据、交流数据。依据数据类型,数据可视化可以分为:文本及社交媒体数据可视化、时空数据可视化、图数据可视化等。可视化分析的应用领域涉及很广,例如,医疗、金融、交通、社交媒体数据等。依据数据类型,分别对文本及社交媒体数据可视化、时空数据可视化、图数据可视化的应用场景进行了介绍。最后,介绍了常用的可视化分析工具,通用型工具包括 ECharts、PyeCharts、Matplotlib、Bokeh;专业型工具包括针对文本和社交媒体数据的 Text Visualization Browser,针对层次结构数据的 Treevis,针对图数据的 Gephi、Pajek、UCINET。

7.5.2　扩展阅读材料

[1]　覃雄派,陈跃国,杜小勇. 数据科学概论[M]. 北京:中国人民大学出版社,2018.

[2]　Jurafsky D, Martin J H. Speech and Language Processing[M]. New Jersey:Prentice Hall, 2000.

[3]　肖仰华. 知识图谱概念与技术[M]. 北京:电子工业出版社,2020.

[4]　Sonka M, Hlavac V, Boyle R. Image Processing, Analysis, and Machine Vision[M]. America:Chapman & Hall, 1993.

[5]　Ranchordas A, Pereira J M, Araújo H J, et al. Computer Vision, Imaging and Computer Graphics. Theory and Applications[M]. Berlin:Springer, 2010.

[6]　郭世泽,陆哲明. 复杂网络基础理论[M]. 北京:科学出版社,2012.

[7]　Shi C, Yu P S. Heterogeneous Information Network Analysis and Applications[M]. Berlin:Springer, 2017.

[8]　陈为,沈则潜,陶煜波. 数据可视化[M]. 北京:电子工业出版社,2013.

[9]　周苏,王文. 大数据可视化[M]. 北京:清华大学出版社,2016.

7.6　习题

1. 文本分析的任务都有哪些? 举例说明。

2. 简述图像分析方法与视频分析方法的区别和联系。

3. 图像分析方法的基本任务是什么?

4. 查阅资料,了解图像视频分析方法的最新研究进展。

5. 简述网络结构分析的概念与划分。

6. 列举几个你生活中遇到的复杂网络，它们属于同质信息网络还是异质信息网络？

7. 社交网络分析还在哪些领域发挥了重要作用？请举例说明。

8. 什么是可视化分析？分类依据是什么？可以分为几类？

9. 查阅资料，了解社交媒体数据、交通轨迹数据、图数据的最新可视化研究进展。

7.7 参考资料

[1] 吴春龙.宋词风格的计算机辅助分析研究[D].厦门：厦门大学,2008.

[2] 易勇.计算机辅助诗词创作中的风格辨析及联语应对研究[D].重庆：重庆大学，2005.

[3] Olaf R，Philipp F，Thomas B. U-Net：Convolutional Networks for Biomedical Image Segmentation [C].Proceedings of MICCAI，234-241，2015.

[4] Vijay B，Ankur H，Roberto C. SegNet：A Deep Convolutional Encoder-Decoder Architecture for Robust Semantic Pixel-Wise Labelling[C]. Proceedings of CVPR，2015.

[5] Liang-Chieh Chen，George P，Iasonas K，et al. DeepLab：Semantic Image Segmentation with Deep Convolutional Nets，Atrous Convolution，and Fully Connected CRFs[J]. IEEE Trans. Pattern Anal. Mach. Intell. 2018，40(4)：834-848.

[6] Liang-Chieh Chen，George P，Florian S. Rethinking Atrous Convolution for Semantic Image Segmentation[J]. CoRR abs/1706.05587，2017.

[7] Evan S，Jonathan L，Trevor D. Fully convolutional networks for semantic segmentation[J]. IEEE Transactions on Pattern Analysis and Machine Intelligence，2017，39(4)：640-651.

[8] Yi Li，Haozhi Qi，Jifeng Dai，et al. Fully Convolutional Instance-aware Semantic Segmentation [C]. Proceedings of CVPR，4438-4446，2016.

[9] Ji Gao，Beilun Wang，Zeming Lin. DeepMask：Masking DNN Models for robustness against adversarial samples[J]. CoRR abs/1702.06763，2017.

[10] Kaiming He，Georgia G，Piotr Dollár，et al. Mask R-CNN[J]. IEEE Trans. Pattern Anal. Mach. Intell，2020，42(2)：386-397.

[11] Shu Liu，Lu Qi，Haifang Qin，et al. Path Aggregation Network for Instance Segmentation[C]. Proceedings of CVPR，8759-8768，2018.

[12] Karen S，Andrew Z. Very Deep Convolutional Networks for Large-Scale Image Recognition[C]. Proceedings of ICLR，2015.

[13] Roy T F. Architectural Styles and the Design of Network-based Software Architectures[D]. California：University of California,2000.

[14] Ross B G，Jeff D，Trevor D，et al. Rich Feature Hierarchies for Accurate Object Detection and Semantic Segmentation[C]. Proceedings of CVPR，580-587，2014.

[15] Ross B G. Fast R-CNN[C]. Proceedings of ICCV，1440-1448，2015.

[16] Francesco V，Adriana R，Kyunghyun C，et al. ReSeg：A Recurrent Neural Network-Based Model for Semantic Segmentation[C]. Proceedings of CVPR，426-433，2016.

[17] Vijay B，Alex K，Roberto C. SegNet：A Deep Convolutional Encoder-Decoder Architecture for Image Segmentation[J]. IEEE Trans. Pattern Anal. Mach. Intell. 2017，39(12)：2481-2495.

[18] Hengshuang Zhao，Jianping Shi，Xiaojuan Qi，et al. Pyramid Scene Parsing Network[C].

Proceedings of CVPR，6230-6239，2017.

[19] David G L. Distinctive Image Features from Scale-Invariant Keypoints[J]. International Journal of Computer Vision，2004，60(2)：91-110.

[20] Navneet D，Bill T. Histograms of Oriented Gradients for Human Detection[C]. Proceedings of CVPR，886-893，2005.

[21] Andrej K，Li Fei-Fei. Deep Visual-Semantic Alignments for Generating Image Descriptions[J]. IEEE Trans. Pattern Anal. Mach. Intell. 2017，39(4)：664-676.

[22] Jiasen Lu，Jianwei Yang，Dhruv Batra，et al. Neural Baby Talk[J]. Proceedings of CVPR，7219-7228，2018.

[23] Duncan J W，Steven H S. Collective Dynamics of Small World Networks[J]. Nature，1998，393 (6684)：440-442.

[24] Albert-Laszlo B，Reka A. Emergence of Scaling in Random Networks[J]. Science，1999，286 (5439)：509-512.

[25] Newman M E J，Girvan M. Finding and evaluating community structure in networks[J]. Physical Review E，2004，69(2)：26113-26129.

[26] Newman M E J. Fast algorithm for detecting community structure in networks[J]. Phys Rev E Stat Nonlin Soft Matter Phys，2004，69(6 Pt 2)：066133.

[27] Vincent D B，Jean-Loup G，Renaud L，et al. Fast unfolding of communities in large networks[J]. Journal of Statistical Mechanics：Theory and Experiment，2008，(10)：P10008.

[28] David K，Jon M K，Éva T. Maximizing the spread of influence through a social network[C]. Proceedings of KDD，137-146，2003.

[29] Khadije R，Abolfazl A，Maseud R，et al. A fast algorithm for finding most influential people based on the linear threshold model[J]. Expert Systems with Applications，2015，42(3)：1353-1361.

[30] Daniel B，Sally B. An attempt at a new analysis of the mortality caused by smallpox and of the advantages of inoculation to prevent it[J]. Reviews in Medical Virology，2004，14(5)：275-288.

[31] Kermack W O，McKendrick A G. Contributions to the mathematical theory of epidemics. iii. further studies of the problem of endemicity[J]. Royal Society of London，1991，94-122.

[32] Chuan Shi，Yitong Li，Jiawei Zhang，et al. A survey of heterogeneous information network analysis [J]. IEEE Transactions on Knowledge and Data Engineering，2017，29(1)：17-37.

[33] Yizhou Sun，Jiawei Han，Xifeng Yan，et al. PathSim：meta path based top-k similarity search in heterogeneous information networks[J]. VLDB，2011，992-1003.

[34] Chuan Shi，Zhiqiang Zhang，Ping Luo，et al. Semantic Path based Personalized Recommendation on Weighted Heterogeneous Information Networks[C]. Proceedings of CIKM，453-462，2015.

[35] Binbin Hu，Zhiqiang Zhang，Chuan Shi，et al. Cash-Out User Detection Based on Attributed Heterogeneous Information Network with a Hierarchical Attention Mechanism[C]. Proceedings of AAAI，946-953，2019.

[36] Siming Chen，Shuai Chen，Zhenhuang Wang，et al. D-Map：Visual analysis of ego-centric information diffusion patterns in social media[C]. Proceedings of VAST，41-50，2016.

[37] Siming Chen，Shuai Chen，Lijing Lin，et al. E-Map：A Visual Analytics Approach for Exploring Significant Event Evolutions in Social Media[C]. Proceedings of VAST，36-47，2017.

[38] Shuai Chen，Sihang Li，Siming Chen，et al. R-Map：A Map Metaphor for Visualizing Information

Reposting Process in Social Media[J]. IEEE Trans. Vis. Comput. Graph，2020，26（1）：1204-1214.

[39] Zuchao Wang，Xiaoru Yuan. Visualization of Traffic Trajectories in Beijing[J]. GeoCity Smart City-International Information Design Exhibition，Beijing，China，2012.

[40] Chunggi Lee，Yeonjun Kim，Seungmin Jin，et al. A Visual Analytics System for Exploring，Monitoring，and Forecasting Road Traffic Congestion[J]. IEEE transactions on visualization and computer graphics，2019，1-14.

[41] James A，Frank van H，Neeraj K. ASK-Graphview：A large scale graph visualization system[J]. IEEE Trans. on Visualization and Computer Graphics，2006，12(5)：669-676.

大数据处理技术简介

8.1 云计算

从过去的几十年以来,计算机技术的进步与互联网的发展极大地改变了人们的工作和生活方式。互联网每天产生大量的数据,这些数据具有数据体量巨大(Volume)、数据类型多样(Variety)和生成速度极快(Velocity)等几个主要特点,利用好这些数据可以给人们的生活带来巨大的变化和便利。为了处理大数据,采用纵向扩展的方法,即增加单个节点的计算资源,如 CPU、内存、存储等,已经无法满足当前的需求。因此,需要采用横向扩展的方法,即增加更多的处理节点,依靠多节点的协同运算,实现大数据快速有效的处理。云计算以其动态扩展、高度的容错性和可靠性,成为大数据处理的理想平台。

8.1.1 云计算的概念

云计算不是新的技术,而是传统计算技术的集大成者。云计算引入了一种全新的计算模式,方便人们使用各种计算资源。通过这种模式,共享的软硬件资源和信息可以按需地提供给计算机各种终端和其他设备。计算资源所在地称为云端,输入输出设备称为终端,两者通过计算机网络连接在一起。

根据美国国家标准与技术研究所(National Institute of Standards and Technology,NIST)的定义[1],云计算是一种按使用计费的计算模型,可以提供对可配置的计算资源(例如网络、服务器、存储、应用程序和服务)进行按需存取。用户只需要与服务提供商进行少量交互,以及进行很少的管理工作,就可以方便快捷地访问计算资源共享池。

下面几节中将介绍云计算的 6 个基本特点、3 个服务类型和 4 个部署方式。

8.1.2 云计算的基本特点

根据云计算的理论研究和实际系统,云计算具有如下 6 个基本特点。

(1)按需自助服务。用户能够在无须与云服务供应商交互的情况下,根据自己的需求使用云计算资源。通过按需自助服务,用户可以对云计算的使用情况进行规划,例如需要多少计算资源和存储资源,以及如何管理和部署这些服务等。这种易于使用、无须交互的方式能够提高用户和云服务提供商的效率并节约成本。

（2）泛在接入。泛在接入是指云服务可以被多种方式访问。用户可以随时随地使用任何终端设备接入网络并使用云端的计算资源。常见的终端设备包括手机、平板计算机、笔记本计算机和工作站等。

（3）资源池化。云计算需要能够服务不同的用户，而用户之间是互相隔离的。云服务提供商将其计算资源池化，以便共享给多个用户，并根据用户的需求动态分配或再分配各种物理的和虚拟化的资源。云计算的资源与位置无关，用户通常无法了解或控制正在使用的计算资源的确切位置，但是在申请时可以指定大概的区域范围，例如在哪个国家、哪个省或者哪个数据中心等。

（4）快速弹性。快速弹性是指用户能方便、快捷地根据需求获取和释放计算资源，也就是需要时能快速获取资源从而提高计算能力，不需要时能迅速释放资源降低计算能力，从而减少资源的使用费用。通常情况下对于用户来说，云端的计算资源是无限的，用户可以随时申请并获取任意数量的计算资源。弹性通常被认为是采用云计算的核心理由，它避免了资源的浪费，可为用户最大程度地节省成本，提高资源的有效利用率。

（5）计费服务。用户需要付费使用云计算资源，其中付费的计量方法有很多，例如根据某类计算资源的使用量和时间长短计费，或按次计费等。云服务提供商需要监视和控制资源的使用情况，并及时输出各种资源的使用报表，做到供需双方费用结算高度透明。

（6）高可靠性。云服务使用了数据多副本容错、计算节点同构可互换等措施来保障服务的高可靠性。当一个节点出现故障时，系统就自动转到另一个冗余节点上进行处理。通过利用云的可恢复性，用户可以使其应用更加可靠。

8.1.3　云计算的服务类型

按照服务类型，云计算可分为三类，分别是基础设施即服务、平台即服务和软件即服务。在介绍这三种类型前，首先介绍不使用云计算服务的本地部署，以与云计算进行对比。

1. 本地部署

当企业想在公司内部或在企业网站上运行一些应用时，可以选择将软件部署在公司本地。这种方式需要较高的成本：企业需要提供系统的硬件设备，包括服务器、网络和存储等；企业需要投入技术人员，负责安装服务器软件，软件前期的开发、配置和后期的维护；在更新时也需要较高的成本，需要更新底层基础设施并重新配置等。但是尽管成本较高，很多企业依然选择本地部署，原因如下。

（1）定制化程度高。与使用云服务相比，企业完全可以按照自己的需求定制一个全新的更匹配的产品。

（2）安全系数高。安全性是许多公司最为关注的问题，本地部署无须将数据上传至企业外的服务器，因此能够自己控制数据的安全。

（3）实施监管简单。企业可以对软件全面控制，可以自己负责验证工作等。

（4）较高的上云成本。上云的过程会涉及大量的数据与信息的迁移，这会给企业带来大量的额外工作。考虑到大型公司本身庞大的组织架构、繁多的人员以及完善但复杂的系统，其完成时间也会很长。

2. 基础设施即服务 Infrastructure as a Service，IaaS）

IaaS 提供商将系统的基础设施建设好，把硬件设备封装起来，以虚拟机的形式提供给用户。对于用户来讲，他们使用的好像是一台台的物理裸机，在此基础上自己负责安装管理操作系统、数据库和应用软件等[2]。IaaS 提供商会提供场外服务器、存储和网络硬件，用户可以租用并在任何时候利用这些硬件来运行其应用，这样就节省了维护成本和办公场地。在 IaaS 中的计算资源通常是虚拟化打包的，这样能够方便用户扩展其程序和定制基础设施。用户不参与管理或控制任何云计算基础设施，但能控制操作系统的选择、存储空间和部署的应用。

IaaS 服务主要面向系统管理员，典型的有亚马逊的弹性计算云服务（Elastic Computing Cloud，EC2）和阿里云的云服务器（Elastic Compute Service，ECS）等，用户可以根据自己的不同需求选取不同类型的计算存储资源。图 8-1 所示的是在租用阿里云的云服务器时的选择列表。

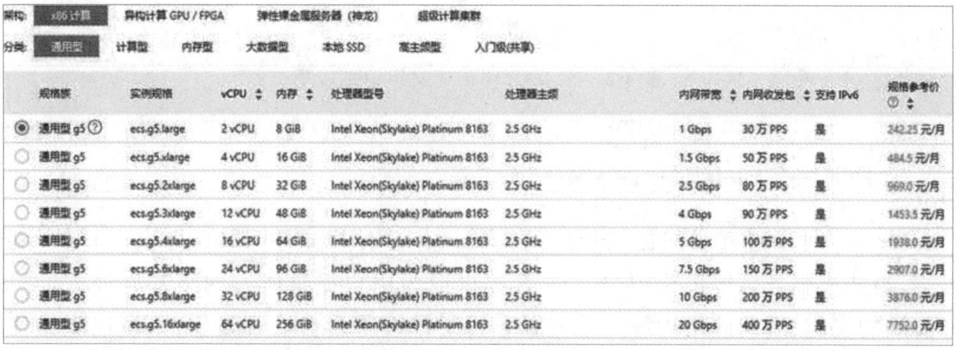

规格族	实例规格	vCPU	内存	处理器型号	处理器主频	内网带宽	内网收发包	支持 IPv6	规格参考价
通用型 g5	ecs.g5.large	2 vCPU	8 GiB	Intel Xeon(Skylake) Platinum 8163	2.5 GHz	1 Gbps	30 万 PPS	是	242.25 元/月
通用型 g5	ecs.g5.xlarge	4 vCPU	16 GiB	Intel Xeon(Skylake) Platinum 8163	2.5 GHz	1.5 Gbps	50 万 PPS	是	484.5 元/月
通用型 g5	ecs.g5.2xlarge	8 vCPU	32 GiB	Intel Xeon(Skylake) Platinum 8163	2.5 GHz	2.5 Gbps	80 万 PPS	是	969.0 元/月
通用型 g5	ecs.g5.3xlarge	12 vCPU	48 GiB	Intel Xeon(Skylake) Platinum 8163	2.5 GHz	4 Gbps	90 万 PPS	是	1453.5 元/月
通用型 g5	ecs.g5.4xlarge	16 vCPU	64 GiB	Intel Xeon(Skylake) Platinum 8163	2.5 GHz	5 Gbps	100 万 PPS	是	1938.0 元/月
通用型 g5	ecs.g5.6xlarge	24 vCPU	96 GiB	Intel Xeon(Skylake) Platinum 8163	2.5 GHz	7.5 Gbps	150 万 PPS	是	2907.0 元/月
通用型 g5	ecs.g5.8xlarge	32 vCPU	128 GiB	Intel Xeon(Skylake) Platinum 8163	2.5 GHz	10 Gbps	200 万 PPS	是	3876.0 元/月
通用型 g5	ecs.g5.16xlarge	64 vCPU	256 GiB	Intel Xeon(Skylake) Platinum 8163	2.5 GHz	20 Gbps	400 万 PPS	是	7752.0 元/月

图 8-1　阿里云的云服务器的选择列表

3. 平台即服务（Platform as a Service，PaaS）

PaaS 对资源的抽象提升了一个层次，是预先定义好的“就绪可用”的环境，一般由已经部署和配置完成的计算资源组成。PaaS 提供商需要安装各种开发调试工具，这样用户登录后可以直接在云端开发调试程序。用户不需要管理和控制云端基础设施，但需要控制上层的应用程序部署与应用托管的环境。PaaS 的优势就是解决了应用软件依赖的运行环境（如中间件、数据库、运行库等）；其所依赖的软件全部由云服务提供商安装，所以当用户安装应用软件时，就不会再出现连续报错的情况。用户不必再费心处理构建、维护和保护应用程序开发平台所需要的软硬件，只要专心于开发软件。对开发人员来说，PaaS 能够使用各种工具、模板、代码库及构建包，因此能显著提升应用程序的开发速度。

由于在开发前不需要其他先期工作，因此使用 PaaS 可大大减少前期成本。不仅如此，一些 PaaS 平台还能对资源和应用程序组件进行标准化及整合处理，用户每次开发新应用程序时，不必再从头开始创建每个部分，显著地降低开发成本。

PaaS 服务主要面向开发和运维人员，典型代表有 Google App Engine、Microsoft Azure 和百度智能云（Baidu App Engine，BAE）等。图 8-2 所示的是在 BAE 中创建文字识别应用。

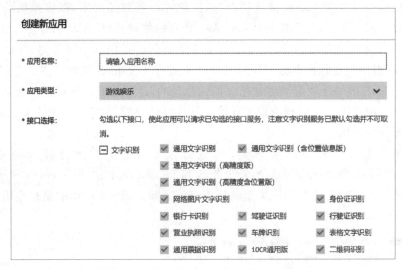

图 8-2   在 BAE 中创建文字识别应用

4. 软件即服务（Software as a Service，SaaS）

SaaS 是一种通过互联网提供软件的模式。在这种模式中，SaaS 提供商将软件部署在云端，封装成服务后提供给用户。SaaS 提供商为用户提供所有网络基础设施，并负责软件前期的实施、后期的维护等一系列服务。用户不需要自己开发软件，可以直接使用。用户可以根据自己实际需求，按订购的服务多少和时长向提供商支付费用，并通过互联网获得服务。

SaaS 对于用户来说有明显的优点，包括较低的成本、便于维护、快速展开使用、由服务提供商维护和管理软件，并且提供软件运行的硬件设施等。相对于传统的软件，SaaS 降低了用户的技术门槛，用户不需要自己安装应用程序，只需要拥有接入互联网的终端，然后通过网页浏览器或者编程接口即可使用。SaaS 主要面向业务人员，邮箱、云盘、企业办公系统等都是 SaaS 的典型服务。

4 种不同服务类型的对比如图 8-3 所示。

8.1.4   云计算的部署方式

云计算服务的部署方式有四大类：公有云、社区云、私有云和混合云。

1. 公共云

公有云是云计算服务提供商为公众提供服务的云计算平台。云端资源面向社会大众

图 8-3 4 种不同服务类型

开放,任何个人或者单位组织都可以租赁并使用云端资源。公有云里的计算资源通常是事先描述好的,且用户一般需要付费使用。云计算服务提供商负责创建和持续维护公有云及其计算资源。这种部署方式通常可以提供可扩展的云服务并高效设置,充分发挥云计算系统的规模经济效益。对于用户而言,公有云的最大优点是其所应用的程序、服务及相关数据都存放在公有云内,自己无须做相应的投资和建设。但同时由于数据不存储在用户自己的数据中心,且公有云的可用性不受使用者控制,因此增加了用户的安全风险。

2. 社区云

社区云通常由一个社区共同拥有。社区的用户成员通常会共同承担建设和发展社区云的责任。社区中的成员不一定要能够访问或控制云中的所有计算资源,且除非社区允许,社区外组织不能访问社区云。

参与社区云的单位组织具有共同的要求,如云服务模式、安全级别等。具备业务相关性或者隶属关系的单位组织更有可能建设社区云,这样不仅能降低各自的费用,还能共享信息。

3. 私有云

私有云是云计算服务提供商将云基础设施与软硬件资源建立在防火墙内,以供内部用户使用。私有云的云端计算资源只供用户内部人员访问,其他的人员都无权租赁或使用。

私有云按部署方式可分为本地私有云和托管私有云。本地私有云的云端部署在用户的数据中心内部。因此,私有云的安全等由用户自己实现并管理,适合运行较为关键的应用。托管私有云是把云端托管在第三方机房或者其他云端,计算设备可以自己购买,也可以租用第三方云端的计算资源。用户一般会通过专线与托管的云端建立连接。

私有云的部署比较适合于具有众多分支机构的大型企业或政府部门。随着这些大型企业数据中心的集中化,私有云将会成为它们部署 IT 系统的主流模式。相对于公有云,私有云的安全性较好,其缺点是成本较高,整个基础设施的利用率较低。

4. 混合云

混合云是同时提供公有和私有服务的云计算系统,是介于公有云和私有云之间的一种折中方案。混合云并不是一种特定类型的单个云,而是由两个或多个不同的云基础设施(私有云、社区云或公共云)组成,只不过增加了一个混合云管理层。使用混合云,用户可以选择把处理敏感数据的云服务部署到私有云上,而将其他不那么敏感的云服务部署到公有云上。

由于云环境中潜在的差异以及私有云提供组织和公有云提供者之间在管理责任上是分离的,所以混合部署架构的创建和维护可能会很复杂。云服务用户通过混合云管理层租赁和使用资源,感觉就像在使用同一个云端的资源,其实内部会被混合云管理层路由到真实的云端。

8.1.5 云计算与其他计算模式的区别

为了解云计算与并行计算、分布式计算、集群计算以及网格计算的区别与联系,首先来了解这几种计算模式[3]。

并行计算是相对于串行计算而言的,一般是指多条指令同时进行的计算模式。并行计算中,计算的过程被分成数个运算步骤,之后以并发的方式加以解决。并行计算的目的就是提供单处理器无法提供的性能(处理器能力或存储器),使用多处理器求解单个问题。

分布式计算是通过网络连接,把需要进行大量计算的任务划分为多个小的任务,分布到各个计算机节点上分别执行。各个节点上传运算结果后,将结果统一合并得出结果。与并行计算相比,分布式更偏向于计算任务的分解。并行计算中,处理器间的交互一般很频繁,开销较低,并且被认为是可靠的;而在分布式计算中,处理器间的交互不频繁,开销较大,并且被认为是不可靠的。

集群计算通过网络把一组松散的计算机节点紧密地连接在一起,协同完成计算工作,在许多方面它们可以被视为单个系统。集群中的节点通常通过快速局域网相互连接。在大多数情况下,所有节点使用相同的硬件和相同的操作系统。计算机集群将每个节点设置为执行相同的任务,并由软件控制和调度。使用集群计算通常是为了提高计算的效率,而普通情况下集群计算机比单个计算机性价比要高得多。

网格计算是分布式计算的一种,也是一种与集群计算非常相关的技术。网格计算将虚拟化的异构计算资源(基于不同的平台、硬件/软件体系结构以及计算机语言)作为一个虚拟的计算机集群,解决大规模的计算问题。网格计算同时也提供了一个多用户环境,用于解决多个较小的问题。与集群计算相比,网格计算的节点分布更广泛,支持更多不同类型的计算机,因此能够提供非常好的可扩展性。

云计算是上述技术发展的新阶段,或者说是这些概念的商业实现。其底层的核心技术是虚拟化,把计算、存储、网络等硬件予以抽象、转换后呈现出来,使用户可以使用比原本的组态更好的方式来应用这些资源。在虚拟化的硬件基础之上,云计算提供不同层次的对外服务。云计算强调的是资源的利用率,它在一个硬件平台上虚拟出若干虚拟节点,使得用户的各项业务(运行在不同的虚拟机上)可以共享底层硬件平台,提高资源利用率的同时又不会互相干扰。云计算可以使用廉价的 PC 服务器,可以管理大数据量与大集群,关键技术在于能够对云内的基础设施进行动态按需分配与管理。

对计算机用户来说,并行计算是由单个用户完成的,分布式计算是由多个用户合作完成的,云计算是没有用户参与而是交给网络另一端的服务器完成的。

8.2　云计算平台

8.2.1　虚拟化技术

虚拟化是指对计算机资源的抽象,计算机软件在虚拟的基础上而不是在真实的、独立的物理硬件基础上运行。这种把有限的、固定的资源根据不同的需求进行重新规划以达到最大利用率、简化软件的重新配置过程为目的的解决方案,就是虚拟化技术[4]。在云计算概念提出以后,虚拟化技术可以用来对数据中心的各种资源进行虚拟化和管理。虚拟化技术前后变化如图 8-4 所示。

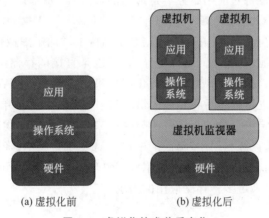

(a) 虚拟化前　　　　　(b) 虚拟化后

图 8-4　虚拟化技术前后变化

下面从服务器虚拟化、存储虚拟化、网络虚拟化和应用虚拟化 4 个方面介绍虚拟化技术。

1. 服务器虚拟化

服务器虚拟化技术目前有两个方向:一个是把一个物理的服务器虚拟成若干个独立的逻辑服务器,例如分区;另一个是把若干分散的物理服务器虚拟为一个大的逻辑服务器,例如网格技术。本节主要介绍第一个,即通过虚拟化层使得多个虚拟机在同一物理机上独立并行运行。服务器中的每个逻辑虚拟机都拥有自己的 CPU、内存以及 I/O 设备,可以在这些硬件中加载操作系统和应用程序。虚拟机的操作系统是运行在底层硬件之上的一个抽象层,在一个物理服务器上可以建立任意数量的虚拟服务器,而且数量只取决于硬件能力。虽然所有虚拟服务器共享相同的基本物理硬件,但是其行为上是相互隔离的,每个虚拟服务器就像是一个物理机器上的操作系统。

服务器虚拟化可以采用两种形式,分别是寄居虚拟化以及裸机虚拟化。寄居虚拟化,首先在服务器上安装一个主机操作系统,然后安装虚拟机管理器(Virtual Machine Manager,VMM),通过它创建、销毁、启动和停止虚拟机(称为客户虚拟机)。在裸机虚拟化中,物理服务器上无须安装宿主操作系统,而是在裸机上直接安装 VMM,它是一个轻量级的操作系统,为创建、运行和管理虚拟机进行了优化。

在很多情况下,物理服务器上的应用程序没有充分利用硬件提供给它们的处理能力,导致资源浪费。为此,可利用虚拟化技术在同一台物理服务器上虚拟出多台服务器,以充分利用底层的硬件资源。另外,服务器虚拟化可以动态移动没有充分利用的硬件资源到最需要的地方,从而提高底层硬件资源的利用率。

2. 存储虚拟化

存储虚拟化是指将具体的存储设备或存储系统同服务器操作系统分隔开来,为存储用户提供统一的虚拟存储池。虚拟化引擎可以屏蔽掉所有存储设备的物理特性,使得存储网络中的所有存储设备对应用服务器是透明的,应用服务器只与分配给它们的逻辑卷打交道,而不需要关心数据是在哪个物理存储设备上。

一般来说,虚拟化存储系统在原有存储系统结构上增加了虚拟化层,将多个存储单元抽象成一个虚拟存储池,存储单元可以是异构,可以是直接的存储设备,也可以是基于网络的存储设备或系统。存储用户通过虚拟化层提供的接口向虚拟存储池提出虚拟请求,虚拟化层对这些请求进行处理后将相应的请求映射到具体的存储单元。

存储虚拟化将系统中分散的存储资源整合起来,利用有限的物理资源提供大的虚拟存储空间,提高了存储资源利用率,降低了单位存储空间的成本,降低了存储管理的负担和复杂性。另外,存储虚拟化技术通过重组底层物理资源,可以得到多种不同性能和可靠性的新的虚拟设备,以满足多种存储应用的需求。

3. 网络虚拟化

目前传统的数据中心由于多种技术和业务之间的孤立性,使得网络结构复杂,服务器之间存在操作系统和上层软件异构、接口与数据格式不统一的问题,导致内部网络传输效率低。在使用云计算后,数据中心的网络还需要解决数据中心内部的数据同步传送的大流量、备份大流量、虚拟机迁移大流量的问题,也需要采用统一的交换网络,以减少布线、维护工作量和扩容成本。引入虚拟化技术之后,在不改变传统数据中心网络设计的物理拓扑和布线方式的前提下,可以实现网络各层的横向整合,形成一个统一的交换架构。

网络虚拟化将不同网络的硬件和软件资源结合为虚拟的整体。网络虚拟化通常包括虚拟局域网和虚拟专用网。虚拟局域网是其典型的代表,它可以将一个物理局域网划分成多个虚拟局域网,或者将多个物理局域网中的节点划分到一个虚拟局域网中,这样提供一个灵活便捷的网络管理环境,使得大型网络更加易于管理,并且通过集中配置不同位置的物理设备来实现网络的最优化。

虚拟专用网是在大型网络中的不同计算机(节点)通过加密连接而组成的虚拟网络,具有类似局域网的功能。虚拟专用网帮助管理员维护环境,防止来自内网或者外网中的威胁,使用户能够快速、安全地访问应用程序和数据。目前,虚拟专用网应用在大量的办公环境中。

网络虚拟化一般应用于企业核心和边缘路由。利用交换机中的虚拟路由特性,用户可以将一个网络划分为使用不同规则来控制的多个子网,而不必再为此购买和安装新的机架或设备。与传统技术相比,它具有更少的运营费用和更低的复杂性。

4. 应用虚拟化

应用虚拟化通常包括两层含义:一是应用软件的虚拟化;二是桌面的虚拟化。所谓的应用软件虚拟化,就是将应用软件从操作系统中分离出来,为应用程序提供了一个虚拟的运行环境。在这个环境中,不仅包括应用程序的可执行文件,还包括它所需要的运行时环境。从本质上说,应用虚拟化是把应用对低层的系统和硬件的依赖抽象出来。借助这种技术,用户可以解决版本不兼容的问题,并减小应用软件的安全隐患和维护成本。

桌面虚拟化是指利用虚拟化技术将用户桌面的镜像文件存放到数据中心,把应用程序的人机交互与计算逻辑隔离开。客户端无须安装软件,用户直接通过网络连接到应用服务器上。从用户的角度看,每个桌面镜就像是一个带有应用程序的操作系统,用户的使用体验同他们使用桌面上的 PC 一样。当用户关闭系统时,通过第三方配置文件管理软件,可以做到用户个性化定制以及保留用户的任何设置。客户端将不需要通过网络向每个用户发送实际的数据,只有虚拟的客户端界面被实际传送并显示在用户的计算机上。

桌面虚拟化将所有桌面虚拟机在数据中心进行托管并统一管理,网络管理员仅维护部署在中心服务器的系统即可,不需要再为客户端计算机的程序更新以及软件升级带来的问题而担心。

桌面虚拟化技术和传统的远程桌面技术是有区别的,传统的远程桌面技术是接入一个真正安装在一个物理机器上的操作系统,仅能作为远程控制和远程访问的一种工具。虚拟化技术允许一台物理硬件同时安装多个操作系统,可以降低采购成本和维护成本,很大程度提高了计算机的安全性以及硬件系统的利用率。

8.2.2 虚拟化产品及特点

1. VMware

VMware 是戴尔科技旗下一家专注于虚拟化技术的公司,在虚拟化和云计算基础架构领域处于全球领先地位。VMware 提供针对服务器以及桌面计算机的虚拟化产品,例如 VMware vSphere、VMware Workstation 和 VMware Horizon View 等。其中,VMware vSphere 是一款面向服务器和数据中心的虚拟化产品,提供服务器虚拟化、网络虚拟化和存储设备虚拟化等功能。

VMware vSphere 利用虚拟化功能将数据中心转换为简化的云计算基础架构,虚拟化并汇总多个系统间的基础物理硬件资源,同时为数据中心提供大量虚拟资源。作为云操作系统,VMware vSphere 可作为无缝动态操作环境管理大型基础架构(例如,CPU、存储器和网络),同时还管理复杂的数据中心。用户可以通过图形用户界面,方便地对虚拟数据中心进行管理。利用简单直观而功能强大的工具,管理虚拟机的创建、共享、部署和迁移。VMware vSphere 的实时迁移技术 vMotion,能够减少迁移过程的时间开销和资源开销,加快迁移过程。VMware vSphere 提供了企业级应用场景所需要的容错性能、数据保护等功能,保证系统可用性,从而保证业务的连续性。

此外,还有一款面向桌面计算机的虚拟化产品 VMware Workstation,它将多个操作系统作为虚拟机运行在单台 Linux 或 Windows PC 上。VMware Workstation 可以使多个虚拟机(或称客户机)在同一个宿主机中运行。每个虚拟机相互独立,拥有各自的操作系统,并且各虚拟机以及宿主机相互独立,互不影响,可独立进行操作及运行应用程序。其中一台虚拟机关机或发生故障,不会影响其他的虚拟机及宿主机。VMware Workstation 对新硬件的支持能力很强,支持数百种操作系统,其图形管理界面简单直观,方便用户查看和访问不同的虚拟机。VMware Workstation 软件界面如图 8-5 所示。

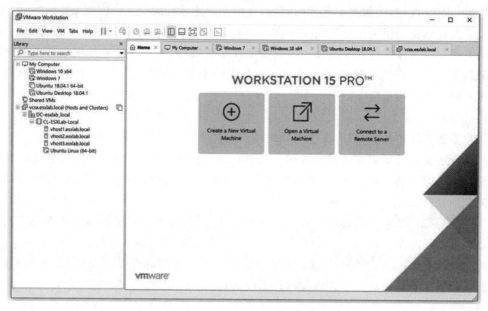

图 8-5　VMware Workstation 软件界面

2. KVM

基于内核的虚拟机(Kernel-based Virtual Machine,KVM)是一款开源的系统虚拟化模块,由 Red Hat 公司开发,用于虚拟化 Linux 内核中的基础设施,可将 Linux 内核转化为一个虚拟机。KVM 通过在内核里装载一个模块(Kernel Module),提供了硬件仿真层,在此之上建立和运行虚拟机。KVM 也可以在没有硬件辅助虚拟化技术的 CPU 上运行,使用 QEMU 软件,实现纯软件仿真,但是虚拟机性能会受到很大影响。KVM 能在不改变 Linux 或 Windows 镜像的情况下同时运行多个虚拟机,即多个虚拟机使用同一镜像,并为每一个虚拟机配置个性化硬件环境,如网卡、磁盘、图形适配器等。KVM 可以通过图形用户界面(即虚拟机管理器,Virtual Machine Manager)和命令行进行管理,完成虚拟机的创建、复制、安装操作系统以及状态监控等功能。

KVM 在具备 Intel VT 或 AMD-V 功能的 x86 平台上运行,于 2007 年 2 月 5 日被导入 Linux 2.6.20 核心中。Red Hat 公司作为 KVM 的开发者,在其发行的企业版 Linux(Red Hat Enterprise Linux)上也安装了 KVM,同时其他基于 Red Hat 技术的各个 Linux 发行版 (CentOS、Scientific Linux 以及 Fedora 等)也包含了 KVM,方便用户在上面实现硬件的虚拟化和虚拟机的安装。在 Linux 内核 3.9 版中,KVM 加入了 ARM 架构的支持。

8.2.3　AWS 亚马逊云服务

Amazon(亚马逊)凭借在电子商务中积累的大量基础性设施和各类先进技术,很早就进入了云计算领域,目前它经不是一家单纯的电子商务公司,而是一家提供先进的计算、存储等云计算服务技术的公司。在此基础上,Amazon 还不断地进行技术创新,开发并提供了一系列新颖且实用的云计算服务,赢得了巨大的用户群体。Amazon 的一系列云计算服务构成了 Amazon 云计算服务平台 Amazon Web Service(AWS),主要包括:基础存储架构(Dynamo)、弹性计算云(EC2)、简单存储服务(S3)、简单数据库服务(Simple DB)、简单队列服务(SQS)、弹性 MapReduce 服务等[5]。这些服务涵盖了云计算的各个方面,用户可以根据需要从中选取一个或多个云计算服务来构建自己的应用程序,并能够按需获取资源且具有很高的可扩展性及灵活性。

1. 基础存储架构(Dynamo)

当网络服务刚刚兴起时,各种平台大多采用关系数据库进行数据存储。但由于网络数据中大部分为半结构化数据且数据量巨大,关系数据库无法满足其存储要求。为此,很多服务商都设计并开发了自己的存储系统。其中,Amazon 的 Dynamo 是非常具有代表性的一种存储架构,被作为状态管理组件用于 AWS 的很多系统中。2007 年,Amazon 将 Dynamo 以论文形式发表,引起了广泛的关注,并被作为其他云存储架构的基础和参照。

Dynamo 在设计时被定位为一个基于分布式存储架构的,高可靠、高可用且具有良好容错性的系统。

为了保证其稳定性,作为底层存储架构的 Dynamo 采用完全的分布式、去中心化的架构,均衡的数据分布可以保证负载平衡和系统良好的扩展性。

Dynamo 只支持简单的"键-值"对(Key-Value)形式的数据存储,不支持复杂的查询,这种方式也适用于其他 AWS 服务。Dynamo 中存储的是数据值的原始形式,即按位存储,并不解析数据的具体内容。因此,Dynamo 几乎可以存储所有类型的数据。

Dynamo 中使用改进后的一致性哈希算法,并在此基础上进行数据备份,以提高系统的可用性。Dynamo 保证相邻的节点分别位于不同的区域,这样即便某个数据中心由于自然灾害或断电的原因整体瘫痪,仍然可以保证其他数据中心中保存有数据的备份。

Dynamo 系统根据其业务特点,采用了最终一致性模型,不要求各个数据副本在更新过程中始终保持一致,只需要最终时刻所有数据副本能够保证一致性。

2. 弹性计算云(EC2)

弹性计算云(Elastic Computing,EC2)是 Amazon AWS 的重要组成部分,其目的是提供可伸缩的计算能力。它为用户提供了许多非常有价值的特性,包括低成本、灵活性、安全性、易用性和容错性等。借助 Amazon EC2,用户可以在不需要硬件投入的情况下,快速开发和部署应用程序,并方便地配置和管理。EC2 的基础架构主要包括 Amazon 机器映像(Amazon Machine Image,AMI)、实例(Instance)等组成部分。Amazon 机器映像是包含了操作系统、服务器程序、应用程序等软件配置的模板,实例则由 AMI 启动,像传统的主机一样提供服务。目前,Amazon 提供了多种不同类型的实例,分别在计算、GPU、内存、存储、网络、费用等方面进行了优化。这些实例类型面向了不同的用户需求。例如,构建基因组分析等科学计算应用的用户可以选择计算优化型实例,构建数据仓储应用的用户可以选择存储优化型实例,而构建吞吐量很小的应用的用户可以选择费用很低的微型实例。此外,Amazon 还允许用户在应用程序的需求发生变更时,对实例的类型进行调整,从而实现按需付费。

AWS 中采用了两种区域(Zone):地理区域(Region Zone)和可用区域(Availability Zone)。其中,地理区域是按照实际的地理位置划分的,而可用区域的划分则是根据是否有独立的供电系统和冷却系统等。为了确保系统的稳定性,用户可将自己的多个实例分布在不同的可用区域和地理区域中。这样在某个区域出现问题时可以用别的实例代替。当一个应用运行不佳时,EC2 的弹性负载平衡(Elastic Load Balancing)功能可以识别出应用实例的状态,自动地将流量路由到状态较好的实例资源上。用户还可利用自动缩放(Auto Scaling)功能自动调整 EC2 的计算能力。在需求高峰期时,增大实例的处理能力;在需求下降时,自动缩小实例规模以降低成本。

EC2 引入了弹性 IP 地址的概念。当系统正在使用的实例出现故障时,用户只需要将弹性 IP 地址通过网络地址转换(NAT)转换为新实例所对应的 IP 地址,这样就将弹性 IP 地址与新的实例关联起来。当某一区域出现问题时,可以直接用其他区域的实例来代替,给系统的容错带来极大的方便。

3. 简单存储服务(S3)

简单存储服务(Simple Storage Service,S3)建立于 Dynamo 架构之上,用于提供任意类型文件的临时或永久性存储。S3 的总体设计目标是可靠、易用及低成本。S3 的存储结构涉及两个基本概念:桶(Bucket)和对象(Object)。桶是用于存储对象的容器,其作用类似于文件夹。桶不可以被嵌套,即在桶中不能创建桶。桶的名称要求在整个服务器中是全局唯一的,以避免在数据共享时相互冲突。

对象是 S3 的基本存储单元,主要由数据和元数据组成。数据可以是任意类型,但大小会受到对象最大容量的限制。元数据是数据内容的附加描述信息,通过名称-值(Name-Value)集合的形式来定义,可以是系统默认的元数据(System Metadata)或用户指定的自定义元数据(User Metadata)。

每个对象在所在的桶中有唯一的键(Key)。通过将桶名和键相结合的方式,可以标识每个对象。

对象的存储在默认情况下是不进行版本控制的,但 S3 提供了版本控制的功能,用于存档早期版本的对象或者防止对象被误删。当对某个桶启用版本控制后,桶内会出现键相同但版本号不同的对象,此时对象需要通过"桶名＋键＋版本号"的形式来唯一标识。S3 中对桶和对象支持的操作包括 Get、Put、List、Delete、Head 等。

S3 向用户提供包括身份认证(Authentication)和访问控制列表(ACL)的双重安全机制,供用户自行定义的访问控制策略。与其构建的基础 Dynamo 相同,S3 中采用了最终一致性模型。

8.2.4　阿里云

2009 年 9 月,阿里巴巴集团在十周年庆典上宣布成立新的子公司——阿里云。该公司专注于云计算领域的研究,依托云计算的架构做一个可扩展、高可靠、低成本的基础设施服务,支撑包括电子商务在内的互联网应用的发展。用户通过阿里云获得海量计算、存储资源以及大数据管理和处理能力,无须建立自己的信息基础设施。阿里云的定位是云计算的全服务提供商。针对云计算不同层次,阿里云都进行了充分的部署,提供针对政府、电子商务、金融、医疗、O2O(Online to Offline)等行业的解决方案。下面介绍阿里云提供的几种基本服务[3]。

1. 弹性计算服务(ECS)

弹性计算服务(Elastic Compute Service,ECS)即云服务器,通过虚拟化技术整合 IT 资源,为用户提供虚拟节点以及集群服务。ECS 底层基于分布式计算平台——飞天,飞天平台负责管理实际的硬件资源,可自动恢复硬件故障,同时提供防网络攻击等高级功能。用户对云服务器的操作系统有完全控制权,可以通过连接管理终端自助解决系统问题,进行各项操作。用户对云服务器的磁盘数据生成快照,用户可使用快照回滚、恢复以往磁盘数据,加强数据安全。ECS 支持用户对已安装应用软件包的云服务器自定义镜像、数据盘快照批量创建服务器,简化用户管理部署工作。同一物理机上的 VM 内存共享,系统自动预测 VM 内存使用,智能分配与回收。在线迁移时,硬盘与内存、CPU 状态不会丢失,迁移耗时因内存大小不同,但应用不中断。总体而言,阿里云的弹性计算服务能够简化开发部署过程,降低运维成本,构建按需扩展的网络架构。

2. 对象存储服务(OSS)

阿里云对象存储服务(Object Storage Service,OSS)是阿里云提供的海量、安全、低成本、高可靠的云存储服务。OSS 提供简单的网络访问接口(RESTful API),可以随时从网络上的任何位置、任何时间,来读写任意数量的数据。同时 OSS 是一个全托管的服务,提供安全、容量和性能的扩展性、容灾等服务能力,使得用户可以聚焦在自己的应用逻辑上面。OSS 提供丰富和强大的安全访问机制,通过安全灵活的授权访问控制,提供安全稳定的互联网或者专有网络的访问能力。

3. CDN 服务

阿里云内容分发网络(Content Delivery Network,CDN)提供了内容存储和分发能力,它建立并覆盖在承载网之上、由分布在不同区域的边缘节点服务器群组成的分布式网络,替代传统以 Web Server 为中心的数据传输模式。

CDN 将源站点内容分发至靠近用户的站点,缩短用户查看对象的延迟,提高用户访问网站内容的响应速度以及网站的可用性。

4. 阿里云人工智能 ET

2016 年 8 月 9 日,在阿里云云栖大会·北京峰会上,阿里云宣布推出人工智能 ET(人工智能系统)。ET 的特色在于基于强大的云计算和大数据处理能力,目前 ET 具备了语音识别、图像/视频识别、交通预测、情感分析等技能,并朝着大数据 AI 的方向发展。阿里云 ET 大脑旨在用突破性的技术,解决社会和商业中的棘手问题,当前已推出城市大脑、工业大脑、医疗大脑等。

ET 城市大脑利用实时全量的城市数据资源全局优化城市公共资源,即时修正城市运行缺陷,实现城市治理模式突破,提升政府管理能力,解决城市治理突出问题,实现城市治理智能化、集约化、人性化;实现服务模式突破,更精准地随时随地服务企业和个人,城市的公共服务更加高效,公共资源更加节约;实现产业发展突破,开放的城市数据资源是重要的基础资源,对产业发展发挥催生带动作用,促进传统产业转型升级。

ET 工业大脑旨在解决工业制造业的诸多核心问题。

(1) 智能供应链。通过对历史销量数据、订单数据智能挖掘,精准预测销量,分析和优化库存,把订单推送给最合适的车辆,避免无效推送,最大程度实现最低库存及提升物流配送效率。

(2) 智能研发。通过整合从产品研发、设计、生产以及售后所有产生、交换和集成的数据,建立对产品全生命周期的数字档案,通过人工智能算法定位关键因素,运用大数据分析从多维度寻优与动态仿真,提供产品全价值链预测服务与优化策略。

(3) 智能生产。在对制造过程数字化描述的基础上,运用人工智能算法研究不同参数变化对设备状态与整体生产过程的影响,并根据实时数据与现场工况动态调优,为生产现场管理、精益提升提供强大工具。

ET 医疗大脑旨在解决医疗行业的诸多核心问题。

(1) 医疗质量管理。通过对临床数据和医院运营数据的分析,结合各级部门对医疗质量标准的管理,对病历/病案质量、临床路径标准等进行自动监测和分析。大幅度降低因各类"错误书写"和"信息缺失"造成的医疗事故,提高医疗服务质量,实时对医疗机构的服务质量进行提示和统计管理。

(2) 精细化运营分析。利用阿里云智能分析算法,对医疗机构和区域医疗的运营核心指标、上级主管部门考察的重点指标进行跟踪分析,跟踪预测指标走势,第一时间发现异常情况,并对核心指标的影响因素进行分析,找到影响核心指标的关键因素和科室,为制定管理策略提供参考。

（3）智能资源调度。利用历史数据和城市级别的其他数据可以智能分析和预测机构面临的医疗需求，有效优化资源的使用，让合适的患者获得合适的医疗服务。

城市事件感知与智能处理系统界面如图 8-6 所示。

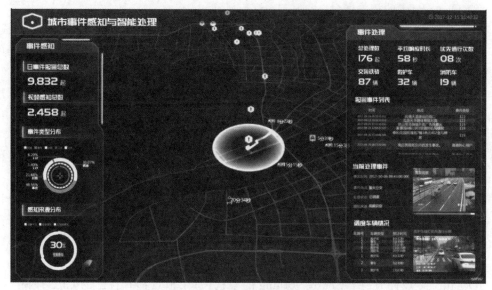

图 8-6　城市事件感知与智能处理系统界面

5. 云数据库 OceanBase

2019 年 10 月 2 日，国际事务处理性能委员会（Transaction Processing Performance Council，TPC）宣布：在最新发布的 TPC-C 排行榜中，蚂蚁金服自研数据库 OceanBase 位列第一，击败蝉联九年冠军的美国甲骨文数据库（Oracle）拿下冠军，且击败幅度超越甲骨文的 3000 多万笔效能近一倍。OceanBase 是阿里巴巴和蚂蚁金服 100％ 自主研发的金融级分布式关系数据库，用于淘宝网和诸多阿里集团的云端服务、部分政府机构、银行，擅长于海量资料处理。

2009 年淘宝宣布要放弃甲骨文，转投自研的数据库架构，创始人阳振坤次年加入阿里巴巴，OceanBase 正式立项。研发至 2016 年"双 11"前夕，OceanBase 全面取代了 Oracle，并在"双 11"凌晨平稳支撑住 12 万笔/秒的支付峰值。

1）OceanBase 的优势

（1）高性能：OceanBase 采用了读写分离的架构，把数据分为基线数据和增量数据。其中增量数据放在内存里（MemTable），基线数据放在 SSD 盘（SSTable）。对数据的修改都是增量数据，只写内存。所以 DML 是完全的内存操作，性能非常高。

（2）低成本：OceanBase 通过数据编码压缩技术实现高压缩。数据编码是基于数据库关系表中不同字段的值域和类型信息所产生的一系列的编码方式。它比通用的压缩算法更懂数据，能够实现更高的压缩效率。

（3）高兼容：兼容常用 MySQL/Oracle 功能及 MySQL/Oracle 前后台协议，业务零修改或少量修改即可从 MySQL/Oracle 迁移至 OceanBase。

（4）高可用：数据采用多副本存储，少数副本故障不影响数据可用性。通过"三地五中心"部署实现城市级故障自动无损容灾。

2）OceanBase 的相关概念

（1）Zone(Availabilty Zone，区，可用区)。一个 OceanBase 集群由若干个 Zone 组成。Zone 通常指一个机房(数据中心，IDC)。为了数据的安全和高可用性，一般会把数据的多个副本分布在多个 Zone 上。这样就避免了单点故障。

（2）OBServer(OceanBase 服务器)。OBServer 是一个 OceanBase 的服务进程，一般独占一台物理服务器，所以也通常指代其所在的物理机。在 OceanBase 内部，Server 由其 IP 地址和服务端口唯一标识。

（3）表(Table)。表是最基本的数据库对象，OceanBase 的表都是关系表。每个表由若干行记录组成，每一行有相同的预先定义的列。

（4）分区(Partition)。分区是物理数据库设计技术，它的操作对象是表。实现分区的表，我们称之为分区表。表分布在多个分区上。当一个表很大时，可以水平拆分为若干个分区，每个分区包含表的若干行记录。

3）OceanBase 的整体架构

OceanBase 设计为一个 Share-Nothing 的架构(每个节点都有自己的 CPU、内存、存储)，至少需要部署 3 个以上的 Zone(可用区，通常指一个机房或数据中心)，数据在每个 Zone 都存储一份。OceanBase 的整个设计里面没有任何的单点，每个 Zone 有多个 OBServer 节点(OceanBase 服务器，一般独占一台物理服务器)，这就从架构上解决了高可靠、高可用的问题。各个节点之间完全对等，各自有各自的 SQL 引擎和存储引擎。存储引擎只能访问本地数据，而 SQL 引擎可以访问到全局 Schema，并生成分布式的查询计划。查询执行器可以访问各个节点的存储引擎，并在各个节点间进行数据的分发和收集，完成分布式计划的执行，并把结果返回给用户。OceanBase 的整体架构如图 8-7 所示。

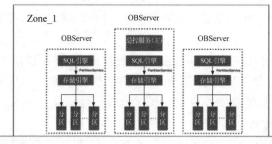

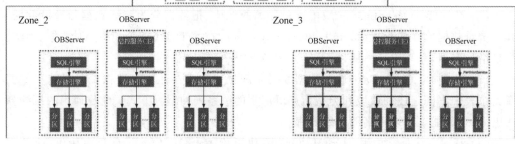

图 8-7　OceanBase 的整体架构

8.3 Hadoop 及其生态环境

8.3.1 Hadoop 简介

Hadoop 是 Apache 软件基金会旗下的一个开源分布式计算平台,以 Hadoop 分布式文件系统(Hadoop Distributed File System,HDFS)和分布式计算模型 MapReduce 为核心。Hadoop 为用户提供了系统底层细节透明的分布式基础架构,具有高容错性、高伸缩性等优点,允许用户将 Hadoop 部署在低廉的硬件上,形成分布式系统。MapReduce 计算模型允许用户在不了解分布式系统底层细节的情况下开发并行应用程序。用户可以利用 Hadoop 轻松地组织计算机资源,从而搭建自己的分布式计算平台,并且可以充分利用集群的计算和存储能力,完成海量数据的处理。

Hadoop 项目最初由 Doug Cutting 和 Mike Cafarella 于 2005 年创建,其最初的目标是提供 Nutch 搜索引擎的分布式处理能力。Nutch 项目始于 2002 年,是一个网页爬取工具和搜索引擎,但是其框架不够灵活,无法满足数十亿网页的搜索需求[6]。2003 年谷歌发布了一篇论文,介绍的是谷歌分布式文件系统(Google Distributed File System)。这个系统不仅能存储 Nutch 在网页爬取和索引过程中产生的超大量文件,而且能够节省系统的管理时间。Nutch 的开发者开始了开源版本的实现,即 Nutch 分布式文件系统(NDFS)。2004 年谷歌介绍了 MapReduce 计算模型,Nutch 则实现了自己的一个 MapReduce 系统。Hadoop 于 2006 年被分离出来,成为了一套完整而独立的软件,并于 2008 成为 Apache 的顶级项目。现在,Hadoop 已经发展成为由 MapReduce、HFDS、YARN、Hive、Mahout 等众多子项目在内的一个完整的生态系统。

Hadoop 是一个能够让用户轻松架构和使用的分布式计算平台,它主要有以下 4 个优点。

(1)易用性。Hadoop 可运行在由廉价机器构成的大型集群上,无须使用昂贵的硬件。

(2)高可靠性。为了能够在大规模集群上顺利运行,由于 Hadoop 假设每个节点都没有那么可靠,可能发生节点失败状况,因此采用软件的方式提高可靠性。Hadoop 能够自动保存数据的多个副本,自动检测和处理节点失败的情况并能够自动将失败的任务重新分配。

(3)高扩展性。Hadoop 是在可用的计算机集簇间分配数据并完成计算任务的,这些集簇可以方便地扩展到数以千计的节点中,具有较高的可扩展性。

(4)高效性。Hadoop 能够在节点之间动态地移动数据,并保证各个节点的动态平衡,因此其处理速度非常快。

Hadoop 软件框架包含如下 4 个主要模块。

(1)Hadoop Common。Hadoop Common 模块包含了其他模块需要的库函数和实用函数。在 0.20 及以前的版本中,Hadoop Common 包含 HDFS、MapReduce 和其他项目公共内容,从 0.21 版本开始 HDFS 和 MapReduce 被分离为独立的子项目,其余内容为

Hadoop Common。

（2）HDFS（Hadoop Distributed File System，Hadoop 分布式文件系统）。HDFS 是在由普通服务器组成的集群上运行的分布式文件系统，支持高度容错性的大数据的存储，能提供高吞吐量的数据访问，非常适合大规模数据集上的应用。

（3）Hadoop YARN（Yet Another Resource Negotiator，另一种资源协调者）。YARN 是一种新的 Hadoop 资源管理器，它本质上是一个资源管理和任务调度软件框架。它把集群的计算资源管理起来，为调度和执行用户程序提供资源的支持。它的引入为集群在利用率、资源统一管理和数据共享等方面带来了巨大好处。

（4）Hadoop MapReduce 计算模型。MapReduce 是一种支持大数据处理的计算模型。它提供了一种简便的并行程序设计方法，用 Map 和 Reduce 两个函数编程实现基本的并行计算任务，提供了抽象的操作和并行编程接口，简单方便地完成大规模数据的编程和计算处理。

8.3.2　HDFS 文件系统

HDFS 是 Hadoop 项目的核心子项目，早期的 HDFS 是按照 Google 的 GFS（Google File System，Google 文件系统）的思想设计的，因此，HDFS 通常被认为是 GFS 的开源版本。HDFS 是分布式计算中数据存储管理的基础，是基于流数据模式访问和处理超大文件的需求而开发的，可以运行于廉价的商用服务器上。它所具有的高容错、高可靠性、高可扩展性、高获得性、高吞吐率等特征，为海量数据提供了高容错的存储，为超大数据集的应用处理带来了很多便利[7]。

1. HDFS 的特点

总的来说，可以将 HDFS 的主要特点概括为以下 3 点。

（1）支持超大文件。HDFS 的设计目的是实现面向大文件（TB 级，甚至 PB 级）的存储能力，默认情况下，HDFS 将文件分割成若干个数据块，将数据块按"键-值"对的形式存储，并将"键-值"对的映射存到内存之中。HDFS 对大文件的处理能力较强，但是对小文件的处理能力却较弱。

（2）基于廉价硬件。HDFS 的设计是面向廉价的、可靠性并不很高的普通硬件，这也就意味着大型集群中出现节点故障情况的概率非常高。因此，HDFS 保存多个副本，以保证较强的硬件容错能力，充分保证数据的可靠性、安全性及高可用性。

（3）流式数据访问。HDFS 的设计建立在更多地响应"一次写入、多次读取"任务的基础之上。这意味着单个数据集一旦由数据源生成，就会被复制分发到不同的存储节点中，然后响应各种各样的数据分析任务请求。在多数情况下，分析任务都会涉及数据集中的大部分数据，也就是说，对 HDFS 来说，请求读取整个数据集要比读取一条记录更加高效。

HDFS 在处理一些特定问题时具有一定的局限性，主要表现在以下 3 方面。

（1）不适合低延迟数据访问。HDFS 是为了处理大型数据集分析任务的，主要是为达到高的数据吞吐量而设计的，这就可能要求以高延迟作为代价。目前有一些补充的方案,比如使用 HBase,通过上层数据管理项目来弥补这个不足。

(2) 无法高效存储大量小文件。在 Hadoop 中需要用 NameNode(名称节点)来管理文件系统的元数据,存储大量小文件会占用 NameNode 大量的内存来存储文件、目录和块信息等。大量的小文件使得 NameNode 工作压力较大,会让其处理文件的检索时间变长。同时,小文件存储的寻道时间会超过读取时间,这也违反了 HDFS 的设计目标。

(3) 不支持多用户写入及任意修改。文件在 HDFS 的一个文件中只有一个写入者,不允许多个线程同时写。而且 HDFS 的文件写操作仅支持数据追加,不支持文件的随机修改。

2. HDFS 中的基本概念

1) 数据块

HDFS 中块(Block)的概念与操作系统中文件块的概念相似,但比操作系统中的块要大得多。通常来说,文件系统块一般为几千字节,而在 Hadoop 中块的大小默认为128MB。与磁盘上的文件系统相似,HDFS 上的文件也被划分为块大小的多个分块(Chunk),作为文件存储处理的逻辑单元。

由于逻辑块的设计,HDFS 可以存储任意大的文件。对于一个超大的文件,HDFS 会将其分成众多块,分别存储在集群的各台机器上。不仅如此,块更有利于分布式文件系统中复制容错的实现。在 HDFS 中为了处理节点故障,默认将文件块副本数设定为 3 份,分别存储在集群的不同节点上。当一个块损坏时,系统会通过 NameNode 获取元数据信息,在另外的机器上读取一个副本并进行存储。

2) NameNode 和 DataNode

HDFS 体系结构中有两类节点,分别是 NameNode 管理节点和 DataNode 工作节点。NameNode 管理文件系统的命名空间,维护整个文件系统的文件目录树及这些文件的索引目录。这些信息以两种形式存储在本地文件系统中,分别是命名空间镜像(Namespace Image)和编辑日志(Edit Log)。NameNode 也记录着每个文件中各个块所在数据节点的信息,但这些信息会在系统启动时根据数据节点信息重建,并不永久保存。当运行任务时,客户端通过 NameNode 获取元数据信息,和 DataNode 进行交互以访问整个文件系统。系统会提供一个类文件接口,方便用户使用。

如果 NameNode 损坏,则系统将会丢失所有文件信息。因此,HDFS 提供两种方法实现容错:一种方法是备份那些组成文件系统元数据持久状态的文件,将这类文件写入本地磁盘的同时,写入一个远程挂载的网络文件系统;另一种方法是运行一个辅助NameNode,又被称作 Secondary NameNode。Secondary NameNode 的作用是定期合并编辑日志与命名空间镜像,一般在另一台单独的物理计算机上运行。它需要占用大量的CPU 时间,并且需要与 NameNode 一样多的内存来执行合并操作。它会保存合并后的命名空间镜像的副本,并在 NameNode 发生故障时启用。

3. HDFS 文件读取数据流

首先客户端调用 DistributedFileSystem 对象的 open()函数,DistributedFileSystem

使用远程过程调用（Remote Procedure Call，RPC）调用 NameNode，获取文件起始块的位置。这里 NameNode 会返回文件中开始的若干块的 DataNode 地址。如果该客户端本身是一个 DataNode，则后续会从本地读取数据。HDFS 文件读取数据流如图 8-8 所示。

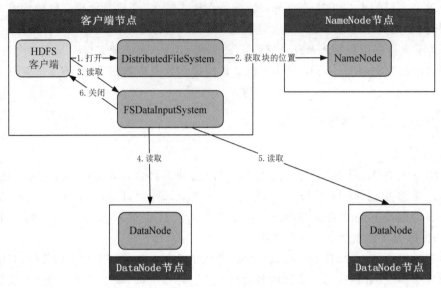

图 8-8　HDFS 文件读取数据流

之后 DistributedFileSystem 会返回一个 FSDataInputStream 对象作为客户端的文件输入流，FSDataInputStream 封装一个 DFSInputStream 对象进行管理。客户端对 DFSInputStream 调用 read() 函数，该输入流则连接到文件第一个块的 DataNode 读取数据到客户端。在该 DataNode 上最后一个块读取完成后，DFSInputStream 关闭连接，并连接到下一个块的 DataNode。当客户端完成所有文件的读取时，则在 DFSInputStream 中调用 close() 函数。

当读取文件过程中发生故障时，客户端会尝试去连接这个块的下一个 DataNode，同时记录这个节点的故障以保证后续不会再与该块连接。客户端还会验证接收到的数据的校验和，若发现一个损坏的块则从别的 DataNode 再读取并向 NameNode 报告，NameNode 则会更新文件信息。这种读取方式可以让客户端直接连接到文件所在块，由于数据流分散在集群中的各个节点中，所以能够大量地并发读取。同时，NameNode 只需要响应位置请求，不需要参与到文件传输过程中，因此能够保持较高的效率。

4. HDFS 文件写入数据流

首先客户端会调用 DistributedFileSystem 对象的 create() 函数创建一个文件（步骤 1），DistributedFileSystem 使用远程过程调用（Remote Procedure Call，RPC）调用 NameNode 在文件系统命名空间中创建一个新文件（步骤 2）。

NameNode 会验证新的文件不存在于文件系统中，并确保客户端有创建该文件的权限，确认通过后 NameNode 会创建一个新文件的记录，如果创建失败则抛出异常，否则返回一个 FSDataOutputStream 对象作为客户端的文件输出流,FSDataOutputStream 封装一个 DFSOutputStream 对象进行管理。

　　客户端通过文件输出流写入数据,DFSOutputStream 将文件分割成数据包,并写入内部队列 data queue(步骤 3)。DataStreamer 处理这个队列,挑选出合适的一组 DataNode(称为管道),并请求 NameNode 以此来分配新的数据块。如果文件系统设置的副本数是 3,则管道中将会包含 3 个 DataNode。DataStreamer 以流的方式将数据包发给第一个 DataNode(步骤 4),第一个 DataNode 存储后将数据包发给第二个并以此类推。DFSOutputStream 同时有一个包的序列 ack queue,用来等待管道中每个 DataNode 返回的确认信息(步骤 5)。当所有 DataNode 都返回了某一个数据包的确认信息时,这个序列将其删除。

　　当写入文件过程中发生故障时,HDFS 会先将当前文件的管道断臂,并将 ack queue 中的文件包添加到 data queue 中防止失败的 DataNode 丢失数据。当前成功的 DataNode 与 NameNode 进行关联。等到失败的 DataNode 恢复过来后,HDFS 将其中的数据块删除,管道则将该 DataNode 删除,文件会继续写到其他的 DataNode 中。最后 NameNode 发现文件块副本数不足,将会在新的 DataNode 中创建副本。

　　客户端完成数据的写入操作后,会调动 close() 函数关闭数据流(步骤 6),并告知 NameNode 文件写入完成(步骤 7)。HDFS 文件写入数据流如图 8-9 所示。

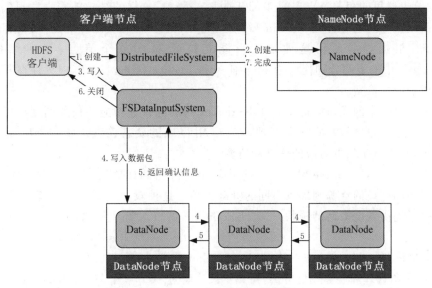

图 8-9　HDFS 文件写入数据流

8.3.3　YARN 资源管理器

　　YARN 是 Hadoop 2.0 的主要组成部分,是在整个软件架构里划分出的资源管理框架。YARN 把资源管理和作业调度/监控模块分开,使得系统可以支持更多的计算模型,包括流数据处理、图数据处理、批处理、交互式处理等。

YARN 主要由 Resource Manager、Application Master、Node Manager 和 Container 等几个组件构成。

(1) Resource Manager(RM)：一个全局的资源管理器,负责整个系统的资源管理和分配。

(2) Application Master(AM)：用户提交的每个应用程序均包含一个 AM,它负责向 RM 申请资源,并要求 NM 启动可以占用一定资源的任务。

(3) Node Manager(NM)：每个节点上的资源和任务管理器。一方面,它会定时地向 AM 汇报本节点上的资源使用情况和各个 Container 的运行状态;另一方面,它接收并处理来自 AM 的 Container 启动/停止等各种请求。

(4) Container：Container 是 YARN 中的资源抽象,它封装了某个节点上的多维度资源,如内存 CPU、磁盘、网络等,当 AM 向 RM 申请资源时,RM 为 AM 返回的资源用 Container 表示。

1. YARN 的特点

在 Hadoop 1.0 中,Hadoop 使用的是 JobTracker 和 TaskTracker 节点进行任务调度管理。JobTracker 是主线程,负责接收客户作业提交,调度任务到工作节点上运行,并提供诸如监控工作节点状态及任务进度等管理功能,JobTracker 将作业分解为数据处理任务,分发给集群里的相关节点上的 TaskTracker 运行。这样的结构随着集群规模的增长逐渐暴露出若干问题。首先 JobTracker 是 MapReduce 的集中处理节点,系统容易出现单点故障,根据经验所得这种结构只能支持最多 4000 个节点。这种结构还将 TaskTracker 中的资源分别提供给 Map 任务和 Reduce 任务,若系统中只存在其中一种则会造成资源的浪费。

为了解决这个问题,Hadoop 将 JobTracker 的资源管理功能和任务调度功能分离成单独的模块。新的资源管理器管理所有应用程序的资源分配,每一个应用程序的 Application Master 负责对应的调度和协调。

在 YARN 中,Resource Manager 基于应用程序对资源的需求进行调度,每一个应用程序需要不同类型的资源则提供不同的资源容器。这种较为灵活的方式节省了资源,但也需要一个提供调度策略的模块。与 Hadoop 1.0 的资源管理相比,YARN 具有如下主要优势。

(1) 扩展性。Hadoop 1.0 由于 JobTracker 的瓶颈最多可处理 4000 个节点,而 YARN 将资源管理和任务调度分离,可以扩展到将近 10 000 个节点。Resource Manager 的主要功能是资源的调度工作,它能够轻松地管理更大型的集群系统,适应了数据量增长对数据中心的扩展性提出的挑战。

(2) 更高的集群使用效率。Hadoop 1.0 中的节点资源是由 TaskTracker 固定分配的,而 YARN 则管理的是一个资源池。Resource Manager 是一个单纯的资源管理器,它根据资源预留要求、公平性等标准,优化整个集群的资源,使之得到很好的利用。

(3) 支持更多的负载类型。当数据存储到 HDFS 以后,用户希望能够对数据以不同的方式进行处理。除了 MapReduce 应用程序(主要对数据进行批处理),YARN 支持更多的编程模型,包括图数据的处理、迭代式计算模型、实时流数据处理、交互式查询等。很多的机器学习算法需要在数据集上经过多次迭代获得最终的计算结果。

(4) 灵活性。YARN 使得 Hadoop 能够使用更多类型的分布式应用,MapReduce 仅是其中一个,用户在 YARN 上甚至可以运行不同版本的 MapReduce。MapReduce 等计算模型独立于资源管理层,单独演化和改进,使得系统各个部件的演进和配合更加具有灵活性。

2. YARN 资源调度

在 YARN 中有三种调度器:FIFO 调度器、Capacity 调度器和 Fair 调度器。

(1) FIFO 调度器。FIFO 调度器将作业(Job)按提交的顺序排成一个队列,遵循先到先得的原则进行资源分配,先对队列中最前的作业分配资源,需求满足后再分配下一个并以此类推。FIFO 调度器最简单也不需要任何配置,但不适用于共享集群。在共享集群中,大的作业可能会占用所有集群资源,导致其他作业被阻塞。因此,共享集群更适合采用 Capacity 调度器或 Fair 调度器。如图 8-10 所示,当前有一个空余资源 A 被分配给 FIFO 队列,队列中最前端的作业含有多个任务,调度器将资源 A 分配给其中一个任务。

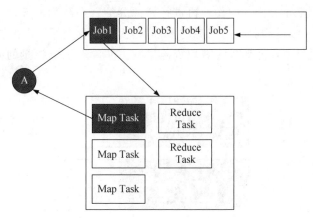

图 8-10　YARN FIFO 调度器

(2) Capacity 调度器。Capacity 调度器支持多组应用共享一个集群,并为每组应用配置一个专门的队列,每个队列都可以使用一定的集群资源。在每个队列内部使用 FIFO 调度策略进行调度。一般情况下,一个队列内的作业使用的资源不会超过其队列的资源容量,当作业较多时,该队列资源不够,而系统中还有多余资源时,调度器则会将空余的资源分配到该队列的作业中。但是随着需求越来越多,可能某一个队列需求的资源过多而使得其他队列需要等待其完成后释放,因此调度器需要为每一个队列分配一个最大容量限制。分配新的作业时,调度器首先计算每个队列中正在运行的任务(task)数与该队列的资源分配量的比值,然后将新的作业分配到比值最小的队列中。如图 8-11 所示,假设有三个队列 A、B 和 C。当前队列 A 内有 10 个任务(task),并获得了 30% 的资源;队列 B 内有 20 个任务,并获得了 50% 的资源;队列 C 内有 15 个任务,并获得了 20% 的资源。现有一个新的作业,队列 A 的比值为 10/30=1/3,队列 B 的比值为 20/50=

2/5，队列 C 的比值为 15/20＝3/4，因此将新的作业分配到队列 A 之中。

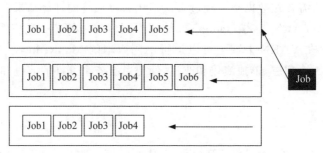

图 8-11　YARN Capacity 调度器

（3）Fair 调度器。Fair 调度器旨在为所有运行的应用公平地分配资源。Fair 调度器支持多个队列，每个队列配置一定的资源，每个队列中的作业公平地共享其所在队列的所有资源。首先介绍队列间的资源公平共享。如图 8-12 所示，有两个队列 A 和 B，队列 B 启动一个作业 Job1，在 A 没有需求时队列 B 可以获得所有可用资源。当 A 也启动一个作业 Job2 后，调度器会为队列 A 和队列 B 分别分配一半的资源。若在队列 A 中又有了新的作业 Job3，则队列 A 内部的作业再进行资源分配。在队列内部，作业都是按照优先级分配资源的，优先级越高分配的资源越多，但是为了确保公平，每个作业都会分配到资源。优先级是根据每个作业的理想获取资源量减去实际获取资源量的差值决定的，差值越大优先级越高。

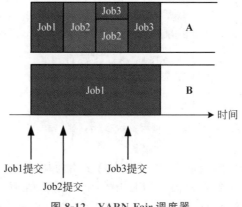

图 8-12　YARN Fair 调度器

8.3.4　MapReduce 计算模型

MapReduce 是一种可用于数据处理的计算模型，优势在于处理大规模数据集，这里先来看一个简单的示例，使用 MapReduce 模型对一组字符串进行字符统计。

MapReduce 将并行的计算过程抽象为两个函数，即 Map 和 Reduce，并采用分布式计算的方法将数据分成多个独立分片，每个分片分别被 Map 和 Reduce 任务处理。

首先将输入字符串进行分割，得到若干个单独的字符串作为 Map 函数的输入。在

Map 函数中,再将数据处理为形如<'A',1>这样的<Key,Value>"键-值"对,表示有 1 个'A'字符。接下来在 Shuffle 阶段,模型会将具有相同 Key 的"键-值"对放在一起作为 Reduce 函数的输入。在 Reduce 函数中,将 Value 部分的数值累加在一起,并输出到最终结果,这样就统计了字符的个数。MapReduce 流程如图 8-13 所示。

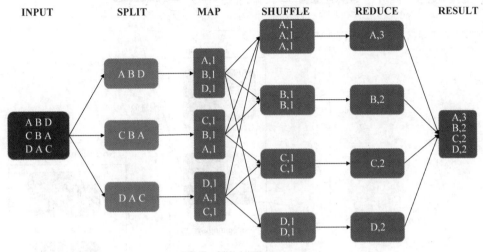

图 8-13　MapReduce 流程

接下来首先介绍 MapReduce 中作业的概念,再来介绍 MapReduce 计算框架。

1. MapReduce 作业调度

用户提交的数据处理请求被称为一个作业(Job),包括输入数据、MapReduce 程序和配置信息等。在 Hadoop 1.0 中,Hadoop MapReduce 有两类节点控制着作业执行过程,分别是 JobTracker 和 TaskTracker,但是这种结构由于拓展性不好被 YARN 所取代。图 8-14 是一个任务在 MapReduce 中的执行过程。

首先客户端联系资源管理器 ResourceManager(RM),申请一个新的作业号(步骤 2)。客户端得到 RM 的回应后,计算作业的输入分片,将运行作业需要的资源复制到 HDFS 中(步骤 3)。完成后客户端告知 RM 作业准备执行并提交(步骤 4)。RM 收到提交的任务后初始化作业调度器,并分配一个 Container(步骤 5a),然后要求其内部启动一个 APPMaster(AM)(步骤 5b)。AM 启动后进行作业的初始化(步骤 6),并保持对作业的追踪。AM 从 HDFS 中获取共享资源和客户端提供的输入分片(步骤 7),然后与 RM 联系,为所有任务分配资源(步骤 8)。AM 申请到资源后与 NodeManager 进行交互,并在 Container 中启动执行任务(步骤 9)。每个任务从 HDFS 中获取任务资源(步骤 10),然后启动对应的任务(步骤 11)并在执行过程中向 AM 汇报当前的状态。当作业完成后,AM 注销并关闭自己。

2. MapReduce 计算框架

MapReduce 计算框架是一种分布式计算模型,数据以"键-值"对(<Key,Value>)进

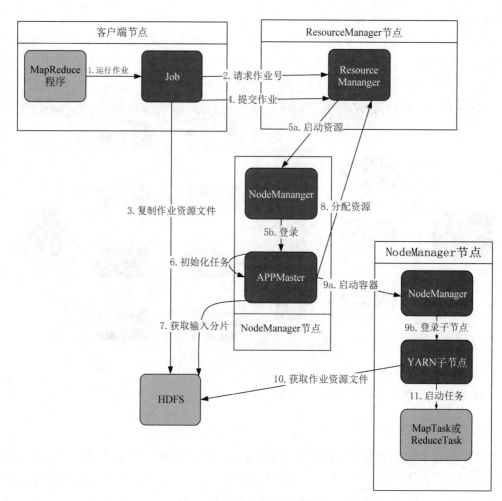

图 8-14　**MapReduce** 作业调度

行建模，Key 和 Value 部分可以根据需要保存不同的数据类型，包括字符串、整数或者更加复杂的类型。

MapReduce 的计算过程分为 Map 阶段和 Reduce 阶段，并分别以两个函数 map() 和 reduce() 进行抽象。MapReduce 程序员需要通过自定义 map() 和 reduce() 函数描述此计算过程。运行该计算过程的机器分为两类：一个 Master 服务器和若干个 Worker 服务器。

首先，保存在 HDFS 里的文件即数据源已经进行分块，这些数据块交给多个 Map 任务去执行。Master 服务器将 Map 任务分派给空闲的 Worker 服务器，被分配了 Map 任务的 Worker 服务器读取相关的输入数据块，从中解析出<Key,Value>，然后执行 map() 函数。用户自定义的 map() 函数接受一个<Key,Value>集，经过 map() 函数的计算得出另一个中间<Key,Value>集。为了减少 map() 函数和 reduce() 函数之间的数据传输，MapReduce 对 map() 函数的返回值进行一定的处理后才传给 reduce() 函数，主要包括以下步骤。

Shuffle 处理：MapReduce 系统对 map()函数的数据结果进行排序,确保每个 reduce()函数的输入都按键(Key)排序。

combiner()函数：MapReduce 系统采用 combiner()函数对 map()函数的数据结果进行合并处理,降低 map()函数与 reduce()函数之间的数据传递量。

Map 任务将其输出写入本地硬盘,通过分区函数分成多个区域,并周期性地写入到本地磁盘。<Key,Value>在本地磁盘上的存储位置将传给 Master,由 Master 负责把这些存储位置再传送给 Reduce Worker。当 Reduce Worker 接收到 Master 发来的数据存储位置信息后,通过远程调用从 Map Worker 所在主机的磁盘上读取这些缓存数据。当 Reduce Worker 读取所有中间数据后,将具有相同 Key 值的数据聚合在一起。对于每一个唯一的中间 Key 值,Reduce Worker 将这个 Key 值和相关的中间 Value 值的集合传递给用户自定义的 reduce()函数。用户自定义的 reduce()函数接受一个中间 Key 值和相关 Value 值的集合。reduce()函数合并这些 Value 值,形成一个较小的 Value 值的集合。通常,采用迭代器将中间 Value 值提供给 reduce()函数,从而避免将大量的 Value 值全部放入内存之中。

程序的最终结果可以通过合并所有 Reduce 任务的输出得到。在这里需要注意的是,输入数据、中间结果以及最终结果,都是以<Key,Value>的格式保存到分布式文件系统中,即 HDFS 中。

8.3.5　Hadoop 生态系统

随着大数据与云计算的时代到来,越来越多的业务需要对大数据进行处理。Hadoop 的核心 MapReduce 和 HDFS 为大数据处理提供了基本工具,但实际业务中还需要大量的其他工具作为补充。现在 Hadoop 已经发展成为了一个包含多个子项目的集合,Hive、HBase、Mahout 等子项目提供了互补性的服务或更高层的服务。对于这些组件,读者只需了解这些组件所针对的问题,可在实际工作中遇到时再具体研究。Hadoop 的生态结构如图 8-15 所示。

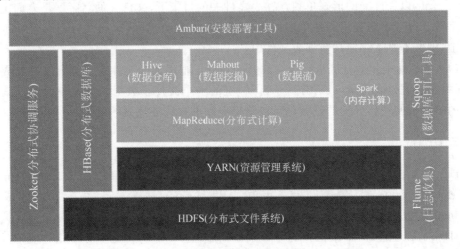

图 8-15　Hadoop 的生态结构

1. Hive

Hive 是基于 Hadoop 的一个数据仓库工具，可以将结构化的数据文件映射为一张数据库表，并提供简单的 HiveQL 查询功能，并将 HiveQL 语句转换为 MapReduce 任务进行运行。Hive 主要用于解决海量结构化的日志数据统计分析，其优点是学习成本低，用户可以通过 HiveQL 快速实现简单的 MapReduce 统计，不需要开发专门的 MapReduce 应用。

Hive 支持原子和复杂数据类型。原子数据类型包括数值型、布尔型、字符串类型和时间戳类型。复杂数据类型包括数组、映射和结构。这些是数据在 HiveQL 中使用的形式而不是它们在表中序列化存储的格式。Hive 的存储是建立在 Hadoop 文件系统之上的。Hive 本身没有专门的数据存储格式，也不能为数据建立索引，用户可以非常自由地组织 Hive 中的表，只需要在创建表的时候告诉 Hive 数据中的列分隔符和行分隔符即可。

Hive 中主要包含四类数据模型：内部表、外部表、分区和桶。

（1）内部表。Hive 中的内部表和数据库中的表在概念上是类似的，每个表在 Hive 中都有一个对应的存储目录。Hive 的内部表逻辑上由存储的数据和描述数据格式的相关元数据组成。内部表的数据存放在分布式文件系统（HDFS）里，元数据存储在关系数据库里。

（2）外部表。当多个用户对同一份数据进行分析时，创建的表分析完成后即可删除，但删除内部表的同时也会把数据删除，所以需要使用外部表。与内部表不同，创建外部表，仅记录数据所在的路径，不对数据的位置做任何改变。删除外部表也只删除元数据，不删除数据。这样外部表相对来说更加安全些，数据组织也更加灵活，方便共享元数据。

（3）分区。在 Hive 中查询一般会扫描整个表的内容，从而降低查询的效率。引入分区的概念，使得查询时只扫描表中关心的部分数据。分区就是将满足某些条件的记录打包，相当于按文件夹对文件进行分类。在 Hive 存储上，一个表中可以有一个或多个分区，每个分区以文件夹的形式单独存在表文件夹的目录下，文件夹的名字就是人们定义的分区字段。分区不是表里的某个实际属性列而是虚拟的，分区字段在查询时会显示到客户端上，但并不真正存储在数据表文件中。

（4）桶。桶是相对分区进行更细粒度的划分。桶将数据文件按一定规律拆分成多个文件，每个桶就是表目录（或者分区子目录）里的一个文件。数据的分桶一般通过某列属性值的哈希值实现。分桶的好处是可以获得更高的查询处理效率。

2. HBase

HBase 是由微软旗下的 Powerset 公司于 2006 年发起的，起源于在此之前 Google 发表的论文 BigTable。HBase 于 2007 年 10 月和 Hadoop 捆绑发布，并在 2010 年成为了 Apache 的顶级项目。

HBase 是基于 Hadoop 的开源分布式数据库，它以 Google 的 BigTable 为原型，设计并实现了具有高可靠性、高性能、列存储、可伸缩、实时读写的分布式数据库系统。HBase

的目标是存储并处理大型的数据,更具体地说是仅适用普通的硬件就能够处理成千上万条的大数据。HBase 在功能上不同于一般的关系数据库,表现在其适合于存储非结构化数据,而且 HBase 是基于列的而不是基于行的模式。HBase 可以直接使用本地文件系统,也可以使用 Hadoop 的 HDFS 文件存储系统,后者依托于 Hadoop 则更为稳妥。

HBase 和一般数据库一样,也是以表的形式存储数据。HBase 是一个稀疏的映射表,用行关键字和列关键字以及时间戳作为索引。HBase 中的数据都是字符串,没有类型。

HBase 以表的形式存储数据,每个表由行和列组成,每一行都有一个可排序的主键和任意数量的列,每个列属于一个特定的列族(Column Family),因此列名字的格式是"<family>：<qualifire>"。表中的行和列确定的存储单元称为一个单元(Cell),每个单元保存了同一份数据的多个版本,由时间戳(Time Stamp)来标识。HBase 中所有数据库的更新都有一个时间标记,客户端可以选择最新的数据,也可以一次获取单元的多个版本值。

HBase 与关系数据库相比,它有如下特点。

(1) 数据类型:HBase 只有简单的字符串类型,所有的类型都是交由用户自己处理的,它只保存字符串。而关系数据库有丰富的类型选择和存储方式。

(2) 数据操作:HBase 操作只有很简单的插入、查询、删除、清空等操作,表和表之间是分离的,没有复杂的表和表之间的关系,所以不能也没有必要实现表和表之间的关联等。而传统的关系数据库通常有各种各样的函数、连接操作。

(3) 数据维护:确切来说,HBase 的更新操作应该不叫更新,虽然一个主键或列会对应新的版本,但它的旧版本仍然会保留,所以它实际上是插入了新数据,而不是传统关系数据库里面的替换修改。

(4) 可伸缩性:HBase 这类分布式数据库就是为了这个目的而开发出来的,所以它能够轻易地增加或减少(在硬件错误的时候)硬件数量,并且对错误的兼容性比较高。而传统的关系数据库通常需要增加中间层才能实现类似的功能。

3. Mahout

Apache Mahout 起源于 2008 年,经过两年的发展成为了 Apache 的顶级项目。Mahout 项目是由 Apache Lucene(开源搜索引擎工具包)社区中对机器学习感兴趣的一些成员发起的,他们希望建立一个可靠、文档翔实、可伸缩的项目,在其中实现一些常见的用于集群和分类的机器学习算法。这种可伸缩性是针对大规模的数据集而言的。

Apache Mahout 的算法运行在 Apache Hadoop 平台下,它通过 MapReduce 模式实现。但是并不严格要求算法的实现要基于 Hadoop 平台,单个节点或非 Hadoop 平台也可以。Apache Mahout 核心库的非分布式算法也具有良好的性能。

Apache Mahout 项目包含聚类、分类、推荐算法等,下面进行分别介绍。

(1) 聚类算法。对于大型数据集来说,无论它们是文本还是数值,一般都可以将类似的项目自动组织,或聚类到一起。聚类算法计算集合中各项目之间的相似度,并对相似的项目进行分组。在许多聚类实现中,集合中的项目都是作为矢量表示在 n 维度空间中的。通过矢量，开发人员可以使用各种指标（比如说曼哈顿距离、欧氏距离或余弦相似性）来计算两个项目之间的距离。然后，通过将距离相近的项目归类到一起，可以计算出实际聚类。

（2）分类算法。分类的目标是标记不可见的文档，从而将它们归类不同的分组中。机器学习中的许多分类方法都需要计算各种统计数据（通过指定标签与文档的特性相关），从而创建一个模型以便以后用于分类不可见的文档。举例来说，一种简单的分类方法可以跟踪与标签相关的词，以及这些词在某个标签中的出现次数。然后，在对新文档进行分类时，系统将在模型中查找文档中的词并计算概率，然后输出最佳结果并通过一个分类来证明结果的正确性。分类功能的特性可以包括词汇、词汇权重（比如说根据频率）和语音部件等。当然，这些特性确实有助于将文档关联到某个标签并将它整合到算法中。

（3）推荐算法。推荐算法是电子商务公司极为推崇的一项技巧，它使用评分、单击和购买等用户信息为其他站点用户提供推荐产品。推荐算法通常用于推荐各种消费品，比如说书籍、音乐和电影。但是，它还在其他应用程序中得到了应用，主要用于帮助多个操作人员通过协作来缩小数据范围。

8.3.6 Hadoop 3.0 的新特性

目前从 Hadoop 官网来看，稳定版本已经发行到 Hadoop 3.2.0，本节介绍 Hadoop 3 带来的新特性。

（1）Hadoop 3 支持的 Java 最低版本从 Hadoop 2 中的 Java 7 升级到了 Java 8。

（2）在 Hadoop 2 中，HDFS 依靠多文件副本来保证数据的容错性，默认情况下，它的备份系数是 3，一个原始数据块和其他 2 个副本，这种方式给存储空间和网络带宽带来了很大的压力。在 Hadoop 3 中，HDFS 采用 Erasure Coding 擦除编码处理容错。EC 技术主要用于廉价磁盘冗余阵列，将文件划分成块后，计算并存储一定数量的奇偶校验单位，与原数据块一同构成块组。若采用 RS(6，3)编码，则将一个待编码数据单元分为 6 个数据块，再添加 3 个校验块，这样比原先的存储方式节省了 50% 的开销。

（3）Hadoop 3 引入 YARN 时间线服务（Timeline Service V.2），提高时间线服务的可伸缩性和可靠性，并通过引入流和聚合来增强可用性。

（4）Hadoop 3 重写了 Hadoop Shell 脚本，用来修复已知的 Bug，解决兼容性问题。

（5）Hadoop 3 引入了一种新型执行类型，即等待容器（Opportunistic Containers）。即使在调度时集群没有可用的资源，它也可以被 Node Manager 先调度到相应节点，并排队等待资源启动。等待容器比默认容器优先级低，如果有需要，默认容器可以抢占等待容器的空间，以提高机器的利用率。

（6）在 Hadoop 2 中，HDFS 中有一个活动中的 NameNode 和一个备用 NameNode，因此能够容忍一个 NameNode 失败。但是，一些系统需要更高的容错度，于是 Hadoop 3 允许用户运行多个备用 NameNode。

（7）早些时候，除非客户端程序明确地请求特定的端口号，否则 Hadoop 服务的默认端口位于 Linux 临时端口范围以内（32768～61000）。因此，在启动时，服务有时会因为与其他应用程序冲突而无法绑定到端口。因此，Hadoop 3 将可能会冲突的端口转移到了其他范围,包括 NameNode、Secondary NameNode、DataNode 等。

(8) Hadoop 现在支持与微软 Azure 数据和阿里云对象存储系统。它们可以作为一种替代 Hadoop 兼容的文件系统。

(9) 在 Hadoop 2 中进行正常的写入操作,磁盘会被均匀地填充。但是,添加或替换磁盘可能会导致数据节点内数据不均。现在 Hadoop 3 通过内部 DataNode 平衡工具 Disk Balancer 对给定的 DataNode 进行操作,将数据块从一个磁盘移动到另一个磁盘。

8.4　Spark 及其生态环境

8.4.1　Spark 简介

Apache Spark 是一个开源的基于内存计算的大数据处理框架,它与 Hadoop 并驾齐驱,是当前主流的大数据处理框架之一。Spark 于 2009 年诞生于加州大学伯克利分校 AMP Lab,目前已经成为 Apache 软件基金会旗下的顶级开源项目。Spark 是一个速度快、易用、通用的集群计算系统,能够与 Hadoop 生态系统和数据源良好地兼容。Spark 提高了在大数据环境下数据处理的实时性,同时保证了高容错性和高可伸缩性,允许用户将 Spark 部署在大量廉价硬件之上形成集群。很多机构和组织已经在大规模集群上(上千节点)运行 Spark,对它们的数据进行分析。根据 Spark FAQ(Frequently Asked Questions),到目前为止,实际部署的最大的集群达到 8000 个节点。Spark 生态系统也已经发展成为一个包含多个子项目的集合,其中包含 Spark SQL、Spark Streaming、GraphX、Mlib 等子项目[3]。

Spark 具有以下优点。

(1) 处理速度快。在 MapReduce 的计算过程中,各个作业(Job)输出的中间结果需要存储到分布式文件系统,然后才能被下一个步骤使用。而 Spark 不仅支持存储在磁盘上的数据集的处理,还支持内存数据集的处理。Spark 尽量把更多的数据驻留在内存中,必要时才把数据写入磁盘。它支持把部分数据保存在内存中,剩下的部分保存在磁盘上。此外,对于中间结果,Spark 也把它保存在内存中而不是写入磁盘,对于需要对数据进行多次处理操作的计算任务来讲,避免 I/O 操作,可以极大提高处理效率。Spark 的基于内存的数据处理技术,使它获得比其他大数据处理框架更高的性能。当数据完全驻留于内存时,Spark 的数据处理速度达到 Hadoop 系统的几十至上百倍。当数据保存在磁盘上时,需要从磁盘装载数据以后才能进行处理,此时它的处理速度能够达到 Hadoop 系统的 10 倍左右。Spark 能够使用更少的硬件资源,对数据进行更快的计算。

(2) 易于使用。在 Hadoop MapReduce 平台上,数据处理流程分为 Map 阶段和 Reduce 阶段,人们需要把任何计算任务转换成 MapReduce 计算模式才能使用这套系统,也就是当人们需要执行某些复杂的数据处理任务时,需要把它翻译成一系列的 MapReduce 作业,然后依次执行这些作业。

(3) 通用平台。Spark 可以管理各种类型的数据集,包括文本数据、图像数据等。Spark 支持以 DAG(有向无环图)形式表达的复杂的计算。除了简单的 Map 和 Reduce 操作，Spark 本身提供了超过 80 个数据处理的操作原语（Operator Primitive），方便用户编写数据处理程序。Spark 支持通过 Scala、Java 及 Python 编写程序，这允许开发者在自己熟悉的语言环境下进行工作。同时允许在 Shell 中进行交互式计算。用户可以利用 Spark 像书写单机程序一样书写分布式程序，轻松利用 Spark 搭建大数据内存计算平台并充分利用内存计算，实现海量数据的实时处理。

8.4.2　RDD 以及 DAG 调度

Spark 最突出的特点在于它会将作业的工作数据存储在内存中。因此，在性能上大大地超过了 MapReduce（始终需要从磁盘上加载数据）。Spark 能够非常好地处理迭代计算，而这是因为该模型使用的 RDD 算子结构。另外，Spark 还有很出色的 DAG 任务调度引擎，能够优化用户的操作流水线，生成单个最优工作依赖关系。下面详细介绍 RDD 以及 DAG 调度。

1. Spark RDD 算子

弹性分布式数据集（Resilient Distributed Dataset，RDD）是 Spark 软件系统的核心概念，它是一个容错的、不可更新的（Immutable）分布式数据集，支持并行处理。RDD 是分布式内存的一个抽象概念，提供了一种高度受限的共享内存模型，即 RDD 是只读的记录分区的集合，只能通过在其他 RDD 执行确定的转换操作（如 map、join 和 groupBy）而创建，然而这些限制使得实现容错的开销很低。对开发者而言，RDD 可以看作是 Spark 的一个对象，它本身运行于内存中，如读文件是一个 RDD，对文件计算是一个 RDD，结果集也是一个 RDD，不同的分片、数据之间的依赖、key-value 类型的 map 数据都可以看作 RDD。简单来讲，RDD 可以看作数据库里的一张表，但是它可以存放任何类型的数据。

RDD 数据集支持两种操作，分别是转换（Transformation）和动作（Action）。对 RDD 施加转换操作，将返回一个新的 RDD。典型的转换操作包括 map、filter、flatMap、groupByKey、reduceBykey、aggregateByKey 以及 pipe 等操作。动作操作施加于 RDD 数据集，经过对 RDD 数据集的计算，返回一个新的值。典型的动作包括 reduce、collect、count、countByKey 以及 foreach 等操作。转换操作是延迟（Lazy）执行的，也就是这个操作不会马上执行。当某个动作操作被一个驱动程序（Driver Program，不是设备驱动程序而是一个客户端软件）调用 DAG 的动作操作时，动作操作的一系列前导转换操作才会被启动。

RDD 数据集通过所谓的血统关系（Lineage）记住了它是如何从其他 RDD 中演变过来的[8]。相比其他系统的细颗粒度的内存数据更新级别的备份或者 LOG 机制，RDD 的血统关系记录的是粗颗粒度的特定数据转换和操作行为。当这个 RDD 的部分分区数据丢失时，它可以通过血统关系获取足够的信息来重新运算和恢复丢失的数据分区。这种粗颗粒的数据模型，限制了 Spark 的运用场合，但同时相比细颗粒度的数据模型，也带来了性能的提升。

Spark 把隶属于一个 RDD 的数据划分成不同的分区（Partition），分布到集群环境，这样的数据组织方式有利于对数据进行并行处理。一个 RDD 可以包含多个分区，每个分区就是一个数据片段。在 DAG 里,父子 RDD 的各个分区(Partition)之间有两种依赖关系,分别是宽依赖和窄依赖。宽依赖是指子 RDD 的分区依赖于父 RDD 的多个分区或所有分区,也就是说存在一个父 RDD 的一个分区对应一个子 RDD 的多个分区。窄依赖指的是每个父 RDD 的分区,最多被一个子 RDD 的分区使用到。窄依赖允许在单个集群节点上流水线式执行,这个节点可以计算所有父级分区,无须在网络上进行数据的传输。相反,宽依赖需要所有的父 RDD 数据可用并且数据已经通过类似于 MapReduce 的操作 Shuffle 完成,一般都涉及数据的网络传输。在窄依赖中,节点失败后的恢复更加高效。因为只有丢失的父级分区需要重新计算,并且这些丢失的父级分区可以并行地在不同节点上重新计算。与此相反,在宽依赖的继承关系中,单个失败的节点可能导致一个 RDD 的所有先祖 RDD 中的一些分区丢失,导致计算的重新执行。

2. Spark DAG 调度

在 Spark 调度中最重要的是 DAG Scheduler 和 Task Scheduler 两个调度器。

DAG Scheduler 是面向阶段(Stage-Oriented)的 DAG 执行调度器,负责任务的逻辑调度,根据 RDD 的依赖关系划分调度阶段,并提交调度阶段给 Task Scheduler。

Task Scheduler 是面向任务的调度器,负责具体任务的调度执行。它接收 DAG Scheduler 提交过来的调度阶段,然后把任务分发到 Worker 节点上运行,由 Worker 节点上的 Executor 进程来运行任务。

DAG Scheduler 使用作业(Job)和阶段(Stage)等基本概念进行作业调度。一个作业是一个提交到 DAG Scheduler 的顶层的工作项目,表达成一个 DAG,并且以一个 RDD 结束。阶段是一组并行任务,每个任务对应 RDD 的一个分区。每个阶段是 Spark 作业的一部分,负责计算部分结果,它是数据处理的基本单元。

Spark 应用程序进行各种转换操作,通过行动操作触发作业的运行。提交之后根据 RDD 的依赖关系构建 DAG 图,DAG 图提交给 DAG Scheduler 进行解析。DAG Scheduler 需要从 RDD 依赖链最末端的 RDD 出发,遍历整个 RDD 依赖链,把一系列窄依赖 RDD 组织成一个阶段,对于宽依赖则需要跨越连续的阶段,并决定各个阶段之间的依赖关系。

DAG Scheduler 为作业产生一系列的阶段并决定各个阶段之间的依赖关系,确定需要对哪些 RDD 和哪些阶段的输出进行持久化,找到一个运行这个作业的最优的调度方案,然后把这些阶段提交给 Task Scheduler 来执行。

具体提交一个阶段时,首先判断该阶段所依赖的父阶段的结果是否可用。如果所有父阶段的结果都可用,则提交该阶段;如果有任何一个父阶段的结果不可用,则迭代尝试提交父阶段。所有迭代过程中由于所依赖阶段的结果不可用而没有提交成功的阶段都被放到等待阶段(Waiting Stages)列表中等待将来被提交。当一个属于中间过程阶段的任务完成以后,DAG Scheduler 会检查对应的阶段的所有任务是否都完成了,如果都完成了,则 DAG Scheduler 将重新扫描一次等待阶段列表中的所有阶段,检查它们是否还有任何依赖的阶段没有完成,如果没有就可以提交该阶段。

8.4.3 Spark 生态系统

目前,Spark 已经发展成为包含众多子项目的大数据计算平台。伯克利将 Spark 的整个生态系统称为伯克利数据分析栈(Berkeley Data Analytics Stack,BDAS)。其核心框架是 Spark,同时涵盖流计算框架 Spark Streaming、结构化数据 SQL 查询与分析的查询引擎 Spark SQL、并行图计算框架 GraphX、提供机器学习功能的系统 MLbase 及底层的分布式机器学习库 MLlib 等子项目,如图 8-16 所示。这些子项目在 Spark 上层提供了更高层、更丰富的计算范式。

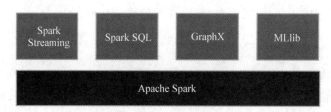

图 8-16　Spark 生态系统 BDAS 结构

下面对 BDAS 的各个子项目进行更详细的介绍。

1. Spark Streaming

Spark Streaming 是构建在 Spark 上的流数据处理模块,扩展了 Spark 流式大数据处理能力。Spark Streaming 通过将流数据按指定时间片累积为 RDD,使用 RDD 操作处理每块数据,每块数据(也就是 RDD)都会生成一个 Spark Job 进行处理,最终以批处理的方式处理每个时间片的数据。Spark Streaming 为这种持续的数据流提供了的一个高级抽象 DStream(Discretized Stream,离散数据流)。与 RDD 类似,DStream 也支持从输入 DStream 经过各种 Transformation 算子和 Action 映射成新的 DStream,如 map、filter、count、collect 等。

Spark Streaming 的做法在流计算框架中很有创新性,它与其他流计算框架相比有较高的延迟,但具有更高的吞吐量和更快速的失败恢复,对于性能拖后腿的节点直接停止即可。

2. Spark SQL

Spark SQL 是 Spark 用来在大数据上操作结构化和半结构化数据的接口,能够使得针对结构化数据的读取和查询变得更加简单高效。用户可以在 Spark 上直接书写 SQL,相当于为 Spark 扩充了一套 SQL 算子,这无疑更加丰富了 Spark 的算子和功能。同时 Spark SQL 不断兼容不同的持久化存储(如 HDFS、Hive 等),为其发展奠定了广阔的空间。

Spark SQL 提供了一种特殊的 RDD,叫作 DataFrame。DataFrame 是给不同属性列命名(Named Column)的分布式数据集,它和关系数据库的数据库表结构非常类似,还包含记录的结构信息(即数据字段)。DataFrame 看起来和普通的 RDD 很像,但是在内部,它可以利用结构信息更加高效地存储数据。DataFrame 的各个操作是以延迟(Lazy)的方式执行的,这就使得 Spark 系统可以对关系操作以及整个数据处理工作流进行深入优化。DataFrame 可以从外部数据源创建,也可以从查询结果或普通 RDD 中创建。

Spark SQL 支持很多种结构化数据源,可以让用户跳过复杂的读取过程,轻松地从各种数据源中读取数据。这些数据源包括 Hive 表、JSON 和 Parquet 文件等。此外,当用户使用 SQL 查询这些数据源中的数据并且只用到了一部分字段时,Spark SQL 可以智能地只扫描这些用到的字段,而不是简单粗暴地扫描全部数据。

Spark SQL 内置一个 JDBC 服务器,客户端程序可以通过 JDBC 驱动程序,连接到该服务器,存取 Spark SQL 数据库表。

Spark SQL 的缓存机制与 Spark 中的稍有不同。由于我们知道每个列的类型信息,所以 Spark 可以更加高效地存储数据。为了确保使用更节约内存的表示方式进行缓存而不是储存整个对象,应当使用专门的方法。当缓存数据表时,Spark SQL 使用一种列式存储格式在内存中表示数据。这些缓存下来的表只会在驱动器程序的生命周期里保留在内存中,所以如果驱动器进程退出,就需要重新缓存数据。与缓存 RDD 时的动机一样,如果想在同样的数据上多次运行任务或查询时,就应把这些数据表缓存起来。

3. Spark GraphX

图算法是很多复杂机器学习算法的基础,在单机环境下有很多应用案例。在大数据环境下,图的规模大到一定程度后,单机很难解决大规模的图计算,需要将算法并行化,在分布式集群上进行大规模图处理。

Graphx 是 Spark 中的图计算框架,是常用图算法在 Spark 上的并行化实现。它利用 Spark 为计算引擎,进行大规模同步全局的图计算,并提供了类似 Pregel 的编程接口。尤其是当用户进行多轮迭代时,基于 Spark 内存计算的优势尤为明显。GraphX 的出现,使 Spark 生态系统更加完善和丰富,同时其与 Spark 生态系统其他组件能很好地融合,具有强大的图数据处理能力,使其在工业界得到了广泛的应用。

GraphX 的特点是离线计算、批量处理、基于同步的整体同步并行计算模型(即 BSP 计算模型),这样的优势可以提升数据处理的吞吐量和规模,但是会造成速度上稍逊一筹。

类似 Spark 在 RDD 上提供了一组基本操作符(如 map、filter、reduce),GraphX 同样也有针对 Graph 的基本操作符,用户可以在这些操作符传入自定义函数和通过修改图的节点属性或结构生成新的图。

GraphX 中的操作符包括属性操作符、结构操作符、图属性信息、邻接聚集操作符、Join 操作符和缓存操作符等。

属性操作符提供对图中点或边属性的操作;结构操作符提供对图中定点和边结构的操作,例如反转有向边方向和合并平行边;图属性信息提供了图中总边数、总点数和定点度数等信息;邻接聚集操作符和 Join 操作符让用户可以自定义新的 Graph RDD 以便操作;缓存操作符让用户来定义图中信息的数据缓存方式。

在正式的工业级应用中,图的规模极大,上百万个节点经常出现。为了提高处理速度和数据量,希望能够将图以分布式的方式来存储、处理图数据。图的分布式存储大致有两种方式:边分割(Edge Cut)和点分割(Vertex Cut)。

边分割中每个顶点都存储一次,但有的边会被打断分到两台机器上。这样做的好处是节省存储空间;坏处是对图进行基于边的计算时,对于一条两个顶点被分到不同机器上的边来说,要跨机器通信传输数据,内网通信流量大。

点分割中每条边只存储一次,都只会出现在一台机器上。邻居多的点会被复制到多台机器上,增加了存储开销,每个顶点属性可能要冗余存储多份,需要更新点数据时,要有数据同步开销。点分割的好处是在边的存储上没有冗余数据,网络开销较小。

最早期的图计算的框架中,使用的是边分割存储方式,而 GraphX 的设计者考虑到真实世界中的大规模图大多是边多于点的图,所以采用点分割方式存储。GraphX 内部维持一个路由表(Routing Table),这样当需要广播点到需要这个点的边的所在分区时,就可以通过路由表映射,将需要的点属性传输到指定的边分区。

4. Spark MLlib

MLlib 是 Spark 提供的可扩展的机器学习库,充分利用了 Spark 的内存计算和适合迭代型计算的优势,使性能大幅度提升。

机器学习算法一般都有很多个步骤迭代计算的过程,机器学习的计算需要在多次迭代后获得足够小的误差或者足够收敛才会停止,迭代时如果使用 Hadoop 的 MapReduce 计算框架,每次计算都要读写磁盘以及任务的启动等工作,这会导致非常大的 I/O 和 CPU 消耗。而 Spark 基于内存的计算模型天生就擅长迭代计算,多个步骤计算直接在内存中完成,只有在必要时才会操作磁盘和网络。

MLlib 中已经包含了一些通用的学习算法和工具,如分类、回归、聚类、协同过滤、降维以及底层的优化原语等算法和工具。在存储方面,MLlib 支持存储在本地的向量和矩阵以及由一个或多个 RDD 支持的分布式矩阵。

8.5　应用案例

本节介绍一个完整的搭建云计算平台的案例。在 Windows 操作系统中使用 VMware Workstation 创建多台虚拟机搭建分布式集群环境并运行案例代码。

下面介绍详细步骤。

8.5.1　安装虚拟机集群环境

1. 安装虚拟机

访问网页 https://www.vmware.com/go/getworkstation-win,下载 VMware Workstation PRO 15.1.0 最新版并安装。

访问网页 https://ubuntu.com/download/desktop,下载 Ubuntu 操作系统。本节使用的操作系统为 Ubuntu 18.04.2 LTS(long-term support),此版本为当前最新的长期技

术支持版,由 Ubuntu 的母公司 Canonical 提供长期硬件更新、软件更新和安全更新等服务。

打开 VMware Workstation,如图 8-17 所示。

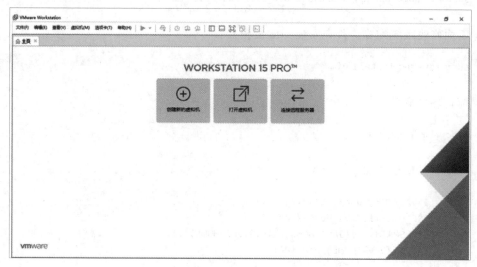

图 8-17　VMware Workstation 软件界面

单击"创建新的虚拟机",读者可根据自己的工作环境进行虚拟机配置。

2. 安装 JDK

访问网页 https://www.oracle.com/technetwork/java/javase/downloads/jdk8-downloads-2133151.html,下载 Linux 64 位 JDK 1.8,复制到虚拟机内。

图 8-18　下载 JDK 复制到虚拟机内

解压到当前目录:

```
tar xzvf jdk-8u211-linux-x64.tar.gz
```

在目录/usr/lib 下创建 JDK 文件夹:

```
cd /usr/lib
sudo mkdir jdk
```

将文件复制到该文件夹下：

```
sudo mv /home/ubuntu/下载/jdk1.8.0_211/ /usr/lib/jdk
```

下面修改系统配置。首先安装 vim 编辑器：

```
sudo apt-get install vim
```

配置环境变量：

```
sudo vim /etc/profile
```

在该文件最后添加以下内容：

```
export JAVA_HOME=/usr/lib/jdk/jdk1.8.0_211
export JRE_HOME=${JAVA_HOME}/jre
export CLASSPATH=.:${JAVA_HOME}/lib:${JRE_HOME}/lib
export PATH=${JAVA_HOME}/bin:$PATH
```

执行命令立刻生效：

```
source /etc/profile
```

此时可以使用命令：

```
java -version
```

若输出当前 Java 版本则表示 JDK 配置成功。

3. 安装 Hadoop

进入 Spark 官网，如图 8-19 所示。

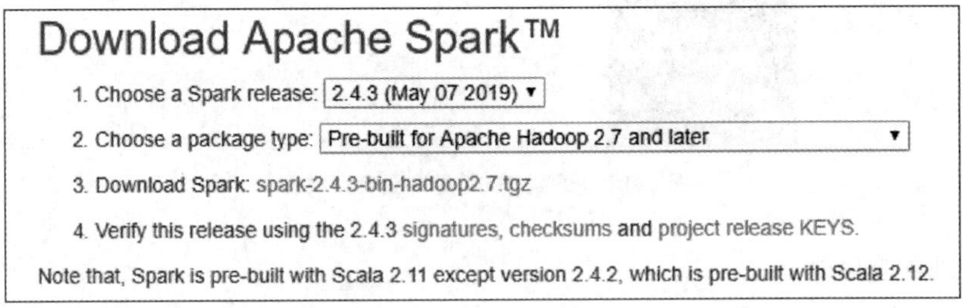

图 8-19　Spark 版本

Spark 当前最新版本支持 Hadoop 2.7 以及更高版本，因此本节使用 Spark 2.4.3 以及 Hadoop 2.7.7。

访问网页 http://mirrors.tuna.tsinghua.edu.cn/apache/hadoop/common/hadoop-2. 7.7/hadoop- 2.7.7.tar.gz，下载 hadoop 2.7.7。解压到当前目录：

```
tar xzvf hadoop- 2.7.7.tar.gz
```

在目录/usr/lib 下创建 hadoop 文件夹：

```
cd /usr/lib
sudo mkdir hadoop
```

将解压好的 hadoop 文件夹复制到该目录下：

```
sudo mv /home/ubuntu/下载/hadoop- 2.7.7 /usr/lib/hadoop
```

修改 hadoop 文件夹权限：

```
sudo chmod - R 777 hadoop
```

在 hadoop 文件夹中建立相关文件夹：

```
mkdir /usr/lib/hadoop/dfs
mkdir /usr/lib/hadoop/dfs/name
mkdir /usr/lib/hadoop/dfs/data
mkdir /usr/lib/hadoop/tmp
```

下面修改 hadoop 文件夹中的配置文件：

```
cd /usr/lib/hadoop
```

修改 hadoop-env.sh：

```
vim hadoop- env.sh
```

添加以下内容：

```
export JAVA_HOME=/usr/lib/jdk/jdk1.8.0_211
```

修改 core-site.xml：

```
vim core- site.xml
```

添加以下内容：

```
< configuration>
  < property>
    < name> fs.defaultFS< /name>
    < value> hdfs://master:9000< /value>
  < /property>
  < property>
```

```
    <name>hadoop.tmp.dir</name>
    <value>/usr/local/hadoop/tmp</value>
  </property>
</configuration>
```

修改 hdfs-site.xml：

```
vim hdfs-site.xml
```

添加以下内容：

```
<configuration>
<property>
    <name>dfs.replication</name>
    <value>2</value>
  </property>
  <property>
    <name>dfs.namenode.name.dir</name>
    <value>/usr/local/hadoop/hdfs/name</value>
  </property>
  <property>
    <name>dfs.datanode.data.dir</name>
    <value>/usr/local/hadoop/hdfs/data</value>
  </property>
  <property>
    <name>dfs.namenode.secondary.http-address</name>
    <value>node1:9001</value>
  </property>
  <property>
    <name>mapred.job.tracker</name>
    <value>master:9001</value>
  </property>
</configuration>
```

4. 安装 Spark

访问网页 http://mirrors.tuna.tsinghua.edu.cn/apache/spark/spark-2.4.3/spark-2.4.3-bin-hadoop 2.7.tgz，下载 Spark。

解压到当前目录下：

```
tar xzvf spark-2.4.3-bin-hadoop2.7.tgz
```

在/user/lib 中建立 spark 文件夹：

```
cd /user/lib
sudo mkdir spark
```

将解压好的文件复制到该文件夹下：

```
sudo mv /home/ubuntu/下载/spark-2.4.3-bin-hadoop2.7 /usr/lib/spark
```

修改 spark 文件夹的权限：

```
sudo chmod -R 777 spark
```

修改 spark/conf 中的 spark-env.sh：

```
cd spark/conf
vim spark-env.sh
```

添加以下内容：

```
export JAVA_HOME=/usr/lib/jdk/jdk1.8.0_211
export HADOOP_HOME=/usr/lib/hadoop/hadoop-2.7.7
export HADOOP_CONF_DIR=$HADOOP_HOME/etc/hadoop
export SPARK_MASTER_IP=master
export MASTER=spark://192.168.29.128:7077
export SPARK_LOCAL_DIRS=/usr/lib/spark/spark-2.4.3-bin-hadoop2.7
export SPARK_DRIVER_MEMORY=512M
```

修改 slaves 文件：

```
vim slaves
```

添加以下内容(把文件中自带的 localhost 删除)：

```
master
slave1
slave2
```

5. 配置集群环境

建立集群需要 3 台主机,因此需要使用 VMware Workstation 的克隆虚拟机功能。
关闭当前虚拟机后,建立两个克隆虚拟机(见图 8-20)。
建立好 3 台虚拟机后,需要区分一个主节点和两个从节点,首先修改虚拟机的主机
名称：

```
sudo hostnamectl set-hostname master
```

然后在剩余的两台虚拟机中分别修改主机名：

```
sudo hostnamectl set-hostname node1
sudo hostnamectl set-hostname node2
```

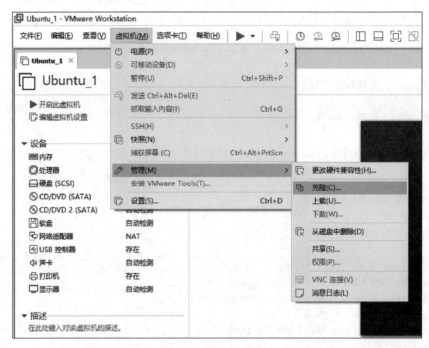

图 8-20　虚拟机克隆

接下来配置 ssh 免密登录。

安装 net-tools：

```
sudo apt install net-tools
```

查看主机的 IP 地址：

```
ifconfig
```

如图 8-21 所示中框中内容即为当前主机的 IP 地址。

```
ubuntu@master:~$ ifconfig
ens33: flags=4163<UP,BROADCAST,RUNNING,MULTICAST>  mtu 1500
        inet 192.168.29.130  netmask 255.255.255.0  broadcast 192.168.29.255
        inet6 fe80::54e2:1b5a:ce04:452a  prefixlen 64  scopeid 0x20<link>
        ether 00:0c:29:a0:c5:0e  txqueuelen 1000  (以太网)
        RX packets 994  bytes 689340 (689.3 KB)
        RX errors 0  dropped 0  overruns 0  frame 0
        TX packets 308  bytes 38239 (38.2 KB)
        TX errors 0  dropped 0 overruns 0  carrier 0  collisions 0

lo: flags=73<UP,LOOPBACK,RUNNING>  mtu 65536
        inet 127.0.0.1  netmask 255.0.0.0
        inet6 ::1  prefixlen 128  scopeid 0x10<host>
        loop  txqueuelen 1000  (本地环回)
        RX packets 201  bytes 15360 (15.3 KB)
        RX errors 0  dropped 0  overruns 0  frame 0
        TX packets 201  bytes 15360 (15.3 KB)
        TX errors 0  dropped 0 overruns 0  carrier 0  collisions 0
```

图 8-21　查看主机 IP 地址

修改 hosts 文件：

```
sudo vim /etc/hosts
```

在其中添加如下内容：

```
192.168.29.128   master
192.168.29.129   node1
192.168.29.130   node2
```

此时 3 台计算机可以连通，可以使用 ping 指令进行检查。

安装 ssh 服务：

```
sudo apt-get install openssh-server
```

配置 ssh 协议，在 3 台主机上生成公钥和秘钥：

```
ssh-keygen -t rsa
```

然后将 node1 与 node2 上的 id_rsa.pub 用 scp 命令发送给 master：

```
scp ~/.ssh/id_rsa.pub ubuntu@master:~/.ssh/node1_rsa.pub
scp ~/.ssh/id_rsa.pub ubuntu@master:~/.ssh/node2_rsa.pub
```

在 master 上，将所有公钥加到用于认证的公钥文件 authorized_keys 中：

```
cat ~/.ssh/id_rsa.pub >>~/.ssh/authorized_keys
cat ~/.ssh/node1_rsa.pub >>~/.ssh/authorized_keys
cat ~/.ssh/node2_rsa.pub >>~/.ssh/authorized_keys
```

在 master 上，将公钥文件 authorized_keys 分发给每台 slave：

```
scp ~/.ssh/authorized_keys lch@slave1:~/.ssh/
scp ~/.ssh/authorized_keys lch@slave2:~/.ssh/
```

现在可以在 3 台机器上使用以下命令测试是否可以免密登录：

```
ssh master
ssh node1
ssh node2
```

在 master 上，格式化 NameNode：

```
cd /usr/lib/hadoop/hadoop-2.7.7
./bin/hadoop namenode -format
```

此时配置已完成，在 master 上启动 Hadoop 集群：

```
./sbin/start-all.sh
```

在 3 台虚拟机的终端中分别输入 jps 命令，看到如图 8-22～图 8-24 所示即代表启动成功。

```
ubuntu@master:/usr/lib/hadoop/hadoop-2.7.7/sbin$ jps
6698 ResourceManager
6427 NameNode
6956 Jps
```

图 8-22　master 节点 Hadoop 集群

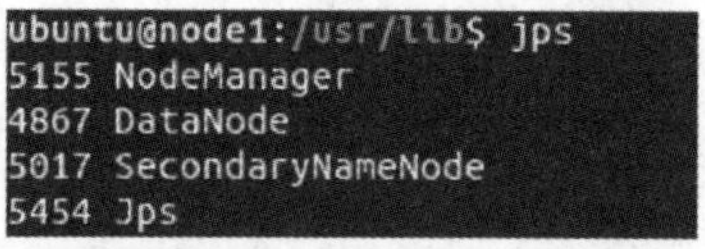

```
ubuntu@node1:/usr/lib$ jps
5155 NodeManager
4867 DataNode
5017 SecondaryNameNode
5454 Jps
```

```
ubuntu@node2:/usr/lib$ jps
4230 DataNode
4393 NodeManager
4508 Jps
```

图 8-23　node1 节点 Hadoop 集群 　　　图 8-24　node2 节点 Hadoop 集群

可以使用以下指令关闭：

```
./sbin/stop-all.sh
```

在 master 上启动 Spark 集群：

```
cd /usr/lib/spark/spark-2.4.3-bin-hadoop2.7
./sbin/start-all.sh
```

在 3 台虚拟机的终端中分别输入 jps 命令，看到如图 8-25～图 8-27 所示即代表启动成功。

```
ubuntu@master:/usr/lib/spark/spark-2.4.3-bin-hadoop2.7$ jps
7750 Worker
8488 Worker
8363 Master
8526 Jps
```

图 8-25　master 节点

```
ubuntu@node1:/usr/lib$ jps
6401 Worker
6446 Jps
```

```
ubuntu@node2:/usr/lib$ jps
5367 Jps
5320 Worker
```

图 8-26　node1 节点 　　　　　图 8-27　node2 节点

可以使用以下指令关闭：

```
./sbin/stop-all.sh
```

8.5.2　运行案例代码

本节实现简单的词频统计功能,具体步骤如下。

首先启动 Hadoop 以及 Spark 集群:

```
cd /usr/lib/hadoop/hadoop-2.7.7
./sbin/start-all.sh
cd /usr/lib/spark/spark-2.4.3-bin-hadoop2.7
./sbin/start-all.sh
```

创建一个文件 word.txt,内容如下:

```
Hello World
Hello Hadoop
Data Mining
Resilient Distributed Dataset
Hadoop Distributed File System
```

在 HDFS 中创建文件夹:

```
hadoop fs -mkdir -p /Hadoop/Input
```

将该文件上传至 HDFS 中:

```
hadoop fs -put word.txt /Hadoop/Input
```

启动 Spark Shell 命令:

```
spark-shell
```

如图 8-28 所示。

图 8-28　Spark Shell

此时可以开始 Spark 的简单代码编写,Spark Shell 用的是 Scala 语言,读者可以根据自己的需求在 Spark 平台中改用 Java 或 Python 语言。本节是在 Spark Shell 中实验,因此给出的是 Scala 语言代码。

【例 8-1】

```
IN[1]:    val file= sc.textFile
          ("hdfs://Master:9000/Hadoop/Input/word.txt")
OUT[1]:   file:org.apache.spark.rdd.RDD[String]=
          hdfs://Master:9000/Hadoop/Input/word.txt
          MapPartitionsRDD[1]  at  textFile at <console>:24
IN[2]:    var rdd = file.flatMap(line =>line.split(" ")).
          map(word =>(word,1)). reduceByKey (_+_)
OUT[2]:   rdd:org.apache.spark.rdd.RDD[(String,Int)]=
          ShuffledRDD[4] at reduceByKey at <console>:25
IN[3]:    rdd.collect().foreach(println)
OUT[3]:   [Stage 0:>(0 +2) / 2
          [Stage 0: ============================>(1 +1) / 2
          [Stage 1: >(0 +2) / 2
          [Stage 1: ============================>(1 +1) / 2
          (Dataset,1)
          (Hello,2)
          (World,1)
          (Mining,1)
          (File,1)
          (Data,1)
          (Resilient,1)
          (Distributed,2)
          (System,1)
          (Hadoop,2)
```

本节的实验在单机上建立伪分布式,一般计算机建立 3 台虚拟机后速度并不会有较大提升。读者可租用多台云主机,搭建分布式集群,步骤同上,获得更好的开发环境并测试更加复杂的代码。

8.6 小结

本章主要介绍了相关大数据处理技术,包括虚拟化与云计算、Hadoop 分布式系统和 Spark 计算引擎。其中,虚拟化与云计算部分,应该掌握虚拟化和"云"对计算机资源的抽象管理技术,掌握云计算与并行计算、分布式计算等的差异,掌握云计算的三种服务模式。 Hadoop 分布式系统部分,应该掌握 Hadoop 的核心 HDFS 分布式文件系统和 MapReduce 分布式计算框架,应该掌握在此核心上发展出的 YARN 资源管理系统以及相关的互补性服务生态系统,应该了解 Hadoop 3.0 带来的最新特性。在 Spark 计算引擎部分,应该掌握 Spark 的相关概念以及计算方式,以 Hadoop 的 MapReduce 作为基准进行比较,并了解 Spark 生态系统的若干组成部件。

8.6.1　本章总结

8.1 节介绍云计算的基本概念和相关内容。云计算是一种全新的计算模式,用户在终端可以按需访问并使用云端的计算和存储资源。云计算具有诸多优点,包括使用成本低、规模大、可靠性高、扩展性好等,这些优点使得云计算成为大数据处理的理想平台。按照服务类型分类,云计算可分为基础设施即服务、平台即服务和软件即服务;按照部署方式分类,云计算可分为公有云、社区云、私有云和混合云。云计算并不是一种全新的技术,而是传统计算技术的集大成者,是分布式计算模式、集群计算模式等的最新发展。

8.2 节介绍虚拟化技术以及云计算的商用平台。虚拟化是云计算的核心技术,是对计算资源的抽象。虚拟化技术把有限的、固定的资源根据不同的需求进行重新规划,以达到最大利用率并简化软件的重新配置。虚拟化可分为服务器虚拟化、存储虚拟化、网络虚拟化和应用虚拟化。虚拟化技术当前已有一些应用,例如 VMware 公司面向服务器和数据中心的 VMware vSphere 和面向桌面计算机的 VMware Workstation。云计算基于虚拟化技术已有较为成熟的产品,例如亚马逊云计算服务平台 AWS,包括基础存储架构 Dynamo、弹性计算云 EC2、简单存储服务 S3 等;再例如国内的阿里云,主要包括弹性计算服务 ECS、对象存储服务 OSS 和 CDN 服务等。阿里云最新推出人工智能 ET 以及国产自研数据库 OceanBase,为解决国内各种实际问题带来帮助。此部分内容涉及一些具体平台和软件,建议读者对感兴趣的内容进行手动操作。

8.3 节介绍 Hadoop 及其生态系统。Hadoop 是一个开源分布式计算平台,以分布式文件系统 HDFS 和分布式编程模型 MapReduce 为核心,具有易用性、高可靠性、高扩展性、高效性等诸多优点。分布式文件系统 HDFS 内部设置 NameNode 和 DataNode,负责分布式文件系统的管理,为海量数据提供了高容错的存储,为超大数据集的应用处理带来了很多便利;MapReduce 计算模型将任务分为 Map 阶段和 Reduce 阶段,并通过 JobTracker 和 TaskTracker 将任务调度到节点上运行。Hadoop 除了上述两个核心内容外,还包括 YARN 资源管理器、Hive 数据仓库、Mahout 机器学习库等,构成了一个庞大的 Hadoop 生态系统。Hadoop 当前已升级为 Hadoop 3,与 Hadoop 2 相比有了诸多新的特征。Hadoop 当前社区庞大,读者可自行阅读官方文档。由于 Hadoop 版本迭代迅速,一些企业当前用的并不是最新版,读者可根据自己的需求选择合适的版本。

8.4 节介绍 Spark 及其生态系统。Spark 是一个开源的基于内存计算的大数据处理框架,具有处理速度快、易于使用等优点。Spark 的核心概念为 RDD,即弹性分布数据集。开发者基于 RDD 进行建模,支持转换操作和动作操作,共有超过 80 个数据处理的操作原语。Spark 根据 RDD 的依赖关系划分调度阶段,并建立 DAG 图制定 RDD 的调度方案并执行。Spark 同样具有多个子模块,包括 Spark Streaming 流数据处理模块、Spark SQL 结构化数据处理模块、Spark GraphX 图计算框架和 Spark MLlib 机器学习库。这些子项目在 Spark 上层提供了更高层、更丰富的计算范式。Spark 处理框架当前发展迅速,版本迭代速度快,读者可查阅官方文档。官方文档当前无最新的中文版,读者有需要可查找部分社区爱好者提供的中文版。

8.5 节介绍了一个应用案例。在 Windows 操作系统中使用 VMware Workstation 建立由 3 台虚拟机组成的集群。下载并安装 VMware Workstation 后，安装 Ubuntu 操作系统。依次下载并安装 JDK、Hadoop 以及 Spark。单机上配置完成后使用克隆虚拟机功能搭建集群并进行配置。利用搭建好的 Hadoop 集群和 Spark 集群运行简单的词频统计程序。

8.6.2　扩展阅读材料

[1]　刘鹏. 云计算[M]. 3 版. 北京：电子工业出版社，2015.
[2]　Tom White. Hadoop 权威指南[M]. 4 版. 王海，华东，刘喻，等译. 北京：清华大学出版社，2017.
[3]　陈嘉恒. Hadoop 实战[M]. 北京：机械工业出版社，2011.
[4]　袁景凌，熊胜武，饶文碧. Spark 案例与实验教程[M]. 武汉：武汉大学出版社，2017.
[5]　阿里云云翼计划[EB/OL]. https://promotion.aliyun.com/ntms/act/campus2018.html.
[6]　AWS 入门资源中心[EB/OL]. https://aws.amazon.com/cn/getting-started/.
[7]　Hadoop 官方文档[EB/OL]. http://hadoop.apache.org/docs/current/.
[8]　Spark 官方文档[EB/OL]. http://spark.apache.org/docs/latest/.

8.7　习题

1. 云计算有哪几种服务类型？举例说明。
2. 云计算有哪几种部署方式？各有什么特点？
3. 云计算与其他计算模式有何不同？
4. 虚拟化技术主要有哪几种？
5. 亚马逊云服务提供哪几种服务？
6. 尝试百度智能云等开放平台，根据个人需求建立一个文字识别或图像识别工具。
7. 假设你现在要建立一个个人网站，比较在本地搭建与使用云服务器搭建的过程区别。
8. 查阅 Hadoop 文档，实现对 HDFS 中的文件进行单词数量统计。
9. 查阅 Spark 文档，实现对 HDFS 中的文件进行单词数量统计并从多到少排序。

8.8　参考资料

[1]　Mell，Peter，Grance，et al. The NIST Definition of Cloud Computing [J]. Communications of the ACM，2010.
[2]　刘鹏. 云计算[M]. 3 版. 北京：电子工业出版社，2015.
[3]　覃雄派，陈跃国，杜小勇. 数据科学概论[M]. 北京：中国人民大学出版社，2018.
[4]　吕云翔，钟巧灵，张璐，等. 云计算与大数据技术[M]. 北京：清华大学出版社，2018.
[5]　赵新芬. 典型云计算平台与应用程序[M]. 北京：电子工业出版社，2013.
[6]　陈嘉恒. Hadoop 实战[M]. 北京：机械工业出版社，2011.
[7]　Tom White. Hadoop 权威指南[M]. 4 版，王海，华东，刘喻，等，译. 北京：清华大学出版社，2017.
[8]　袁景凌，熊胜武，饶文碧. Spark 案例与实验教程[M]. 武汉：武汉大学出版社，2017.

图书资源支持

感谢您一直以来对清华版图书的支持和爱护。为了配合本书的使用，本书提供配套的资源，有需求的读者请扫描下方的"书圈"微信公众号二维码，在图书专区下载，也可以拨打电话或发送电子邮件咨询。

如果您在使用本书的过程中遇到了什么问题，或者有相关图书出版计划，也请您发邮件告诉我们，以便我们更好地为您服务。

我们的联系方式：

地　　址：北京市海淀区双清路学研大厦 A 座 714

邮　　编：100084

电　　话：010-83470236　010-83470237

客服邮箱：2301891038@qq.com

QQ：2301891038（请写明您的单位和姓名）

资源下载：关注公众号"书圈"下载配套资源。

资源下载、样书申请

书圈

获取最新书目

观看课程直播